U0317826

转基因猪制备技术

魏庆信　郑新民　主编

中国农业出版社

内容提要

本书首先概述了转基因动物和转基因猪的产生、技术发展和应用概况，然后介绍了与转基因猪制备相关的配子与胚胎操作技术以及基因工程技术。在此基础上，着重阐述了转基因猪的各种构建技术及检测技术。转基因猪研究的最终目标是培育新品种并在养猪生产中应用，因此论述了在获得原代转基因猪之后，新品种培育的理论、方法和途径。由于转基因生物的安全性意义重大，本书将转基因猪的安全调控技术及安全管理和安全评价作为独立的两章，分别进行了叙述和讨论。本书突出了实用性和可操作性，将技术操作方面的内容作为重点，在阐述高技术层面操作的同时，兼顾了常规技术层面和基本技能的操作。本书可为农业、医学和基础生物学领域相关的研究、推广、生产和管理人员提供参考，也可作为有关专业的本科生和研究生参考教材。

编写人员

主　编　魏庆信　郑新民

参　编　魏庆信　郑新民　毕延震

　　　　乔宪凤　华再东　肖红卫

　　　　华文君　肖作焕　李　莉

　　　　刘西梅　刘中华　张立苹

　　　　周荆荣

主　审　陈清轩

序

　　湖北农业科学院魏庆信教授和郑新民教授新近完成了他们的大作《转基因猪制备技术》，嘱咐我为该书写个序言。我在通读了原稿之后，觉得确实是一本好书，在我的印象中，应当是世界上第一本详细阐述转基因猪制作的专著。为此，很愿意从一个动物转基因研究者的视角，为这本书的出版写几句话。

　　转基因动物的制作是一项高技术，有许多重要用途。它的第一个用途是研究基因，就是把动物个体作为一个基因操作的体系，通过增加、删除和修饰等手段，阐明基因的结构和功能。对研究人类和动物基因而言，转基因动物是最好的研究体系，没有任何其他研究体系可以替代。原因很简单，基因作为生命的一个基本单位，只能在含有数万个基因的人体或动物个体中发挥正确功能。因此，只有在正常的基因环境中研究基因，数据才是真实可靠的；把单个基因分离出来，在试管中解析出其结构和功能，所得结果是不全面的。所以，只有普遍应用转基因动物作为主要研究手段，才能彻底解开人类自身的生物学奥秘，从这个意义上讲，转基因动物是研究基因的终极武器。研究基因的最终目标是应用基因操作造福于人类，人类的最大福祉是健康长寿，但是，人体不能够用于实施基因操作，与人类基因组成和生理代谢最为接近的动物自然就成了最好的替代品。由此可以预见，转基因动物的第二个重大用途是制作疾病或其他生理代谢模型，通过动物模型来寻求人类的健康长寿之道。动物转基因技术是自然界基因突变和交换的升级版，它能比自然选择或人工辅助选择更快、更有效地制造和固定有利突变，甚至可以设计理想的动物。因此，通过基因操作创造出常规育种技术难以得到的优良家养动物，为人类提供更好的服务，应当是转基因动物的第三项用途。

　　制作大型转基因动物是一件十分困难的事，它涉及基因操作、动物配子操作、基因转移、胚胎移植、动物手术操作、动物维护和饲养等诸多技术环节，实施中无论哪一个环节出了问题，都能导致整个制作过程归于失败，确实是一件费时、费力、费钱和闹心的工作。由于这个缘故，能够持续生产转基因动物的研究团队，不仅在我国，在全世界也屈指可数。本书作者的研究团队从事转基因动物制作已经二十多年，制作出多种转基因猪和其他转基因动物，积累了丰富的工作经验，在许多技术环节上有创新，是国内外知名的转基因动物研究集体。这次他们以自己的技术体系和经验为主，写成这本非常实用的专著，有很高的学术价值和使用价值，定能成为转基因动物研究者的重要参考文献。

近年来，保护人类生存环境的巨大声浪，使动植物转基因研究蒙受不白之冤。在这种氛围下能出版一本转基因专著，作者的职业坚持和出版社的科学远见都值得钦佩。其实，自然界基因转移的事件亿万年来从未停止过，它是生物进化的原动力，把转基因发展成一项技术只不过是人类对自然的模仿，总体上是安全的。我相信这本书一定会吸引许多读者，将会长期停留在人们的书架上。

2013 年 8 月 20 日于中国农业大学

前言

　　通过遗传改良，不断提升养猪生产的高产、高效和优质水平，是育种家和养猪生产者永远追求的目标。转基因技术为养猪生产水平的进一步提高提供了前所未有的空间。猪也是常用的实验动物之一，在所有种类的实验动物中，猪的用量位居第四。应用转基因猪技术制备动物模型，在医药学和基础生物学领域具有广阔的应用前景。

　　第一例转基因猪是由 Hammer 等于 1985 年采用原核注射技术制备成功。我国的第一批转基因猪是在国家"863 计划"的支持下，于 1990 年在湖北出生。20 多年来，猪的转基因技术依托于分子生物学和胚胎操作技术的进步，得到了迅速发展。已成功获得转基因猪的技术除原核注射法之外，还建立了精子介导、逆转录病毒感染和体细胞核移植介导等方法。一些新技术，如精原干细胞技术、iPS 技术等，也初露端倪，有望在转基因猪的制备方面一显身手。将体细胞克隆技术应用于猪的转基因，可以实现在细胞水平上的筛选，从而克服了在个体水平上筛选而导致的效率低下和盲目性。各种基因打靶技术的出现，使转基因从随机整合发展到靶向修饰（定向插入），从而规避了随机整合带来的非预期效应和不确定性。转基因猪应用研究的范畴也得到了迅速拓展，从对猪生产性能的遗传改良，到用猪作为生物反应器生产医用蛋白、建立动物模型，乃至用猪作为异种器官移植的供体等方面，都取得了一系列举世瞩目的成就。

　　我国政府于 2008 年战略性地启动了转基因生物新品种培育重大专项，其中包含有关转基因猪的研究和产业化项目。国家财力的充沛，使得参与研究的队伍迅速壮大，研究的广度和深度也前所未有。仅就转基因猪的研究队伍，就有数十家科研院所、高等院校和企业参与，可谓人才济济。一大批青年才俊给这支队伍带来了生机和活力。尽管目前转基因猪的产品还没有像转基因农作物那样大规模产业化生产，也不似转基因小鼠那样已建立数以千计的稳定品系在医学和生物学领域大显身手，但可以预见的是，随着转基因猪技术的日臻成熟，具有实用意义的研究成果将接踵而至，给养猪业带来革命性的变化，造福于人类。转基因技术将成为猪遗传改良的主流技术之一，被更多的人了解、掌握和使用。

　　值此转基因生物的研发强力推进之际，我和我的同事们，就 20 多年从事转基因猪研究的实践、总结与体会，并参阅国内外相关的研究资料，编撰成本书。

　　制备转基因动物，主要依赖于两项技术的支撑：其一是基因工程技术，其二是动物胚胎与配子的操作技术。而得到原代的转基因猪个体，距离培育成一个转基因猪的新品种、进而产业化应用，还有大量的选育工作和较长的育种路程。在建立转基因猪新品种的过程中，还要兼顾其他经济性状的选育。可见，从获得转基因猪个体到培育成转基因新品种，是分子选择与常规育种相结合的复杂过程。本书结合常规育种的理论，阐述了以原代转基因猪为育种材料，培育转基因新品种的方法和过程。转基因猪的环境安全和食品安全是产业化的必需，为此，本书在剖析了有可能产生安全性问题的各种因素的基础上，提出了解决的策略和方法。以上两方面内容，在已有的转基因动物的专注中，均未见涉及。安全的转基因猪新品种培育是迄今为止尚无先例的事件，其过程可能比本文描述的要复杂，可能会有一些我们现在还预料不到的事情发生。还有待于在今后的实践中，不断探索、总结和完善。本书着力于理论与实践的结合，并力求文字的通畅，从而为相关的研发人员提供一本较为系统，并具有较强专业针对性、实用性和可操作性的参考资料。

感谢所有参与编著的同仁，在课题研究的百忙之中抽出时间和精力，为完成本书所做出的贡献。

由于编著者的理论知识和技术水平有限，书中错误和不当之处在所难免，欢迎各位读者批评指正。

魏庆信

2013 年 9 月

目　录

第一章

概　述

第一节　转基因动物的产生和发展

一、转基因动物的产生

转基因动物是指通过转基因技术将"外源 DNA"导入动物的基因组，产生可以遗传的改变，所获得的动物称为转基因动物（transgenic animals）。其中，转基因技术是指依赖于胚胎和配子的操作，将外源 DNA 导入具有发育全能性的早期胚胎细胞、生殖细胞或体细胞，导入的外源 DNA 在染色体活跃的时期，能整合到受体细胞的基因组中，并且随整个基因组的复制而复制；"外源 DNA"是利用重组 DNA 技术，按照人类的意愿有目的、有计划、有预见地改变动物的遗传组成而设计并构建；受体动物基因组遗传的改变，包括插入一段外源 DNA、敲除基因组内的一段 DNA 或使其沉默（不表达）以及其他定向的遗传修饰。转基因动物的产生和发展，主要依赖于两项技术的支撑和推动：一是分子生物学技术，二是动物胚胎与配子的操作技术。

1974 年，Jaenisch 和 Mintz 首次报道，通过向小鼠囊胚注入猿猴病毒 40（SV40）DNA 后，从发育成的小鼠组织中检测到 SV40 的 DNA 序列。然而，这还不是今天所说的真正意义上的转基因动物，因为向囊胚注射 DNA 只能使少数细胞摄取外源 DNA，发育成的幼鼠只在一部分体细胞中整合了外源 DNA，并且遗传给下一代的机会很小。现在公认的第一只转基因小鼠是 Gordon 等 1980 年生产出来的，他们采用的方法是向单细胞胚胎的原核注射纯化的 DNA。这之后的 1 年内，又有一些实验室报道通过向小鼠的受精卵原核注射 DNA，得到转基因小鼠。但是，在这些早期的实验中，使用的 DNA 结构未经认真地设计和构建，大多使用容易得到的材料进行实验，实验结果只能证明使用原核注射的方法可以将外源 DNA 导入小鼠的基因组。真正发生重大影响的是，1982 年 Palmiter 和 Brinster 将重组的大鼠生长激素基因注入小鼠的受精卵原核，产生了生长速度加快 1 倍的"超级鼠"，首次证明了导入基因的性状能在转基因动物中表达，为转基因动物的应用开辟了广阔的前景。这之后，采用同样的方法，转基因的兔、绵羊、猪（Hammer 等，1985）、大鼠（Hochi 等，1990）牛（Church 等，1986）等也相继产生。转基因动物作为生物学的一个分支学科被确立下来。

从第一只转基因动物产生到现在，已有 30 多年的历史。30 多年对人类的科技史只是短暂的一瞬间，而转基因动物作为一个学科在这期间却取得了突飞猛进的发展。其发展的成就主要体现在多途径高效转基因技术的建立及其应用领域的广泛拓展等两个方面。

二、动物转基因技术的发展

（一）显微注射转基因技术的发展

显微注射法根据注射核酸类型的不同，可分为 DNA 显微注射法和 mRNA 显微注射法。

最初的向受精卵原核内显微注射 DNA 的方法也称"原核注射法"，即将外源 DNA 片段通过显微操作仪注射到受精卵的原核内，注射后的外源 DNA 整合到动物的基因组，在受精卵发育的过程中随着基因组 DNA 的复制而复制；再将整合有外源 DNA 的早期胚胎移植到受体的输卵管或子宫内继续发育，进而得到转基因动物。DNA 显微注射法作为经典的转基因技术已经确立 30 多年，由于其具有效果可靠、重复性好、整合效率较高、外源 DNA 的长度可达 100kb 等优势，到目前为止，仍然是制备转基因动物的主要方法之一。其中的诸多操作环节得到改进和优化，提高了效率，并且形成了程序化、规范化的操作模式，被大多数插入一个或数个基因片段的实验研究所采用，并且应用于各种动物的转基因。

mRNA 显微注射法，是将外源 mRNA 注射到受精卵的原核或胞质内，从而制备转基因动物的方法。早在 20 世纪 70 年代，童第周和牛满江等，将从鲫鱼卵巢成熟卵子提取并部分纯化的 mRNA 注射到金鱼的受精卵内，由此产生了金鱼自交子代的变异；其后，他们又从鲤鱼卵巢成熟卵子提取 mRNA 注入不同品系的金鱼受精卵，部分金鱼的尾鳍经核酸诱导由双尾变为单尾。这种作用的机制，对 mRNA 来说可能是间接的，即 mRNA 是在逆转录酶和储存的 4 种脱氧核糖苷酸存在的情况下，通过它对 DNA 的逆转录而发生作用（郑国锠，1980）。而通过 mRNA 显微注射获得基因修饰的哺乳动物，是近几年才实现的。Geurts 等（2009）和 Mashimo 等（2010）分别将编码锌指核酸酶（ZFNs）的 mRNA 直接注射到大鼠受精卵的胞质中，得到了基因敲除的大鼠。Sumiyama 等（2010）在研究应用 Tol2 转座系统构建转基因小鼠时，也采用了 mRNA 胞质注射的方法，使转基因效率提高到 20％以上。由于 mRNA 的制备相对 DNA 简便，胞质注射比原核注射容易操作（尤其是对于原核难以显现的动物），同时转基因效率较高，所以 mRNA 显微注射法更具吸引力。

（二）精子介导转基因技术的建立及发展

1989 年，Sparafora 领导的研究小组首次报道用精子介导法获得转基因小鼠（Lavitrano 等，1989），他们将外源基因与小鼠的精子共孵育，获得转基因效率高达 30％的转基因小鼠。由于这种方法的简便性，一开始就受到了各国同行的广泛关注。然而，之后的几年有些实验室却未能重现上述的结果，由此引发了对这一方法可信性的科学争议。问题的关键在于，精子在与外源 DNA 共培养的情况下，能否互相结合，或者说精子有无携带外源 DNA 的能力。到 20 世纪 90 年代中期，世界上许多实验室的研究结果都证实了精子结合 DNA 的能力在各种动物中普遍存在。研究表明，绝大多数种类的动物精子有自发结合外源 DNA 的能力，其结合率为 15％～80％（Gandolfi，2000）。陈永福等（1990）通过电镜观察，精子与 DNA 共育后，外源 DNA 确实进入了精子内部，当精子出现顶体反应后，进入的概率加大。经过近 20 年的研究，人们已不再争议这种转基因方法的可行性，对该转基因体系也进行了诸多的改进和拓展。体外精子转染 DNA 的方法，除共孵育法之外，还出现了电穿孔法和脂质体介导法等，提高了转染的效率；转染后的精子，除了常规的人工授精，还可以应用体外受精、单精子胞质注射技术生产转基因动物（Perry 等，1999），使转染精子的利用效率更高；Kim 等（1997）和 Huguet 等（1998）又分别创建了直接将外源 DNA 注射到动物的曲细精管、睾丸和输精管的所谓"体内转染"技术。迄今为止，已有 12 种动物通过精子介导的方法获得了转基因后代，其中包括小鼠、兔、猪、牛、鸡等。

（三）逆转录病毒感染的转基因技术

逆转录病毒是一种广泛感染动物的 RNA 病毒，当它的基因组 RNA 侵入动物细胞后，就被转录成 DNA，被转录成的 DNA 分子在自身编码并由宿主细胞所产生的整合酶的作用下，插入宿主的基因组。逆转录病毒作为动物基因转移载体的研究早在 1974 年就曾有报道，Jaenishch 等将 SV40 DNA 注入小鼠囊胚腔中发现，获得的小鼠体内有 SV40 DNA 整合。1975 年，Jaenishch 等又成功地用鼠白血病病毒（MuLV）作为载体，将外源基因导入小鼠胚胎。Salter 等 1987 年首先用鸡白血病病毒作载体生产出转基因鸡。Bremel 等将这种方法应用于哺乳动物，取得了突破性进展，1998 年他们将携有外源基因的逆转录病毒载体注射到中期 Ⅱ 卵母细胞的卵周隙中得到高比例的转基因牛（Chan 等，1999）。

非慢病毒的逆转录病毒载体在转基因动物制备的应用方面，存在一些难以克服的缺陷，主要问题是非慢病毒的逆转录病毒载体对不分裂的静止细胞不感染和表达沉默（Pfeifer 等，2002）。慢病毒载体克服了这些缺陷，其感染宿主细胞后，病毒 RNA 转录为 DNA 后可以整合到宿主细胞的染色体上，并长期稳定表达。与其他逆转录病毒相比，慢病毒不但能感染分裂细胞，还能感染静止细胞。2002 年，Pfeifer 等用重组绿色荧光蛋白（GFP）慢病毒感染小鼠胚胎干细胞（ES）和桑椹胚，发现早期胚胎和出生后仔鼠稳定表达 GFP，克服了以往逆转录病毒表达沉默的不足。Lois 等（2002）利用慢病毒载体法成功制备转基因小鼠和大鼠。由于慢病毒有强大的包装能力，一般认为可达 8～10kb，因而适用于多基因表达系统。慢病毒在整合时并不倾向于转录的起始位点，而是在基因的整个转录区域都可以整合，整合的慢病毒对启动子的激活机会更低。因此，与其他致癌逆转录病毒载体相比，慢病毒载体更不易引起插入突变。由此，慢病毒成为当前用逆病毒感染法制备转基因动物的主要载体。

用慢病毒作为载体构建转基因动物，其优点是感染率高、宿主范围广、外源基因为单拷贝整合、使用方便；同时，既可以感染生殖细胞（卵母细胞或精原细胞），也可以感染受精卵直到囊胚期前各发育阶段的胚胎以及体细胞。其不足之处，一是外源基因受到逆转录病毒的限制，不可能将很大片段的 DNA 导入受体的基因组；二是如果应用于家畜育种，还不能完全排除安全隐患，从而使其应用受到限制。

（四）转基因动物的胚胎干细胞途径

1981 年，Evans 和 Kaufman 从小鼠囊胚的内细胞团分离并建立了多功能干细胞系，称为 ES 细胞。1987 年，Capecchi 等首先对小鼠 ES 细胞进行了基因打靶，然后将此打靶的 ES 细胞植入小鼠囊胚，将此重组胚移植进代孕母鼠，最后产出嵌合体仔鼠，通过回交获得基因敲除的纯合小鼠，从而开创了转基因动物的胚胎干细胞途径（Thomas 等，

1987）。通过 ES 细胞的基因打靶，不仅可以敲除特定的基因组基因，还可以将外源基因转入动物基因组，获得基因敲入的转基因动物。这之后，通过胚胎干细胞途径，数以千计的转基因（包括敲除基因）小鼠新品系构建成功。这种方法可使受体动物细胞中的基因整合率达到 50%，其中生殖细胞整合率达 30%。转基因动物的 ES 细胞途径，可以使人们在细胞水平上对基因的整合进行筛选，与基因打靶技术相结合，能有效地实行外源基因的定位整合、基因的敲除或其他定向的遗传修饰，这是之前各种转基因技术所无法比拟的。然而，ES 细胞途径的转基因技术，目前还只能应用于小鼠等已成功建立 ES 细胞的动物，猪等大动物的 ES 细胞目前还处于摸索阶段。

2012 年，Nature（《自然》杂志）报道，周琪和赵小阳研究组在获得了由孤雄单倍体胚胎干细胞与卵母细胞受精发育成健康小鼠的基础上，对单倍体胚胎干细胞进行基因修饰，获得了 28 只由单倍体胚胎干细胞"受精"发育而成的基因修饰小鼠。由于这样的单倍体干细胞中的修饰可通过胞质内注射到成熟卵母细胞中传递至后代，这可能成为基因靶向研究的一种更有效和简单的技术路线，同时有望在非啮齿类动物基因修饰方面得到应用。

（五）体细胞核移植介导的转基因技术

1996 年，Nature 报道，Campbell 等用体外培养的细胞系作核供体，成功地克隆出世界首例体细胞核移植的后代，这项在生物学上具有里程碑意义的工作，证实了已经分化的体细胞在一定的条件下可以通过重新编程而恢复发育的全能性，为转基因动物的制备提供了新的途径。Schnieke 与 Wilmut 等（1997）合作，首先探索了用克隆技术生产转基因动物的可能性。他们使用新霉素抗性基因（neo 基因）和人第 9 凝血因子基因共转染绵羊胎儿成纤维细胞，得到了转基因的细胞系；然后用这些转基因细胞作为核供体，通过核移植生产出 6 只转基因绵羊。之后的几年内，用其他动物的转基因体细胞作供核细胞，也相应地获得了转基因的克隆牛（Cibelli 等，1998）、山羊（Keefer 等，2001）猪（Park 等，2001，2002）、兔（Chesne 等，2002）等。体细胞核移植介导的转基因适用于所有已建立克隆技术的动物，既能如胚胎干细胞途径一样，在细胞水平上对基因的整合进行筛选，实行外源基因的定位整合、基因敲除和其他定向的遗传修饰，同时又不需要首先制备嵌合体，然后通过回交获得纯合子的过程，因而很快成为目前制备转基因动物，尤其是转基因大动物的主要方法之一。

目前，应用体细胞核移植技术制备转基因动物的不足之处，一是体细胞转染外源基因的效率很低，只相当于 ES 细胞转染效率的 1/10 左右，从而给转基因细胞的筛选带来一定的难度；二是动物克隆技术自身存在缺点，克隆效率低，仅有 1%～5% 的重组胚能够发育到成体阶段，同时克隆动物出生后死亡、畸形的比例也相对较高。这些都有待于今后的改进。

（六）精原干细胞途径

精原干细胞（spermatogonial stem cells，SSCs）是精子的前体细胞，也是雄性个体体内唯一可以终生保持自我更新和增殖，并将遗传信息纵向传递的特殊细胞群体。精原细胞依据所处生精上皮基膜的位置、形态和核染色特性，分为 A dark 型、A pale 型及 B 型三类，其中 A 型精原细胞核中无异染色质，是真正意义上的干细胞。1994 年，Brinster 等将携带有 lacZ 外源基因供体小鼠的睾丸混合悬浮液，注射入另一只不育受体小鼠的曲精细管内，结果发现，在受体小鼠的睾丸内发生了供体精原干细胞的生精过程，而且能产生形态特征正常的携带 lacZ 基因的成熟精子细胞，实现了供体小鼠精原干细胞在受体内进行精子发生和单倍体的生殖遗传，不仅为精子发生过程的研究提供了新方法，也为转基因动物的制备提供了新的途径。将精原干细胞在体外培养，经基因修饰之后，再移植入受体动物睾丸，使之分化为精子，然后受体动物与雌性动物进行交配，即可产生转基因的后代。Harmra 等（2002）用慢病毒作为载体将绿色荧光蛋白（GFP）报告基因导入供体大鼠精原干细胞中，然后将其移植到白消安（busulfan）处理过的受体 WT 大鼠中，受体大鼠与雌鼠交配，在得到的 44 只 F1 代中有 13 只携带有报告基因，这些基因整合位点各不相同，并且能够传递给 F2 代，F2 代中外源基因携带率约为 50%。

利用精原干细胞制备转基因大动物是一条很好的途径。因为一旦获得在睾丸的精原细胞中携有外源基因的雄性动物，生产转基因动物就十分简便，只需与雌性动物交配即可。同时，这条途径既可以克服体细胞核移植途径胚胎操作的困难和后代成活率低的缺陷，也规避了胚胎干细胞途径出生的后代是嵌合体的不足。

（七）从随机整合到靶向修饰

先期的动物转基因技术，外源基因一般是随机整合的。随机整合带来整合位点和表达水平的不确定性，即所谓"位点效应"。由于整合位点的不当，有时会出现无表达作用的"沉默整合"，更有的整合位点由于干扰了基因组功能基因的表达调控，或破坏了正常基因的结构，而导致胚胎或个体生长发育受阻、畸形，甚至夭折等现象。随机整合还会产生多位点整合，尤其是多条染色体的多位点整合，导致遗传的不稳定性。随机整合的另一个弊端，是在原代转基因动物中会出现大量的嵌合体。凡此种种，都会给转基因动物的应用和育种带来困难。于是，人们迫切需要建立外源基因的定位整合技术。

广义的转基因定位整合也可以称为"靶向修饰"，即包括向受体基因组定向地插入外源基因、敲除基因或其他定向遗传修饰。转基因动物的靶向修饰技术源于胚胎干细胞（ES）和基因打靶技术的建立。基因打靶技术是利用同源重组的原理，通常是用含已知序列的 DNA 片段与受体细胞基因组中序列相同或非常相近的基因发生同源重组，定位整合至受体细胞基因组中，并使该基因表达缺失（基因敲除）或表达一种外源基因。靶向修饰技术除了要构建靶向性载体之外，还对受体细胞有两方面的要求。第一，尽管是靶向性的载体，转染细胞后，绝大多数被转染的细胞仍然是非同源整合，同源整合的概率仍然是很低的。实验表明，应用现有的细胞转染技术，非同源整合与同源整合之间的比例为 10 000：1 到 1 000：1。这就需要对转染的细胞进行大量筛选。在筛选的过程中，细胞要进行多次扩增，这就要求细胞必须能存活足够的代数而不发生变异。第二，要求这种细胞有转换成个体的途径，从而使筛选出来的同源整合的细胞能转换成转基因动物。哺乳动物的胚胎显然不符合第一个要求，ES 细胞则完全满足了上述的要求。而 20 世纪 90 年代中期哺乳动物体细胞核移植技术的建立，使尚未获得 ES 细胞的动物实施基因组靶向修饰成为可能。目前，依托 ES 细胞和体细胞的基因打靶，已成为哺乳动物基因组靶向修饰的主要手段。

除此之外，近几年出现的锌指核酸酶（zinc finger nucleases，ZFNs）技术、TALEN技术和 PhiC31 整合酶技术，为转基因动物的靶向修饰提供了新的途径。

ZFNs 是高效的动物基因组位点特异性修饰酶，能够诱导生物体内的 DNA 在特定位置产生双链断裂，形成双链断裂缺口（double strand break，DSB）。DSB 可启动细胞内的 DNA 损伤修复机制，从而实现靶向基因敲除或敲入。

转录激活子样效应因子核酸酶（transcription activation-like effector nucleases，TALEN）最初是在水稻白叶枯病菌中发现的，是重要的毒力因子。TALEN 蛋白的核酸结合域的氨基酸序列与其靶位点的核酸序列有恒定的对应关系。利用 TALEN 的序列模块，可组装成特异结合任意 DNA 序列的模块化蛋白，从而达到靶向操作内源性基因的目的。TALEN 技术克服了 ZFNs 方法不能识别任意目标序列，以及识别序列经常受上、下游序列影响等问题，具有更好的活性，使基因操作变得更加简便。

PhiC31 整合酶是一种位点特异性重组酶，能够介导含 attB 位点（指细菌染色体上的附着点）的外源基因定位整合于哺乳动物基因组的假 attP 位点（指噬菌体上的附着点），从而实现靶向基因敲除或敲入。

目前，应用 ZFNs 和 PhiC31 整合酶技术均有成功获得靶向修饰转基因哺乳动物的报道（Geurts 等，2009；Hollis 等，2003；Tasic 等，2011）。相对于 ES 细胞和体细胞介导的基因组靶向修饰方法，ZFNs 和 PhiC31 整合酶技术具有如下优势：效率高，相比传统的同源重组方法，提高了 3~4 个数量级；不需要药物筛选，不引入标记基因，从而保障了转基因动物产品的安全性，这对于家畜的转基因育种具有特殊意义；可以在胚胎水平上进行基因导入，通过简单的显微注射技术即可获得靶向修饰的转基因动物，从而规避了"克隆"技术的种种弊端，这对制备转基因大动物十分重要。除此之外，ZFNs 技术还可以实现双等位基因的靶向修饰，能够一次性得到纯合子个体，对于动物育种尤其有利。

2013 年 1 月 3 日，*Science*（《科学》杂志）在线发表了 Feng 等的文章，他们利用自然产生的、可对病毒 DNA 进行识别剪切的细菌蛋白-RNA 系统，建立了 DNA 编辑复合体，其中包含 1 个可结合至短 RNA 序列的核酸酶 Cas9。这些短 RNA 序列可以与基因组中的特定位置进行结合，当遇到匹配序列时，Cas9 即对 DNA 进行剪切。这种技术还可用于破坏基因的功能或对基因进行替换，只需添加一个新基因的 DNA 模板，从而在 DNA 被剪切后在基因组中拷贝入新的基因。这套系统中的每一个 RNA 片段都能靶定特定的序列。这种技术也非常精确，即使在 RNA 与基因组序列中存在 1 个碱基的差异，Cas9 也不会被激活。这是锌指核酸酶技术或 TALEN 技术所不具备的。

从外源基因的随机整合到基因组的靶向修饰，是动物转基因技术质的跨越，它有效克服了转基因的盲目性以及由此导致的诸多弊端，成为定向进行动物遗传改造的强大工具。

（八）尚待开发的转基因技术

线粒体是普遍存在于动植物细胞内的一种具有半自主性的细胞器。以线粒体作为转基因载体，可先从受体动物细胞分离出线粒体，再用外源基因对这些线粒体进行遗传转化，然后把转基因线粒体导入受体动物受精卵，由此发育而成的转基因动物就规避了外源基因在染色体上整合率低等问题。Irwin 等（1999）将 201 枚经异源线粒体显微注射的小鼠胚胎移植到假孕母鼠的输卵管，在出生的 93 只仔鼠中有 5 只（3 只雄鼠 2 只雌鼠）能检测到异源线粒体。目前，利用线粒体作为转基因手段的研究还处于摸索阶段。

诱导多能性干细胞（induced pluripotent stem cells，iPS），也称为类胚胎干细胞。

2006 年，Yamanaka 领导的研究小组在小鼠尾部上皮细胞中插入 4 个与多能性因子有关的转录因子基因（Oct3/4、Sox2、c-Myc 和 Klf4 联合体，OSKM），成功得到了 iPS。2007 年，Weming 等验证了 iPS 实验的可靠性，他们改进了对成纤维细胞的筛选方法，用 Nanog 或 Oct4 取代了最初的 Fbxl5，得到的 iPS 细胞能更好地维持多能性和自我更新，且基因表达谱与 ES 细胞更类似。随后，人类（Yamanaka 等，2007）、猴（Liu 等，2008）、大鼠（Liao 等，2009）和猪（Wu 等，2009；Esteban 等，2009）的 iPS 也相继建立成功。研究人员表示，利用该技术，大约每 5 000 个细胞就能制造 1 个 iPS 细胞系。iPS 技术的诞生将干细胞研究推进到了一个新的高度，同时也为动物的转基因技术提供了新的思路。由于 iPS 细胞具有与 ES 细胞类似的特性和功能，同时 iPS 细胞可在体外长期稳定地传代培养，是转基因技术中理想种子细胞。因此，对于一些尚未建立 ES 细胞的动物而言，依托 iPS 细胞进行转基因、基因敲除和其他的遗传操作，有可能成为目前解决转基因效率低下的较好替代方案之一。

三、转基因动物应用领域的拓展

30 多年来，转基因动物的应用已拓展到生命科学的许多领域，从基础研究到生产实践，从农业到医学，都成为重要的现代生物技术。

（一）家畜的遗传改良

受"超级小鼠"的启示，转基因动物最先受到重视的应用领域就是家畜的遗传改良，旨在通过转基因技术，提高肉用家畜的生长速度和饲料转化率、增加瘦肉量、改善肉质，提高乳用家畜的产奶量和奶的品质，提高毛用家畜的产毛量和品质，提高家畜的抗病力和适应性，以及改善家畜的其他生产性能。

1. 提高畜产品的产量 为提高肉用家畜的产量而转入的多为生长因子类基因，而且以猪为受体动物的较多，这在本章第二节将有较详细的叙述。提高产毛家畜的毛产量和提高奶用家畜的产奶量等方面，也获得了一些研究成果，如 Damak 等（1996）培育出 IGF-1 转基因绵羊，其平均净毛产量比非转基因半同胞提高了 6.2%；Amdas 等（2005）将生长激素基因转入绵羊基因组中，转基因羊的生长速度和羊毛质量均较对照组显著提高。

2. 改善畜产品的品质 主要是通过转基因技术增加有益成分含量，减少有害成分，或添加某些保健功能的成分以便人类利用。这方面以对牛、羊奶品质改善的研究居多。例如，Brophy 等（2003）培育了转入 β-酪蛋白和 κ-酪蛋白基因的转基因牛，转基因牛奶中两种酪蛋白的含量分别提高了 20% 和 100%，增加乳品中酪蛋白的含量将有利于干酪和酸奶制品的加工；Berkel 等（2002）构建的转基因牛奶中，人乳铁蛋白的含量达到 300～2 800μg/ml；我国李宁等也制备了在乳腺中表达乳铁蛋白和乳清白蛋白的转基因奶牛，表达量分别达到 3.4g/L 和 1.5g/L，生产出所谓"人源化牛奶"；Reh 等（2004）将大鼠硬脂酰辅酶 A 去饱和酶基因转移到山羊中，转基因羊所产羊奶中单不饱和脂肪酸和共轭亚油酸含量显著高于对照组。

也有应用转基因技术改善羊毛品质的报道。Bawden 等（1998）将毛角蛋白 II 型中间细丝基因导入绵羊基因组，并使其在皮脂中特异表达，得到的转基因羊所产羊毛光泽亮丽，羊毛脂的含量明显提高。一些主要产毛国家如新西兰、澳大利亚等，正致力于开发可以生产彩色羊毛的转基因羊。

3. 增强家畜的抗病力　增强家畜抗病力的研究目前所采取的技术路线，一是将编码某些增强机体免疫力的蛋白、多肽，或编码致病病毒衣壳蛋白的基因，转移到动物基因组中，从而使动物免疫力增强；二是在动物中特异表达抗菌肽（如溶菌酶等），这些抗菌肽能抵抗病毒或细菌的攻击，以达到抗病效果；三是去除易感基因或使某些易感基因沉默，从而达到抗病的效果。例如，Clements 等（1994）将绵羊脑膜脑炎病毒的衣壳蛋白基因（Eve）导入绵羊的基因组中，得到了 3 只表达 Eve 基因的母羊，其中 2 只血液中能检出 Eve 糖蛋白的免疫抗体，抗病能力明显提高；Wall 等（2005）培育了能分泌溶葡萄球菌素的转基因牛，其牛奶中溶葡萄球菌素浓度达到 3mg/ml，体外实验证实转基因牛奶具有杀死金黄色葡萄球菌的能力，为预防金黄色葡萄球菌性乳房炎提供了新的途径；朊病毒（Prion）疾病（包括疯牛病、羊痒症和人克雅氏病等）是由朊蛋白基因（PRNP）编码朊病毒蛋白的错误折叠所引起的一类疾病，Kuroiwa 等（2004）通过基因打靶技术生产出 PRNP 基因双敲牛，为疯牛病的预防提供了新思路；Golding 等（2006）应用体细胞核移植和显微注射技术生产 PNA 干扰（RNAi）介导的 PRNP 基因敲除山羊，检测发现转基因动物体内 PRNP 基因的表达得到了很好的抑制。

（二）医药学领域的应用

1. 以动物为载体的生物反应器生产医用蛋白　1987 年，Gordon 以人组织纤溶酶原激活剂（tPA）与小鼠乳清酸蛋白基因启动区构建成融合表达结构，制作出了首例乳腺生物反应器小鼠模型，证明了乳腺反应器的可行性，也使人们充分意识到了转基因技术在制药工业的巨大应用价值。在此后的 20 多年里，生产人 α1-抗胰蛋白酶（Wright 等，1991）、人尿激酶（Meade 等，1990）、人凝血因子 Ⅸ（Mikko 等，1997）及人乳铁蛋白（Van Berkel 等，2002）等的转基因动物乳腺反应器相继问世。哺乳动物的乳房是一种天然、高效的蛋白合成器官，具有良好的渗透屏障，能有效地限制外源基因表达的产物进入动物体循环，减少对转基因动物自身的副作用，对于牛、羊、猪等泌乳量大的动物，乳腺生物反应器就像一座生产活性药物蛋白的"活工厂"。

血液中含有血红蛋白、血清白蛋白以及许多组织的分泌物，所有肝脏合成的蛋白均进入血液循环系统。Lo 等（1991）在转基因小鼠、猪的血清中得到高水平表达小鼠的 IgA；Weidle 等（1991）在转基因小鼠、兔和猪表达出小鼠克隆抗体；1992 年，Swanson 等利用猪的血液系统表达人血红蛋白。大动物的血液量大，采血容易，且再生能力强，因而成为表达重组蛋白的又一重要来源。用血液系统作为生物反应器，适合生产人血红蛋白、血清白蛋白、抗体或非活性状态的融合蛋白等。

除乳腺和血液系统，动物的尿液、精液和蛋清也成为重组蛋白的生产来源。有研究表明，小鼠的尿血小板溶素（uroplakin）基因的启动区所驱动的人体生长激素基因可特异地在尿道上皮（urothelium）中表达，表达量高达 100～500ng/ml。Zbikowska 等（2002）利用尿调蛋白启动子指导人重组促红细胞生成素在转基因鼠尿中表达，表达量达到 6mg/L。小鼠的 P12 基因启动区可持续地驱动在雄性小鼠的副性腺表达，已经用来表达人生长激素，采集到的精液表达量高达 0.5mg/ml。蛋清与乳汁一样含量丰富，且分泌到体外。Rapp 等（2003）在鸡蛋的蛋清中成功地表达出人 α-干扰素，证明这个系统成为生物反应器的可行性。

上述几种动物的表达系统各有特点，分别适用于不同类型产物的生产。从产品收集的简易、便于产业化而言，乳腺比其他器官系统更为优越，因而关于乳腺生物反应器的研究也是最多的。乳腺生物反应器生产的外源蛋白种类广泛，从小分子肽到大分子复杂蛋白质，从生物活性酶到抗体、病毒抗原蛋白均可有效生产。与传统的细菌、真菌及哺乳动物细胞培养系统制药方式相比，动物乳腺反应器具有显著优势：生物活性高，动物乳腺可对重组蛋白进行完全的翻译后加工，包括糖基化、磷酸化和羧基化等，从而保证产品的高生物活性；纯化简单；产量高，外源基因在动物乳腺的表达量可达每升几克到几十克；成本低；环境污染小；新药研发周期短。因此，世界各国研究人员争相将各种外源基因导入动物乳腺，形成一股转基因动物乳腺表达活性蛋白的热潮。保守估计，目前已有数十种重组药用蛋白在转基因动物中获得高效表达，其中有些已进入临床试验和商业化生产。

2. 人类疾病机理和治疗研究的转基因动物模型　动物模型最早产生并应用于医学，将具有人类疾病模拟性表现的动物作为实验对象和材料，对疾病的发病机理和治疗方法进行研究。传统动物模型获得的方法有自发性动物模型和诱发性动物模型。自发性动物模型的种类和数量远远不能满足医学研究和应用的需要，常规诱发性动物模型与人类疾病在其疾病的发生、发展表现方面有很大出入，并不能全面反映人类疾病的本质，更难以深入到分子水平进行研究。转基因动物的出现，使人们可以利用转基因技术定向地制备动物模型，克服了传统动物模型的不足。用转基因技术建立人类疾病动物模型最多的是遗传病。1990 年，Mullins 等首次将小鼠肾素（Ren-2）基因转移到大鼠，产生了因单一基因的改变而引起高血压的转基因鼠，成为高血压病研究的新模型。人类已发现的基因病有 4 000 多种，到目前为止，已有 Lesh-Nyhan 综合征、Down 综合征、Alzheimer 氏病、骨生成不全、肺气肿、原发性高血压、糖尿病 I 型、糖尿病 II 型、镰状细胞贫血症、HbE 异常血红蛋白、β-地中海贫血等数十种基因病的转基因动物模型被建立起来。

引发人类病毒性疾病的病原，常有固有的宿主范围，将病毒 DNA 导入小鼠，通过整合和表达，可打破其固有的宿主范围，但能产生与正常宿主同样的病理变化，这样便可以在更大范围内建立病毒致病模型，对其进行更广泛深入的研究。1985 年，Chisari 等首次建立了乙肝病毒表面抗原（HbsAg）携带状态的转基因小鼠模型；1988 年，Babillet 等又建立了含乙肝病毒全基因的转基因小鼠模型。目前，已成功建立 AIDS 病毒、乙型肝炎病毒、人白细胞白血病 I 型病毒等十余种病毒性疾病的小鼠转基因模型。

癌症是迄今为止人类尚未攻克的难关，已发现的癌基因有 100 多种，其功能各不相同。利用转基因技术制备某些高频率发生肿瘤的转基因小鼠，可为抗癌治疗提供可靠的动物模型。这一类制备成功的动物模型有乳腺癌小鼠模型、转骨髓瘤基因 C（C-mye）和 SV40 基因小鼠模型等数十种。

除此之外，在神经系统疾病、心血管疾病、皮肤科疾病、内分泌疾病、代谢性疾病等医学领域，都建立起了相应的转基因动物模型，其转基因品系数以千计。转基因动物模型已成为目前医学研究不可或缺的工具。

3. 药物筛选的转基因动物模型　应用实验动物进行药物筛选，是现代医药学发现药物的主要途径，尤其是整体动物的病理模型。传统的动物模型由于选用与人类某种疾病有着相似症状的动物,其致病原因、机制不尽相同,因而导致筛选结果有时具有不确定性,试验结果与临床结果不一致。转基因技术和基因剔除技术的发展,为建立动物病理模型提供了有利的条件,建立敏感动物品系及与人类疾病相同的动物模型用于药物筛选,可以从整体水平直观反映出药物的治疗作用、不良反应及毒性作用,真正体现目的基因的活动特征。应用实验动物进行药物筛选,其结果准确、经济、试验次数少、试验时间大大缩短,现已成为人们进行药物快速筛选的重要手段,如 Mehtali 等建立了表达 Ⅰ 型人类免疫缺陷病毒(HIV-1)Tat 基因的转基因小鼠模型,用于筛选抗艾滋病病毒药物;Okuma 等(2008)构建了表达白介素-4 的转基因小鼠模型,用于筛选对抗 HIV-1 的免疫治疗制剂。目前,转基因动物模型已在抗肿瘤、抗艾滋病病毒、抗肝炎病毒、降血压等药物的筛选中取得突破性进展。药物筛选出来以后,在用于人体之前,首先要用动物模型来进行药效的评价,转基因动物是进行这些药效评价的理想模型动物。用于药物研究的转基因动物模型不断发展和运用,正在开辟新药研制和生产的新天地。

(三)基础生物学领域

随着人类基因组计划的完成,人类迎来了一个崭新的时代——后基因组时代,即在基因组静态的碱基序列逐步清楚之后,转而对基因组进行动态的生物学功能研究。转基因动物这种个体表达系统,是最贴近生物体本身情况的表达系统,特别是某些只有在个体发育过程中才能观察到其表达的基因,只能通过转基因动物进行研究。转基因动物技术是一种四维实验体系,它具有能在个体水平从时间和空间角度同时观察基因表达功能和表型效应的独特优点。因此,在 1991 年第一次国际基因定位会议上,转基因动物技术被认为是遗传学研究历史上继经典的连锁遗传分析、近代的体细胞遗传以及基因克隆之后的第四代技术,成为生物科学发展史上又一个重要的里程碑。

应用转基因动物实验体系主要通过以下几种方法来研究基因功能和表达调控。

1. 转基因或基因敲入 当已知 1 个 DNA 片段编码 1 个蛋白,需要观察该蛋白在活体环境下的生物学效应和生理功能时,可通过构建该 DNA 片段的转基因动物,通过观察转基因动物所表现出的特殊表型,来推测目的基因的功能。进一步的技术是通过基因敲入研究基因功能。基因敲入(gene knock in)是利用基因同源重组,将外源基因转入细胞与基因组中的同源序列进行同源重组,插入到基因组中,建立携带并能够稳定遗传给子代的转基因动物模型,通过表型分析研究外源基因的功能。目前,应用基因敲入技术已经建立了数千种转基因动物模型,并且还可以通过在携带外源基因的载体上增加组织特异性启动子等手段,以控制外源基因在特定的时间和特定的组织器官表达。利用该技术的优势在于,它是一个活体水平上的研究体系,可以从分子到个体水平进行多层次、多方位的研究(Shashikant 等,2003)。

2. 基因敲除 通过敲除内源基因的功能片段,造成内源基因的结构或组成的突变,靶向灭活功能基因,动物表现出特定的表型效应,可以反映该基因的功能及相关机制(Majzonb 等,1996),如 Alexdrana 等(1997)研究发现,骨骼肌生长分化因子(GDF-8)基因敲除的小鼠,其骨骼肌重量比野生型大 2~3 倍,有力地说明了 GDF-8 是骨骼肌生长的负调控元件,能够特异性地抑制骨骼肌的生长。利用基因敲除技术获得的基因敲除动物已成为目前研究基因功能最直接和有效的方法之一,尤其是以 Cre-LoxP 系统为代表的条件性基因打靶（conditional gene targeting）系统的建立，使得对基因靶位时间和空间上的操作更加明确，效果更加精确可靠（Lindeberg，2003）。

3. 基因诱捕　基因诱捕（gene trap）是基因打靶技术的进一步发展，是基于 ES 细胞和诱捕载体所建立的一种高通量的基因突变技术。其基本原理是：将携有外源基因的 DNA 载体导入 ES 细胞中，插入的 DNA 使内源基因突变，并且在被诱捕序列启动子的转录控制下表达插入的报道基因，以鉴定突变。无启动子、无增强子的报道基因在 ES 细胞中通过同源重组得到重组子后，分析不同发育阶段、不同组织器官中报道基因的表达情况，可以研究重组部分内源基因的表达特性。基因诱捕载体在整合位点可利用内源基因的调控元件模仿内源基因表达，从而阐明内源基因的功能，因而广泛用于基因功能的研究。目前，基因诱捕已用于数千种鼠基因的插入突变（Brian 等，1998）。

4. RNA 干扰　RNA 干扰（RNAi）是一种序列特异性的转录后基因沉默过程，它通过双链 RNA（dsRNA）分子引起具有相同序列的 mRNA 发生降解来关闭基因表达活性，能够产生功能缺失表型。自从 1998 年 Fire 等发现 RNAi 现象以后，研究者们纷纷用 dsRNA 诱导目的基因的表达抑制，很快 RNAi 以其特异性和高效性抑制特定基因的表达，而成为研究基因功能的强大工具。在基因功能的研究方面，RNAi 明显优于基因敲除和反义核酸技术：RNAi 比基因敲除简便易行，RNAi 容易诱导产生，并且可将目的基因的表达抑制到极低的水平，甚至完全抑制，这一点又优于反义核酸技术。RNAi 适合进行大规模基因功能研究。

应用转基因动物来研究基因的功能和表达调控，还有一个其他方法所不能比拟的优点。随着转基因技术的发展，不仅能构建转单个基因的动物，还能够同时导入两个基因、多个基因，甚至是人工染色体的一组基因。这样就改变了传统的单个基因研究方法，从而能在整体上、在时间和空间的概念上来综合研究多个基因的相互作用，以及复杂、多级的基因表达调控。人类细胞中有 30 亿 bp，包含有大约 3 万个功能基因，而目前已经清楚其功能的只有 3 000 个左右，还有数以万计未被认识的基因需要人们去研究其功能及表达调控机制。转基因动物为这方面的研究提供了最有力的平台。

由于小鼠具有个体小、成本低、易于饲养、繁殖力强、周期短、易于操作、遗传转化的效率高、遗传背景清楚等方面的特点，因而成为制备转基因模型的常用动物。其次，大鼠、兔、猪也根据不同学科的需求用于制备转基因动物模型。

第二节　转基因猪技术现状及应用前景

猪是人类最重要的家畜之一，也是常用的实验动物之一。同时，猪是多胎动物，相对于牛、羊等家畜，具有繁殖力高、繁殖周期短等特点，因而用转基因技术对猪进行遗传改造备受重视。从 1985 年 Hammer 等得到第一批转基因猪到现在，随着整个转基因动物学科的进步，猪的转基因技术及其应用研究也得到了快速发展，并且展示出广阔的应用前景。

一、转基因猪技术现状

已有的动物转基因技术，除胚胎干细胞法之外（到目前为止，猪的胚胎干细胞尚未建立成功），其余的方法均已应用于转基因猪的构建。由于生理特点的不同，猪的转基因技术操作与其他动物也有差异。

最早建立的转基因猪技术是参照小鼠的原核注射法。但猪的受精卵由于含有致密的脂肪颗粒，不经处理无法看到原核，这就必须有一种技术使原核显现出来。Wall 等（1985）对猪受精卵进行离心处理，使卵黄颗粒沉降到卵的一侧，便可将原核显现出来。之后，人们沿用了这种离心的办法，对猪的受精卵进行原核注射。对注射基因的受精卵，最开始是按照动物胚胎移植的常规程序，移植到与供体同步发情的母猪输卵管内，这就需要同时制备大批同步发情的母猪。魏庆信等（1992）将注射基因的受精卵直接移入提供受精卵的母猪输卵管内，使供、受体猪成为一体，称之为"自体移植"，不仅节省了受体母猪及其同步发情的处理过程，而且由于规避了供、受体发情同步化的误差，提高了母猪移植的受孕率和产仔率，同时大大降低了成本，使复杂的过程变得相对简便。直至今日，由于这种方法的稳定、可靠，仍被普遍用于转基因猪的制备。

第一例报道用精子介导法获得转基因猪的是 Gandolfi 和 Lavitrano 等（1989）。与制备转基因小鼠不同的是，小鼠的精子取自处死小鼠的睾丸，而猪的精子取自活体采集的精液。他们将新鲜的猪精液离心洗涤去精清，然后与 CAT 基因共培养，再手术输入母猪的子宫角，出生的后代中 21% 整合了外源基因。在大动物中，猪精子介导技术是研究最多的。目前，体外转染的猪精子分别采用人工授精、输卵管输精、体外受精和胞质内精子注射（ICSI）的途径，以及各种体内转染的方法，均有获得转基因猪的报道。

用逆转录病毒感染的途径制备转基因猪的报道不多，其重要原因是存在安全隐患。Cabot 等（2001）利用携带 GFP 基因的复制缺陷型莫洛尼氏鼠白血病病毒（MoMLV）作载体，转染体外成熟的猪卵母细胞后，进行体外受精，获得了表达的转基因猪。Lai 等（2002）把着床 35d 猪胎儿组织剪碎培养获得成纤维细胞，用复制缺陷逆转录病毒作载体，秋水仙碱处理供体核，通过核移植获得了转基因猪。

Park 等（2001，2002）用转染增强型绿色荧光蛋白（EGFP）基因的成纤维细胞和耳上皮细胞作核供体，率先利用体细胞核移植介导的方法获得了转基因猪。这之后，世界上许多实验室都应用体细胞核移植介导技术成功地制备出转基因猪。由于这种方法能提供大量体外操作的细胞，可在细胞水平上对外源基因的整合和表达进行筛选，从而实现定位整合和高效表达，因而短短几年时间便成为制备转基因猪，尤其是进行靶向修饰的主流技术。目前，这项技术的缺陷除转化效率和克隆效率较低之外，就是对于细胞的筛选需要标记基因，如将其用于猪的育种，会带来食品安全上的隐患，后续的工作还需要将这类标记基因从转基因细胞或个体中删除，这就给操作增加了难度。

猪的精原干细胞途径是近些年逐渐有所发展的技术。Honaramooz 等（2002）利用睾丸网注射法将分离的精原干细胞进行猪睾丸移植，结果成功注入超过 90% 受体睾丸的睾丸网，曲细精管充满度达 50%。薛振华等（2008）采用组合酶消化，结合 Percoll 不连续密度梯度离心法分离猪的精原细胞，经纯化后其纯度为 47.62%。Kim 等（1997）采用体内转染的方法，向猪睾丸的曲细精管中注射脂质体/细菌 lacZ 基因复合物，对精原干细胞进行转染，经原位杂交，结果证明有 15.3%～25.1% 的曲细精管中有外源基因的表达。但尚未见通过精原干细胞途径获得转基因猪的报道。

二、转基因猪的应用现状与前景

所有转基因动物的应用领域，转基因猪都扮演着重要的角色。尤其是在农业领域，应用转基因技术对猪进行遗传改良的研究是最多的。而由于猪与人类生理、解剖的相似性，以猪作为人类器官移植供体的研究也成为热点，使转基因猪在医学方面的应用进一步拓宽。

（一）转基因猪在农业上的应用现状与前景

猪是人类最主要的肉用家畜，全世界猪肉的产量占肉类总产量的 40％以上。我国是世界第一养猪大国，据国家统计局的数据，我国 2008 年生猪的饲养量为 107 307.8 万头（其中肉猪出栏 61 016.5 万头，年底存栏 46 291.3 万头），超过全世界总饲养量的一半。我国的肉食消费以猪肉为主，2008 年猪肉的总产量为 4 620.5 万吨，占肉类总产量的 63.5％。养猪业在农业和整个国民经济中都占有十分重要的地位。通过遗传改良，不断提升养猪生产的高产、高效和优质水平，是育种科学家和养猪生产者永远追求的目标。转基因技术的产生，为养猪生产水平的进一步提高提供了前所未有的空间。

应用转基因技术对猪进行遗传改良，其主要进展体现在以下 4 个方面。

1. 增加瘦肉产量、提高生长速度　猪是肉用家畜，增加瘦肉产量、提高生长速度、降低饲料消耗，是猪遗传改良育种的永恒主题。最初科学家们受转基因"巨型小鼠"的启示，旨在采用类似的方法和基因，培育生长快、耗料低的猪品系。因此，这一阶段导入的外源基因以生长激素类为主，如细胞肥大病毒启动子与猪生长激素重组基因（CMV/pGH）、小鼠金属硫蛋白启动子与牛生长激素重组基因（mMT/bGH）、Moloney 氏鼠白血病病毒启动子与大鼠生长激素重组基因（MLV/rGH）、小鼠金属硫蛋白启动子与大鼠生长激素重组基因（mMT/rGH）、Moloney 氏鼠白血病病毒启动子与猪生长激素重组基因（MLV/pGH）等。例如，Hammer 等（1985）将人的生长激素基因导入猪的受精卵，获得的转基因猪与同窝非转基因猪比较，生长速度和饲料利用效率显著提高，胴体脂肪率也明显降低；Pursel 等（1989）把牛的生长激素基因转入猪，生产出 2 个猪的家系，这 2 个家系的猪其生长速度提高 11％～14％，饲料转化率提高 16％～18％；陈永福与魏庆信等合作，于 1990 年得到转绵羊金属硫蛋白启动子与猪生长激素融合基因（OMT-PGH 基因）猪，随后建立种群并传递 5 个世代，其生长速度平均提高 15％，饲料转化率提高 10％。然而，由于激素类蛋白在动物体内的过量表达，常导致动物生长发育不正常，且过量激素在畜产品中的蓄积有可能影响食品的安全，因而 20 世纪 90 年代中期以后，人们对这方面的研究持谨慎态度。

Pursel 等（1989）将胰岛素样生长因子（IGF-1）基因转入猪，首次获得表达 IGF-1 的转基因猪；1998 年，美国农业部的研究人员得到脂肪减少 10％、瘦肉增加 6％～8％的转 IGF-1 基因猪，且没有生长激素类基因的副作用，使 IGF-1 的转基因研究成为提高猪瘦肉率的重要研究方向。

近年来，人们在转基因表达调控方面的研究取得了一系列进展，可将转入基因的表达量控制在安全范围之内：采用诱导表达技术，于需要的时段在猪的饲料中添加某一种物质，使基因开启，不需要的时候去掉该物质，使基因关闭，从而实现转基因表达的定量、定时调控，消除转基因可能的负面效应。郑新民等（2010）成功构建四环素（Tet）诱导系统的 IGF-1 表达载体，并制备成功转 IGF-1 基因猪。他们对 2 头处于 4.5 月龄的转 IGF-1 基因猪，在日粮中添加 0.1% 四环素，进行诱导表达实验，结果表明，与对照组相比，转 IGF-1 基因猪瘦肉率提高 9%。

以小鼠作为模型的研究表明，肌抑素基因（MSTN）Pro 区转基因小鼠（Yang，2001）和敲除 MSTN 基因小鼠（Mcpherron，1997）的肌肉量大幅增加，通过敲除猪的 MSTN 基因增加瘦肉产量成为新的研究热点。

我国近几十年猪育种工作通过引进国外品种，以提高瘦肉率和生长速度为主要目标。在引进品种和相应的杂交组合中，这两项生产指标已经达到较高的水平，进一步提高的空间已不大。而中国地方猪品种多具有肉质好、风味鲜美的特点，但其瘦肉率和生长速度用常规的选育技术提高很慢。因此，对地方猪品种以提高瘦肉率和生长速度为目标的转基因改良，有望在短期内收到显著效果，具有很大的发展空间。

2. 增强猪的抗病力和适应性　应用转基因技术增强猪的抗病力和适应性有两种策略：一是导入具有广谱抗病性的基因，如干扰素、溶菌酶或其他能够增强机体免疫力的因子，如李宁等通过体细胞核移植技术获得转入溶菌酶转基因克隆猪，其乳腺能表达人重组溶菌酶，使母猪奶中含高抑菌活性的溶菌酶，对仔猪腹泻等细菌性疾病具有一定的预防作用（胡文萍等，2009）；二是针对某一种病毒或病菌的抗性基因的导入。已有的转基因抗病研究多属第二类。而在第二类中，又有多种方式：①从抗病的动物体中克隆出有关的基因，将其转移给易感动物以提高其抗病力和适应性；②通过表达特定的抗体，增强对疾病的抵抗力，如 Lo 等（1991）将编码小鼠抗磷酰胆碱（PC）抗体的 $\alpha+\kappa$ 链融合基因注入猪的受精卵，获得的转基因猪中产生的单克隆抗体已被证明有抗病活性；③对猪病原体基因组结构进行深入研究后，可将病原体致病基因的反义基因或核酶基因导入基因组，使侵入机体的病原体所产生的 mRNA 不能表达，从而起到抗病作用，如魏庆信等（1994）将谢庆阁等构建的载有抗猪瘟病毒核酶基因质粒（PMHR）导入猪，获得对猪瘟病毒表现一定抗性的转基因猪。

应用转基因技术增强猪的抗病力，具有现实的经济意义和社会意义，而发展健康养殖业、保障食品安全则是 21 世纪世界经济和社会发展的重大战略需求。用常规的选择技术提高猪的抗病力和适应性，进展十分缓慢，人们已寄希望于转基因技术。

3. 改善猪肉品质　以提高猪肉不饱和脂肪酸含量来改善猪肉品质的转基因研究比较成功。脂肪酸分为饱和脂肪酸和不饱和脂肪酸，前者多在动物性脂肪中，后者多在植物性脂肪里。饱和脂肪酸摄取过多会引起高血脂、高胆固醇等，而不饱和脂肪酸不仅有益于心血管健康，还有助于大脑发育和降低罹患老年痴呆症和抑郁症的风险。2002 年，日本近畿大学的入谷明教授等把菠菜脂肪酸去饱和酶基因 12（FAD12 基因）植入猪的受精卵内，成功培育出了比普通猪不饱和脂肪酸含量高 20% 的转基因猪。Lai 等（2006）获得转有线虫 ω-3 脂肪酸去饱和酶基因（FAT-1 基因）的体细胞克隆猪，FAT-1 蛋白可使普通猪肉的 ω-6 脂肪酸转变成 ω-3 脂肪酸。中国农业科学院北京畜牧兽医研究所与湖北省农业科学院畜牧兽医研究所合作，也于近期培育出不饱和脂肪酸含量高的转基因猪，目前已进入中间实验。

猪常规育种的实践表明,随着瘦肉率和生长速度的提高,猪肉的品质和风味呈下降的趋势。在保持高瘦肉率和高生长速度的同时,如何提高肉质,成为育种家迫切需要解决的问题。近年来分子生物学的发展,使人们研究并发现了一批影响猪肉质性状的主效基因,如控制肌内脂肪(intramuscular fat,IMF)沉积的主效基因 MI,MyoD 基因家族,氟烷基因,RN 基因(rendement napole,RN)等。这些影响肉质的基因的发现,一方面可以通过分子标记辅助育种技术提高猪肉的品质,另一方面也为通过转基因的手段改善肉质提供了依据。

4. 培育"环保型"猪 这方面的研究起步于降低磷的排放量。由于植物中含有猪不能消化的大量的有机磷,因此猪粪中磷含量很高。养猪场的废物排出后,污染江河和土壤,危害其中的生物,特别是随着集约化养猪的发展,磷污染造成的环境问题引起了人们越来越多的重视。通过在猪饲料中加入肌醇六磷酸酶(phytase),可以帮助消化有机磷,降低猪粪中的磷含量,但成本很高。2001 年,加拿大科学家培育出的携带大肠杆菌phytase 基因的转基因猪,这种猪可以在唾液中分泌 phytase,从而提高对饲料中磷的消化率,使猪粪中的磷含量比正常猪降低 75%。

当前,养猪生产的废弃物已成为重要的环境污染源,尤其在我国的一些平原地区,猪场的密度大,环境治理不容忽视。通过转基因技术降低有害物质的排放,将成为环境保护的重要手段之一。

(二)转基因猪在医药领域的应用现状与前景

1. 以转基因猪作为生产医用蛋白的生物反应器 已有报道的用转基因猪作为生物反应器表达外源蛋白的系统有乳腺系统和血液系统。

对猪乳腺生物反应器的开发影响较大的是美国弗吉尼亚大学 Willam 等(1997),他们成功构建在乳腺中特异表达人蛋白 C 的转基因猪,其表达量是正常人血含量的 200 倍,有报道称已进入人体临床试验。此外,Paleyanda 等(1997)将人凝血因子Ⅷ基因与乳腺表达载体相连接并导入猪,得到了在猪乳中表达人凝血因子Ⅷ的转基因猪。1 头母猪 1 个泌乳期(60d)的产奶量在 350~700kg,依品种的不同而异,其中乳蛋白的含量为 6.25%,相当于奶牛的 1.56 倍。母猪 1 年有 2 个泌乳期,年合成乳蛋白的能力达 22~44kg。用猪的乳腺作为生物反应器,即使表达量维持在 1g/L 的水平,每头母猪每年也有 220~440g 的产量,这对于生产稀缺的药用蛋白是一个十分可观的数字。

最早报道转基因猪血液表达外源蛋白的是 Swanson 等(1992),他们得到的转基因猪血细胞中,人的血红蛋白占血红蛋白总量的 9%。这之后,John 等(1994)用同源猪的 β-珠蛋白基因启动子,连接人的 β-珠蛋白基因组编码区,所得到的转基因猪最高的表达水平占血红蛋白总量的 24%。我国湖北省农业科学院畜牧兽医研究所郑新民等(2001)成功制备转人血清白蛋白基因猪,其血液中表达量高达 20g/L。猪血总量占体重的 6%左右,1 头成年猪以 200kg 体重计,血液总量为 12kg;血浆蛋白质再生的速度很快,即使损失 1/4 的血量,只要给予丰富的蛋白质饲料,也可以在 14d 内使血浆中的全部蛋白恢复正常;1 头猪每半个月采血 1 次,每次采集 1L 血液,不影响其正常的生理活动。可见,利用转基因猪生产药用蛋白潜力之巨大。

除上述已有报道的两个表达系统外,值得一提的还有精液系统。猪精液中的蛋白质含量为 3.7%，除精子本身之外，主要来自于副性腺的分泌，其中又多来自于精囊腺。猪精浆蛋白Ⅰ和猪精浆蛋白Ⅱ是精子黏附蛋白（Sperm adhesion）家族的主要成员，主要在精囊腺表达，占精浆蛋白的50%以上，其基因的调控区有可能很适宜作外源基因表达载体的调控元件。利用猪的精囊腺制作生物反应器，具有以下几方面的优势：①猪的射精量大，一次射精在200ml左右，每次射精精液中蛋白质的含量为 7～8g，按每周采精 3 次，其蛋白质的年产量可达1 050～1 200g；②公猪性成熟后，可利用的年限长达 5～7 年；③猪精液的采集和处理已在生产中大规模应用，技术成熟，操作简便；④过滤精子后的精液，成分简单，对外源蛋白的分离纯化容易。因此，猪的精液系统是值得开发的生物反应器。需要注意的是，为了保障公猪正常的繁殖能力，表达的外源蛋白应不影响精子的存活，至少在短时间内不影响精子的活力。

2. 以猪为供体的异种器官移植研究　器官移植是治疗严重的心脏、肝、肾器质性病变的首选甚至唯一方案，这就使得供体器官匮乏的矛盾日益突出。异种器官移植是解决这一问题的有效途径之一。科学家们经过多年的努力，综合考虑解剖学、生理学、伦理学及潜在的病毒感染等指标，确定猪是最佳的异种器官供体。然而进行异种器官移植，首先要解决的问题是免疫排斥。超急性免疫排斥是异种器官移植、特别是远缘物种间器官移植所面临的第一道障碍，并且可能是最主要的障碍。研究表明，构建能克服超急性排斥反应的转基因猪有两条技术路线：一是补体调节蛋白的表达，二是异种抗原的去除。补体调节蛋白的表达研究最多的是人类促衰变因子（DAF）、膜辅助因子蛋白（MCP）和膜反应性溶解抑制物（CD59）等 3 个基因。研究结果表明，单独转移其中的 1 个基因，可以表现出一定的抗排斥作用；而联合转染其中的 2 个基因，比单独转染 1 个基因，抗排斥作用大大加强。White 等首次成功地进行了器官移植用转基因猪的探索，他们将 DAF 基因导入猪体内并获得了表达，用这种猪的心脏和肺作人体血浆活体灌流实验，这些器官获得了抵御人体补体系统损伤的能力；将这种转基因猪的心脏移植给狒狒，被移植器官发挥作用的时间显著延长（Platt 等，1996）。魏庆信等（2000）利用孙芳臻等提供的人类促衰变因子（hDAF）基因，成功构建转 hDAF 基因猪，武汉同济医院陈实等将转基因猪的心脏移入猴体内，存活 90h 以上；而非转基因的对照组，只能存活 2h。赖良学等（2002）应用猪胚胎成纤维细胞系进行基因打靶，获得了敲除部分 α-半乳糖基转移酶（α-GT）基因的克隆猪。宫锋等（2005）在猪胎儿成纤维细胞中联合转染 α-1，3-GT 和 α-1，2-岩藻糖转移酶基因，得到的转基因细胞异种抗原清除率达 84%。Tseng 等（2005）将敲除 α-1，3-GT 基因猪的心脏移植给 8 只狒狒，并配合使用抗体、阿司匹林、肝磷脂等药物，结果有 6 只狒狒存活了 2～6 个月。

由于异种排斥的复杂性，以及猪内源病毒的潜在风险，转基因猪最终进入人体临床器官移植还有较长的路程。未来也许正如著名的外科移植专家 Roy Calne 所言："异种器官移植的临床应用就在前方的拐角处。"

3. 用转基因猪作为动物模型　猪在解剖学、生理学、营养代谢、血液和血液生化指标值及疾病发生机理等方面与人极其相似。相比灵长类动物，猪没有伦理道德和动物保护方面的限制，加上饲养和实验成本较低，猪已成为一种理想的实验动物模型。目前，转基因猪作为动物模型已广泛用于消化系统、心血管病、糖尿病、口腔科、皮肤烧伤、血液病、遗传病、营养代谢病、新药评价等多个方面，尤其是各种小型猪品系和转基因技术的建立，更促进了这些方面的发展。通过转基因技术获得的动物模型能在分子机制上模拟疾病的发生和发展机制，比传统的自发或诱发性疾病动物模型更具有优势。例如，Roger 等（2008）通过基因敲除的方法构建了囊性纤维化双敲的猪疾病模型，通过临床诊断、电生理学及病理学检测方法分析新生仔猪，发现其能很好模拟人类新生儿囊性纤维化症状，为囊性纤维化等疾病防控的研究提供了动物模型；2009 年，Kragh 等利用手工克隆技术建立了 7 头人类老年痴呆症的小型猪疾病模型；Umeyama 等（2009）成功构建肝细胞核因子 1α（Hepatocyte nuclear factor1α）转基因猪，成为糖尿病研究的动物模型；有报道称，赖良学等获得了人类亨廷顿舞蹈症的转基因猪模型（2010）和对糖尿病和心血管并发症有重要研究价值的过氧化物酶体增殖物激活受体 γ（PPARγ）基因敲除猪模型（2011）。

　　我国小型猪资源丰富，目前已经进行实验动物化的小型猪品种有西藏小型猪、版纳微型猪、贵州小型猪、中国农大小型猪、五指山小型猪、广西巴马小型猪和滇南小耳猪等。猪的转基因技术相对成熟，以小型猪为材料，应用转基因技术制备动物模型，在生物医学领域具有广阔的应用前景。

参考文献

陈永福 . 2002. 转基因动物 . 北京：科学出版社 .

樊俊华，魏庆信，陈清轩，等 . 1999. 转 OMT/PGH 基因猪外源基因整合及遗传特性研究 . 遗传学报，26（5）：497-500.

宫锋，章扬培，贾延军，等 . 2005. 联合转导人 α-1,3-半乳糖苷酶和 α-1,2-岩藻糖转移酶基因清除猪细胞表面异种抗原 . 科学通报，50（22）：2484-2488.

胡文萍，童佳，李秋艳，等 . 2009. 转基因猪乳腺表达重组人溶菌酶研究 . 第十五次全国动物遗传育种学术讨论会论文集 .

卡尔 . A. 平克尔特编，劳为德译 . 2004. 转基因动物技术手册 . 劳为德，译 . 北京：化学工业出版社 .

劳为德 . 2003. 动物细胞与转基因动物制药 . 北京：化学工业出版社 .

魏庆信，樊俊华，郑新民，等 . 2000. 猪导入人类促衰变因子（hDAF）的整合与表达 . 中国兽医学报（3）：219-221.

魏庆信，樊俊华，陈东宝，等 . 1994. 猪微注射基因胚胎的自体移植 . 生物工程进展，14（2）：49-50.

肖红卫，郑新民，陈思怀，等 . 2006. 精子介导生产转 hCD59 基因猪 . 华中农业大学学报，25（2）：170-173.

郑国锠 . 1980. 细胞生物学 . 北京：人民教育出版社 .

郑新民，魏庆信，李莉，等 . 2003. 表达人血清白蛋白转基因猪的研究 . 西南农业学报，16（1）：119-121.

Adams N R, Briegel J R. 2005. Multiple effects of an additional growth hormone gene in adult sheep. Journal of Animal Science（83）：1868-1874.

Bawden C S, Powell B C, Walker S K, et al. 1998. Expression of a wool intermediate filament keratin transgene in sheep fibre alters structure. Transgenic Research, 7（4）：273-287.

Berkel H C, Welling M W, Geerts M, et al. 2002. Large scale production of recombinant human lacto-ferrin in the milk of transgenic cows. Nature Biotechnology（20）：484-487.

Biery K A, Bondioli K R, Demayo F J, et al. 1995. Gene transfer by pronuclear in jection in the bovine. Theriogenology (29): 224-229.

Brian P, Zam B. 1998. Discription and sequence identification of 2000 genes in mouse embryonic stem cell. Natrue (392): 608.

Brinster R L, Ararboek M R. 1994. Germline transmission of donor haplotype following spermatogonial transplantation. Proc Natl Acad Sci USA, 91 (24): 11303-11307.

Cabot R A, Kühholzer B, Lai L, et al. 2001. Transgenic pigs produced using in vitro matured oocytes infected with a retrovirus vector. Anim Biotechnol, 12 (2): 205-214.

Campbell K H, Mcwhir J, Ritchie W A, et al. 1996. Sheep cloned by nuclear transfer from a cultured cell line. Nature (380): 64-66.

Clements J E, Wall R J, Narayan O, et al. 1994. Development of transgenic sheep that express the Visna virus envelope gene. Virology (200): 370-380.

Cibelli J, Stice S, Golueke J, et al. 1998. Cloned transgenic calves produced from non-quiescent foetal fibroblasts. Science (280): 1256-1258.

Damak S, Su H Y, Jay N P, et al. 1996. Improved wool production in transgenic sheep expressing insulin-like growth factor 1. Biotechnology (14): 185-188.

Esteban M A, Xu J M, Yang J, et al. 2009. Generation of induced pluripotent stem cell lines from tibetan miniature pig. J Biol Chem, 284 (26): 17634-17640.

Evas M J, Kaufman M H. 1981. Establishment in culture of pluripotential cells from mouse embryos. Nature (292): 154-156.

Gandolfi F, Lavitrano M, Camaioni A, et al. 1989. The use of sperm-mediated gene transfer for the generation of transgenic pigs. J Reprod Fertil Abstr Ser, 4 (10): 56-62.

Gandolfi F. 2000. Sperm-mediated transgenesis. Theriogenology, 53 (1): 127-137.

Geurts A M, Cost G J, Freyvert Y, et al. 2009. Knockout rats via embryo micro-injection of Zinc-finger nucleases. Science (325): 433.

Golding M C, Long C R, Carmell MA, et al. 2006. Suppression of prion protein in livestock by RNA interference. Proc Natl Acad Sci USA (103): 5285-5290.

Gordon J W, Scangos G A, Plotkin D J, et al. 1980. Genetic transformation of mouse embryos by microinjection of purified DNA. Proc Natl Acad Sci USA (77): 7380-7384.

Gordon K, Lee E, Vitale J, et al. 1987. Production of human tissue plasminogen activator in transgenic mouse milk . Biotechnology (5): 1183-1187.

Hammer R E, Prsel V G, Rexroad C E, et al. 1985. Production of transgenic rabbits, sheep and pig by microinjection. Nature (315): 680-683.

Hamra F K, Gatlin J, Chapman K M, et al. 2002. Production of transgenic rats by lentiviral transduction of male germ-line stem cells. Proc Natl Acad Sci USA, 99 (23): 14931-14936.

Hochi S L, Ninoiya T, Honna M, et al. 1990. Successful production of transgenic rats. Anim Biotech (1): 175-184.

Hollis R P, Stoll S M, Sclimenti C R, et al. 2003. Phage integrases for the construction and manipulation of transgenic mammals. Reprod Biol Endocrinol, 1 (1): 79-84.

Huguet E, Esponda P. 1998. Foreign DNA introduced into the vas deferens is gained by mammalian spermatozoa. Mol Reprod Dev, 51 (1): 42-52.

Irwin M H, Johnson L W , Pinkert C A, et al. 1999. Isolation and microinjection of somatic cell-derived mitochondrial and germline heteroplasmy in trans mitochondrial mice. Transgenic Res,, 8 (2): 119-123.

Jaenisch R, Mintz B. 1974. Simian virus 40 DNA sequences in DNA of healthy adult mice derived from pre-implantation blastocysts injected with viral DNA. Proc Natl Acad Sci USA (71): 1250-1254.

Jaenisch R, Fan H, Croker B. 1975. Infection of preimplantation mouse embryos and of newborn mic with leukemia virus: tissue distribution of viral DNA and RNA leukemogenesis in the adult animals. Proc Natl Acad Sci USA (72): 4008-4012.

Kim J H, Jung-Ha H S, Lee H T, et al. 1997. Development of a positive method for male stem cell-mediated gene transfer in mouse and pig. Mol Reprod Dev, 46 (4): 515-526.

Kragh P M, Nielsen A L, Li J, et al. 2009. Hemizygous minipigs produced by random gene insertion and handmade cloning express the Alzheimer's disease-causing dominant mutation APPsw. Transgenic Res (18): 545-558.

Kuroiwa Y, Kasinathan P, Matsushita H, et al. 2004. Sequential targeting of the genes encoding immuno-globulin-mu and prion protein in cattle. Nat Genet (36): 775-780.

Lai L X, Park K W, Cheong H T, et al. 2002. Transgenic pig expressing the enhanced green fluorescent protein produced by nuclear transfer using colchicines treated fibroblasts as donor cells. Mol Reprod Dev (62): 300-306.

Lai L X, Kang J X, Witt W T, et al. 2006. Generation of cloned transgenic pigs rich in omega-3 fatty acids. Nat Biotechnol, 24 (4): 435-436.

Lai L X, Kolber S D, Park K W, et al. 2002. Production of α-1, 3-Galactosyl transferase knockout pigs by nuclear transfer cloning. Science (295): 1089-1092.

Lavitrano M, Camaioni A, Fazio V M. 1989. Sperm cells as vectors for introducing foreign DNA into eggs: genetic transformation of mice. Cell (57): 717-723.

Liao J, Cui C, Chen S, et al. 2009. Generation of induced pluripotent stem cell lines from adult rat cells. Cell Stem Cell, 4 (1): 11-15.

Liu H, Zhu F, Yong J, et al. 2008. Generation of induced pluripotent stem cells from adult rhesus monkey fibroblasts. Cell Stem Cell, 3 (6): 587-590.

Lindeberg J. 2003. Conditional gene targeting. Ups J Med Sci, 108 (1): 1-23.

Lo D, Purse V, Linton P L, et al. 1991. Expression of mouse IgA by transgenic mice, pigs and sheep. Eur J lowzanol (21): 1001-1006.

Lois C, Hong E J, Pease S, et al. 2002. Germline transmission and tissue-specific expression of transgenes delivered by lentiviral vectors. Science (295): 868-872.

Mashimo T, Takizawa A, Voigt B, et al. 2010. Generation of knockout rats with X-linked severe combined immunodeficiency (X-SCID) using zinc-finger nucleases. PLos One, 5 (1): 8870.

Mayuko K, Hideto U, Ryo T, et al. 2006. Production of transgenic-clone pigs by the combination of ICSI-mediated gene transfer with somatic cell nuclear transfer. Transgenic Research (15): 229-240.

Mcpherron A C, Lawler A M, Lee S J. 1997. Regulation of skeletal muscle mass in mice by a new TGF-β superfamily Member. Nature (387): 83-90.

McCreath K J, Howcroft J, Campbell KH, et al. 2000. Production of gene-targeted sheep by nuclear trans-fer from cultured somatic cells. Nature (405): 1066-1069.

Meade H, Gates L, Lacy E, et al. 1990. Bovine α s1-casein gene sequence direct high level expression of hu-man urokinase in mouse milk. Biotechnology (300): 511-515.

Mikko U O, Hyttinen J M, Korhonen V P, et al. 1997. Bovine α s1-casein gene sequence direct high level expression of human granulocyte macrophage colony-stimulating factor in the milk of transgenic mice. Transgenic Research (6): 75-84.

Okuma K, Tanaka R, Ogura T, et al. 2008. Interleukin-4-transgenic hu-PBL-SCID mice: a model for the screening of antiviral drugs and immunotherapeutic agents against X4 HIV-1 viruses. J Infect Dis (197): 134-141.

Palmiter R D, Brinster R L, Hammer R E, et al. 1982. Dramatic growth of mice that develop from eggs microinjected with metallothionein-growth hormone fusion genes. Nature (300): 611-615.

Park K W, Cheong H T, Lai L, et al. 2001. Production of nuclear transfer derived swine that express the enhanced green fluorescent protein. Animal Biotech, 12 (2): 173-181.

Park K W, Lai L, Cheong H T, et al. 2002. Mosaic gene expression in nuclear transfer derived embryos and the production of cloned transgenic pigs from ear derived fibroblasts. Biol Reprod, 66 (4): 1001-1005.

Paleyanda R K, Velander W H, Lee T K, et al. 1997. Transgenic pigs produce functional human factor VIII in milk. Nat Biotechnol (15): 971-975.

Perry A, Wakayama T, Kishikawa H, et al. 1999. Mammalian transgenesis by intracytoplasmic sperm injection. Science (284): 1180-1183.

Pfeifer A, Ikawa M, Dayn Y, et al. 2002. Transgenesis by lentiviral vectors: lack of gene silencing in mammalian embryonic stem cells and preimplantation embryos. Proc Natl Acad Sci USA (99): 2140-2145.

Platt J L, Logan J S. 1996. Use of transgenic animals in xenotransplantation. Transplantation Reviews, 10 (2): 69.

Pursel V G, Pinkert C A, Miller K F, et al. 1989. Genetic engineering of livestock. Science (244): 1281-1288.

Reh W A, Maga E A, Collettel N M B, et al. 2004. Using astearoyl-CoA desaturase transgene to alter milk fatty acid composition. Journal of Diary Science (87): 3510-3514.

Roger C S, Hao Y, Rokhlina T, et al. 2008. Production of CFTR-null and CFTR-DeltaF508 heterozygous pigs by adeno-associated virus-mediated gene targeting and somatic cell nuclear transfer. J Clin Invest (118): 1571-1577.

Salter D W, Smith E J, Hughes S H, et al. 1987. Transgenic chickens: Insertion of retroviral genes into the chicken germ line. Virology (157): 236-240.

Schnieke A E, Kind A J, Ritchie W A, et al. 1997. Human factor IX transgenic sheep produced by transfer of nuclei from transfected fetal fibroblasts. Science (278): 2130-2133.

Shashikant C S, Ruddle F H. 2003. Impact of transgenic on functional genomics. Curr Issues Mol Biol, 5 (3): 75-98.

Swanson M E, Martin M J, O'Donnel J K, et al. 1992. Production of functional human hemoglobin in transgenic swine. Biotechnology (10): 557-559.

Takahashi K, Yamanaka S. 2006. Induction of pluripotent stem cells from mouse embryonic and adult fibroblast cultures by defined factors. Cell, 126 (4): 663-676.

Tasic B, Hippenmeyer S, Wang C, et al. 2011. Site-specific integrase-mediated transgenesis in mice via pronuclear injection. PNAS Early Edition, 108 (19): 7902-7907.

Thomas K R, Capecchi M R. 1987. Site-directed mutagenesis by gene targeting in mouse embryo-derived stem cells. Cell, 51 (3): 503-512.

Tseng Y L, Dor F J, Shimizu A, et al. 2005. Alphal, 3-Galactosyltransferase gene-knockout pig heart transplantation in baboons with survival approaching 6 months. Transplantation，80 (11)：1493-1500.

Van Berkel P H，Welling M M，Geerts M，et al. 2002. Large scale production of recombinant human lacto-ferrin in the milk of transgenic cows. Biotechnology (20)：484-487.

Watanabe S，Iwamoto M，Suzuki S，et al. 2005. A novel method for the production of transgenic cloned pigs：electroporation-mediated gene transfer to non-cultured cells and subsequent selection with puromy-cin. Biol Reprod，72 (2)：309-315.

Wall R，Pursel V，Hammer R，et al. 1985. Development of porcine ova that were centrifuged to permit vi-sualization of pronuclei and nuclei. Boil Reprod (32)：645-651.

Wall R J，Powell A M，Paape M J，et al. 2005. Genetically enhanced cows resist intramammary Staphylo-coccus aureus infection. Nat Biotechnol (23)：445-451.

Wernig M，Meissner A，Foreman R，et al. 2007. In vitro reprogramming of fibroblasts into a pluripotent ES cell-like state. Nature (448)：318-324.

Willam H V，Henryk L，Willam N D. 1997. Transgenic Livestock as Drug Factories. Scientific American，276 (1)：70-74.

Wright G，Carver A，Cottom D，et al. 1991. High expression of active human α1-antitrypsin in the milk of transgenic sheep. Biotechnology (9)：830-834.

Wu Z，Chen J，Ren J，et al. 2009. Generation of pig-induced pluripotent stem cells with a drug-inducible system. J Mol Cell Biol，1 (1)：46-54.

Yamanaka S. 2007. Strategies and new developments in the generation of patient-Specific pluripotent stem cells. Cell Stem Cell，1 (1)：39-49.

Yang J，Ratovitski T，Brady J P，et al. 2001. Expression of myostatin prodomain results in muscular transgenic mice. Mol Reprod Dev (60)：351-361.

（魏庆信）

第二章

猪的配子与胚胎操作技术

配子与胚胎操作是制备转基因猪的支撑技术之一。当目的基因表达载体成功构建之后，则依赖于配子与胚胎的操作，将目的基因导入猪的基因组。任何一种转基因方法都建立在配子与胚胎操作技术的基础之上。因此，系统地掌握猪的配子与胚胎操作技术，对于制备转基因猪是必需的。

第一节　猪精液的采集、保存和输精技术

猪精液的采集、保存和输精涵盖了人工授精的主要技术环节。猪的人工授精是一项很成熟的技术，在养猪生产中已被广泛应用。研究表明，人工授精比本交有较高的受胎率和产仔数。应用原核注射和病毒感染法制备转基因猪，需要数量多、质量好的胚胎，这就需要良好的精液采集和输精技术，应用精子介导法制备转基因猪，不仅需要采集高质量的精液，还需要一些特殊的输精技术，达到用少量的精子获得正常受胎效果的目的，近年来国内外有关母猪深部输精的研究成果为此提供了技术支撑。

一、猪精液的采集

猪采精方法有假阴道法、电刺激法和手握按摩法。G. Amantea 于 1914 年研制成功世界上第一个假阴道，用于犬的采精。之后，仿制的马、牛、羊、猪的假阴道，相继应用于各种家畜精液的采集。电刺激法是通过电流刺激腰椎有关神经核壶腹部而引起公畜射精的方法，电子采精器在 20 世纪 40 年代开发出来，并陆续应用于各种动物的采精。20 世纪 50 年代以来，随着猪人工授精技术在生产中的大规模应用，人们开发出一种更为简便的采精方法——手握按摩法（简称手握法）。由于手握法具有设备简单、操作方便、能选择采集精子浓稠部分的精液以及能保障精液的质量等多方面的优点，而被广泛采用。而前两种方法由于需要特殊的设备，操作较为繁琐且难以控制高质量精液的收集，目前已很少应用于公猪精液的采集。

（一）手握法采精

手握法采精是模仿母猪子宫颈对公猪螺旋状阴茎龟头约束力而引起射精的生理刺激，以手握其阴茎龟头，并呈节奏性松紧给予压力进行刺激，从而使公猪射精，同时采集其精液。手握法采精看似简单，但其中的操作细节对采精量和精液品质影响很大，规范的操作是非常重要的。猪的手握法采精的操作步骤如下。

（1）采精员一手带双层手套（内层为聚乙烯、对精子无毒的专用手套；外层为一次性的薄膜手套，可减少精液污染和预防人兽共患病），另一手持 37℃保温集精杯。

（2）饲养员将待采精的公猪赶至采精栏，用 0.1%高锰酸钾溶液清洗其腹部和包皮，

再用温水清洗干净，避免药物残留对精子造成伤害。

（3）采精员挤出公猪包皮积尿，按摩公猪包皮部，刺激其爬跨假台畜，也可以用发情的母猪作台畜。

（4）待公猪爬跨假台畜并逐步伸出阴茎，采精员脱去外层手套，将公猪阴茎龟头导入空拳。

（5）采精员用手（大拇指与龟头方向相反）紧握伸出的公猪阴茎螺旋状龟头，顺其向前冲力将阴茎的S状弯曲拉直，握紧阴茎龟头防止其旋转，并轻轻按摩，公猪即可射精。射精过程中不要松手，否则压力减轻将导致射精中断；同时注意采精过程中不要触碰阴茎体，否则阴茎将迅速缩回。

（6）用四层纱布过滤，收集精液于保温集精杯内。公猪的射精过程可分为三个阶段：第一阶段射出少量白色胶状液体，不含精子，可不收集；第二阶段射出的是乳白色、精子浓度高的精液，收集到集精杯中；第三阶段射出的是含精子较少的稀薄精液，也可不收集。射精过程历时 5～7min。

（7）采精结束后，先将过滤纱布及上面的胶体丢弃，然后用盖子盖住集精杯，迅速将集精杯传递至精液处理室。

（二）采精应注意的事项

1. 防止包皮液混进精液 公猪有发达的包皮囊，其中积有不少于 50ml 发酵的尿液和分泌物。包皮液对精子的危害极大，200ml 的精液中如果混入约 0.1ml 的包皮液，足以使精子发生凝集，在保存 6h 后，基本没有存活精子。因此，在采精过程中，要防止包皮液进入集精杯中。

2. 淘汰最初射出的精液 尿生殖道是尿液和精液的共同通道，因而，公猪最初射出的精液中含有尿生殖道中残留的尿液，其中含有大量的微生物和危害精子的机体代谢物质及微生物代谢产物，而且最初射出的精液中主要是副性腺分泌物，几乎不含精子。因此，一定不要收集这部分精液，同时要将最初射出的黏附在手上和龟头上的液体用消毒纸巾吸附，以减少精液受到污染的机会。

3. 注意保温 采精环境和集精杯温度的变化，尤其是骤然变化会影响精液的质量。因此，要求在室内采精，环境的温度要控制在 20～30℃；在寒冷季节，集精杯外应用毛巾包裹以保温。

二、精液的质量检查和评定

采集后的精液应进行质量检查并进行评定，以决定取舍。精液品质评定的最终指标是受精率的高低，与此相关的项目都应在检查和评定之列。精液质量检查可分为外观检查和实验室检查。

（一）外观检查

1. 色泽 精液应均匀、不透明，精液的颜色通常为乳白色或灰白色，有时带黄色。一般情况下，白色程度及混浊度强的精液，精子浓度高；半透明状的精液所含的精子数少。有异物混入精液时多会变色，混入尿液时呈琥珀色，混入新鲜血液时呈红色，混入组织细胞或尘埃时呈绿色。

2. 气味 新鲜猪精液略带腥味。精液特有的气味是前列腺中含的蛋白质、磷脂引起的，混有尿液时会带有尿味，采精后放置太久会呈腐败味。

3. 云雾状 当精液混浊度越大，云雾状越明显，呈乳白色，说明精子密度和活力越高。

4. 射精量 如果采精时的集精杯上有刻度，射精量则一目了然；如果集精杯没有刻度，可用电子天平称量，按每克 1ml 计。事先称量好集精杯的重量，采精后的重量减去集精杯的重量，就是精液的重量。后备公猪的射精量一般为 150~200ml，成年公猪一般为 200~300ml，有的可高达 700~800ml。射精量的多少因品种、品系、年龄、采精间隔、气候和饲养管理水平等的不同而有所差别。

5. pH 测定 采精后，加 1 滴精液于试纸上，与标准色板对照来确定，或用 pH 计测定。一般新采集的猪精液 pH 为 7.5（7.3~7.9），pH 偏低的精液品质较好，pH 偏高则受精力、生存活力和保存效果明显降低。

（二）实验室检查

1. 精子活力 精子活力是指精液中呈直线前进运动的精子数占总精子数的百分比。精子的运动方式在显微镜下观察有三种。

（1）直线运动 精子按直线方向向前运动，精子前进运动时，以尾部的弯曲传出有节奏的横波，这些横波自尾的前端或中段开始，向后达于尾端，对精子周围液体产生压力，而向前泳动。运动时，精子是按体长轴呈逆时针方向旋转运动，尾部活动面大，呈漏斗状，摆动轨迹呈∞字形，运动速度为 50~60μm/s。

（2）转圈运动 精子沿圆周轨道做转圈运动。

（3）原地摆动 头部左右摆动，失去前进运动的能力。精子直线前进运动的能力是精子代谢正常及质膜完整性的重要表现，是保证精子通过雌性生殖道并与卵子相遇、穿透卵膜的重要条件。精子活力与母猪妊娠率和产仔率显著相关（Gadea 等，2004；Selles 等，2003），因而是评定精液品质的主要指标之一。

精子活力常用目测法在光学显微镜下进行评定。检查时，精子密度大的精液可用稀释液加以稀释。取 1 滴精液于载玻片上，盖上盖玻片，置 37℃ 显微镜恒温台或保温箱内，在 100~200 倍显微镜下观察精子的运动状态并评定精子活力的等级。一般采用十级评分制，若视野中 100% 为直线运动则评为 1.0 分，90% 为直线运动则评为 0.9 分，依此类推。检查精子活力，一要使样品始终在 37℃ 的恒温下，否则检查的结果不准确；二是检查时显微镜的倍数不宜过高，因为倍数过高，视野中看到的精子数量少，评定的结果不准确。猪正常新鲜精液的活力应为 0.7~0.8。

在普通光学显微镜下直接观察精子活力，不可避免会有一定人为误差。计算机辅助系统精子分析仪（CASA）的应用，不仅提高了检查结果的客观性，而且提供了许多传统精液分析所不能提供的参数。但是，CASA 分析系统也受诸多因素影响，如精子浓度的准确性，容易受到精液中细胞成分和非细胞颗粒值的干扰，测定值往往偏高。所以，CASA 也不能免除其他技术和人为误差（Verstegen 等，2001）。

2. 精子活率 精子活率是指活精子数占总精子数的比率，是评价精液质量的又一主要指标。目前，通常用染色的方法检查精子活率。常用的染色法有伊红染色、伊红—苯胺黑染色和姬姆萨染色等，这些染色法已广泛应用于动物精子活率的检测中。姬姆萨染色可以着色死精子，以此来计算精子活率，但在常规染色过程中，精子容易受到损伤而死亡，使精子活率低于实际情况。随着染色技术的发展，活体荧光染色技术在精子质量检查上得到应用。活体荧光染料对细胞损害很小，因而用该法得到的检测结果是比较准确的。死精子特异性荧光探针有碘化丙锭（PI）、溴化乙锭（EB）、溴乙咤二聚体（EH）和 Hoechst 33258 等；活精子特异性荧光探针有羧基荧光素双醋酸盐（CFDA）、羧基二甲基荧光素双醋酸盐（CDMFDA）、钙黄绿素乙酰基甲基酯（CAM）和 Hoechst 33342 等。

3. 精子密度　精子密度也称精子浓度，指每毫升精液中所含的精子数。精子密度的大小直接关系到精液的稀释倍数和输精剂量的有效精子数，也是评定精液品质的重要指标之一。评定的方法一般有目测法、计数法和光电比色法。在现场最常用的是目测法，但不很准确；为了解精子精确的密度，可采用计数法或光电比色法。

（1）目测法　与检查活力的方法相同，只是精液不做稀释。按照精子密度粗略分为密、中、稀 3 个等级。

密：视野中充满精子，间隙小于 1 个精子，精子数约为 5 亿个/ml。

中：精子间空隙明显，间隙约等于 1 个精子，精子数为 2 亿～4 亿个/ml。

稀：精子数量少，其间隙超过 1 个精子，精子数在 2 亿个/ml 以下，一般在 0.8 亿～2 亿个/ml。

正常公猪的精子密度为 2 亿～3 亿个/ml，有的高达 5 亿个/ml。目测结果在"中"或以上，即可认为精子的密度是合格的。

（2）计数法　用血细胞计数法可以准确地测定每毫升精液中所含的精子数量。其操作方法是对精子密度高的精液用红细胞吸管做稀释计算，对精子密度低的精液用白细胞吸管做稀释计算。将计算室置于显微镜 400～600 倍下计数。计算室上有 25 个大方格，每个大方格有 16 个小方格，共 400 个小方格。计算精子数只需数出 4 个角和中间处的 1 个大方格，即共计 5 个大方格的精子数即可，然后推算出 1ml 内的精子数。简化的计算方法是：5 个大方格的精子数×5 万×稀释倍数，即为所测得的精子数。

（3）光电比色法　光电比色法是目前准确、快捷评定精子密度的一种方法。其原理是根据精子数越多、精子浓度越高，其透光性越低的特性，利用光电比色计通过反射光和透光度来估测精子密度。首先，将原精液稀释成不同的倍数，并用血细胞计数法计算其精子密度，从而制成已知系列各级精子密度的标准管，然后使用光电比色计测定其透光度，根据透光度计算出每相差 1‰透光度级差的精子数，编制成精子密度差数表备用。检测样本时，一般只需将原精液按 1：80～100 的比例稀释后，先用光电比色计测定其透光值，然后根据透光度查对精子密度差数表，即可从中找出其相对应的精子密度值。目前，可将被测样本的透光度输入电脑，即可显示其精子密度。

4. 精子顶体状态　顶体覆盖于精子细胞核的前端大约 2/3 的部分，呈帽状囊泡样，位于质膜和核膜之间，其中含有与穿透卵母细胞有关的多种水解酶类。顶体反应是受精过程中重要的一步。顶体反应时，顶体释放出酶，消化卵丘细胞基质，溶解透明带使精子通过质膜，完成受精过程。只有顶体完整的和顶体反应能适时发生的精子才具有受精能力。如果精子的顶体肿胀或脱落，顶体中的酶类丢失，上述的受精过程就不能进行。考马斯亮蓝染色是用来评价精子顶体完整性的一种简单方法，直接染色后就可在光学显微镜下观察。目前，利用免疫荧光技术，即用异硫氰酸荧光素标记的免疫结合物更能准确地检测精子顶体状态。常用的免疫结合物有两类：一类是能深入死精子顶体内与抗原特异结合的金霉素荧光染色（CTC）；一类是非渗透性的、能与活精子顶体相连物特异结合的植物凝集素，常用的植物凝集素有豌豆凝集素（PSA）、花生凝集素（PNA）和伴刀豆素（Con-A）等。

5. 精子质膜完整性　精子质膜对于维持自身新陈代谢、经历获能、顶体反应、黏附和穿透卵母细胞透明带至关重要（Burks and Sailing，1992），而质膜在精子冷冻、解冻过程中又最易受到破坏。精子质膜完整是保证精子代谢活动和功能的必要条件。因此，质膜的完整性是评价精子受精能力的一个重要指标。目前，认为精子质膜完整性是其死活的一个间接指标，故可利用死活精子的辨别方法来间接辨别精子质膜的完整性。检测精子质膜功能完整性的另一种方法是低渗膨胀实验（hypo-osmotic swelling test，HOST）。精子细胞膜的一个重要特性是允许分子选择性通过。当精子存在于低渗溶液中时，由于水分子的进入增大了精子体积，精子尾巴发生膨胀性弯曲，则说明精子质膜功能是完整的（Harrison，1997）。猪精子在以柠檬酸钠与果糖为低渗液时尾部肿胀最明显。HOST 同样用来评价精子体外保存效果（Zou 等，2000），与精子活力、活率呈显著正相关。

除上述检查项目之外，还有些需要定期（1个月或1个季度）检查的项目，如畸形率、精子存活时间和存活指数、精子代谢能力测定、精液微生物检查等。对于制备转基因猪，可以结合养猪场的人工授精工作，对公猪进行定期检查，或利用养猪场精液定期检查的资料来选择公猪。

三、精液的保存

精子在射出后受精清的稀释，其活力能维持数小时。为了延长其在体外的存活时间，需使用化学抑制剂或降低温度来降低精子的代谢活动。因此，要保存精液，必须首先进行稀释。根据保存的温度，可分为常温保存、低温保存和冷冻保存。不同的保存温度，所用的稀释液和保存方法不同。温度越低，保存的时间越长。稀释精液的另外一个目的是为了增加输精母猪的数量。

（一）猪精液的常温保存

1. 保存的温度　猪精液采出后，如果快速从体温下降到15℃以下，会使很多精子丧失活力，即出现冷休克现象。此过程中，精子细胞膜中的脂类发生由液相到胶相的相变、分离，使膜通透性下降，蛋白质运动和组装受阻，选择通透性丧失，胞内离子和酶外流，酶活性下降，膜通道调节失控。冷休克主要与细胞质膜组成有关，猪精子质膜磷脂酰胆碱含量较低，而磷脂酰乙醇胺和鞘磷脂含量较高，胆固醇分布不对称，在质膜外侧较多，而且胆固醇/磷脂比率显著低于其他哺乳动物精子（De Leeuw 等，1990）。这些因素使猪精子对低温敏感程度增高。最初在5～8℃下，保存24h，人工授精的妊娠率和胚胎存活率都较低。后来逐渐确立15～20℃为液态保存的适宜范围，其中16～18℃在研究和生产中最常用。

2. 稀释液　常温保存稀释液的配制主要从酸碱度、离子的种类和浓度、渗透压、过氧化损伤和微生物污染等因素考虑，以维持精子的活率、活力、结构和功能。常用的常温保存稀释液有以下几种。

（1）葡—柠液　葡萄糖 5g，二水柠檬酸钠 0.5g，蒸馏水 100ml，青霉素 10 万 IU，链霉素 100mg。

（2）葡—柠—EDTA 液葡萄糖 5g，二水柠檬酸钠 0.3g，乙二胺四乙酸二钠 0.1g，蒸馏水 100ml，青霉素 10 万 IU，链霉素 100mg。

（3）氨基乙酸卵黄液

基础液：氨基乙酸 3g，蒸馏水 100ml。

稀释液：基础液 70ml，新鲜卵黄 30ml，青霉素 10 万 IU，链霉素 100mg。

配制方法：基础液按量配好，灭菌后冷却，加卵黄和青、链霉素，充分混合均匀。

（4）蔗糖奶粉液

基础液：蔗糖 6g，奶粉 5g，蒸馏水 100ml。

稀释液：基础液 96ml，10％安钠咖 4ml，青霉素 10 万 IU，链霉素 100mg。

3. 稀释倍数　稀释精液能减弱精子运动，抑制代谢，延长体外存活时间，扩大精液体积，并提高精液利用率。较低稀释倍数会促进精子运动，而过度稀释会导致精子丧失运动能力、代谢活性和受精能力。另外，精清中有维持精子运动和存活所必需的离子等，还有维持精子膜稳定和受精能力的蛋白质、抗氧化物质以及其他有益成分，过度稀释使这些成分浓度过低，保护精子的能力下降。过度稀释带来大量电解质，造成精子表面电荷过多，产生头对头凝集等有害反应。猪精清中可能存在去获能因子，在体外保存中可抑制精子获能，而稀释会使其浓度下降，使精子过早获能，从而加速其死亡（Maxwell 等，1999）。BTS（Beltsville thawingsolution）高度稀释的猪精子添加 10％精清后，存活率和顶体完整率均提高（Maxwell 等，1996）。因此，适宜的稀释倍数对于保持精液的受精能力是重要的。猪精液常温保存一般稀释 2～4 倍，或按每毫升精液含 0.5 亿～1 亿个精子进行稀释。

4. 稀释的方法　新采集的精液应迅速放入 30℃保温瓶，当室温低于 20℃时，更要注意因冷刺激导致精子出现冷休克。精液稀释应在洁净、无菌的环境下进行，杜绝精子直接接触水和有害有毒的化学物质，避免精子受到阳光或其他强光的直射，尽量减少精液与空气的接触。分装入瓶最好灌满，或者在上面加一层灭菌石蜡油，以隔绝空气。精液处理室内严禁吸烟和使用挥发性有害液体（如苯、乙醚、乙醇、汽油和香精等）。精液采出后稀释越快越好，一般在 0.5h 之内完成为宜。稀释液与精液的温度必须调整一致，一般将两者均置于 30℃保温瓶或恒温水浴锅内片刻，做同温处理。稀释时，将稀释液沿精液瓶壁缓慢加入，并轻轻摇动，使之混合均匀。一定要注意，不能将原精液倒入稀释液中。精液摇动或搅拌时，要缓慢、均匀，不可激烈搅拌或振动。

5. 保存方法

（1）分装　常温保存的精液首先要进行分装。分装要考虑输精时的方便。精液的分装方式有瓶装和袋装两种，装精液用的瓶和袋均为对精子无毒害作用的塑料制品。瓶装的精液分装时简单方便，易于操作，但输精时需人为开口，因瓶子有一定的固体形态，需人为挤压。袋装的精液一般需要专门的精液分装机，用机械分装、封口，但输精时因其较软，一般不需人为挤压。一般精液瓶上面有刻度，最高刻度为 100ml，精液袋一般为 80ml。精液分装前先检查其活力，若无明显下降，按每头份 80～100ml 进行分装，含 20 亿～30 亿个有效精子。一头公猪采精正常的情况下，精液稀释后可分装 10～15 瓶（或袋）。分装后的精液，要逐个粘贴标签，一般一个品种一种颜色，便于区分。分装好后将精液瓶加盖密封，封口时尽量排出瓶中空气，贴上标签，标明公猪的品种、耳号及采精日期与时间。

（2）变温保存　变温保存的温度一般是指 15～25℃。由于保存温度不恒定，允许其有一定的变化幅度，春、秋季可放置室内，夏季可置于用空调控制的房间内，故又称室温保存。此方法不需要特殊设备，简单易行。其有效保存精液的时间（具有正常的受精能力）为 1～3d。

（3）恒温保存　猪精液的恒温保存，一般是用贮精恒温箱或其他恒温箱，将温度控制在 17℃保存精液。需要保存的精液，先在室温（22～25℃）下放置 1～2h，然后放在 17℃的精液保存箱中；或用几层干毛巾包好，直接放在 17℃的精液保存箱中。恒温保存的效果要好于变温保存。其有效保存精液的时间为 3～5d。

（二）猪精液的低温保存

如果需要稍长时间的保存，可采用 0～5℃的低温保存。低温保存的关键是克服精子的冷休克。

1. 低温保存稀释液　该稀释液具有含卵黄和奶类为主的抗冷休克物质。其配方如表 2-1。

表 2-1　猪精液低温保存稀释液配方

成分	葡—柠—卵液	葡—卵液	葡—柠—奶液	蜜糖—奶—卵液
基础液				
二水柠檬酸钠（g）	0.5		0.39	
牛奶（ml）			75	72
葡萄糖（g）	5.0	5.0	0.5	
蜜糖（ml）				8
氨苯磺胺（g）			0.1	
蒸馏水（ml）	100	100	25	
稀释液				
基础液（体积%）	97	80	100	80
卵黄（体积%）	3	20		20
青霉素（IU/ml）	1 000	1 000	1 000	1 000
双氢链霉素（μg/ml）	1 000	1 000	1 000	1 000

2. 低温保存的方法　精液低温保存的分装与常温保存相同。一般将稀释并分装好的精液置于冰箱或广口保温瓶中，在保存期间要保持温度恒定，不可过高或过低。操作时注意严格遵守逐步降温的操作规程。原则上，精液稀释后，要逐渐降温到 0～5℃，避免精子发生冷休克。在低温保存中，0～10℃对精子是一个危险的温度范围，如果精液从常温状态下迅速降低至 0℃，精子就会发生不可逆的冷休克现象。而如果缓慢降温，则对精子无不良影响。所以，精液在低温保存前，需预冷平衡。具体做法是，精液从 30℃降至 0～

5℃时，按每分钟下降 0.2℃左右的速率，用 1～2h 完成降温过程。但在实践中，为了提高工作效率，多采用直接降温法。即将分装有稀释精液的瓶或袋，包以数层纱布或棉花，再装入塑料袋内，而后直接放入冰箱（0～5℃）或装有冰块的广口保温瓶中；也可将其放入 30℃ 水杯中，再一起放入 0～5℃ 的环境中，经 1～2h，精液温度降至 0～5℃。其有效保存精液的时间可达 7d。

（三）猪精液的冷冻保存

精液冷冻保存是利用干冰（−79℃）或液氮（−196℃）作为冷源，精液经过特殊处理后，在极低温度下完全抑制了精子的代谢活动，使精子生命在静止的状态下保存下来，一旦升温，又能复苏而不失去受精能力。目前，一般用液氮作为冷源保存精子。

1. 冷冻保存稀释液　其稀释液成分较为复杂，具有糖类和卵黄，一般以甘油作为抗冻剂。卵黄被酶分解成小片段的营养物质，再渗入精子膜进入细胞内，给精子提供能量，从而延长精子在体外的存活时间。同时，卵黄具有抗冷休克的作用，因为卵黄中卵磷脂的熔点低，进入精子体内后，可以代替缩醛磷脂，在低温下不易冻结，从而保护精子。甘油是一种渗透性冷冻保护剂，它能渗入细胞内，结合胞内水分，而且甘油也有稀释作用，能降低溶液中盐的浓度和冷冻液的渗透压。其配方如表 2-2。

表 2-2　猪精液冷冻保存稀释液配方

成分	葡—卵—甘油液	蔗—卵—甘油液	Beltsville F$_5$ 液
基础液			
蔗糖（g）		11	
葡萄糖（g）	8.0		3.2
Tris（g）			0.2
Tes-N-Tris（g）			1.2
OrvusES 糊（ml）			0.5
蒸馏水（ml）	100	100	100
稀释液			
基础液（体积%）	77	78	80
卵黄（体积%）	20	20	20
甘油（体积%）	3	2	
青霉素（IU/ml）	1 000	1 000	1 000
双氢链霉素（μg/ml）	1 000	1 000	1 000

2. 猪冷冻精液的制作方法　猪冷冻精液制作的基本程序如下。

（1）精液的稀释　冷冻前的精液稀释方法有一次稀释法和两次稀释法。一次稀释法：常用于颗粒冻精，也可应用于细管、安瓿冷冻精液。将含有抗冻剂的稀释液与精液同温处理，按比例一次加入精液内。二次稀释法：为减少甘油抗冻剂对精子的化学毒害作用，采用二次稀释法效果比较好，常用于细管精液冷冻，也适用于安瓿冷冻。即将采出的精液先用不含甘油的稀释液稀释，至最终倍数的一半；然后将稀释后的精液经过 1～1.5h，使之温度降到 4～5℃ 时，再用含甘油的稀释液在同温下做等量的第二次稀释。稀释精液前要检查精液品质，其质量优劣与冷冻效果密切相关。精液稀释后，必须取样检测其精子活力，要求不低于原精液的活力。

（2）降温和平衡　精液稀释后，在低温环境下放置一定的时间，以增强精子的耐冻性，这个过程叫平衡。不同稀释方法降温和平衡的处理程序也不尽相同。一次稀释法：精液在30℃稀释后，经1.5h缓慢降至8℃，然后在8℃下平衡3.5～6h。二次稀释法：精液在30℃稀释后，经1h缓慢降至15℃，在15℃下平衡4h，再经1h降至5℃。

（3）精液的分装　精液的分装依据精液的冷冻方法，目前有4种类型或剂型。

①颗粒冻精　将平衡的精液滴在超低温度下，冻结成0.1～0.2ml的颗粒。颗粒冻精制作简便，但有效精子数不易标准化，原因是滴冻时颗粒大小不标准，且不易标记，精液暴露在外，易污染。

②细管冻精　多采用0.25ml和0.5ml的塑料细管，在5℃分装精液，用聚乙烯醇粉末或超声波封口，平衡后冻结。这种方法对于机械化生产极为方便，多采用自动细管冻精分装装置，精液装于细管中不与外界环境接触，而且细管上标记有品种、日期、活力等，易于贮存，冻结效果好。

③安瓿冻精　将处理好的稀释精液在5℃下分装于1～1.5ml的安瓿中，平衡后冻结。该方法冻结、解冻时易爆裂，破损率高。由于体积大，液氮罐利用率低，相对成本增高，但保存效果好，易标记，不易污染。

④塑料袋法　考虑到猪的输精量大，上述三种剂型达不到输精的剂量，而采用塑料袋分装精液。

（4）精液的冷冻

①颗粒精液冷冻法　在装有液氮的广口保温容器上置一80目（178μm）铜纱网或铝饭盒盖，距液氮面1～3cm，预冷数分钟，使网面温度保持在-75～-80℃。或用聚四氟乙烯凹板（氟板）代替铜纱网，先将其浸入液氮中几分钟后，置于距液氮面2cm处。然后，将平衡后的精液定量而均匀地滴冻，每粒0.1～0.2ml。停留3～5min后颗粒颜色变白时，将颗粒置于液氮中，取出1～2粒解冻，检查精子活率，活率达0.3以上者则收集到小瓶或纱布袋中，并做好标记，贮存于液氮罐中保存。滴冻时要注意滴管事先预冷，与平衡温度一致；操作要准确迅速，防止精液温度回升，颗粒大小要均匀；每滴完1头公猪精液后，必须更换滴管、氟板等用具。

②细管、安瓿、塑料袋精液冷冻法　与颗粒熏蒸法相同，将冷冻样品平放在距液氮面2～2.5cm的铜纱网上，冷冻温度为-75～-80℃，停留5～7min，待精液冻结后，移入液氮中，收集于塑料管或纱布袋中，做好标记，置于液氮罐中保存。

（5）精液的保存　冻结的颗粒、细管、安瓿或塑料袋精液，经解冻检查合格后，即按品种、编号、采精日期和型号分别包装，做好标记，转入液氮罐中保存。

3. 猪冷冻精液的解冻　解冻方法直接影响到解冻后精子的活力。目前，冷冻精液的解冻温度有3种：低温冰水解冻（0～5℃）、温水解冻（30～40℃）和高温解冻（50～80℃）。以温水解冻（30～40℃）最为实用，效果也较好。不同剂型的冷冻精液，其解冻温度和方法有差别。

（1）细管、安瓿和塑料袋冷冻精液，可直接浸入35～40℃温水中解冻。

（2）颗粒冻精解冻分为干解冻和湿解冻。干解冻是将灭菌容器置于50～60℃水中，投入一次输精剂量的颗粒，均匀撒开，摇至融化，同时按输精容积加入20～30℃的解冻液（解冻液配方：葡萄糖 3g，柠檬酸钠 1.5g，溶于 100ml 蒸馏水中，加安钠咖注射液 2ml）。湿解冻是将解冻液先放入灭菌解冻容器中，置于 50～60℃温水中预热，然后投入一次输精剂量的颗粒冻精，均匀撒开，摇至融化，取出使用。原则上，输精前解冻，解冻后精子活率不应低于 0.3，解冻后的精液要立即输精，不宜存放。实验证明，解冻后 4h 再输精，受胎率下降 25% 左右。

四、输精技术

根据输精的部位，可分为子宫颈输精、子宫内输精、子宫角输精和输卵管输精。输精部位的选择，取决于输入精子的数量，输精的部位越深，所需精子的数量越少。用精子介导法制备转基因猪，不可能大量制备携外源基因的精子，用 XY 分离的精子，或冷冻精液输精，也都需要用少量的精子获得正常的受胎率和产仔数，这些都需要深部输精技术。

无论用哪一种方法输精，都需要做到适时输精，以提高母猪的受胎率和产仔数。而对母猪准确的发情鉴定是进行适时输精的基础。

（一）母猪的发情鉴定与适时输精

1. 母猪的发情鉴定　母猪发情鉴定的方法有外部观察法、公猪试情法、电测法和激素测定法等。最简单、实用的方法是外部观察法和公猪试情法。

（1）外部观察法　每天需进行 2 次发情鉴定，上、下午各 1 次。走进母猪舍，首先要浏览一下各栏的母猪，有无骚动不安、爬跨其他母猪的母猪，有此表现的母猪，作为重点进一步观察。但并非所有的发情母猪都出现爬跨现象，所以还要对每一头母猪进行认真观察。首先观察其外阴部，是否出现红肿、流黏液；然后站在母猪的后面，用手打开阴门，仔细观察阴道黏膜是否有充血现象及充血的程度，以判断发情的程度；最后还需通过压背才能准确地判断母猪是否进入发情期。进入发情期的母猪，除外阴部充血肿胀明显、阴唇鲜红、生殖道有黏液流出之外，还必须有压背站立不动的表现——称之为"压背反应"。实际操作中要做到"四看"和"一按"，"四看"，即一看阴户，由充血红肿到紫红暗淡，并出现皱纹；二看黏液由稀到稠，并带丝状；三看表情，表情发呆；四看年龄，俗语说"老配早，少配晚，不老不少配中间"。"一按"，即以双手压按母猪背、腰、臀部不动，有压背反应为最佳配种时间。

（2）公猪试情法　有些母猪，如外来品种的瘦肉型猪和初次发情的母猪，发情征状不很明显，压背时站立不动的表现也不很明显，这时就需用公猪试情法。所谓公猪试情法，就是将公猪赶到母猪栏内，发情母猪见到公猪时，痴呆站立，两耳竖起，注视公猪，公猪爬跨时站立不动，接受公猪的爬跨。

2. 适时输精　输精时间取决于排卵时间，母猪在发情期即将结束的时间排卵，因而应在发情期及时配种。卵子排出后在输卵管内维持受精能力的时间为 8～12h，精子在输卵管内维持受精能力的时间为 24h 左右。对于断奶后 7d 内发情的经产母猪，观察到稳定静立发情后 8～24h 进行首次输精为宜；而对于断奶后 7d 以上发情的经产母猪、后备母猪和返情母猪，观察到稳定静立发情后应立即进行首次输精，然后每隔 12h 左右再输精 1 次。一般情况下，每头母猪每个情期输精 2 次即可；有少数发情持续时间长的母猪，需进行第 3 次输精；也有少数发情持续时间短的母猪，输精 1 次即可。

（二）子宫颈输精

目前，养猪生产上的人工授精均属于子宫颈输精，即将稀释后的精液输入子宫颈。子宫颈输精需要的精子数量较大，1次需输入20亿～30亿个有效精子。

1. 准备工作 接受输精的母猪，用0.1％高锰酸钾水溶液清洁外阴、尾根及臀部周围，再用温水浸湿毛巾，擦干外阴部。输精员双手清洗并用75％酒精棉球消毒，待酒精挥发后方可操作。对精液进行品质检查，符合标准方可使用。一般用一次性输精管，有螺旋头型和海绵头型两种，长50～51cm。螺旋头型一般用无副作用的橡胶制成，适合后备母猪的输精；海绵头型一般用质地柔软的海绵制成，通过特制胶与输精管粘在一起，适合经产母猪的输精。

2. 输精 从密封袋中取出没受任何污染的一次性输精管，在其前端涂上精液作为润滑液。输精员站（或蹲）于母猪后侧，用手将母猪阴唇分开，将输精管45°角向上插入母猪生殖道内，插进10cm之后再水平推进，当感到有阻力时，说明输精管已到达子宫颈口；用手顺时针旋转，同时前后移动，直到感觉输精管前端被锁定（轻轻回拉不动）。从精液贮存箱取出品质合格的精液，确认公猪品种和耳号；缓慢颠倒摇匀精液，用剪刀剪去瓶嘴，接到输精管上，开始进行输精。输精时抚摸母猪或压背刺激母猪，使其子宫收缩产生负压，将精液吸纳。输精时勿将精液挤入母猪生殖道内，防止精液倒流。控制输精瓶的高低来调节输精时间，输精时间为3～5min，时间太短，不利于精液的吸收。输精完毕后，不要急于拔出输精管，先将精液瓶取下，将输精管后端一小段打折封闭，这样既可防止空气的进入，又能防止精液倒流。最后，让输精管慢慢滑落。一个发情期中，母猪以输精1～2次为宜。如果输精2次以上，每次输精的时间间隔为12～18h。输精的次数主要根据母猪发情持续时间的长短而定。据统计，有80％的母猪要输精2次，有10％的母猪输精1次即可，另有10％的母猪则需输精3次。精液从17℃保存箱中取出一般不需升温，可直接用于输精。

（三）子宫内输精

子宫内输精，也称子宫颈后输精，是指通过特殊的输精装置穿过子宫颈，将精子输入子宫体内。子宫内输精1次输入10亿个有效精子即可。其所用的输精器是在常规输精管的基础上，前端加有1支细的和半软的、长度为15～20cm的导管，能够延伸以通过子宫颈进入子宫体，使得精液不用经过子宫颈直接到达子宫（Krueger等，2000），如图2-1、图2-2所示。

Waston等（2002）通过对3 240头经产母猪的大型商用性输精实验发现，使用宫腔内人工授精，每次输精精子数为10亿个的实验

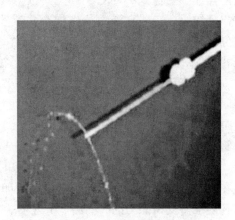

图2-1 子宫内输精管

组，分娩率为88.7％，窝产仔数为12.1头，与常规的宫颈授精的分娩率91.3％、窝产仔数12.5头相比无显著差异。

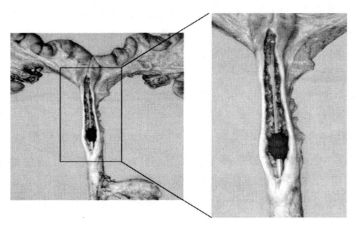

图 2-2 子宫内输精示意图

（四）子宫角输精

子宫角输精，也称子宫深部输精，是指将精子输入子宫角内。子宫角输精有两种方法，即非手术方法和手术方法。

1. 非手术法子宫角输精

子宫角输精的输精管是由改良的柔韧纤维内窥镜管内置入常规的输精管制成，长 1.8m，外径 4mm，内径 1.8mm，能够顺着子宫腔前进，可将精子输送至子宫角近端 1/3 处（Martinez，等. 2002），如图 2-3、图 2-4 所示。

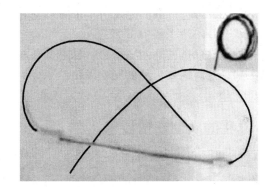

图 2-3 子宫角输精管

用这种方法，每次输入 1.5 亿个有效精子即可。Vazquez 等（2001）和 Day 等（2003）使用这种装置给经产母猪子宫角输精，产仔率达到 83％以上。

2. 手术法子宫角输精

手术法子宫角输精，系通过外科手术，将子宫角引出腹腔，然后将精液注入子宫角前端（靠近输卵管端）。其过程如

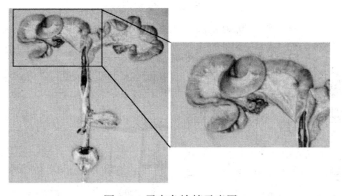

图 2-4 子宫角输精示意图

下：供输精母猪以 2.5％戊巴比妥钠静脉麻醉，仰卧保定在手术架上，腹部剃毛、消毒，腹中线切口，引出输卵管和卵巢；用注射器吸取处理好的精液 0.5ml（含 250 万个有效精

子），注入接近宫管接合部的子宫角内。按同样的方法将精液注入另一侧子宫角。注入精液后，缝合创口。魏庆信等（2006）用这种方法将 DNA 处理过的精液给 5 头青年母猪输精，有 3 头妊娠并产仔，平均产仔数为 7.3 头。

（五）输卵管输精

输卵管输精是指将精液直接注入母猪的输卵管，使其受精并妊娠产仔。输卵管输精也有手术法和非手术法（使用内窥镜）两种。

1. 手术法输卵管输精　通过外科手术，将母猪的输卵管引出腹腔，然后用注射器吸取处理好的精液 0.5ml（含 250 万个有效精子），针头从宫管接合部插入输卵管内，注入精液。按同样的方法将精液注入另一侧输卵管。魏庆信等（2006）用这种方法将DNA 处理过的精液给 5 头青年母猪输精，5 头母猪全部妊娠并产仔，平均产仔数为 7.2头。

2. 内窥镜法输卵管输精　Morcom 等（1980）使用内窥镜，将猪的冻精通过输卵管伞部注入输卵管，试验的 9 头后备母猪有 2 头受孕，其中一头 30d 剖检发现有 5 枚胚胎，另一头足月产仔 2 头。

第二节　母猪的同期发情和超数排卵技术

任何一种方法制备的转基因胚胎，都需要移植到发情同期化的母猪生殖道内，才能生产出转基因猪，这就需要母猪的同期发情技术。而超数排卵技术能使 1 头母猪提供较多的胚胎或卵母细胞。

一、母猪的同期发情技术

使一群母猪的发情与排卵相对集中在一定时间范围的技术，称为同期发情或同步发情，亦称发情同期化。处于不同发育或生产阶段的母猪，同期发情的处理方法也有差异。但基本都是依据控制卵泡成熟、排卵时间及黄体寿命建立的。

（一）表现发情周期母猪的同期发情

后备母猪、断奶后第一个情期未能妊娠的母猪以及其他表现发情周期的母猪均属此类。这类母猪诱导同期发情的原理是通过外源激素的调节（使黄体期延长或缩短），控制其发情排卵在同一时间段发生。延长黄体期最常用的方法是进行孕激素处理，它们对卵泡发育具有抑制作用，通过抑制卵泡期的到来而延长黄体期；缩短黄体期的方法是注射前列腺素、促性腺激素或促性腺激素释放激素。两种处理方式的比较如图 2-5。

1. 孕激素处理法（黄体期延长）　丙烯孕素（Regumate）是一种专门用于调节母猪发情配种的孕激素类药物的商品名，其化学名为 Altrenogest（Ru-226）。对预定要做同期发情处理的处于间情期（黄体期）的母猪，按每头每天 15～20mg 的剂量肌内注射丙烯孕素油剂，连续用药 14～18d，之后同时停药。停药后 3～6d 的发情率为 90％以上。为了克服每天都注射药物的麻烦，也可以将丙烯孕素与日粮混合或单独饲喂，仍可按每头每天15～20mg 的剂量使用。如果在结束处理前 1～2d 注射孕马血清促性腺激素（PMSG）1 000～1 500 IU，则可以提高发情率和同期化的程度。Johannes Kauffold（2007）选用

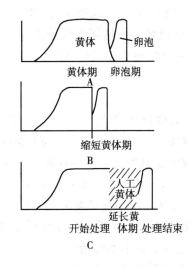
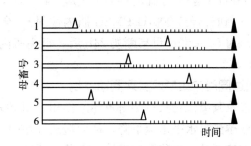

图 2-5　同期发情两种处理方式的比较
A. 自然发情周期　B. 缩短黄体期（促性腺激素处理）　C. 延长黄体期（孕激素处理）
（董伟 . 1980. 家畜繁殖学）

531 头在人工授精后 21～35d 经超声波检查确诊为未孕的母猪，分组口服不同剂量的丙烯孕素 15d，然后注射不同的促性腺激素，研究同期发情的效果，结果表明，口服 20mg 烯丙孕素，然后肌内注射 800IUP MSG 和 50μg 促性腺激素释放激素类似物 D-Phe6-LHRH，是诱使其同步发情和同步排卵的最佳方法，其受孕率达到 72.5％，产仔数为（12.4±2.3）头。

比较方便的办法是采用药物缓释装置，或皮下埋植，或阴道埋植阴道栓。诺孕美酮适合制作成皮下埋植物或阴道栓对猪进行同期发情处理。对处于间情期的后备母猪按每头 6mg 皮下埋植诺孕美酮 18d，90％的母猪会在撤出药物后的 3～7d 内发情。如果阴道埋植诺孕美酮阴道栓 14d，大多数母猪也会在撤出阴道栓的 3～5d 内同期发情（赵兴绪等，2007）。

2. 前列腺素和促性腺激素处理法（黄体期缩短）　前列腺素（$PGF_{2\alpha}$）及其类似物，如氯前列烯醇（PGC）对母猪排卵 12d 后的黄体才有溶解的效果（Guthrie 等，1976）。用前列腺素和促性腺激素的组合，在发情周期的第 12～17 天处理，可以有效地调节处于这一阶段母猪发情的同期化。

魏庆信等对处于发情周期 12～17d 的母猪，先注射 0.2～0.4mg 氯前列烯醇或前列腺素（$PGF_{2\alpha}$）10～20mg，12～18h 后按每千克体重 10IU 注射 PMSG，用 PMSG 处理 72h 后按每千克体重 5IU 注射人绒毛膜促性腺激素（hCG），母猪在处理后 4d 左右发情的比率达到 92.8％。

（二）通过同期断奶实现同期发情

处于哺乳期的母猪采用同期断奶的方法，即可实现同期发情。母猪在哺乳期由于哺乳使得卵泡的发育受到抑制，断奶后卵泡重新开始发育而使母猪进入发情期。如前所述，母猪断奶后，不经任何处理，也有 85％～90％母猪在 3～7d 发情并可配种。如果在断奶的同时，用 PG 600（含孕马血清促性腺激素 400 IU，人绒毛膜促性腺激素 200IU）或 PMSG 处理（断奶当天1 000IU PMSG 肌内注射），会达到更好的发情同期化效果。王杏龙等（2009）对 60 头经产母猪断奶 24h 后，每头肌内注射 PG 6001 头份，处理后 3～5d 发情率为 83.34%。

（三）通过同时中止妊娠实现同期发情

前列腺素及其类似物具有溶解黄体的作用。用 $PGF_{2\alpha}$ 处理妊娠的母猪，由于黄体被迅速溶解，导致孕激素水平迅速下降，从而造成妊娠中止（流产）。孕激素水平下降的同时，雌激素水平迅速上升，母猪开始发情。因此，可用前列腺素及其类似物处理妊娠 14～90d 的母猪，使其同期流产，从而实现同期发情。如果流产后，再用 PMSG＋hCG（或 PG600）处理，发情的同期化程度会更高。Guthrie 等（1978）在小母猪配种后 12～40d 注射氯前列烯醇，可有效诱导其流产，并在处理后 4～7d 大部分母猪发情，发情后输精，获得较高的妊娠率。冯书堂等（2000）对妊娠 35d 左右的五指山小型母猪先注射 $PGF_{2\alpha}$，间隔 8～12h，第二次注射 $PGF_{2\alpha}$，这之后 12h 注射 PMSG，72h 后注射 hCG。处理的结果是同期发情的有效率达 100%。

二、母猪的超数排卵技术

在母猪发情周期的适当时间，注射外源促性腺激素，使卵巢比自然发情时有更多的卵泡发育并排卵，称之为超数排卵。家畜超数排卵的产生，是由于外源激素能提高体内促卵泡素（FSH）和促黄体素（LH）的浓度，在 FSH 和 LH 的协同作用下，促进更多的卵泡发育、成熟，从而达到超过正常排卵数的效果。由于 PMSG 具有 FSH 和 LH 的双重活性，hCG 具有与促黄体素相似的作用（董伟，1985），且价格便宜、使用方便，所以对猪进行超数排卵一般使用 PMSG＋hCG 的激素组合。PG（前列腺素或其类似物）具有溶解黄体的作用，与 PMSG 联合使用，能达到更好的超数排卵效果。

（一）表现发情周期母猪的超数排卵

初情期后的小母猪（前两个情期发情正常的）或成年母猪，于发情周期的第 15～16 天进行处理，处理方案有两种。

1. PMSG＋hCG 激素组合　不同品种的猪由于其遗传学基础、繁殖力的差异，超数排卵的效果存在差异（Youngs，2001）。魏庆信等（1991）按每头母猪1 000～1 200 IU 肌内注射 PMSG，72h 后注射 hCG 800～1 000IU，对湖北白猪、北京花猪、杜洛克猪和太湖猪进行超数排卵实验。结果表明，不同品种母猪的排卵数不同，但总体能使母猪的排卵数提高 1 倍左右（表 2-3）。

表 2-3　不同品种母猪的超数排卵效果

品种	处理数（头）	平均排卵数（枚）	自然发情的排卵数（枚）
湖北白猪	119	23.7±8.7	11.7±3.2（$n=104$）
北京花猪	16	22.3±9.9	12.2±2.5（$n=15$）
杜洛克猪	36	17.8±5.3	9.8±2.9（$n=15$）
太湖猪（枫泾）	20	32.5±9.6	15.6±4.5（$n=16$）

2. PG（前列腺素或其类似物）＋PMSG＋hCG 激素组合 郑新民等（2009）对初情期后的湖北白猪Ⅱ系青年母猪（前一个情期发情正常），在发情周期的第15～16天，注射PGC0.2mg，同时注射 PMSG 1 000 IU；出现发情症状时（一般在注射 PGC 后的72h 左右）注射 hCG 1 000IU。6头处理母猪的平均排卵数为（38.5±14.5）枚，相当于其自然发情排卵数（12.5±2.27）枚（$n=20$）的3.08倍。

随世燕等（2009）对贵州香猪在发情周期的第14～17天注射 PGC0.2mg，1d 后按每千克体重 15IU 注射 PMSG，72h 后注射等量 hCG，超排有效率达83.3%，平均排卵数达（18.8±4.26）枚，两项指标均高于只用 PMSG＋hCG 组〔超排有效率75%，平均排卵数（10.67±0.5）枚〕。

（二）初情期前小母猪的超数排卵

初情期前的小母猪可以提供廉价的胚胎，由于没有发情周期的存在而比较简单，可以在任何时间利用促性腺激素进行超排处理。一般情况下，肌内注射 PMSG500～1 000IU（根据小母猪的大小决定用量），72h 后等剂量注射 hCG，可诱导初情期前的小母猪正常排卵，排卵数比同期发情的母猪在自然状态下的排卵数略有增加。

魏庆信（1991）对6头初情期前湖北白猪小母猪用 PMSG500IU＋hCG500IU 处理，超排有效率达100%，平均排卵数为（13.7±6.1）枚。张德福等（2000）对24头初情期前的枫泾小母猪以 PMSG、hCG 进行超排处理，平均排卵数为23.4枚。

（三）断奶母猪的超数排卵

断奶母猪做超数排卵处理，一般在断奶后的前3d 用 PMSG＋hCG 组合，或 PG＋PMSG＋hCG 组合进行处理，母猪的排卵数可提高0.5～1倍。

戴琦等（2007）将4头贵州小香猪哺乳母猪在同一天下午同时断奶，在断奶后第2天的下午肌内注射 PGC0.1mg，次日上午肌内注射 PGC0.1mg＋PMSG 1 500IU，72h 后再肌内注射 hCG500IU，超数排卵有效率达100%，平均排卵数为（17.5±5.9）枚。

（四）影响母猪超数排卵效果的因素

影响母猪超数排卵效果的因素，除上述的品种因素之外，还有个体差异和环境条件等。在实际操作中，激素的用量及处理的时间对超排效果的影响是十分重要的。

1. PMSG 用量对超数排卵效果的影响 Hunter（1964）的研究表明，PMSG 的剂量和排卵数之间呈线性正相关，每注射100IU PMSG 后产生的黄体数为1.09个左右。但PMSG 的剂量也不能过多，否则会适得其反。陈乃清等（1997）对青年湖北白猪按PMSG 的不同用量处理，其超数排卵的结果如表2-4。

表2-4 PMSG 用量对超数排卵效果的影响

PMSG 用量（IU）	试验母猪数（头）	头均排卵数（枚）	卵巢囊肿发生数（头）	卵巢囊肿发生率（%）
750	9	13.6±6.5[ab]	0	0[a]
1 000	14	23.9±9.2[c]	0	0[a]
1 250	16	27.9±8.6[c]	1	6.3[a]
1 500	10	17.6±9.1[b]	5	50[b]
1 750	8	10.6±6.3[a]	6	75[b]
0（对照）	18	13.1±4.5[ab]	0	0[a]

注：同列比较相同字母者表示差异不显著（P＞0.05）；不同字母者表示差异显著（P＜0.05）。

由表 2-4 可见，PMSG 的用量过小，达不到超排效果；用量过大，则易引起卵巢囊肿，排卵数反而减少。

2. 发情周期不同时间处理对超数排卵效果的影响 陈乃清等（1997）对湖北白猪青年母猪在发情周期的不同时间（11～18d）进行等剂量的 PMSG＋hCG 处理，其结果如表 2-5。

表 2-5　发情周期不同时间超数排卵的效果

情期时间（d）	处理母猪数（头）	发情母猪数（头）	发情率（%）	头均排卵数（枚）
11～12	10	5	50.0ᵃ	7.8±2.6ᵃ
13～14	12	8	66.7ᵃ	15.1±3.1ᵃ
15～16	12	12	100.0ᵇ	19.8±6.1ᵇ
17～18	18	18	100.0ᵇ	23.5±8.8ᵇ

注：PMSG 剂量均为 1 000IU，72h 后注射 hCG 1 000IU；同列比较相同字母者表示差异不显著（P＞0.05）；不同字母者表示差异显著（P＜0.05）。

研究表明，在黄体衰退或临近黄体衰退期（15～18d）处理，可收到良好效果，排卵数及超数排卵的有效率均显著高于 11～14d 处理。

第三节　猪胚胎的采集和移植技术

猪胚胎移植的试验成功最早于 1951 年由 Kvashickii 报道，到 20 世纪 60 年代，已经基本建立了外科手术方法采集和移植胚胎的技术。20 世纪 70 年代以后，北美和欧洲开始将胚胎移植技术应用于向闭锁猪群引进外血和国际间的引种。20 世纪 80 年代转基因动物技术的出现，促进了胚胎移植技术的应用和发展。良好的胚胎采集技术能从供体母猪生殖道内获得最大限度数量的胚胎，供转基因的操作；而高效的胚胎移植技术，能保障受体母猪获得较高的受胎率和较多的产仔数，从而提高转基因猪的生产效率。任何一种方法制备的转基因胚胎，其最后的一个环节都是要通过胚胎移植技术，才能生产出转基因猪。胚胎的采集和移植是制备转基因猪的关键基础技术。

一、胚胎的采集

猪生殖道的形态比较特殊：子宫颈的皱褶较多且深，经由子宫颈将冲卵管插入子宫角有很大难度；子宫角过长（80～100cm），盘绕过多，容积过大。上述两点使非外科手术采集猪胚胎相当困难。Hazeleger（1989）报道通过子宫缩短术实现非手术采集猪胚胎的方法，然而这种方法由于其繁杂的外科手术程序和采胚的效率不高，且无法采集输卵管内的早期胚胎，而未能进一步推广。因此，至今仍然是用手术的方法采集猪的胚胎。湖北省农业科学院畜牧兽医研究所魏庆信等建立的手术法采集猪胚胎的程序如下。

（一）胚胎采集前的准备工作

1. 器材的准备

（1）冲卵器　刘西梅等（2009）研制的用于输卵管冲卵的冲卵器如图 2-6 所示。

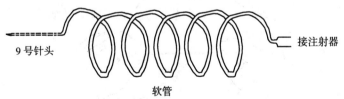

9号针头　软管　接注射器

（长 200~300mm，外径 1.1mm，管壁厚 0.1mm）

图 2-6　用于输卵管冲卵的冲卵器

由于冲卵器为胶质软管，向输卵管插入针头时，克服了针头与注射器直接连接的局限，操作自如，能将针头确实插入输卵管的内腔。在冲卵过程中，即使操作者稍有抖动或猪稍有骚动，由于软管的缓冲作用，也不会出现针头划破、刺穿或脱出输卵管的现象，从而大大提高冲卵的成功率。

（2）集卵管　刘西梅等（2009）研制的集卵管如图 2-7 所示。用于输卵管冲卵的集卵管为长 130～140mm、管壁厚 0.8～1.1mm、内径 3～4mm 的玻璃管；用于子宫角冲卵的集卵管为外径 10mm、长 130～140mm 的玻璃管。两种玻璃管均在酒精喷灯上中间弯成 120°～140°角，两端烧制，研磨平滑。

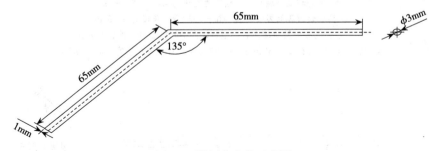

65mm　φ3mm　135°　65mm　1mm

图 2-7　猪用集卵管示意图

由于该集卵管中间是弯曲的，集卵皿可摆放的位置增大，局限性小，即使有时接卵不慎或猪稍有骚动，集卵皿可随之移动，不会造成冲卵液流到集卵皿之外，或集卵皿内的冲卵液倒洒的现象。

（3）移卵管　移卵管是从一个容器中收集卵或胚胎，并向另一个容器中转移的工具（如冲卵后在解剖镜下从表面皿中收集卵并向培养皿中转移），也是移植胚胎的工具。移卵管先由外径 4mm 左右的玻璃管拉制成吸管（图 2-8），然后与硅胶管连接而成（图 2-9）。

（4）集卵皿（表面皿）　准备直径为 8～10cm 的表面皿，作冲卵时接收冲卵液用。每个供体猪需准备 2～4 个表面皿，编号后放入培养箱待用。

（5）手术器材　将手术所需要的器材（手术刀、手术剪、止血钳、持针钳、巾钳、缝

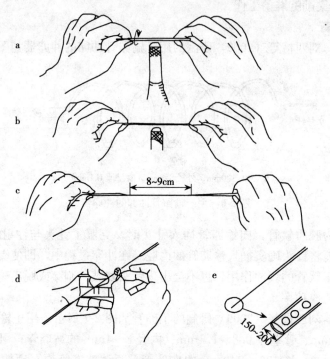

图 2-8　移卵玻璃吸管的拉制

a. 点燃酒精喷灯，将外径 4mm 左右的玻璃管置于酒精喷灯的火焰上方

b. 不断转动玻璃管，使玻璃管受热均匀，灼烧 4～5s

c. 待灼烧玻璃管发红，轻轻拉长玻璃管，长度为 8～9cm

d. 待拉长的玻璃管冷却之后，用砂轮在中间折断成 2 根玻璃吸管

e. 将玻璃吸管与长 20～30cm 的硅胶管连接，注意连接紧密，防止漏气

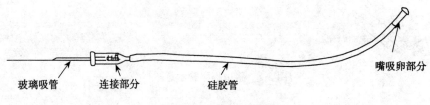

图 2-9　移卵管的安装

合针、缝合线、创巾、纱布、表面皿、捡卵管、冲卵管等）高压灭菌。手术前将金属器械浸泡在 0.1% 新洁尔灭中备用。

2. 冲卵液和培养液的配制

（1）冲卵液　购置成品磷酸盐缓冲液（PBS）或杜尔贝科磷酸盐缓冲液（DPBS）粉剂，按其说明书用双蒸水配制。

（2）培养液　短暂培养可以用冲卵液，但需加入 10% 的小牛血清。用 0.22μm 的滤膜过滤灭菌，然后分装保存，待用。

3. 手术室的准备　每次手术之前，手术室需用福尔马林熏蒸消毒。通气之后，再用紫外灯照射 30min。

（二）胚胎的采集

1. 采集的时间　根据采胚部位的不同，可分为输卵管采胚和子宫角采胚。樊俊华等（1995）观察了母猪早期胚胎在生殖道内的分布情况，对 7～8 月龄湖北白猪发情后配种，以最后一次配种结束的时间为 0，分别于 24，48，…，192h 手术，于输卵管或子宫角内采集胚胎，然后镜检，其结果如表 2-6。

表 2-6　192h 前猪胚胎在输卵管和子宫角的分布情况

| 时间(h) | 输卵管 | | 子宫角 | | | | | | | | | | 合计 |
| | 胚胎数(枚) | 占比(%) | 0～15cm | | 16～30cm | | 31～45cm | | 46～60cm | | 61cm以上 | | |
			胚胎数(枚)	占比(%)	胚胎数(枚)	占比(%)	胚胎数(枚)	占比(%)	胚胎数(枚)	占比(%)	胚胎数(枚)	占比(%)	
24	56	100.00											
48	43	100.00											
72	6	40.00	9	60.00									15
96			13	68.42	6	31.58							19
120			16	42.11	20	52.63	2	5.26					38
144			7	29.17	8	33.33	6	25.00	3	12.50			24
168			7	25.00	8	28.57	8	28.57	4	14.29	1	3.57	28
192			5	20.83	5	20.83	6	25.00	5	20.83	3	12.50	24

从表 2-6 可见，如果从输卵管采胚，应在最后一次配种的 48h 内进行；如果从子宫角采胚，则应在最后一次配种的 48h 以后至胚胎着床前进行，同时应注意不同发育时间胚胎在子宫角所处的部位。48h 以后，时间越长，胚胎在子宫角的分布越分散，采集胚胎的难度也就越大。

樊俊华等（1995）对胚胎采集的时间与胚胎发育阶段的观察结果如表 2-7。

表 2-7　胚胎采集的时间与胚胎发育阶段

| 胚龄(h) | 1-细胞期 | | 2-细胞期 | | 4-细胞期 | | 8-细胞期 | | 桑椹期 | | 早期囊胚 | | 扩张囊胚 | | 孵化囊胚 | | 胚泡伸长期 | | 合计 |
	胚胎数(枚)	占比(%)	胚胎数(枚)	占比(%)	胚胎数(枚)	占比(%)	胚胎数(枚)	占比(%)	胚胎数(枚)	占比(%)	胚胎数(枚)	占比(%)	胚胎数(枚)	占比(%)	胚胎数(枚)	占比(%)	胚胎数(枚)	占比(%)	
24	34	60.7	19	33.9	3	5.4													56
48	1	2.3	11	25.6	27	62.8	4	9.3											43
72					2	13.3	4	26.7	9	60.0									15
96							2	10.5	12	63.2	5	26.3							19
120									16	42.1	21	55.3	1	2.6					38
144											14	58.3	10	41.7					24
168											2	7.1	11	39.3	15	53.6			28
192															9	37.5	15	62.5	24

从表 2-7 可见，如果要采集 1～4 细胞期的胚胎，应在最后一次配种的 48h 内于输卵管中进行；采集 8 细胞期及以上发育阶段的胚胎，则应在 48h 以后于子宫角中进行。

2. 供体猪的麻醉和保定　牵拉供体猪上颌，限制其活动，按每千克体重注射戊巴比妥钠（2.5%）20～30mg 或耳静脉注射水合氯醛硫酸镁注射液（水合氯醛 8%，硫酸镁 5%）150～200ml，进行全身麻醉。由于个体之间对麻醉药的敏感性不同，所以在注射时要随时观察猪的神态，注射的速度要慢，防止过量。一般在眼睑刚刚失去反应，蹄部刺激无明显反射时即可。

麻醉后，将供体猪仰放在手术保定架上，四肢固定。为防止手术过程中猪的挣扎、弹动，要用绳索将四肢和头部捆绑牢固。为使腹腔内脏向前倾斜，方便手术，手术台要前低（头低）后高（尾高）。手术过程根据需要肌内或静脉滴注适量的盐酸氯胺酮。

3. 手术部位及消毒　用肥皂水和毛刷洗刷手术部位，水洗后用毛巾揩干净。手术部位一般选择在倒数第 2、3 个乳头之间，先用电剪或毛剪在术部剪毛，应剪净毛茬，用清水洗净术部，揩干，然后涂以 2%～4% 的碘酒，再用 70%～75% 的酒精棉脱碘。消毒程序是：碘酊棉球→酒精棉球，由内向外。盖创巾，使预定的切口暴露在创巾开口的中部。

4. 手术方法　沿腹中线，尽量避开血管，切开皮肤 5～8cm，钝性分离脂肪和肌肉层，使腹膜露出后，用钝头剪刀剪开腹膜。术者将食指及中指由切口伸入腹腔，在与骨盆腔交界的位置触摸子宫或子宫角，摸到后用二指夹持，牵引至创口的表面。循一侧子宫角导出输卵管及卵巢，观察卵巢表面排卵点和卵泡发育情况。

5. 胚胎采集

（1）输卵管采胚　将集卵管一端由输卵管伞部的喇叭口插入 1～2cm，用大拇指和食指固定，另一端接表面皿。用注射器吸取 37℃ 的冲卵液 15～20ml，在宫管结合部将冲卵器的针头朝输卵管方向插入，推注射器，冲卵液由宫管结合部流入输卵管，经输卵管流至表面皿。再将另一侧输卵管引出切口之外，用同样的方法冲胚。

（2）子宫角采胚　根据冲卵时间的不同，或近或远，在距宫管结合部 30～70cm 的子宫角背面没有血管的部位用眼科剪剪个小孔，插入子宫角集卵管，开口向宫管结合部方向，另一端开口接表面皿或平皿。用注射器从宫管结合部向子宫角注入 30～50ml 冲卵液。冲卵液流经子宫角，将胚胎带入接卵的表面皿或平皿。鉴于子宫角过长，也可以采取分段冲卵的方法。再将另一侧子宫角引出切口之外，用同样的方法冲胚。

6. 捡卵　将接卵的表面皿置于实体显微镜下，用低倍镜的大视野在冲卵液中找到胚胎。猪胚胎直径为 150μm 左右，肉眼观察只有针尖大小，为一球形体，在镜下呈圆形，其外层是透明带。移卵管先吸少许 PBS，再吸入卵，依次在第二个表面皿内重复冲洗，然后把全部卵集中到 1 个表面皿，1 只供体猪的卵放在 1 个皿内。操作室温为 20～25℃。

7. 供体母猪的术后处理　供体采胚完毕后，用 37℃ 灭菌生理盐水湿润子宫，冲去凝血块，将器官复位。腹膜、肌肉缝合后，涂抹磺胺等消炎防腐药。皮肤缝合后，在伤口周围涂碘酒，肌内注射青、链霉素。

（三）胚胎的质量检查及短期培养

1. 胚胎的质量检查　将实体显微镜调至 80～100 倍，观察胚胎的形态、卵裂球大小与均匀度、色泽、细胞密度、与透明带间隙以及细胞变性等情况。正常发育的胚胎，其卵裂球一般外形整齐清晰，大小一致，分布均匀而紧密，发育速度与胚胎日龄相一致。对发育正常的胚胎供移植或体外培养，淘汰未受精卵及发育异常的胚胎。

2. 胚胎的短期培养　发育正常的胚胎如不马上移植，可做短期培养。将胚胎放入用培养液制成的悬滴内，每个悬滴可放 5～10 枚胚胎；然后置于 37℃、5％CO_2 培养箱中。这种方法可培养 1～2d。如需较长时间的培养，则要更换培养基。

（四）胚胎采集的效率

猪胚胎采集的效率受操作人员技术熟练程度的影响。统计湖北省农业科学院畜牧兽医研究所魏庆信等（未发表资料）近年来采集猪新鲜胚胎的情况如表 2-8。

表 2-8　湖北省农业科学院畜牧兽医研究所胚胎采集情况

采胚部位	母猪数（头）	排卵总数（枚）	获卵总数（枚）	获卵率（％）
输卵管	61	864	861	99.6
子宫角	26	502	361	71.9

从表 2-8 可见，输卵管采胚的获胚率接近 100％，且明显高于子宫角。

（五）关于供体的重复利用

自然发情排卵母猪能否重复利用，取决于术部伤口的愈合情况及子宫角和输卵管是否粘连。猪手术取卵切口较小，一般不超过 10cm，只要按规定的程序处理，5～7d 内即可完全愈合，精细、快速的采卵操作可避免生殖道的粘连。

而超数排卵供体母猪能否重复利用，则主要取决于超排后激素的残留及影响。PMSG的半衰期为 8～10d，hCG 的半衰期为 12～36h（董伟，1985）。因此，PMSG 的适量使用，一般不影响下一个情期的正常发情。田永祥等（2005）观察了 42 头自然发情配种后冲取胚胎的供体母猪，其中有 39 头在第一个情期正常发情、配种并妊娠。冯书堂等（1990）观察了 12 头 PMSG＋hCG 处理的母猪，结果有 8 头于手术后 2 周内发情，配种后全部妊娠，另有 4 头术后 3～5 周内发情，配种后也全部妊娠。Hayashi 等（1994）从自然排卵的供体母猪间隔 3 周、连续 4～16 次回收胚胎，对回收过程及胚胎质量无不良影响。因此，无论是自然发情还是超数排卵的供体母猪，一般都是可以重复利用的，只是下一次的手术切口部位应避开原来的切口。

二、胚胎的移植

猪胚胎的移植方法有非手术法、内窥镜法和手术法等。

非手术法移植是利用子宫颈导管将 4 细胞期到囊胚期的胚胎进行子宫角移植。最早开展猪胚胎非手术法移植的是 Polge 等（1968），他们得到了 1 头妊娠母猪，屠宰后发现有 3 枚胚胎。这之后，Rechenbach（1993）、Yonemura（1996）和 Hazeleger（2000）等也进行了这方面的研究，但总体效率不高，妊娠率在 9％～60％。Galvin（1994）采用手术法和非手术法移植的妊娠率和产仔率分别为 63％和 7.1％及 21.7％和 4.3％。非手术法移植时，是将子宫颈导管穿过子宫颈到达子宫角，再注入胚胎，其妊娠率和产仔率低的原因可能是由于在移植的过程中胚胎丢失较多，或只能将胚胎置于子宫角靠近子宫颈的一端，而手术法移植则可以将胚胎置于子宫角的尖端（靠近输卵管端）。

内窥镜法是在腹部切开一很小的口，将内窥镜插入，通过内窥镜的观察将胚胎注入子宫角内。采用这种技术，妊娠率的差别很大，与术者的熟练程度有关，操作熟练的产仔数可达 7 头左右。

所有已报道的非手术法均不能进行 1～4 细胞期胚胎的输卵管移植。而内窥镜法进行输卵管移植的难度更大，妊娠率和产仔率更低。因此，目前猪的胚胎移植，尤其是对转基因胚胎的移植，均采用手术法。湖北省农业科学院畜牧兽医研究所魏庆信等（2009）建立的手术法猪胚胎移植的步骤如下。

（一）受体母猪的选择

胚胎移植选择受体母猪的基本原则是要与供体母猪同期发情，或与体外生产的胚胎发育阶段同步。供体胚胎必须与受体子宫内膜发育状态高度同步化，才能获得好的移植效果。Yonemura 等（1996）认为，胚胎发育阶段与受体同步是指移植的胚胎与受体理论胚胎发育相差±12h。对于体外生产的胚胎（体外受精的胚胎或核移植的重构胚胎），由于其发育的进程比体内胚胎要稍慢一些，因而也可以选择发情时间晚一些的母猪作受体，但不应超过 24h。受体母猪的健康状况也需格外注意，生殖道有疾患（如有阴道炎、子宫炎等症状）或久配不孕的母猪不能作受体。正常繁殖的经产母猪比青年母猪有较高的受胎率，更适合作受体。对于转基因胚胎的移植，简便的方法是在大群内选择同期发情的母猪，这样可以省略同期发情的处理过程。更好的做法是采用自体移植，即将转基因的胚胎移回原供体母猪的生殖道内。

（二）移植的部位

一般来讲，如果不进行培养，从输卵管冲出的胚胎应移入受体的输卵管内，从子宫角冲出的胚胎应移入受体的子宫角内。如果是经过培养的胚胎，或体外生产的胚胎（体外受精的胚胎或核移植的重构胚），则要根据胚胎发育的阶段，移入相应的部位。1～4 细胞期的胚胎应移入输卵管；8 细胞期的胚胎既可以移入输卵管，也可以移入子宫角；而 8 细胞期以上发育阶段的胚胎则应移入子宫角。

（三）移植的方法

胚胎移植手术与本节所述采集胚胎的手术过程一样。移卵管吸取胚胎时要采用三段式，即气泡—卵—气泡，如图 2-10 所示。

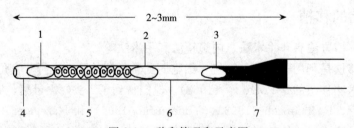

图 2-10　移卵管吸卵示意图

1. 气泡 3　2. 气泡 2　3. 气泡 1　4、6. 培养液　5. 数个胚胎　7. 石蜡油

（其中气泡 3 是为了防止移卵针尚未插入移植的部位时丢弃卵，气泡 2 和气泡 1 是为了保证将全部卵移入）

1. 输卵管移植　受体按供体的手术方法麻醉保定后切口，将输卵管和卵巢引出切口之外。先将移植外套管从输卵管伞口插入输卵管至壶腹部，然后将吸有胚胎的移卵管插入外套管，再将外套管退出一部分，最后将移卵管内的胚胎和培养液吹入输卵管内。移植完毕，小心将移卵管和外套管退出，复原输卵管伞。这一过程的关键是移植外套管的应用。

魏庆信等（2009）发明的外套管（图 2-11）为长 65～70mm、管腔直径 3～4mm、管壁厚 0.1～0.2mm 的硬质、有弹性的塑料细管，两端磨平滑。

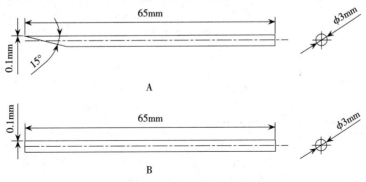

图 2-11　猪胚胎移植用外套管

A. 子宫角移植套管　B. 输卵管移植套管

　　由于外套管为塑料质地，可以将其捅进输卵管很深的部位，使胚胎能移到最合适的部位。在插入输卵管或子宫角的过程中，即使操作者有些许不慎，或受体母猪有骚动，也不会造成外套管的折断或破碎，不会因此而造成移植失败或受体母猪生殖道的损伤。同时，由于移卵管是通过外套管插入移植部位，移卵管在插入的过程中不与输卵管内膜或子宫角内膜接触，从而克服了输卵管内膜或子宫角内膜上的黏液对移卵管内胚胎的吸附作用，不会造成胚胎的丢失，能显著提高胚胎移植的效率。

　　移卵之后的移卵管吸取 PBS，置于实体显微镜下，检查有无余卵。若发现有未移入卵，要重复上述步骤，移到另外一侧输卵管。确信管内无余卵后，即可将卵巢、输卵管或子宫角清洗，送入腹腔，缝合术部，涂碘酊，腹腔注射抗生素。

　　2. 子宫角移植　手术使子宫角露出切口之外。先将子宫角移植用外套管的斜面端从子宫角的合适部位避开血管插入子宫角内腔，外套管进入子宫角内腔的深度为 4～5cm，用手确认外套管在子宫腔内；然后将吸有胚胎的移卵管插入外套管，直至用手能感觉到移卵管已穿过外套管 0.5～1cm；最后将移卵管内的胚胎和培养液注入子宫角内。移植完毕，小心将移卵管和外套管退出，复原子宫角，按常规缝合创口。

　　由于着床前的猪早期胚胎在子宫角内是游动的，移植后会迁移，最后均匀分布于两侧的子宫角内，因而将胚胎移入一侧的输卵管或子宫角内即可（Polge 等，1970）。

　　（四）移植胚胎的数量

　　移植胚胎的数量要根据胚胎的种类和质量而定。对于体外生产的胚胎，如体外受精的胚胎、克隆胚胎、原核注射转基因的胚胎及转基因的克隆胚胎等，将在后面相应的章节中分别予以阐述。对于常规新鲜胚胎移植的最低数量，由于猪是多胎动物，至少要移入 4 枚以上的胚胎，才能产生足够的妊娠信号，使胚胎着床。如果受体接受的胚胎数少于 4 枚，则有可能不妊娠，这可能是由于促黄体化不足所引起（Polge 等，1966）。魏庆信等（1990）将 4 枚桑椹期的胚胎移入同步发情的受体母猪子宫角内，正常妊娠并产仔 3 头。

　　对于常规新鲜胚胎移植的最适数量，魏庆信等（2002）进行了研究，从供体母猪输卵管内采集的新鲜胚胎不做培养，按不同数量分组，移入同期发情的受体母猪输卵管内，结果如表 2-9。

表 2-9　移入胚胎的数量对受孕率及产仔数的影响

每头移入胚胎数（枚）	受体数（头）	受孕率（%）	产仔数（头）
5～10	9	44.4（4/9）[a]	3.8±1.2[a]
10～15	17	76.4（13/17）[b]	6.2±1.2[a]
15～20	19	78.9（15/19）[b]	7.5±1.5[b]
20 以上	5	80.0（4/5）[b]	7.8±0.9[b]

注：同列比较相同字母者表示差异不显著（P＞0.05）；不同字母者表示差异显著（P＜0.05）。

从表 2-9 可见，一次移入 15 枚左右发育正常的胚胎，可以确保正常的受孕率和产仔数。而移入 20 枚以上的胚胎，既不会提高受孕率，也不能增加产仔数，反而浪费胚胎。移入 10 枚以下的胚胎，受孕率和产仔数都受到影响。

（五）受体母猪的管理

移植胚胎后的受体母猪，最初几天，要注意每天注射 2 次抗生素，防止创口感染。同时，要单栏饲养，以防止猪之间打架，弄破伤口或流产。受体母猪的营养水平，按妊娠母猪的日粮配合即可。妊娠中、后期注意补充青饲料，做好观察。

第四节　猪卵母细胞体外成熟及体外受精技术

卵母细胞体外成熟（in vitro maturation，IVM）是指在体外的环境下，将从卵巢上获取的未成熟卵母细胞培养成熟的过程。猪卵母细胞体外成熟是体外受精以及克隆技术的重要环节，卵母细胞的质量是决定猪胚胎体外生产效率的一个极其重要的因素。在克隆胚的发育能力上，体内成熟的卵母细胞要优于体外成熟的卵母细胞，能提高克隆猪的成功率（马云等，2003；唐星红，2001）。早期的猪体外受精、核移植等研究多用体内成熟的第二次减数分裂中期（M Ⅱ 期）卵母细胞，但即使是应用超数排卵技术获得的卵母细胞数量也远远达不到实践需要。相对于体内成熟的卵母细胞来说，体外成熟的卵母细胞来源丰富、成本低，因而成为体外受精、克隆等研究的主要来源。猪卵母细胞的成熟是一个复杂的生理过程，主要包括细胞核和细胞质的变化（Day，2000），同时又是一个受多因素调节的过程，严格依赖其生长的卵泡环境（陈大元，2000；郭志勤，1998）。

体外受精（in vitro fertilization，IVF）是指通过人为操作使精子和卵子在体外的环境下结合的过程。20 世纪 40 年代，世界上只有为数不多的科学家能成功地进行体外受精实验，美国的 Pincus 和日本的 Yamane 是这时期的代表。这期间，Rock 和 Menkin 进行了人卵体外受精实验。1945 年，美籍华人张明觉成功地进行了兔体外受精，但在此后的 5年里没有能再重复出这一结果（陈大元，2000）。1951 年，Chang 和 Austin 几乎同时发现只有在雌性生殖道停留一定时间的精子才能成功与卵子结合，Austin 将这种现象命名为"capacitation（获能）"。精子获能现象的发现是体外受精史上的一个里程碑。至此，体外受精研究蓬勃开展起来。Chang 利用获能处理的精子进行体外受精实验，于 1959 年获得世界上首例"试管动物"——试管兔。同一时期，法国 Thibault 研究组提供了充足的兔卵子体外受精形态学证据，哺乳动物体外受精技术才真正得到承认（陈大元，2000；郭志勤，1998；马云等，2003）。到目前为止，体外受精已在数十种哺乳动物上获得成功，将体外受精胚移植给受体也已经在小鼠、山羊、牛、兔、猪、绵羊等动物及人类获得后代。猪的体外受精难度相对较大，Chang 与 Polge（1989）用猪新鲜精液与体内成熟排出的卵子进行体外受精，成功诞生了世界上第一例试管猪。Nagai 等（1988）应用猪附睾冻精，使体内成熟的卵母细胞体外受精产仔。Mattioli 等（1989）利用猪新鲜精液使体外成熟的卵母细胞受精，体外培养到 2～4 细胞期移植到受体母猪体内妊娠产仔，成为世界上首例用体外培养成熟的猪卵巢卵母细胞和鲜精体外受精移植产仔的试管猪。进入 20 世纪 90 年代，国内外一些实验室也都相继获得了猪卵母细胞体外受精的后代。

目前，猪卵母细胞体外成熟和体外受精研究已经取得了一些进展，但成功率仍很低。猪卵母细胞体外成熟系统还不完善，体外成熟培养时间较长，许多理化因素直接或间接地影响着卵母细胞的体外成熟及体外受精之后的胚胎发育。如何优化猪卵母细胞体外成熟系统，使得卵母细胞核、质同步成熟，以便获得较强的发育能力，是当今急需解决的问题。

一、猪卵母细胞的采集

猪卵母细胞的获取主要有两条途径：一是从活体的输卵管中采集体内成熟的卵母细胞；二是从屠宰母猪的卵巢中采集未成熟的卵母细胞，经体外培养成熟。

（一）体内成熟卵母细胞的采集

猪体内成熟卵母细胞的采集方法与从输卵管中采集早期胚胎的方法相同（见本章第三节），只是母猪发情后不需要与公猪交配，在发情结束的 12h 之内采集卵母细胞。

（二）卵巢卵母细胞的采集

目前，常用的卵母细胞是从屠宰场废弃的卵巢中获得。猪屠宰后，立即摘下卵巢，用盛有 37℃生理盐水的保温瓶带回实验室。在无菌的条件下采集卵母细胞，采集方法主要有 3 种，即抽吸法、切割法和刺破法。相对于刺破法和切割法，抽吸法由于方法简便且获卵率高而被较多采用。笔者实验室主要使用抽吸法采集猪卵母细胞，其操作步骤如下。

（1）从屠宰场收集猪卵巢（图 2-12），放入 37℃、含青霉素和硫酸链霉素的生理盐水中，2h 内运回实验室，适量生理盐水（28～37℃）冲洗 3～5 遍，用 16 号针头的 10ml 注射器抽吸卵巢上 3～6mm 的卵泡。

（2）将抽取液置于 50ml 离心管中，37℃水浴静置 15min，弃上清液，加入 DPBS 液重悬沉淀，再静置 15min，重复 1 次。

（3）将重悬液放入直径 60mm 的塑料培养皿中，在实体显微镜下，用吸管抽取卵丘细胞包裹 2 层以上、致密且胞质均匀的卵丘卵母细胞复合体（COCs）（图 2-13）。

（4）转移到 DPBS 液滴中，冲洗 3 遍，再转入盛有 mTCM 199 或者胚胎培养液（NC-SU-23）的表面皿中洗 2-3 遍。

用此方法获得的卵母细胞多数处于生发泡期（GV 期），需要在体外培养成熟后才能与精子受精。从卵巢中采集卵丘—卵母细胞的关键是注意卵巢的保温和防止细菌污染。因此，卵巢从畜体摘取后需放入含有抗生素生理盐水或 PBS 的保温瓶中；抽吸卵丘—卵母

图 2-12　猪卵巢

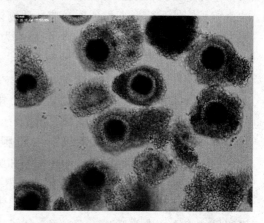

图 2-13　采集到的卵丘卵母细胞复合体

细胞前，卵巢要用生理盐水或 PBS 多次洗涤；所用溶液都要添加抗生素。这种方法的最大优点是材料来源丰富，成本低，但确定母猪的遗传背景困难。

　　湖北省农业科学院畜牧兽医研究所肖红卫等建立的真空泵法获取猪 COCs 的步骤大致同抽吸法，差别在于真空泵法是接抽集器（图 2-14）抽吸卵巢上 3～6mm 的卵泡（肖红卫等，2012）。该方法更加简便且获卵率高，整个操作过程用时大大缩短。

　　本装置的特点在于：输液管与穿刺针为一体，输液管的长度为 3～5cm，输液管与穿刺针成一直线或成一定角度；通过真空泵产生的负压采集卵母细胞，解放了操作者的手；一体式穿刺针—输液管收集卵母细胞和卵泡液，避免长距离运动造成对卵母细胞表面颗粒细胞的损伤，并且提高了采集的速度，使卵母细胞处在外界环境中的时间减少到最低；手握式采集管，保证卵母细胞和卵泡液的温度所受环境温度的影响降到最低，稳定在人体表面温度，模

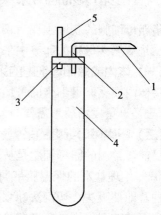

图 2-14　猪 COCs 抽集器
1. 穿刺针　2. 输液管　3. 管塞
4. 采集管　5. 导气管

拟了动物的体温，并且减少了紫外线对采集管中样品的损伤。

二、猪卵母细胞的体外成熟

（一）卵母细胞体外成熟的机理

　　卵母细胞成熟是指生长的卵母细胞向成熟卵子转化的过程（陈大元，2000）。大多数哺乳动物在出生前后，卵母细胞均停滞于第一次减速分裂的双线期，此时的细胞核成泡状，称为生发泡（germinal vesicle，GV）（秦鹏春，2001）。性成熟后，随着卵泡波动周期性变化，其在促性腺激素或其他因子的作用下开始生长发育。而猪卵母细胞体外成熟（IVM）正是在体外人工给定的条件下，哺乳动物次级卵母细胞经过一系列的生长发育，

最终形成有受精能力的成熟卵母细胞的过程。

卵母细胞的成熟主要包括减数分裂的恢复和完成，以及细胞核、细胞质、透明带、卵丘细胞的成熟和卵丘—卵母细胞复合体的发育成熟等一系列复杂的变化过程。在成熟过程中，卵母细胞不仅受到卵泡细胞自分泌的雌二醇（E_2）、生长因子及旁分泌的作用（Wu，1993；Comeze 等，1993），还受到卵丘细胞跨透明带突起部分的细胞骨架重组对它的影响，从而导致卵母细胞内减数分裂调节因子（成熟促进因子，MPF）（Chesnel 等，1995）和环腺苷酸（cAMP）的变化，以促使卵母细胞的成熟。

卵母细胞成熟在形态学方面主要表现为纺锤体形成，核仁致密化，染色质高度浓缩成染色体，第一极体（PBⅠ）释放，细胞器重组，卵丘细胞扩展、膨胀和透明带软化等一系列生理变化。细胞核成熟即卵母细胞恢复减数分裂、生发泡破裂（germinal vesicle breakdown，GVBD），并发育到第一次减数分裂中期。同时，卵母细胞进一步跨越第一次减数分裂中期，排出第一极体，并止于第二次减数分裂的中期，直到受精（或启动）后才完成第二次减数分裂并排出第二极体。细胞质的成熟包括细胞器的变化和细胞基质的变化，皮质颗粒在胞质合成后，逐渐迁移到质膜下的皮质区。高尔基复合体最初位于核的周围，成熟过程中移向皮质，皮质颗粒完全形成后，高尔基复合体在皮质中消失。发育早期的线粒体为圆形或椭圆形等，主要分布于皮质部，卵母细胞成熟后，线粒体又移向核周围，形成幼稚型线粒体。随着卵母细胞的成熟，粗面内质网减少，而滑面内质网增多，到成熟晚期，滑面内质网变得很少。胞质成熟的一个非常重要的特点就是积累一些稳定的mRNA，并在卵母细胞成熟到一定阶段进行蛋白质翻译。有些细胞质成熟过程依赖于细胞核成熟。透明带软化也是卵母细胞成熟的标志。透明带是一层糖蛋白膜，受精时可以结合并诱导精子发生顶体反应，并阻止多精受精。在卵母细胞的成熟过程中，有很多化学物质及因子参与反应。因此，只有当体外成熟条件与体内卵母细胞发育所需要的环境非常接近时，才能获得较高的成熟率。

现代生物技术在动物繁殖领域及人类辅助生殖的应用中，成熟卵母细胞的质量至关重要。以往研究发现，正常卵巢卵泡中的卵母细胞一直停滞于减数分裂的前期，不能成熟，只有在促性腺激素周期性作用下才能成熟和排卵。对于卵母细胞成熟的分子机理，科学家进行了大量的研究，但始终是未解之谜。虽然 20 世纪 60 年代国外就有科学家提出卵巢能分泌一种抑制卵母细胞成熟的物质，但一直没有得到证实。

目前，夏国良和 John Eppig 教授课题组利用自发突变小鼠模型开展研究。他们发现，卵泡中的颗粒细胞分泌 C-型钠肽（NPPC），该物质通过其钠尿肽受体 2（NPR2）产生环磷酸鸟苷（cGMP），阻止卵母细胞内 cAMP 的降解，从而抑制了卵母细胞的成熟。只有当周期性促性腺激素峰出现时下调了 C-型钠肽的分泌，才能解除其对卵母细胞成熟的抑制，进而引起卵母细胞的成熟和排卵。他们的研究结果证实，C-型钠肽及其受体 NPR2缺失将导致卵泡中卵母细胞的提前成熟。

这一研究为揭示卵母细胞成熟的分子机制提供了重要的理论依据，对于揭示促性腺激素精确调控卵母细胞成熟与排卵的同步化，以及雌性的正常受精等机理具有重要意义，为今后人类卵巢早衰和卵巢多囊症的发病机理研究提供重要的理论参考，同时也为动物高效繁殖技术的应用奠定重要基础。

(二) 猪卵母细胞体外成熟培养

1. 将采集的 COCs 置于成熟培养液中，在 39℃、5%CO_2 培养箱中培养（20±2）h。成熟培养液为 NCSU-23（或改良 TCM 199）＋PMSG（10IU/ml）＋hCG（10IU/ml）＋10%猪卵泡液（pFF），在培养箱中至少已经平衡 2h 以上。

2. 然后，将 COCs 转移到基础培养液 NCSU-23（或改良 TCM 199）＋10%pFF 成熟培养液中，在 39℃、5%CO_2 培养箱中继续培养（20±2）h。

3. 之后，将 COCs 置于倒置显微镜下观察卵丘细胞扩散情况。

4. 将扩散良好的卵母细胞移入 0.1%的透明质酸酶中，反复吹打去除颗粒细胞，用 DPBS 洗卵液清洗 2～3 次，统计排出第一极体的卵母细胞数量，计算卵母细胞的成熟率。

5. 配制基础培养液。

(1) 猪卵母细胞体外成熟液　mTCM 199＋PMSG（10IU/ml）＋hCG（10IU/ml）＋10%pFF，COCs 培养前至少在培养箱内平衡 3h 以上。

(2) 改良 TCM 199（mTCM 199）　其成分见表 2-10。

表 2-10　改良 TCM 199（mTCM 199）成分

成　分	相对分子质量	浓度（mmol/L）	添加量（g/100ml）
葡萄糖（Glucose）	180.20	3.05	0.0550
丙酮酸钠（Na-Pyruvate）	110.40	0.91	0.0100
L-半胱氨酸（L-Cysteine）	121.16	0.57	0.0069
L-谷氨酰胺（L-Glutamine）	146.10	1.00	0.0146
聚乙烯醇（Polyvinyl alcohol）			0.1000

用 TCM 199 液定容至 100ml，调其 pH 为 7.2～7.4，然后用 0.22μm 针头滤器在超净工作台内过滤，4℃下保存备用。

(3) 猪卵泡液（pFF）制备　抽取卵巢上直径 3～8mm 的卵泡，将抽取液放入离心管中离心（1 600r/min）20min，取上清液于超净工作台内，以 0.22μm 滤膜过滤后，分装于 1.5ml 离心管中，－20℃下冷冻保存备用。

(4) 胚胎培养液（NCSU-23）　其成分见表 2-11。

表 2-11　胚胎培养液（NCSU-23）成分

成　分	相对分子质量	浓度（mmol/L）	添加量（g/100ml）
NaCl	58.45	108.73	0.6355
$NaHCO_3$	84.00	25.07	0.2105
KCl	74.55	4.78	0.0356
KH_2PO_4	136.09	1.19	0.0162
$MgSO_4$	120.40	1.19	0.0142
$CaCl_2$	110.98	147.00	1.7000
葡萄糖（Glucose）	180.20	5.55	0.1000
谷氨酰胺（Glutamine）	146.10	1.00	0.0146
牛磺酸（Taurine）	125.10	7.00	0.0875
氨乙基亚磺酸（Hypotaurine）	109.10	5.00	0.0545
青霉素 G 钠盐（Penicillin G Sodium salt）			0.0065
硫酸链霉素（Streptomycin sulfate）			0.0050

以细胞培养用水定容至 100ml，调其 pH 为 7.2～7.4，然后用 0.22μm 针头滤器在超净工作台内过滤，－20℃下保存备用。

（5）脱卵丘液　取 30mlDPBS，称取透明质酸酶（100mg/ml），缓慢搅拌，使之溶解，并用 DPBS 定容至 50ml，然后用 0.22μm 针头滤器在超净工作台内过滤，分装到 1.5ml 离心管内，4℃下保存备用。

（三）卵母细胞体外成熟的评定

卵母细胞成熟是涉及核、质、膜、卵丘细胞和透明带成熟的一个复杂的生物学过程。通过何种方法评估卵母细胞成熟质量，从而预测其移植后的着床和发育能力，提高妊振率，一直是胚胎学家研究的焦点。

1. 形态观察法　观察卵母细胞在透明带的第一极体形态、卵周隙大小、细胞质的颗粒度和有无内容物等。这些形态特征可能与卵母细胞的成熟进程有一定的关联，而且互相影响，从整体上反映卵母细胞的成熟度。Ebner 等研究表明，卵母细胞是否完全成熟，是决定其受精和受精后早期胚胎发育的关键因素。因此，从体外受精或孤雌激活后胚胎的形态，包括卵裂速度，卵裂球的均一度、颜色、折光性和细胞质形态，以及碎片的比例等，也能反映卵母细胞体外成熟状况。

培养 44h 的卵丘卵母细胞形态如图 2-15，脱颗粒细胞的卵母细胞形态如图 2-16。

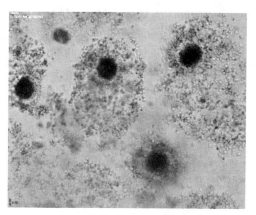

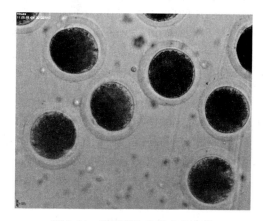

图 2-15　培养 44h 的卵丘卵母细胞　　　　　　图 2-16　脱颗粒细胞的卵母细胞

2. 固定染色法　将卵母细胞周围的卵丘细胞用 0.1％透明质酸酶消化，然后在含 10mg/L Hoechst 33342 的 Dalbecco's PBS 缓冲液（DPBS）中，避光染色 5min，在倒置显微镜下观察卵母细胞的形态，同时用荧光显微镜做对应观察，极体和卵母细胞均发荧光者为核成熟卵母细胞（体外成熟卵母细胞染色前如图 2-17，体外成熟卵母细胞染色后如图 2-18）。也有学者利用亮甲酚蓝（BCB）对猪卵丘卵母细胞复合体（COCs）进行 BCB 染色，来观察染色后猪卵母细胞成熟率和早期胚胎发育能力，以提高猪体外胚胎培养体系的效率。

当然，也有学者提出通过荧光原位杂交、透射电镜超薄切片和共聚焦显微镜的免疫组化，来观察线粒体、皮质颗粒和内质网等细胞器的数量及分布，从而进行有效的评估和选择（Lynette，2003），但这些侵入性的检测方法会对卵母细胞或胚胎产生不可逆的损伤，

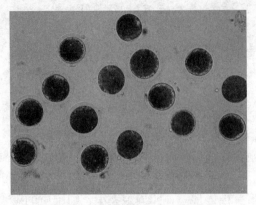

图 2-17　体外成熟卵母细胞染色前

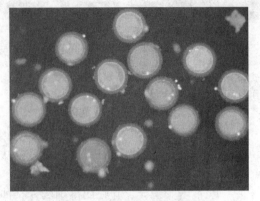

图 2-18　体外成熟卵母细胞染色后

并影响其胚胎发育的能力，且价格昂贵，因而很难在实际中应用。目前，在实际操作中常用的是形态观察法，不仅简单易行，而且不影响卵母细胞和胚胎的体外发育进程。

（四）影响猪卵母细胞体外成熟的生理性因素

1. 卵巢来源猪的年龄、品种及健康情况　同一种动物在不同年龄段，其卵母细胞在体外成熟的情况也有所不同。从初情期前的青年母猪卵巢中获得的卵母细胞，经过体外成熟培养后可得到 IVF 后代，但是，成功率不如经产母猪卵巢体外成熟的卵母细胞。Marchal 等（2000）比较了初情期前与初情期后母猪卵母细胞的成熟和发育能力，发现初情期后猪卵母细胞更容易达到 MⅡ期，且初情期后期猪的囊胚发育率也高于初情期前。不同的国家和地区之间，以及猪的品种之间，必定存在着遗传因素、饲养环境和气候条件等带来的质量上的差异，从而影响猪卵母细胞的质量，进而对体外成熟培养也产生一定的影响。即使是用从同一品种和同一地区的猪种所获得的卵母细胞进行体外培养，其培养效果也会因猪的健康情况和卵巢质量等的影响而有很大不同，比如处在育龄盛期的健康母猪，其卵巢的体积大，表面卵泡多，而且直径在 3～6mm 的卵泡相对比例较高，抽得的卵母细胞形态完好，裸卵少，相对体外成熟培养效果也好。反之，取自仔猪、处女猪及老弱病残猪的卵母细胞的体外成熟培养效果则较差。

2. 卵巢所处的性周期　采集卵巢所处的性周期同样影响卵母细胞体外成熟培养效果。根据采集卵巢所处的性周期，将其分为卵泡期和黄体期。有研究表明，卵泡期卵巢无论从采集的卵母细胞数，还是卵母细胞的成熟率和卵裂率都要好于黄体期的卵巢（杨喜等，2007）。卵巢所处性周期不同，卵泡内的能量物质、激素浓度等也会随之发生变化，从而影响体外成熟培养的效果。

3. 采集卵巢离体的时间及保存温度　一般而言，卵巢离体的时间要求在 2～4h 内，时间越短，所获得的卵母细胞的质量越好，体外成熟培养的效果也越好。相对于其他哺乳动物而言，猪卵母细胞对温度的敏感度较高，较高或较低的保存温度都会直接影响体外成熟的效果。一般来讲，猪卵巢的保存温度在 28～37℃为宜。

4. 卵泡的大小　猪卵母细胞的体外成熟与卵巢上卵泡大小有关。根据相关研究，猪卵泡直径只有达到 2mm 以上，其卵母细胞才具备体外成熟的能力，小卵泡中的卵母细胞缺乏进一步发育所需的相关因子。在猪卵母细胞体外成熟中，随着卵泡直径的增大，其中的卵母细胞体外成熟率逐渐上升，但大卵泡与中等卵泡获得的卵母细胞体外成熟率无显著差异；小卵泡获得的卵母细胞体外成熟率较低，不适合体外成熟培养（Yoon 等，2000）。也有报道，卵泡直径大于 6mm 的卵母细胞在体外培养时退化严重，可能与其过早成熟而发生老化有关（Niemann 等，2003）。所以，用于体外培养的卵母细胞取自直径为 3～6mm 的卵泡最有利于成熟。

5. 卵丘细胞的层数 大多数哺乳动物的卵母细胞被卵丘细胞包裹形成 COCs。排卵之前，卵丘细胞扩展，合成大量胞外基质，并富含透明质酸（hyaluronic，HA），有利于排卵后进入输卵管，同时保证了卵母细胞正常的受精和胚胎发育潜力，所以卵丘细胞的扩张对卵母细胞成熟，特别是卵母细胞胞质成熟起着重要作用。吴光明（1994）认为猪卵母细胞周围卵丘细胞的多少及其排列紧密状态，与卵母细胞体外成熟密切相关。王海等（2002）报道，拥有 5 层以上卵丘细胞的猪卵母细胞核成熟率，显著高于拥有 5 层以下和 1 层以上卵丘细胞的猪卵母细胞，而拥有 5 层以下和 1 层以上卵丘细胞的猪卵母细胞核成熟率，又显著高于拥有 1 层以下卵丘细胞的猪卵母细胞。华再东等（2011）的实验表明，包裹 3 层以上卵丘颗粒细胞的卵母细胞更适合体外培养，成熟率更高。

（五）影响猪卵母细胞体外成熟的物理性因素

1. 保存卵巢的温度 保存卵巢的温度是影响哺乳动物卵母细胞体外成熟及后期发育的重要因素之一。目前，有关采集卵巢所用生理盐水温度的研究很多。Prather 等（1991）报道，从储存于 25℃ 生理盐水的卵巢中获得的卵母细胞，培养成熟启动后，其卵裂率（45.5%）明显低于储存于 36℃ 生理盐水的卵裂率（78.9%）。邢风英等（2004）报道了 38.5℃ 下保存的卵巢卵母细胞启动后的卵裂率（79.64%）和囊胚率（18.11%），与 37℃ 下保存的卵裂率（76.18%）和囊胚率（33.82%）相比差异不显著；当温度达到 40℃ 时，卵裂率（21.68%）和囊胚率（0）与 37℃ 相比差异极显著（$P<0.01$）；而当温度降低到 22℃ 时，卵裂率和囊胚率显著降低（$P<0.05$）。由此看来，保存卵巢的生理盐水的温度不能过高，也不能过低。需要注意的是，采集猪卵巢通常是在远离市区的屠宰场，卵巢取回时温度一般要降低 4～5℃。因此，采集卵巢时生理盐水的温度要根据当天气温做适当调整，以防止温度下降幅度过大而影响卵母细胞成熟效果。保存猪卵巢的生理盐水温度一般为 28～37℃，过高或过低都不利于细胞的发育。

2. 湿度及气相环境 在 IVM 过程中，一般采用的是饱和湿度，目的是减少培养基内的水分蒸发，从而维持培养基中卵母细胞所需要的各种物质的浓度及保持渗透压。通常在培养基上面覆盖 1 层石蜡油或矿物油，以使在培养箱内或离箱操作时维持培养基的气相、湿度与 pH。此外，培养箱内所用水的纯度和高度无菌也是培养成功的关键性因素。

目前，猪卵母细胞常用的体外培养气相有两种（Zhu 等，2002），一种是 39℃，5% CO_2，95% 空气；另一种是 39℃，5% CO_2，5% O_2，90% N_2。在这两种气相中，CO_2 的含量很关键。多数培养基在配制前都已将 pH 调好，并具有一定的缓冲能力，5% CO_2 刚好是维持 pH 所必需的。另外，要保证所用气体的洁净、无菌。

3. 体外成熟培养时间 由于动物的种属和个体差异，其卵母细胞体外培养成熟的时间也有所差异。即使同种动物，在相同的成熟培养条件下，其培养时间也有所不同。哺乳动物卵母细胞体外成熟培养时间通常是 22～24h。但猪比较特殊，通常需要 44～48h 才能达到核成熟，24h时的核成熟率几乎为0。Sosnowki等（2003）研究发现，培养40～48h与培养30～36h的猪卵母细胞体外成熟率差异显著，分析染色体核型发现，随着体外培养时间的延长，染色体异常率会随之增加。Rath等研究认为，核成熟的培养时间为42～45h，以48h为最高。虽然延长培养时间可以使核成熟率逐步提高，但猪的卵母细胞会逐渐老化。世界首例转基因克隆猪的卵母细胞体外成熟培养时间为42～44h。因此，在保证一定核成熟率的前提下，可以根据自身实验条件缩短猪卵母细胞体外成熟培养时间。

4. 体外成熟培养方式 目前，常用的猪卵母细胞体外成熟培养方式有微滴培养法、套皿培养法及普通的单皿培养法。相对普通的单皿培养法而言，微滴培养法和套皿培养法可以更好地保持细胞发育所需要的微环境，同时减少微生物的污染。李俊等（2004）研究认为，在猪卵母细胞体外成熟培养中，套皿培养法可以代替微滴培养法中矿物油的作用，从而减少矿物油对细胞的危害。

套皿的制备可参照赵永贞等（2004）的方法（图 2-19）。取 ϕ180mm 和 ϕ90mm 干净、无菌的玻璃培养皿各 1 套，在 ϕ180mm 的培养皿中放入 1 个直径 60mm、高 3mm 的圆形塑料垫，并向该培养皿中注入与垫等高的蒸馏水，然后把 ϕ90mm 培养皿置于垫子上，先后盖上配套皿盖，放入 38.5℃、5% CO_2、饱和湿度的培养箱中平衡。套皿法是将 COCs 分别在 ϕ35mm 的培养皿（平皿）中培养，每皿至少注入 1ml 培养液，可培养 400 枚左右猪卵母细胞。改进后使用 ϕ35mm 的培养皿（凹皿）（图 2-20），只需约 0.6ml 培养液，可培养猪卵母细胞 100～150 枚，1 个大套皿内可放直径 35mm 的小凹皿 4～6 个，卵母细胞成熟率有所提高。

图 2-19 套皿法培养猪卵母细胞

图 2-20 平皿和凹皿

套皿法完全能够替代常规培养法的依据是，外层 2 个套皿所形成的空间及所含蒸馏水对直径 35mm 培养皿中气体湿度、pH 稳定提供了 2 个缓冲层。当培养箱内培养条件稳定后开启培养箱，由于套皿所起的缓冲作用，从培养箱内到直径 35mm 培养皿中形成了从低到高的湿度和 pH 梯度，套皿内的状态不会在短时间内发生剧烈改变，维持了培养基湿度和 pH 的相对稳定。在套皿法中，将培养细胞的平皿换成凹皿，结果猪卵母细胞包体外成熟得到进一步改善。这可能是凹皿体积相对平皿小，而使细胞与细胞接触更紧密，卵丘细胞层集聚更有利于猪卵母细胞的体外成熟。

华再东等（2011）分别用微滴法和套皿法培养猪卵母细胞，结果如表 2-12。

表 2-12 平皿和凹皿对猪卵母细胞体外培养的影响

培养方法	COCs 培养数（枚）	PB I 排出数（枚）	成熟率（%）
微滴	1 550	1 240	80.0[a]
平皿	2 000	1 652	82.6[a]
凹皿	2 000	1 802	90.1[b]

注：同列比较相同字母者表示差异不显著（P>0.05）；不同字母者表示差异显著（P<0.05）。

此外，在 5 孔培养板中培养 COCs，放入套皿，不需要覆盖石蜡油，也可获得较理想的培养效果。

（六）影响猪卵母细胞体外成熟的化学性因素

1. 成熟培养基 成熟基础液的构成，直接影响卵母细胞的成熟率及以后的受精和胚胎发育。猪卵母细胞 IVM 的基础液有 Whitten's medium，NCSU-23，mTCM 199 和 NCSU-37 等。目前，以 mTCM 199 和 NCSU-23 使用较多。对于 mTCM 199 和 NCSU-23 两种基础培养液，华再东等（2011）采用微滴法进行了对比试验，结果如表 2-13。

表 2-13 不同培养基对猪卵母细胞体外培养的影响

培养基（枚）	COCs 数（枚）	重复次数	PB I 排出数（枚）	成熟率（%）
mTCM 199	60	8	347	72.29[a]
NCSU-23	60	8	305	63.50[b]

注：同列比较相同字母者表示差异不显著（P>0.05）；不同字母者表示差异显著（P<0.05）。

从表 2-13 可见，使用 mTCM 199 培养的卵母细胞成熟率（72.29%）显著高于 NCSU-23（67.50%，P<0.05）。mTCM 199 更适于猪卵母细胞的体外成熟培养。

2. 激素 在无血清存在的情况下，激素对卵母细胞体外成熟的作用已得到公认。FSH 是调节卵泡发育的一种重要激素，能促进卵泡的成熟排卵，已被广泛应用于卵母细胞的体外成熟，并证实其能促进卵母细胞周围卵丘细胞的扩散。LH 是卵母细胞体内成熟的诱导者，也被广泛应用于卵母细胞的体外成熟。PMSG 具有 FSH 和 LH 的双重作用，hCG 与 LH 的作用相似。华再东等（2011）研究了 PMSG 和 hCG 对猪卵母细胞体外成熟的影响。在培养液其他成分不变的情况下，将获取的 COCs（包裹 3 层以上卵丘颗粒细胞）分成 3 组，其中一组在基础培养液中只添加 PMSG（10IU/ml），另一组只添加 hCG（10IU/ml），对照组两种都添加。结果显示，基础培养基中添加 PMSG 和 hCG 两种激素组的成熟率，显著高于只添加一种激素（PMSG 或 hCG）组（P<0.05）。

3. 血清 自 20 世纪 80 年代血清应用于卵母细胞的体外成熟培养以来，血清在卵母细胞体外成熟培养的作用逐渐被发现。血清中含有许多成分，包括能量物质、氨基酸、维生素、激素、生长因子和细胞因子等，能够促进原始卵泡卵母细胞生长启动，并提供生长所需的一种或几种因子，因而培养液中添加动物血清可促进卵母细胞成熟。在猪卵母细胞体外培养中，应用最广泛的是在成熟培养液中添加 10% 的胎牛血清（fetal bovine serum，FBS）。

虽然血清对于猪卵母细胞的体外培养有较好的促进作用，但是血清也有其本身固有的不利因素，如血清中所含的免疫球蛋白、补体和一些生长抑制因子不利于细胞的生长和增殖，并且容易被支原体感染。此外，血清的来源和批次不同，均会导致血清中所含组分及组分间比例不同，从而导致卵母细胞体外成熟、体外受精和体外培养的不稳定。因此，寻找比较适宜的血清替代品成为当前的一大研究热点。目前，用来代替血清的替代品有牛血清白蛋白（bovine serum albumin，BSA）、聚乙烯醇（polyvinyl alcohol，PVA）和聚乙烯吡咯烷酮（polyvinyl pyrrolidone，PVP）等大分子有机物质。

4. 卵泡液 猪卵泡液（pig follicular fluid，pFF）是卵母细胞成熟的介质，对卵母细胞的成熟有着重要的调节作用。早期研究表明，卵泡液中含有大量的成熟抑制因子，对其成熟具有重要的调节作用。Georgios 等的研究表明，在培养液中添加 pFF 可以促进猪卵母细胞体外成熟。秦鹏春等研究表明，是否添加 pFF 对卵母细胞体外成熟差异不显著。但孟庆刚等指出，在激素存在的条件下，pFF 能提高猪卵母细胞成熟的质量，并增强胚胎的发育能力。

5. 细胞生长因子 与卵母细胞体外成熟相关的细胞生长因子主要有表皮生长因子（epidermal growth factor，EGF）、胰岛素样生长因子（insulin-like growth factors，IGF）、成纤维细胞生长因子（fibroblast growth factor，FGF）、转化生长因子（transforming growth factor，TGF）及神经生长因子（nerve growth factor，NGF）等，这些细胞生长因子之间相互作用，对卵母细胞的成熟、受精与卵裂起着重要作用（Coskun 等，1995；Erickson，1995；Singh 等，1997）。已经证实，EGF 可以促进猪卵母细胞的核成熟（Wang ，2000）。Abeydeera（2000）的研究表明，EGF 能提高卵母细胞成熟过程中蛋白质的合成，从而提高卵母细胞质的品质。IGF 对细胞具有促分裂、分化及促代谢等生物学功能，是一个具有多种生理功能的生长因子，因而，同样能促进猪卵母细胞的成熟，并能提高所得胚胎的发育能力。TGF-α 在结构和功能上与 EGF 相似，因而也可以与 EGF 受体结合，诱导猪卵丘细胞的扩散，促进卵母细胞核成熟（Xia 等，1994）。NGF 也是猪卵母细胞体外成熟过程中重要的调节物质之一，能加快猪卵母细胞进入 MⅡ期。

三、猪精子的体外获能

（一）精子体外获能的机理

精子获能是一个多时相、多步骤、十分复杂的生理现象，包括精子超激化运动、精子膜蛋白的变化以及膜流动性的改变，直到顶体反应的发生，才标志获能的完成（韩毅冰等，1997）。精子获能是顶体反应的前奏，顶体反应是获能的必然结果，是受精的必要条件。精子获能的意义在于使精子准备发生顶体反应和超激化，促使精子穿透卵子（陈世林等，2002）。为了成功受精，精子必须要有很强的活力，还要具备顶体反应（acrosomal reaction，AR）的能力以及穿过卵子卵丘细胞和透明带，与卵膜融合的能力。精子不经获能是不会发生顶体反应的（陈大元等，2000）。精子体外获能的进程是：首先脱去精子表面的抗原物质和去能因子，并促使精子质膜的胆固醇外流，导致膜的通透性增加；然后，Ca^{2+} 进入精子内部，启动腺苷酸环化酶，抑制磷酸二酯酶，诱发环腺苷酸（cAMP）的浓度升高，进而导致膜蛋白重新分布，膜的稳定性进一步下降，精子的获能即告完成。因此，任何能导致精子被膜蛋白脱除、质膜稳定性下降、通透性增加和 Ca^{2+} 内流的处理方法均可诱导精子获能（卫恒习等，2005）。

在自然情况下，精子获能受自主神经和雌性甾体激素的调控，雌激素有利于精子获能，而大剂量孕激素则抑制获能。精子获能并不是同时发生的，即具有"异质性"（万鹏程等，2003）。张明觉最早发现精子获能是一个可逆的过程，获能的精子一旦与精浆或附睾液接触，就会去获能。Zaneveld（1991）报道，超速离心精浆和附睾液中的去获能物质，精子又可重新获得受精能力。这表明精浆中存在着一种去能因子（decapacitation factor，DF）。DF是一种糖蛋白大分子，如从牛精浆分离到的 Ca^{2+} 转运抑制蛋白、精浆中的精胺以及 Zn^{2+} 等都可看作是去获能因子（田万强等，2005）。DF参与获能的调节，具有抑制 Ca^{2+} 内流、稳定顶体的作用，以防止精子过早获能（袁云生等，2002）。因此，精子获能的机理在于去除精子表面的DF或使DF失活。

母畜生殖道内存在有获能因子，可中和精子表面的DF而使精子获能。Fraster等（1995）研究发现，在获能期间，精子膜离子通道特别是钙离子通道被启动，精子的耗氧量和糖酵解明显增加。Duncan等（1993）报道，获能是精子的腺苷酸环化酶和神经氨酸酶被启动，导致胞内cAMP含量升高和精子活力增加，进而促进获能。此时，顶体酶被启动，蛋白酪氨酸产生增多，并引起顶体反应（AR），其结果将有助于精卵识别结合。

（二）猪精子体外获能的方法

1. 精子的制备 精液中含有大量的精浆，其中不乏精子获能的抑制因子，在体外受精前必须将其去除。此外，精子的活力也是影响体外受精的重要因素之一，过多的死精子留在受精液中将不利于卵母细胞的受精完成，也应将其去除。目前，猪IVF时精子的处理方法主要有离心洗涤法和Pecroll密度梯度离心法。

（1）离心洗涤法 取 $0.1\sim0.2$ml 的精液置于离心管中，然后加入 $5\sim10$ml 获能液或受精液，离心5min（300g）；去掉上清液后，再加入 $5\sim10$ml 获能液或受精液离心洗涤1次。

（2）Pecroll密度梯度离心法 Estienne等（1988）采用该法分离猪的精子，可以分离得到活力高于90%的精子分层。常用的Pecroll密度梯度为30%和45%，平衡离心10min（300g）；也有人使用45%和90%，平衡离心25min（300g）。

2. 精子的获能 猪精子体外获能的处理方法主要有以下几种。

（1）与血清白蛋白的溶液长时间孵育 血清白蛋白是血清中的大分子物质，具有很强的结合胆固醇和 Zn^{2+} 的能力，可除去精子质膜中的部分胆固醇和 Zn^{2+}，降低胆固醇在精子质膜中的比例，进而改变精子质膜的稳定性，导致精子的获能。该法由于需要的时间较长，且诱发精子获能的作用不强，故仅在体外受精技术研究的初期进行过尝试，具有一定作用，目前仅作为精子获能的一种辅助手段。

（2）与含有卵泡液的培养液进行孵育 卵泡液含有来自血清的大分子物质，且含有诱发精子获能和顶体反应的因子，故在培养液中添加一定浓度的卵泡液能诱发精子的获能。

（3）使用钙离子载体A23187 钙离子载体A23187（Ionophore A23187）能直接诱发 Ca^{2+} 进入精子细胞内，提高细胞内的 Ca^{2+} 浓度，从而导致精子的获能。因此，A23187被广泛用于精子的获能处理。值得注意的是，要控制A23187的浓度和作用时间，否则会导致精子的活力下降和死亡。

（4）使用肝素 肝素是一种高度硫酸化的氨基酸多糖类化合物，当它与精子结合后，

能引起 Ca^{2+} 进入精子细胞内部而导致精子的获能（First and Parrish, 1988）。研究发现，对体外受精结果起关键作用的是受精液中的肝素浓度。因此，可省去肝素预先获能处理这一步，直接将肝素（50mg/L）添加到受精液中进行受精。

总之，精子的获能是诸多因素综合作用的结果，上述获能处理方法只不过在一定程度上起到精子获能的主导作用。如精子的冷冻保存，将可能去除精子的被膜蛋白，使精子质膜的稳定性下降，故而冷冻保存的精子容易获能，其体外受精的效果亦较好，且不经任何获能处理亦能受精卵母细胞。当在受精液中添加一定浓度的肝素时，则能进一步提高精子的体外受精效果。

（三）精子获能检测

精子获能后将发生一系列明显的变化，主要表现为代谢活动显著增强，氧摄入量增加 $2 \sim 4$ 倍，运动速度加快，头部膨大，极易发生顶体反应。判断精子获能与否，通常采用以下几种检测方法。

1. 精子形态及运动方式的观察　获能的精子可在倒置显微镜下观察到其头部膨大，活力增强，出现超活化的运动现象。与未获能处理的精子做前后比较，即可初步判定精子是否获能。

2. 顶体反应的检测　如要进一步确切判定精子是否获能，则可通过诱发其顶体反应，然后检测其顶体的完整性得出定论。具体做法是将经获能处理的精子与 $100\mu g/ml$ 的溶血卵磷脂孵育 15min，然后通过下列方法检查顶体的完整情况：

（1）双重染色法　精子经获能处理后，加入等量 1‰多聚甲醛 PBS 固定 15min，而后离心 0.5min（$9\,000 \sim 14\,000g$）。去掉上清液后，加入 1ml 等渗的 NaCl 溶液，再离心 0.5min 去掉上清液。取 $25\mu l$ 精液与 $25\mu l$ 2.9‰柠檬酸钠溶液混匀，然后加入 50ml 染色液（1.7 份 95‰乙醇，1.4 份 1‰固绿 FCF，0.7 份 1‰曙红 B）染色 1.5min。取 $10\mu l$ 经染色的精液涂片、干燥，然后加盖盖玻片，在放大 $400 \sim 500$ 倍的明视野显微镜下观察。如在头部有厚的蓝绿区，表明顶体完整；如仅见粉红色，表明顶体脱落，已发生顶体反应，说明精子已经获能。该法的优点是无需昂贵的设备，简单易行，缺点是易发生误判。

（2）透射电镜观察　获能的精子经溶血卵磷脂诱发顶体反应后，按照电镜技术的固定、包埋和切片，然后进行顶体的完整性观察。若发现精子头部质膜与顶体外膜泡状化，或仅残存顶体内膜，则可判断精子已发生顶体反应。此法的成本高，制片烦琐，可操作性不强。

卵母细胞体外成熟和精子体外获能处理之后，即可进行体外受精。

四、体外受精技术

（一）受精的概念及过程

卵子和精子相遇，精子进入卵子内部，启动卵子，精原核与卵原核融合而形成合子，这种生物学现象称为受精（陈大元，2000；张忠诚，2000）。受精过程包括两种不同的活动：性活动（源自双亲基因的组合）和复制活动（新生物体的产生）。因此，受精的功能一方面是将父母的基因传递给子代，另一个方面是在卵母细胞质中激发一些确保发育正常进行的系列反应。不同动物的受精过程有所差异，但均包括精卵识别、卵的启动、原核融合和遗传物质融合等（桑润滋，2006；黄振勇等，1997）。

（二）受精的作用机理

受精时，精子要穿过卵丘层、透明带才能与卵子质膜相遇，发生膜融合现象后进入卵内。由于获能精子受到卵母细胞的刺激时发生顶体反应，顶体反应使顶体帽外的质膜和顶体外膜融合，顶体囊泡化（vesiculation）、穿孔、释放出顶体内的水解酶类。顶体内的透明质酸酶（hyluronadase）分解卵丘细胞间质的透明质酸，帮助精子通过卵丘细胞层；放射冠透过酶（corona penetrating enzyme）分解卵子周围的放射冠；顶体蛋白酶（acrosin）是胰酶样蛋白酶，具有使精子穿过透明带的作用（陈大元，2000）。精子穿透卵子透明带后不久，精核在卵胞质中去致密化。接着，核膜形成，雄原核（Male pronucleus，MPN）膨胀。同时，卵母细胞恢复减数分裂，排出第二极体，解聚的雌性染色体周围包有核膜，形成雌原核。雌、雄原核在精子入卵后的几小时内几乎同时形成（黄振勇等，1997；孙青原等，1994）。

（三）体外受精技术

体外受精技术包括广义的和狭义的体外受精。狭义的体外受精是指传统的液滴 IVF 等方法，而广义的体外受精除了传统的液滴 IVF 外，还包括透明带下注射精子受精（subzonal injection，SUZI）、卵母细胞质内单精注射受精（intracytoplasmic sperm injection，ICSI）、透明带钻洞（Zona drilling，ZD）以及透明带部分切口（partial zona dissection，PZD）等。体外受精技术是由卵母细胞的采集、体外成熟、精子的体外获能、卵母细胞 IVF、受精卵的体外培养（in vitro culture，IVC）及体外胚胎移植等程序组成的完整系统（秦鹏春，2001）。

传统的体外受精过程如图 2-21 所示。

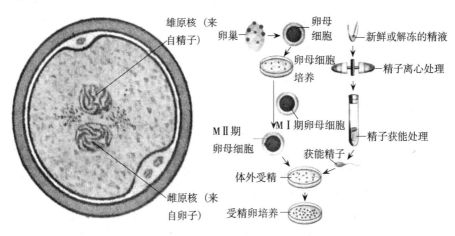

图 2-21　体外受精过程

传统体外受精主要有微滴法、四孔培养板法和细管法等。

1. 微滴法　猪的 IVF 液常见的有三种，即 BO 液、TCM 199 液和 TBM 液，用前均需添加一定浓度的咖啡因和 BSA（卢晟盛等，2004）。

（1）受精前精液的预处理　取出少许经过体外获能的精子沉淀，进行精子计数；用不含抗生素的 mTBM 稀释，调整精子密度为 10×10^6 个/ml，然后于 39℃，5%CO_2，100% 湿度条件下在培养箱中孵育 90min。

（2）卵母细胞准备　将 IVM42～ 44h 的卵丘卵母细胞复合体（图 2-22）用透明质酸酶（1mg/ml）作用，$200\mu l$ 移液器轻轻吹打，去除卵丘细胞；选择卵细胞膜完整、卵周隙清晰的卵母细胞；IVF 前，将这些卵母细胞转移到 39℃，5%CO_2，100%湿度的培养箱中，石蜡油覆盖，$50\mu l$ 大小的 mTBM 液滴内培养 30min。

（3）精卵共孵育受精　将上述处理的精子转移到卵母细胞所在的受精液滴内，使 mTBM 液滴内精子密度为 $1.5 \times 10^5 \sim 5 \times 10^5$ 个/ml；受精液滴在 39℃、5%CO_2、100%湿度的 CO_2 培养箱中培养 6h。

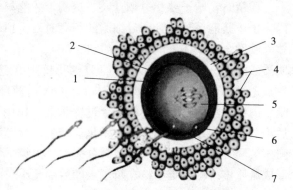

图 2-22　卵丘—卵母细胞复合体
1. 卵黄细胞质　2. 卵黄周隙　3. 透明带　4. 放射冠
5. 第二次减数分裂中期　6. 第一极体　7. 卵黄膜

2. 四孔培养板法　该法是采用四孔培养板作为体外受精的器皿，每孔加入 $500\mu l$ 受精液和 100～150 枚体外成熟的卵母细胞，然后加入获能处理的精子（$1.0 \times 10^6 \sim 1.5 \times 10^6$ 个/ml），而后在培养箱中孵育 6～24h。该法的优点是操作相对比较简单，受精结果不受石蜡油质量的影响；缺点是精子的利用率相对较低，体外受精效果不如微滴法稳定。

3. 细管法　这是研究者新近摸索的一种方法，目的是用来减少多精受精，提高正常受精率和囊胚发育率。该法将精子和卵子分别放入细管（0.25ml-Straw）的两端，中间为获能液，精子向卵子的方向游动获能，最先接触卵子的精子引起透明带反应和皮质反应，并启动卵子，有效地阻止了后来的精子入卵。与传统液滴 IVF 相比，细管 IVF 能够大幅度减少到达受精部位精子的数量，有效地降低多精受精率（由 60%降低到 30%）（Bracket 等，1982）。

（四）受精卵的体外培养

传统的微滴（microdrop）培养是应用最广泛，最简单的一种胚胎培养系统。在塑料皿中制成 20～$100\mu l$ 的微滴，覆盖石蜡油，然后将胚胎置于其中培养。近来还建立了一些微穴法（well of well，WOW）（Vajta 等，2000）、玻璃微管法（glass oviduct，GO）（Thouas 等，2003）及潜水艇培养系统（submarine incubation system，SIS）（Vajta 等，2004）等。

早期胚胎的体外培养是体外受精技术的最后一个环节，亦是卵母细胞体外成熟和体外受精两个技术环节最终效果的体现和检验。

（五）体外受精的品质评定

卵母细胞的体外受精成功与否通常以精子穿透率、原核形成率、受精分裂率和囊胚发育率来衡量。其中，囊胚发育率最为可靠。

卵母细胞体外受精后，用 0.1%的透明质酸酶去掉其周围的卵丘细胞，然后在醋酸酒精或醋甲醇（1：3）的固定液中固定 24～48h，最后用含 1%间苯二酚蓝（lacmoid）或 1%地衣红（orcein）的 40%醋酸溶液染色观察。如在受精后 8～10h 固定染色，可以观察到进入卵母细胞的精子，计算出精子穿透率和多精子受精率。如在受精后 18～20h 固定染色，可以见到形成的单个、2 个或 2 个以上原核，计算出双原核形成率（正常受精的比率）。

五、胞质内单精注射技术

胞质内单精子注射（intracytoplasmic sperm injection，ICSI）技术是 20 世纪 80 年代后期发展起来的一项新型人工辅助生殖技术，它是借助显微操作仪，将整个精子（或精子头、生精细胞）直接注入卵母细胞质内，使精卵结合完成受精的过程。这种技术有效地排除了透明带和卵质膜对精子入卵的阻碍作用，具有受精率高及受精率不受精子浓度、形态和活力影响等一系列优点。同时，排除了透明带和卵质膜对精子入卵的阻碍作用，故对精子的死活及其完整性无严格要求，避免了 IVF 中普遍存在的多精入卵现象。ICSI 技术从第一例单精子注射兔（Iritani 等，1988）出生以来，相继在牛（Goto 等，1990）、人（Palermo 等，1992）、小鼠（Kimura 等，1995）、绵羊（Catt 等，1996）、马（Squires 等，1996）、猴（Hewitson 等，1999）等获得后代。猪的 ICSI 最早是 Hosoi 等（1988）将猪精子注入猪卵母细胞的胞质内观察到原核形成。Martin（2000）首次报道体内成熟卵子的 ICSI，获得分裂率为 69%，囊胚率达到 38%，移植后产下 3 只仔猪。目前，因猪卵母细胞的体外成熟系统不够完善，胞质脂滴较多而使操作困难，以及早期胚胎 4 细胞期阻滞发育，使得猪 ICSI 整体效率较低，故得到存活后代的报道较少。

ICSI 显微受精技术目前已广泛应用于畜牧生产、野生动物保护、人类的深度不育和受精机理的研究。同时，ICSI 与精子载体技术相结合，为转基因动物的研究开辟了一条新的技术路线。

（一）卵胞质内单精子注射的操作程序

胞质内显微受精技术包括显微操作针制备、精子和卵子的准备、精子的显微注射、注射卵的启动和体外培养等环节。

1. 显微操作针的制备　猪卵母细胞操作固定针管（持卵针）内径为 20～30μm，外径为 100～120μm，注射针口径为 7～9μm，拉出的尖部长度为 10mm 左右。具体拉制的方法见本书第四章第一节。

2. 卵母细胞的处理　体外培养成熟的卵丘—卵母细胞复合体（COCs）用透明质酸酶除去周围的卵丘细胞，以排出第一极体、胞质均匀、质膜清晰为主要标准，挑选形态正常的卵母细胞，放入石蜡油覆盖的微滴中，备用。

3. 精子的准备　注射前对精子的处理主要有 3 种方法。

（1）新鲜精液　17℃下保存，置于 39℃温箱中孵育 20min 复苏精子，离心 5min（1 500r/min），弃上清液，加入含有 0.1%PVA 的 DPBS（DPBS-PVA）悬浮沉淀，重复离心，弃上清液，转移至精子操作滴中待用。

（2）0.1%聚乙二醇辛基苯基醚（Triton X-100）处理精子　精子沉淀用含 0.1% Triton X-100 和 0.3%BSA 的 PBS-PVA 悬浮，然后离心沉淀，PBS-PVA 悬浮。

（3）液氮一次冻融　精子沉淀用含 5‰BSA 的 BTS 悬浮。将铜网置于液氮面，在铜网上直接滴冻，每个颗粒 100μl，用前解冻。

制备好的精子置于含有聚乙烯吡咯烷酮（pohyvinyl pyrolidone，PVP-360）的操作液中，一方面使游动精子的活动能力下降，便于注射时的捕捉，另一方面精子不容易黏在注射针壁上（即润滑针壁的作用），有利于精子从注射针释放出来。PVP 可溶解于受精液（BO 液）、M-199 基础液和胚胎培养液中。PVP 必须在操作液中彻底溶解，没有充分溶解的溶液不利于注射操作，容易堵塞注射针，还可引起卵母细胞质膜损伤，不利于胚胎发育。

4. 精子的显微注射　目前，ICSI 操作方法有两种，即常规法和压电驱动（piezo-driven）法。两种方法的主要区别在于注射针和驱动力。常规法使用的注射针针尖具有 35°～40°斜面，而 Piezo-driven 系统使用的是平口注射针。理想的注射针内径应该只比精子头部的直径稍大。

利用显微操作仪对猪成熟卵母细胞进行 ICSI 操作方法如下。

（1）在 30mm 培养平皿中央做 1 个 100μlTL-HEPES 滴，用于放卵和进行显微注射。在 HEPES 滴两旁再做 2 组 10μlDPBS-PVA 滴，用于放置精子。

（2）覆盖石蜡油，每批操作 20～30 枚卵子。在精子操作液滴中，注射针在尾部中段处划过（尾中段为精子贮存丰富的能量，主要有磷脂质，为精子运动提供动力），使其失去活动能力，这个过程称为制动。

（3）精子制动后，从精子尾部吸入到注射针的开口端（图 2-23），然后转移到卵母细胞操作滴中，用持卵针固定卵母细胞，用注射针轻轻拨动卵母细胞，使第一极体位于 6 点钟，或 12 点钟的位置（图 2-24），注射针在 3 点钟的位置穿刺透明带，向 9 点钟方向深入卵母细胞质内（图 2-25），先回吸少量卵母细胞质，再将整个精子连同微量精子操作液注入卵母细胞质内。

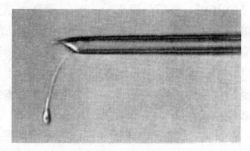

图 2-23　注射针吸入精子

（4）注射完毕，缓慢撤出注射针，并释放卵母细胞。

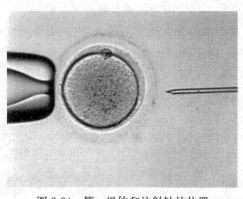

图 2-24　第一极体和注射针的位置

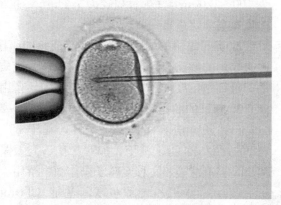

图 2-25　注射针注入精子

5. 注射卵的激活　卵母细胞是否被激活是影响 ICSI 成败的主要因素之一。对于受精过程中精子激活成熟卵母细胞的机制，目前公认的是精子因子假说。该假说认为，精卵质膜融合后，精子胞质内的一种或几种可溶性蛋白分子能够引起卵母细胞胞质内钙离子浓度升高，从而启动卵母细胞。ICSI 属于非生理性受精，越过了顶体反应、精卵质膜融合等环节。对于人、兔、小鼠的卵母细胞，ICSI 过程中注射针的机械刺激和精子的生物刺激就能达到较高的激活率。但对于猪、牛等动物的卵母细胞，仅凭上述两种刺激的激活率低，还需要辅助激活处理。

猪单精注射后的卵在胚胎培养液滴中洗 3 遍后置于培养箱中培养 30min，再用如下 3 种方法进行辅助激活处理。

(1) 钙离子载体(Calcium ionophore)A23187　5μmol/L 钙离子载体激活处理 5min。

(2) Calcium ionophore A23187 ＋6-二甲基氨基嘌呤（6-DMAP）5μmol/L 钙离子载体激活处理 5min，然后在胚胎培养液滴中洗去钙离子载体，转移到新的培养滴中培养 4h，再用 6-DMAP（1.9mmol/L）处理 3h。

(3) 电激活　采用 1.2～1.6kV/cm，30～60μs，1 次直流电（DC）脉冲。

6. ICSI 受精卵的培养

(1) 体内培养　在激活 ICSI 的卵母细胞后，移入到中间受体的输卵管内培养，然后取出进行胚胎移植。这种培养方法繁琐，耗时耗力，因而很少采用。

(2) 体外培养　将 ICSI 卵与输卵管上皮细胞、颗粒细胞、子宫上皮细胞以及其他类型的体细胞共同培养，促进其发育〔利用细胞培养技术建立体细胞体系，然后在饲养层（feeder layer）细胞上进行胚胎培养〕。这种培养方法能克服胚胎体外发育阻断的机制，在大量试验的基础上，人们提出 3 种解释这种共同培养的方法：其一，共同培养的细胞能够产生促有丝分裂因子，许多类型的上皮细胞能分泌多肽和糖蛋白物质进入培养液；其二，有人认为细胞产生的物质并不是刺激胚胎卵裂，而是作为细胞外基质促进胚胎分化；其三，细胞可能分泌或拥有抗氧化物质，减轻氧对胚胎的压力。此外，培养过程中，胚胎代谢产物，如自由基类和某些有毒物质，都对胚胎发育有害。由细胞分泌的硫磺酸及相关酶类可能消除这些毒性物质，保证胚胎正常发育。目前，猪 ICSI 卵一般培养于 PZM-3 或 NCSU-23＋BSA 胚胎培养液中，培养条件为 38.5℃，5％CO_2，95％空气，饱和湿度，15h 后观察其发育情况。

7. ICSI 受精卵的品质评定　根据 ICSI 受精卵的发育情况可直接观察 ICSI 的成功与否。此外，还可以通过染色的方法来评定 ICSI 受精卵的质量。染色方法如下：ICSI 卵母细胞培养 15h 后移入 4％多聚甲醛固定液中固定 45min，清洗液清洗，透膜液中放置 1h，之后在含 10mg/LHoechst 33342 的 DPBS-PVA 中进行荧光避光染色 10min，清洗液中清洗 10min，在载玻片上滴 10μl 的抗荧光淬灭剂滴，将染色后的 ICSI 卵母细胞转移到载玻片上的淬灭剂滴中，盖上盖玻片，用指甲油封片。在荧光显微镜下观察原核形成情况，以 1 雄原核＋1 雌原核＋2 极体为正常受精标准。

（二）影响 ICSI 效率的主要因素

影响 ICSI 效率的因素有很多，主要因素有精子因素、卵母细胞质量、注射卵母细胞的激活及显微操作方法等。

1. 精子获能与顶体反应 ICSI 技术使精子越过了自然受精过程中必经的几个阶段，如精子获能，精子与透明带结合诱发顶体反应等，而是直接将精子注入卵母细胞胞质内。因此，ICSI 技术大大降低了对精子质量的要求。但是，注入未获能的完整精子与卵胞质互作能力差，影响受精率。Chen 等（1997）研究表明，注射获能精子的 ICSI 卵母细胞原核形成率略高于未获能精子组。仓鼠、牛和猪精子的顶体较小鼠和人的顶体大。将单个仓鼠、牛和猪精子分别注入小鼠卵胞质，会引起卵母细胞畸形和溶解，而去除顶体后再注入就没有上述现象发生，所以注射前去除顶体可能会提高精子顶体较大的动物的 ICSI 效率（Morozumi，2005）。但 Garcia-Rosello 等（2006）研究发现，注射前去除顶体与否对猪ICSI 卵母细胞的受精率、卵裂率和囊胚率没有影响。所以，精子是否获能和发生顶体反应，对于提高 ICSI 效率并不重要。

2. 精子新鲜与死活 为了研究精子活力对 ICSI 效率的影响，Kwon 等（2004）利用猪冷冻精子的头注射，卵的激活率和雄原核形成率显著高于用整个冻干精子，但两种注射卵都很难发育到桑椹胚。Lee 等（2006）将热干精子在 25℃ 条件下保存 7～10d 后再进行注射，结果表明，50℃ 和 56℃ 下热干精子注射卵的激活率、卵裂率和桑椹胚率均好于90℃ 和 120℃ 下热干精子的注射卵，然而只有小部分注射卵能发育到囊胚。Garcia-Rosello（2006）将新鲜、冷冻保存的猪精子注入卵胞质内，发现新鲜精子和冷冻保存精子注射卵的激活率（分别为 68% 和 43%）和卵裂率（分别为 63% 和 43%）差异显著。Yanagimachi 等（1995）认为 ICSI 技术不需要精子形态正常或精子活动，只要精子具有完整的基因组，就能产生正常的胚胎和后代。所以，冷冻或高温致死的精子、不活动精子同样具有使卵母细胞受精和发育的潜能。

3. 精子完整性 由于 ICSI 技术是将精子直接注入卵母细胞胞质内，所以对精子结构的完整性要求不高，精子质膜、顶体和尾部不再是受精必需的功能结构。Kim 等（1998）对比了完整精子和精子头的注射效率，分别得到了 38% 和 22% 的囊胚率，由注射精子头的 ICSI 受精卵发育成的囊胚经分析，核型正常。Kurome 等（2007）将超声波、Piezo 处理得到的精子头进行 ICSI，分别得到了 17.9% 和 14.2% 的囊胚率。这些研究结果表明，精子核是 ICSI 后胚胎正常发育至关重要的部分。由于畸形精子的核染色体异常的比例较高，所以挑选核染色体正常的精子进行 ICSI，对于提高受精率和妊娠率非常重要。

4. 精子不同发生阶段 精子发生过程是指精原细胞在睾丸生精小管内通过有丝分裂形成初级精母细胞，初级精母细胞通过 2 次减数分裂分别形成次级精母细胞、精子细胞，精子细胞经过一系列变化形成精子，精子从生精小管脱离，经附睾头、附睾体和附睾尾最终达到成熟。通常认为，附睾尾内和射出的精子才具有受精能力。但是，已在多种动物上证实，不同发生阶段的精子的 ICSI 效率相似。睾丸精子、附睾精子和射出精子 ICSI 后胚胎的受精率无显著差异。Said 等（2003）将大鼠睾丸精子、附睾精子注入卵胞质，激活率分别为 45% 和 68%，并且两种精子 ICSI 后的胚胎发育率差异不显著。Comizzoli 等（2006）对猫 ICSI 和 IVF 的研究结果显示，注射睾丸精子或射出精子后，胚胎的受精率差异不显著，且都低于 IVF 胚胎受精率；注射睾丸精子和射出精子的囊胚率分别为 11%和 21%，差异显著，且 2 组都低于 IVF 囊胚率（43%）。Kimura 和 Yanagimachi（1995）研究表明，注射小鼠球形精子细胞核的卵母细胞电激活后，受精率达到 77%，移植 131

枚 2 细胞期胚胎，最终出生 37 只 ICSI 小鼠。同年，Kimura 和 Yanagimachi 从成年小鼠睾丸中分离得到次级精母细胞。他们利用次级精母细胞核进行 ICSI，囊胚发育率为 65.3%，移植 29 枚 2 细胞期胚胎，成功获得 7 只 ICSI 小鼠。Sasagawa 等（1998）又利用初级精母细胞进行 ICSI 研究，将其核注入正处于成熟进程中的卵母细胞胞质内，发现两种细胞核同步完成减数分裂，形成了雌、雄原核。

5. 精子预处理 哺乳动物精子形成过程中，精子核染色质组成结构发生变化，组蛋白被鱼精蛋白替换，染色质进一步浓缩。所以，精子在注入卵母细胞胞质后，精子核可能无法及时解聚，导致 ICSI 失败。目前，在 ICSI 操作前会对精子进行一些预处理，如二硫苏糖醇（DTT）处理、谷胱甘肽（GSH）处理、肝素处理和 Triton X-100 处理等。

DTT 能够还原鱼精蛋白中的二硫键，使双键打开，用 DTT 处理精子，能促进一些动物精子核的解聚。DTT 处理的牛精子注入卵胞质后，显著提高了牛精子核解聚率和受精率（Rho 等，1998）。Hiroyuki 等（2006）用 DTT 处理猪精子 30min，然后将精子注入卵胞质，受精率和囊胚率均显著高于未处理组，说明用 DTT 预处理精子，能提高受精率和囊胚发育率。

6. 精子制动 在 ICSI 注射前，用注射针挤压精子尾中段，破坏其很小部分的质膜，使精子丧失运动能力，易于吸入精子，防止精子入卵后破坏卵母细胞骨架系统。并且精子尾部质膜的损伤使精子胞质内的卵母细胞激活因子更容易进入卵胞质，引起钙离子振荡，从而起到激活卵母细胞的作用。

7. 卵母细胞成熟情况 从大家畜上获得体内成熟卵母细胞的操作较为复杂，而且数量较少，所以现在广泛使用的是经过体外成熟培养的卵母细胞。卵母细胞的成熟包括核成熟和胞质成熟。在体内，核成熟与胞质成熟是相互协调完成的，而在体外卵母细胞成熟培养时，会出现核成熟与胞质成熟不同步的情况，核成熟不代表胞质成熟。研究表明，胞质成熟不完全是精子核在卵胞质内不易解聚的一个原因。精子核在 GV 期卵母细胞中不能解聚，而当卵母细胞进入 MⅡ 期时，使精子核解聚的能力达到最强。卵母细胞胞质中的核质因子、谷胱甘肽和细胞成熟促进因子等，能够促进精子核二硫键分解和染色质解聚，成熟不完全的胞质缺乏这些因子，从而导致精子注入胞质后解聚率和原核形成率均降低。精子核注入卵胞质后解聚、形成雄原核是与卵母细胞恢复第二次减数分裂、形成雌原核相联系的。通过完善卵母细胞体外成熟培养体系，来提高成熟卵母细胞的质量，对于提高 ICSI 胚胎的受精率和囊胚发育率都有重要意义。

8. 卵母细胞的预处理 不同动物卵母细胞胞质内脂肪滴含量不同，而胞质内的脂肪滴会影响卵的透明度，所以不同动物卵母细胞的透明度也不同。卵母细胞透明度会对 ICSI 操作的效率有一定影响，如人、小鼠和兔的卵母细胞胞质内脂肪滴少，较透明，操作过程中能够观察精子注入卵胞质，所以 ICSI 操作较容易。而猪和牛等大家畜的卵母细胞胞质内脂肪滴较多，胞质呈深灰色，操作过程中无法观察精子是否注入胞质内。Hong 等（2000）研究表明，牛卵母细胞先在 6 000g 下离心 7min 后再注射，与未离心卵母细胞相比，离心卵 ICSI 后的存活率显著提高（从 67.7% 提高至 92.0%，$p < 0.01$），离心卵的受精率也显著高于未离心卵（分别为 87.0% 和 57.8%，$p < 0.01$）。Yong 等（2005）将猪卵母细胞在 15 000g 下离心 10min 后进行 ICSI，注射卵的受精率和雄原核形成率显著低于未

离心卵，但在存活率、卵裂率和囊胚率上，两组差异不显著。对卵母细胞进行离心处理可使卵母细胞质内的脂滴甩向胞质一侧，使卵透明化，从而利于确认精子是否注入，但离心对于 ICSI 受精卵发育的影响，需要进一步研究。

9. 注射卵的激活方法 受精包括卵母细胞激活和精子激活两方面。卵母细胞激活是以恢复并完成第二次减数分裂、排出第二极体和形成雌原核为标志，而精子激活是以精子核解聚和形成雄原核为标志。最终雌雄原核融合，形成合子，进入胚胎早期发育阶段，发生卵裂。显微注射过程中，注射针穿透卵膜引起胞质内钙离子浓度升高，降低卵母细胞成熟促进因子（maturation promoting factor，MPF）活性，使卵母细胞从 MⅡ期释放，恢复并完成第二次减数分裂。同时，精子核在卵胞质中的谷胱甘肽（GSH）等去致密因子的作用下发生解聚，鱼精蛋白被组蛋白替换，形成雄原核。另外，在注射前破坏精子尾部中段的部分质膜，有利于促使精子注入卵胞质后释放精子活化因子以激活卵母细胞。

对于不同动物的卵母细胞，显微注射过程对卵母细胞的激活效果具有种属差异性。显微注射过程对人、兔、小鼠、仓鼠的卵母细胞的激活程度很高。而注射针和精子的刺激不足以激活牛、猪等的卵母细胞，因而需要额外的辅助激活处理。目前，常用的化学激活剂有离子霉素（ionomycin）、钙离子载体 A23187、乙醇、放线菌酮（CHX）和 6-二甲基氨基嘌呤（6-DMAP）。此外还有电启动。原巨强等（2008）对牛 ICSI 研究表明，分别用乙醇、离子霉素与离子霉素联合 6-DMAP 3 种不同的激活方法处理注射卵，激活率和卵裂率均显著高于不处理的注射卵，并且离子霉素联合 6-DMAP 的激活效果好于其他两种化学激活剂。研究发现，A23187＋6-DMAP 联合处理注射卵的激活效果好于 A23187＋CHX 联合激活，但用 6-DMAP 处理容易导致注射卵染色体畸形。

（三）ICSI 技术的应用前景

首先，ICSI 技术可以用于哺乳动物受精机理的研究。ICSI 技术的发展是建立在对受精生物学和早期胚胎发育机制等理论的研究基础之上的，同时，ICSI 技术又反过来促进了对这些理论的认识。哺乳类动物受精前与受精过程中卵母细胞和精子的变化，以及早期的发育过程是连续性的，在自然状态下无法观察。现在，能在显微镜下观察受精的动态性过程，并能用人工控制的条件去研究受精和早期发育的因果关系及生理、生化变化，无疑对研究受精发育机理是极为有用的。

其次，ICSI 技术在生产实践中具有较大的应用价值及广阔的发展前景。通过 ICSI 技术，能获得充足的良种动物和濒危动物胚胎，并能以工厂化方式批量生产，从而满足胚胎工程和基因工程的需要。利用冷冻技术能够贮存优良品种的生殖细胞，专门生产父母遗传背景清楚的良种胚胎，建立优质动物基因库。精子冷冻技术的成功使精液的利用率成百倍地提高，从而使优良种公畜达到最充分的利用。精子的保存技术将大为简化，将来或许只要精子基因组完整，就可以达到受精目的，这对世界珍稀动物资源的保护将发挥不可估量的作用。ICSI 技术的成熟，为胚胎分割、胚胎嵌合、胚胎性别控制、核移植和基因治疗等技术提供了充足的实验材料，并奠定了坚实的技术基础。

ICSI 技术与精子介导 DNA 导入技术相结合，为转基因动物的制备提供了新途径。

总之，ICSI 技术迅速发展并日趋完善，使其无论在理论上还是实践上，都为人类社会的进步做出了贡献。

(四) ICSI 技术存在的问题

(1) 需要熟练操作的技术人员，才能发挥其巨大的优越性。如操作技术不规范，不仅会影响受胎率，还可能获得不健康的后代。

(2) 由于 ICSI 在受精的过程中缺乏精子的自然选择，破坏了动物自身对精子优胜劣汰的机制，有可能将遗传缺陷传递给下一代，不利于后代的发育。如果能知道精子的缺陷基因型和表型，相信可以明确 ICSI 技术的可靠性。

(3) 作为胚胎生物技术的一部分，ICSI 技术也存在总体效率低的问题，而且胚胎移植后，妊娠率低而流产率高亦是目前存在的普遍问题。另外，还存在出生动物的死亡率和畸形率高等问题。

第五节　猪体细胞核移植（克隆）技术

动物克隆（clone）是指不经过有性生殖的方式而直接获得与亲本具有相同遗传物质后代的过程。通常，所有非受精方式繁殖所获得的动物均称为克隆动物，将产生克隆动物的方法称为克隆技术。在自然条件下，克隆广泛存在于动物、植物和微生物界。哺乳动物的同卵双生即是一种自然的克隆。动物克隆技术对于动物育种、科学试验及发育生物学等基础研究具有重要意义。目前，能成功制备克隆动物的技术主要有胚胎分割和细胞核移植。

胚胎分割是指采用机械的方法将动物的早期胚胎分割成 2、4 或 8 等份，然后经体内或体外培养，移植入受体的生殖道内，以得到同卵双生或同卵多生的后代。自从 Mullen 等（1970）通过分割小鼠 2 细胞期卵裂球获得双胞胎小鼠以来，用胚胎分割的方法已经相继在绵羊（Willadsen，1979）、牛（Willadsen 等，1981）和猪（Satto 等，2004）等动物上获得了成功。

由于胚胎分割获得克隆动物的数量非常有限，人们开始探索细胞核移植技术。根据细胞核来源的不同，又分为胚胎细胞核移植和体细胞核移植。1981 年，Hopee 等将小鼠胚胎的内细胞团直接注入去核受精卵，获得首批 3 只核移植的克隆小鼠。1983 年，Mcgrath 和 Solter 首次将显微操作技术和细胞融合技术结合起来，建立了重复性好、效率高的核移植技术。这之后，哺乳动物胚胎细胞核移植技术得到快速发展，牛（Prather 等，1987）、兔（Stice and Robi，1988）等动物胚胎细胞核移植相继成功。1985 年，美国威斯康星大学的 Robl and First 首次简单地描述了猪的胚胎细胞核移植；1989 年，该大学 N. First 教授课题组的 Prather 等，成功获得了世界首例胚胎细胞克隆猪。1996 年，湖北省农业科学院赵浩斌等成功获得了胚胎细胞克隆猪。

1997 年，英国 Roshilin 研究所的 Wilmut 等，采用饥饿培养法，将 1 只 6 岁成年母羊的乳腺上皮细胞作为核供体，成功克隆出世界首例体细胞核移植的后代——"多莉"，成为生命科学研究的又一个里程碑（图 2-26）。体细胞核移植的成功，第一次说明成年哺乳动物的体细胞不仅具有基因组的全能性，而且还能在卵母细胞质中回复到发育的起始状态，完成整个个体的发育过程，具有重大的理论和实践意义。动物体细胞的数量非常巨大，可以说是无限的，因而克隆动物的数量不受限制。这一点是胚胎分割和胚胎细胞核移植所无法比拟的。由于体细胞克隆技术在理论和实践中的重大意义，世界各国掀起了体细

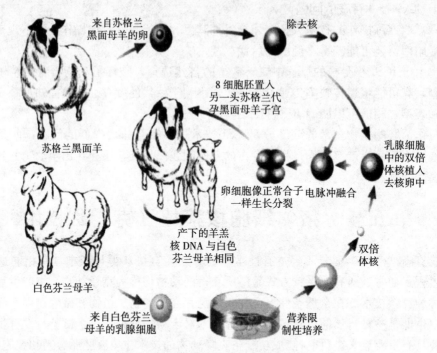

图 2-26　体细胞核移植生产克隆羊

胞克隆研究的热潮，小鼠（Wakayama 等，1998）、牛（Kato 等，1998）和山羊（Baguis 等，1999）等动物的体细胞核移植后代相继诞生。1999 年，美国密苏里州哥伦比亚大学的 Prather 教授课题组进行了利用猪胎儿成纤维细胞与体外成熟卵开展体细胞克隆的研究，结果效率很低，所获囊胚质量也差，没有获得克隆猪。2000 年，英国 PPL 公司，日本 NIAI 动物遗传育种系相继利用体内成熟卵开展体细胞克隆并获得成功，但是操作复杂，效率低；而美国 Infigen 公司利用体外成熟卵、胎儿成纤维细胞成功获得克隆猪，才奠定了今天流行的利用体细胞核移植生产克隆猪的技术。

　　猪体细胞核移植技术的操作程序主要包括核供体细胞的制备、受体细胞的制备、重构胚构建、重构胚激活及培养和重构胚移植等（图 2-27）。

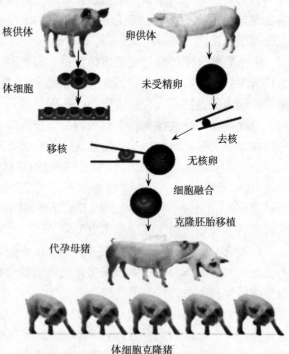

图 2-27　猪体细胞核移植技术

一、供体细胞的选择

体细胞核中包含物种特有的遗传信息，决定着克隆后代的全部基因组成。因此，一般选择最优秀的个体作为供体细胞的来源，或根据不同的实验目的选择相应的个体。理论上，所有种类的体细胞都具有发育全能性，可以作核移植的供体细胞，能够发育为一个完整的个体。尽管已有各种不同类型的体细胞作为供体细胞获得了核移植后代，但到目前为止，仍没有确定到底哪一种类型的体细胞最适合作为供体细胞开展核移植研究。因此，应根据各种体细胞体外培养的难易程度、取材是否方便以及试验目的的不同，选择适当组织作为供体细胞来源。

（一）猪核移植供体细胞的种类

猪体细胞核移植成功较晚，仅以胎儿成纤维细胞（Polejaeva 等，2000）和颗粒细胞（Onishi 等，2000）作为供体细胞，成功地得到了核移植后代。Lee 等（2004）为了研究更适合猪核移植的供体细胞，比较了猪胎儿成纤维细胞、成体的成纤维细胞、颗粒细胞和输卵管上皮细胞作为核移植供体细胞构建的重组胚胎发育成为囊胚的能力，结果显示，胎儿成纤维细胞效果最好。张德福等（2003）比较了成纤维细胞、卵丘细胞、颗粒细胞和输卵管上皮细胞等，结果表明，成纤维细胞、卵丘细胞是较合适的供体细胞，且取材方便，形成重构胚后囊胚发育率较高。此外，Lee 等（2003）也研究发现，胎儿成纤维细胞作为供体细胞的核移植效果较好，易于在胞质中重新启动核编程。

（二）供体细胞的发育时期

"多莉"来源于血清饥饿后处于 G0 期的细胞，但之后许多克隆动物都来源于未经饥饿处理的生长期细胞。因此，许多学者对血清饥饿诱导细胞进入 G0 期的必要性持否定态度，认为处于静止期及生长期的细胞均能在核移植后被再程序化，并获得克隆后代。关于 G0、G1 期细胞对克隆效率的影响，不同的学者有不同的观点。Cibelli 等（1998）认为，选择 G0 期的供核细胞能较好地进行重新核编程。我国学者赖良学等（2001）年研究选择 G2/M 期的细胞作为供核细胞获得了体细胞克隆猪。研究表明，G0 期或 G2/M 期的供核细胞都能有效地在胞质受体中进行正常核的重编程。然而，Fioretti 等（2000）认为，没有一种伴随核移植动物出生的细胞周期专一性标记物证明核移植的后代来源于某一特定时期。因此，关于供核细胞周期的选择仍然没有很清楚的认识，还需要继续深入研究。

二、供体细胞的制备方法

（一）供体细胞原代培养方法

原代培养是从供体取得组织细胞后，在体外进行的首次培养。原代培养是建立各种细胞系的第一步，是从事组织细胞培养的工作人员应熟悉和掌握的最基本技术。原代培养方法很多，最基本和常用的有组织块法和消化法。胰酶消化法培养原代细胞流程如图 2-28。

1. 胎儿成纤维细胞的分离和培养

（1）组织块直接培养法　取妊娠 35～40d 的母猪，处死后取输卵管子宫，结扎出口，

2h 内运回实验室；从子宫内取出胎儿，用含抗生素 DPBS 清洗胎儿，转移到超净工作台内，用剪刀去除胎儿头、四肢、内脏，DPBS 冲洗；在直径 100mm 细胞培养皿内，用剪刀将剩余部分剪碎，组织块大小为 1mm³，加入少许血清，将组织块转移到细胞培养瓶的底壁上；用弯头吸管将组织块均匀地铺开，将铺有组织块的一面向上，加入 15ml 细胞培养液，再放入 39℃、5%CO₂、100%湿度培养箱；培养 6～8h 后，将铺有组织块的一面翻转过来，使细胞培养液浸没组织块；培养 3～4d 后观察组织块周围有无细胞长出，待细胞生长至 80%汇合时，进行传代培养，或进行冷冻保存。

一般情况下，利用胎儿组织块培养法接种培养 3～4d，便可见细胞沿组织块边缘向外长出，6d 左右即可明显看到细胞沿组织块周围长出，呈典型的成纤维状。

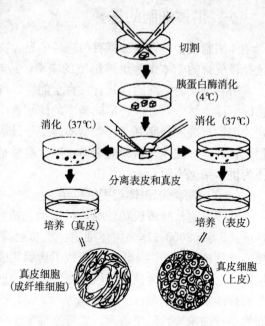

图 2-28　原代细胞培养流程

（2）酶消化培养法　把猪胎儿剪碎成 1mm³ 大小的碎块，与组织块分离方法相同，加入生理盐水后，5 000r/min 离心 2min，弃上清液，加入含 0.25%胰蛋白酶的 PBS 液 2～3ml，放入 39℃、5%CO₂、100%湿度的培养箱消化 20min 后，加入含 10%FBS 的达尔伯克（氏）必需基本培养基（DMEM）终止消化。离心，去上清液，再加入含 10%FBS 的 DMEM 清洗，离心，去上清液，加入少量含 10%FBS 的 DMEM 稀释重悬，细胞悬液以 $1×10^6$ 个/ml 的密度接种于培养瓶的底部，加培养液 4～5ml 于培养瓶中，置于 39℃、5%CO₂、100%湿度的培养箱中培养。每隔 2～3d 换 1 次培养液并观察，细胞长到覆盖率为 80%～90%，将其消化后，即时使用或常规冻存。

2. 成年猪耳皮肤成纤维样细胞的分离和培养　剪取成年猪耳部边缘组织块 2cm×3cm 大小，先在超净工作台内去除其上的毛发，然后按照上述组织块直接培养的方法分离和培养，建立细胞系。

3. 猪卵丘/颗粒细胞的分离和培养　从屠宰场取猪卵巢，放入含抗生素的 30～35℃生理盐水中运回实验室；用连接 18 号针头的 10ml 一次性无菌注射器抽取 3～8mm 卵泡，去上清液，加入细胞培养液重悬沉淀；再次 300g 离心 10min，去上清液，加入细胞培养液重悬沉淀，将重悬液加入 T-75 细胞培养瓶或者 12 孔细胞培养板中；放入 CO₂ 培养箱（39℃，5%CO₂，100%湿度），待细胞生长至 80%汇合时，进行传代培养或者冻存。

4. 猪子宫细胞的分离和培养　猪子宫按照组织块法进行接种建系。

5. 猪输卵管细胞的分离和培养　猪输卵管细胞按照组织块法接种建系。

（二）细胞传代培养

当原代培养成功以后，随着培养时间的延长和细胞不断分裂，一方面，细胞之间相互接触而发生接触性抑制，生长速度减慢甚至停止；另一方面，会因营养物不足和代谢物积累而不利于生长或发生中毒。此时就需要将培养物分割成小的部分，重新接种到另外的培养器皿（瓶）内，再进行培养。这个过程就称为传代（passage）或者再培养（subculture）。对单层培养而言，80％汇合或刚汇合的细胞是较理想的传代阶段。细胞传代培养如图 2-29 所示。

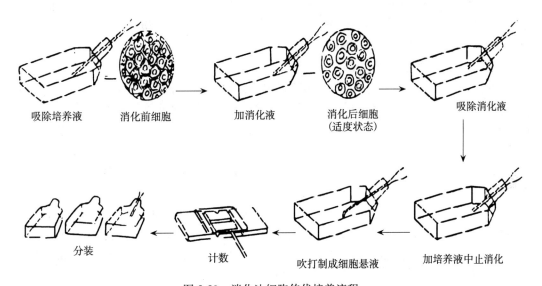

图 2-29　消化法细胞传代培养流程

细胞传代培养的具体操作步骤如下。

（1）组织块接种培养的细胞生长至 80％汇合时，用弯头吸管吸出原来的培养液，加入 DPBS 液洗涤 2 遍，然后每瓶加入 3ml 消化液，39℃下消化 5min。

（2）待 80％以上细胞脱壁后，加入 6ml 细胞培养液终止消化，用弯头吸管吹打贴壁细胞。

（3）将消化后的细胞混合，转移到 15ml 离心管中，1 200r/min 离心 5min，弃上清液，加入 1ml 细胞培养液，进行细胞计数。

（4）计数后，调整细胞密度，按 1×10^5 个/ml 接种到新的细胞培养瓶内，置于 39℃，5％CO_2，100％湿度的培养箱中培养。

（5）培养 2d 后，弃去原有培养液，加入新的培养液，以后每 2d 换 1 次培养液，待细胞生长至 80％汇合时，可作核移植供体，也可继续传代培养或冻存。

（三）供体细胞液氮冷冻储存

细胞冷冻保存的要点是冷冻过程要缓慢，冻存细胞必须处在对数生长期，活力在 90％以上，无微生物污染。常用细胞冷冻保存液为 10％二甲基亚砜（DMSO）＋完全细胞生长培养液（20％血清＋基础培养液）或者 10％甘油＋完全细胞生长培养液（20％血清＋基础培养液）。细胞冷冻保存的具体操作如下。

（1）组织块接种培养的细胞生长至 80％～90％汇合时，用吸管吸出原来的培养液，加入 DPBS 洗涤 2 遍，然后每瓶加入 3ml 消化液，39℃下消化 5min。

（2）待80％以上细胞脱壁后，加入3ml细胞培养液终止消化，用吸管吹打贴壁细胞。

（3）将消化后的细胞混合转移到15ml离心管中，1 000r/min离心5min，弃上清液，加入1ml细胞培养液，进行细胞计数。

（4）计数后，调整细胞密度，按1×10^5个/ml分装到细胞冻存管内。

（5）将标记好的冻存管放入细胞冻存盒，或者将细胞冻存管放入聚乙烯泡沫盒中密封之后，按下列程序逐步降温：4℃冰箱内30～60min→－20℃下30min→－80℃下16～18h（或过夜）→直接放入液氮长期保存。

（四）冷冻保存细胞的复苏

冷冻保存细胞的解冻与复苏要点是快速解冻。解冻后的细胞可直接接种到含完全生长培养液的细胞培养瓶中直接进行培养，24h后再用新鲜完全培养液替换旧培养液，以去除DMSO。如果细胞对冷冻保护剂特别敏感，解冻后的细胞应先通过离心去除冷冻保护剂，然后再接种到含完全生长培养液的培养瓶中。其具体操作如下。

（1）将冷冻管快速从液氮中取出，立即放入37℃水浴中，并轻轻摇动直至管内细胞全部溶解，此过程应在1～2min内完成。

（2）将细胞悬液转移至15ml离心管中，缓慢加入3～5ml细胞培养液，边加边摇匀，1 000r/min离心5min，弃上清液，加入细胞培养液，重复2次（以除去冻存液）。

（3）然后制成细胞悬液，调整细胞密度到1×10^6个/ml左右，接种于30mm细胞培养皿中，置于37℃，5％CO_2，饱和湿度的CO_2培养箱内常规培养。12h后全量换液，弃去未贴壁的细胞。

（五）供体细胞周期

用于体细胞克隆的供体，细胞周期一般应处于G0/G1期或者G2/M期，并已经形成了血清饥饿法、接触抑制法、Roscovitine（Gibbons等，2002）等同期化的处理方法，常用方法是血清饥饿法和接触抑制法。

1. 血清饥饿　细胞接种，细胞密度为1×10^5个/ml，DMEM＋10％FBS＋抗生素（antibiotics）培养2d，将培养液更换为DMEM＋0.5％FBS＋antibiotics，继续培养5～10d。

2. 接触抑制　接种之后，每3d更换1次培养液，直到细胞100％汇合。

三、受体细胞的制备

（一）卵母细胞的来源

成熟卵母细胞的来源有体内和体外两种途径。Lee等（2003）比较了两种来源的卵母细胞发育情况，孤雌启动后，体内成熟的卵母细胞卵裂率和囊胚率比体外成熟的卵母细胞高，但是体外重组克隆胚发育的卵裂数和囊胚数相似。Hyun等（2003）研究发现，从经产母猪获得卵母细胞，无论是成熟率还是体外发育能力，都比从未产母猪获得的卵母细胞好，经产母猪体内成熟的卵母细胞作为受体可提高克隆的效率。尽管如此，由于采集体内成熟卵母细胞操作烦琐、成本高、数量少，所以一般还是采用屠宰母猪卵巢上的卵母细胞，进行体外成熟后，作为核移植的受体细胞。

（二）受体细胞的卵龄

合适卵龄的卵母细胞作为受体对核移植有很大的影响。Kazuchika 等（2002）研究发现，24h 成熟的卵母细胞与 30h 和 42h 成熟的卵母细胞虽然其融合率和卵裂率没有显著差别，但是囊胚形成率却差异显著。此外，卵母细胞所处的成熟时期与盲吸去核的质量和效率密切相关，成熟的好坏直接影响着克隆胚胎能否最终发育成正常个体。以 PBⅠ 为标志的盲吸去核法，培养的时间太长，卵龄增加使第一极体与中期染色体的位置发生偏转；培养时间太短，胞质和核成熟不彻底，去核效率低（Kono 等，2002）。因此，一般选择成熟培养 42～44h 的卵母细胞作为胞质受体。

（三）体外成熟培养液和培养环境

猪卵母细胞的体外成熟和体外发育，与成熟液及培养条件有密切关系。卵母细胞通常采用两种培养条件：其一为 39℃，5％CO_2，95％空气（Zhu 等，2002）；其二为 39℃，5％CO_2，5％O_2，90％N_2（Lai 等，2001）。Hyun 等（2003）研究表明，在氧浓度为 5％时，囊胚形成率较高。卵母细胞的体外培养，现普遍采用 NCSU-23（孙兴参等，1999））和改良 TCM 199（Kikuchi 等，2002）两种成熟培养基。Hyun 等（2003）比较两种培养液的成熟效果，发现两者在成熟率上不存在显著差异，但其体外重组胚的发育差异显著。从国内外文献报道及试验数据来看，选择改良 TCM 199 为基础液的成熟培养配方，同时选择 NCSU-23 为胚胎培养液，能得到比较理想的效果。

（四）受体细胞准备方法

（1）卵母细胞的采集和体外成熟培养，可按本章第四节的方法进行。

（2）培养成熟后 COCs 上卵丘细胞的去除，可按本章第四节的方法进行。

（3）在 DPBS-PVA 或胚胎培养液（PZM-3）中洗涤 3 遍备用。

四、核移植操作技术

核移植的显微操作一般由去核和移核两部分组成，对于体细胞克隆效率有着决定性的影响。如果去核不完全，则导致克隆胚染色体的不完整性，造成卵裂异常，影响克隆胚的发育；如果胞质丢失过多，则不能进行有效的核重编程。

（一）去核

去核即去除卵母细胞内的核遗传物质，一般采用以下几种操作方法。

1. 活性荧光染料（Hoechst 33342）定位法　该方法去核准确，但染料和紫外线对卵母细胞有毒害作用，所以去核时间不能过长（图 2-30 和图 2-31）。Yang 等（1990）在胚胎细胞克隆兔的试验中发现，紫外线下超过 30s，兔卵母细胞的活性显著降低。这种方法现在已很少使用。

2. 盲吸法　由于第一极体刚排出或排出后不久，染色体就在极体附近，因而用显微去核针吸取极体附近的部分细胞质便可去掉细胞核。采用这种方法去核，应尽量选择在刚排出第一极体时进行。

盲吸法去核的操作：用持卵针吸住卵母细胞，用内径 15～25μm 的去核/注核针拨动卵母细胞，使其第一极体处于 1 点钟位置，接着从 3 点钟处进针，吸取第一极体及其邻近 10％～20％含有卵母细胞核的胞质。

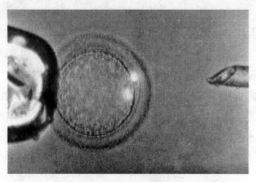

图 2-30　去核前荧光染色的细胞

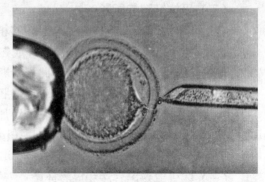

图 2-31　荧光下指导去核

3. 挤压法　在多数卵母细胞第一极体即将排出时，于极体附近挑破透明带，然后挤压使极体排出，由于此时极体尚未完全与中期板分开，从而可以带着相邻的核一起排出。此方法已经在牛和猪上进行了尝试，并取得了成功（Hyun 等，2003）。挤压法对卵母细胞质损伤较小，且去核时不用换针，从而能有效地提高去核效率。

挤压法去核的操作：用持卵针吸住卵母细胞，使第一极体位于 12 点钟到 2 点钟或 4 点钟到 6 点钟的位置。利用激光破膜仪打一个切口，然后用平口注核针挤压卵母细胞切口旁，使第一极体连同其附近的 1/5～1/4 胞质溢出透明带（图 2-32）。

4. 化学诱导去核　是用脱羰秋水仙碱（demecolcine）处理启动的 M II 期卵母细胞，使其排出第一极体。由于脱羰秋水仙碱作用，核染色质没有分开而全部进入排出的第一极体，从而完成去核。

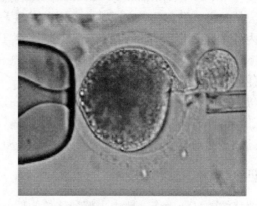

图 2-32　挤压法去核

5. 纺锤体探测法　是利用 M II 期卵母细胞的细胞质和纺锤体对光的不同折射率，在显微镜光学系统上，附加在极性光学显微镜基础上研制出的一种纺锤体图像观察系统——Spindle-View 偏振光系统。将该系统捕获的图像进行计算机处理，显示出 M II 期染色体（纺锤体）所处位置，然后通过显微操作去核。该方法可以对 M II 期卵母细胞进行准确去核，并有效地用于小鼠、仓鼠、牛和人卵母细胞的去核（Liu 等，2000）。但是，由于猪卵母细胞的脂肪滴过多，所以在此系统下不能长时间观察到纺锤体。现已有实验室将这种方法应用于猪的卵母细胞去核。

6. 半卵法　将卵母细胞分为两半，用荧光染色挑选出不含极体的一半，然后用不含极体的半卵与供体细胞进行融合，构建核移植重建胚胎（Willadsen 等，1991）。Booth 等（2001）将 2 个不含第一极体的半卵与供体细胞一起融合，取得了 90% 的融合率和 37% 的囊胚发育率。

7. 离心去核法 因为细胞核的密度大于细胞质，用离心的方法可使没有透明带的卵母细胞的细胞核被甩向一侧，从而最后脱离卵母细胞（Brendan 等，1996；Fulka 等，1993）。但该法必须去掉透明带，不利于以后的胚胎发育。如果同样能应用于透明带完整的卵母细胞，那么这种方法会成为一种有效的去核方法。

在以上方法中，盲吸法和荧光染色去核法的应用最为普遍。受体卵母细胞的质量是决定克隆胚胎发育的关键因素，因为重组胚的发育是由受体卵母细胞质支持的，因而在去核时应尽量少吸细胞质，一般去除的细胞质应该在总细胞质的 1/3 以下。另外，卵母细胞的卵龄也会影响去核率，成熟时间较长的卵，极体与卵细胞核中期板位置相距变化大，而且细胞核容易崩解，去核时往往不彻底；成熟时间短的卵，虽然第一极体与卵母细胞核位置接近，容易去除，但是卵母细胞质成熟不理想。所以，对于不同动物，受体卵母细胞成熟终止时间都有一个比较好的"窗口期"，牛是体外成熟后的 17～24h，猪则是 42～44h。

（二）移核

移核一般分为透明带下注射和胞质内注射。胞质内注射一般用压电—陶瓷系统（piezo-actuation）进行微注射，直接把供体核注入胞质内（Onishi 等，2002）。透明带下注射则把整个供核细胞注射至卵周隙，并需要融合（Miyoshi 等，2002）。目前，也有研究者直接把整个供核细胞注入胞质内，不需要融合而且效果非常好，其囊胚形成率达 37%（Jang 等，2003）。他们认为，移入的供核细胞的细胞膜会逐渐在胞质受体中消失，这样做不需要进行融合，减少了体外操作时间，移入的胞质成分对重组胚的进一步发育很重要，确保了 DNA 能完全进入去核的卵母细胞，避免了获得供体核过程中对供体核结构的损坏，因而这样能更有效地支持重组胚的发育。而 Peura 等（2003）采用与传统显微操作程序相反的方法，利用去除透明带的绵羊卵母细胞，先融合外来核，然后再去掉卵母细胞核，也获得较好的结果，而且大大缩短了体外操作时间。Oback 等（2003）应用此方法获得了体细胞克隆牛。Booth 等（2001）应用无透明带的猪卵母细胞进行核移植，并且获得成功。因此，在显微操作方面，目前已有许多科研工作者在尝试一些新的方法，这些方法主要是降低操作强度和难度，从而让更多的研究者容易进入这个领域。

1. 透明带下注射 采用特定大小的注射针吸取单个的供体细胞（图 2-33 和图 2-34），

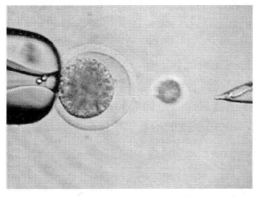

图 2-33 供体细胞吸入注射针前

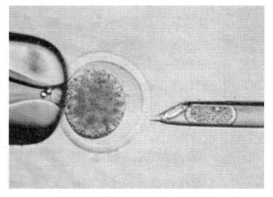

图 2-34 供体细胞吸入注射针内

并沿去核时的透明带缺口插入，反吸一些细胞质，随后将细胞连同胞质一起注射到卵周隙内（图 2-35），保证供体细胞与胞质紧密地黏在一起，便于随后的融合。在吸取供体细胞时，供体细胞的细胞膜必须完整，才能融合成功。

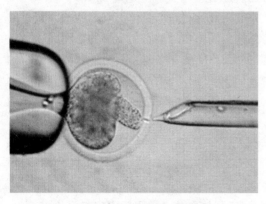

图 2-35　透明带下注射

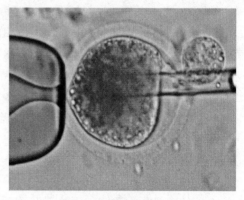

图 2-36　胞质内注射

2. 胞质内注射　一般用内径小于供体细胞的注射针反复抽吸细胞，使其质膜破损，随后吸取处理后的体细胞，沿去核时的透明带缺口插入，直接注入去核的卵母细胞质中（图 2-36）。也可以直接注入完整的体细胞，Lee 等（2003）用完整体细胞进行了胞质内直接注射，并获得了克隆猪。

（三）盲吸法去核及透明带下移核

出于简便、实用的考虑，目前猪卵母细胞的去核多采用盲吸法。去核和移核通常是连续进行的，具体操作步骤如下。

（1）在直径 60mm 培养皿中央做一长 1.5cm、宽 20～30mm 的 $100\mu l$ 显微操作液滴，再用矿物油覆盖。

（2）把供体细胞以及成熟卵母细胞同时转入其中，于 39℃，5％CO_2，100％湿度的培养箱中平衡 15min。

（3）然后在装配有显微操作仪及恒温台的倒置显微镜上，用持卵针（内径 25～35μm，外径 100～120μm）吸持卵母细胞。

（4）用内径 15～25μm 的去核/注核针拨动卵母细胞，使其第一极体处于 1 点钟位置。

（5）接着从 3 点钟位置进针，吸取第一级体及其邻近 10％～20％可能含有卵母细胞核的胞质。

（6）挑选直径 15～20μm，折旋光性强，圆形，光滑的体细胞，从去核切口放入卵周隙，用注射针点压透明带，使供体细胞与受体细胞的胞膜紧密接触。

（7）每批操作 30 枚卵母细胞，结束后将供体细胞与卵胞质构成的重构卵转移到 NC-SU-23＋BSA（4mg/ml）中，在 39℃，5％CO_2，100％湿度的培养箱中恢复 1.5h。

五、融合及激活技术

（一）供体细胞与受体卵母细胞的融合

透明带下注核的卵母细胞必须进行融合处理，才能使供核细胞与受体细胞形成卵核复合体。最早使用的融合方法是用仙台病毒（Lin 等，1973）或聚乙二醇（PEG）（Czolowska 等，1984；Sims 等，1994）介导融合，效果很不稳定，且毒性大。而 Willadsen 等（1986）在胚胎细胞克隆羊试验中，采用的直流电介导融合的方法，简便而且高效，不仅可使供体细胞与受体卵母细胞的质膜有效融合，还可引起卵母细胞的激活，是目前核移植的最佳方法。电融合的原理是依靠直流脉冲使细胞膜产生可逆性的微孔，进而导致它们之间的融合。由于技术方法以及设备的因素，操作过程中容易引起卵的活化，尤其是融合过程中的电击，在细胞膜外钙离子进入和细胞内钙离子释放的情况下，极易导致在融合过程中使大部分卵激活，缩短了体细胞重编程的时间，使克隆的效率下降。因此，目前的核移植融合中多采用降低或去除钙离子的融合液（Yin 等，2002；Walker 等，2002）。此外，去核后的卵母细胞卵周隙变大，与供体细胞的接触面变小，质膜无法紧密接触，导致融合率下降。

（二）移核卵的激活

移核卵的正常发育依赖于卵母细胞质的充分激活，移核卵发育率低可能与卵母细胞未充分激活有关。激活卵母细胞的原理就是降低成熟促进因子（mature promoting factor，MPF）活性，从而使卵母细胞脱离 MⅡ期。而卵母细胞内 Ca^{2+} 浓度的升高可以降低细胞生长因子（cytostatic factor，CSF）的活性，若 CSF 的活性降低，细胞周期蛋白 B 的合成速度就会下降，而分解速度将上升，引起 MPF 的活性消失，导致卵母细胞分裂。所以，激活卵母细胞过程就是卵母细胞内 Ca^{2+} 浓度的升高过程。要达到这个目的，可以将外源 Ca^{2+} 导入卵母细胞内，也可刺激卵母细胞质内贮存钙的释放。激活方法可归纳为物理激活、化学激活以及物理和化学联合激活。

1. 电激活 高压电直流电场脉冲短时间作用于卵母细胞，可以使卵母细胞膜产生暂时性的孔洞，细胞外的 Ca^{2+} 就可以借助这些孔洞进入细胞内，从而引起卵母细胞内 Ca^{2+} 浓度的升高。1 次电刺激只能引起卵子中 1 次 Ca^{2+} 浓度的升高，因而核移植重组胚的激活率不高。研究表明，为了提高卵母细胞的激活率，在电融合后再用化学试剂处理，可以取得很好的激活效果，也有利于核移植胚胎的发育（图 2-37 和图 2-38）。

2. 蛋白质合成抑制剂 蛋白质合成抑制剂能抑制卵母细胞中蛋白类细胞因子的合成，

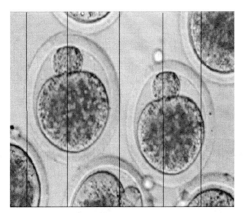

图 2-37 直流电脉冲进行电融合

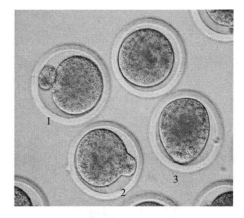

图 2-38 融合前、中、后的重构胚
1. 融合前 2. 融合中 3. 融合后

进而降低细胞中 MPF 或 CSF 的活性，使卵子从 M Ⅱ 期休止状态中脱离出来，恢复第二次成熟分裂。目前，常用的蛋白合成抑制剂有放线菌酮（CHX）、嘌呤霉素和肌霉素。

3. 二甲基氨基嘌呤（6-DMAP） 6-DMAP 是蛋白质磷酸化的抑制剂，它通过抑制 P^{34} 蛋白第 161 位酪氨酸的磷酸化而抑制 MPF 的活性，同时还抑制纺锤体形成时微管蛋白的磷酸化，进而抑制极体的排出。但 6-DMAP 对 DNA 的合成没有抑制作用。6-DMAP 单独使用对卵母细胞的激活作用较弱，一般要与可以引起 Ca^{2+} 波动的其他激活因子，如乙醇、A23187、Ion 或电刺激等协同作用，才可以充分激活卵母细胞（Petr 等，1996）。

4. 钙离子载体 A23187 是一种钙离子载体，它主要是增加 Ca^{2+} 的跨膜转运，使细胞内 Ca^{2+} 浓度升高而引起卵母细胞的激活。由于单一使用 A23187 进行激活处理会导致卵母细胞绝大部分阻滞在中期，同时有 2 个极体，所以它通常配合 6-DMAP、CHX 或 CHX＋细胞松弛素 B（CB）来激活卵母细胞，并能取得理想的效果（Fulton 等，1978）。

Ion 也是一种高效的钙离子载体，它可以动员细胞的 Ca^{2+} 释放，并触发后期的 Ca^{2+} 内流，引起细胞内的 Ca^{2+} 浓度升高和卵母细胞的激活。单独使用 Ion 可以激活卵母细胞，但排出第二极体后染色体浓缩，很少形成二倍体的原核，所以通常与 6-DMAP、CHX 或焦磷酸钠配合使用。孙兴参等（1999）研究表明，$10\mu mol/L$ Ion 和 $2mmol/L$ 6-DMAP 联合作用可使 80％以上的猪卵母细胞激活。

5. 乙醇（EH） 乙醇可以改变卵膜的稳定性，使钙库的 Ca^{2+} 释放出来，增加细胞外 Ca^{2+} 的渗入，进而胞内 Ca^{2+} 浓度升高并激活卵母细胞（Cuthberston 等，1981）。用 8％乙醇处理卵母细胞可以获得较好的激活率。但是，乙醇激活后的卵经固定染色后观察发现，卵子大多形成 1 个原核，即大部分已排出第二极体，形成单倍体胚胎，且乙醇的激活率有限，所以它通常与其他激活因子联合激活（Giorgio 等，1994；Nagai，1987）。

此外，用于激活的物质还有锶离子（Sr^{2+}）、乙基汞硫代水杨酸钠（thimerosal，THI）和 1，4，5-三磷酸肌醇（IP3）等（Sato 等，1998）。总之，单一激活不如联合激活效果好。

（三）电刺激联合化学法融合激活

（1）将恢复好的移核卵分批转移到融合液中平衡 3min。

（2）用融合/启动液洗涤 3 遍后，每批 5 枚移核卵放入已经铺满融合液的融合槽内，融合槽电极宽度 1mm。

（3）用拉制的且尖端很细的实心玻璃针拨动移核卵，使供体细胞—受体卵细胞膜接触面与电极平行。

（4）用 ECM2001 融合仪施加 1 个 AC，10V，5s 的交流电；而后是 1DC，1.6kV/cm，60μs 的直流电脉冲诱导融合，同时激活。

（5）用 NCSU-23＋BSA（4mg/ml）洗涤 5 遍，在 NCSU-23 的基础液中添加 CB（7.5μg/ml）＋CHX（10μg/ml）的胚胎培养液中培养 4h，然后转移到石蜡油覆盖并预先在 CO_2 培养箱中平衡至少 2h 的 NCSU-23 液滴内，39℃，5％CO_2，100％湿度条件下培养 0.5～1h 后取出。在体视显微镜下判定融合。

六、手工克隆技术

手工克隆技术（handmade cloning，HMC）是近几年才出现的体细胞核移植（SC-

NT）新技术，与借助显微操作仪器的传统 SCNT 相比，该技术成本低廉（不需要显微操作仪）、操作简便，且核移植效率与传统技术相当，因而更易于在家畜等大型动物中应用。这一技术最初的设想来自 Tatham 等（1995）进行去透明带胚胎细胞克隆牛的实验。Peura 等（1998）进一步发展了去透明带克隆技术，并且成功运用于牛的胚胎细胞克隆。其基本过程是：将体外成熟的卵母细胞去掉卵丘细胞后，用链霉蛋白酶消化去除透明带，经 Hoechst 33342 染色之后，于体视显微镜下用微针按压裸卵，使其分为 2 枚半卵，将含有核的半卵去除，然后将 2 枚不含有细胞核的半卵与 1 枚供体细胞靠近，并施以直流电脉冲使其融合，最后将重构胚单个培养。这一方法的最大优点是事先去除了透明带，在去核时操作简便、快捷，也无需拉制特殊的去核针以及显微操作器材，同时降低了对操作人员的技能要求，有利于实验室进行核移植研究。因为此法需要去除透明带，并且用 2 枚半卵胞质体和供体细胞融合，因而也被称为去透明带双半卵法（王振飞，2006）。同时，又因为此法的整个过程靠手工操作即可完成，并且不需要精密的仪器，Vajta 等（2007）将其称之为手工克隆。2001 年，Vajta 等将该法成功引入体细胞克隆牛中，他们沿用了 Peura 等（1998）的做法，并对其进行了改进。2003 年，Vajta 等又对去核操作液、融合时供体与受体的取向、融合时间和培养条件等进行了优化，从而使这一不借助显微操作器的核移植方法达到较高的水平，其囊胚发育率、重构胚胎的质量都不低于传统方法。该法操作简便，平均每得到 1 枚囊胚所需时间仅为 6min 左右。此后，Vajta 等（2004）又对去核方法进行了改进，使得不需要荧光染色也可手工去核。非洲第一头克隆牛就是 Vajta 等（2004）应用此法，结合采用潜水艇培养体系，手工克隆生产出来的。经过 Vajta 等的不断努力，使得人们可以在简单的条件下高效地生产克隆动物，推进了体细胞核移植胚胎的商业化进程。HMC 法由于去除了透明带，从而使得整个核移植过程可以不依赖显微操作，从而形成一种新的克隆技术。

手工克隆技术已经在牛和猪的体细胞克隆上获得了成功（Vajta 等，2004；Kragh 等，2005；Du 等，2007），正在逐渐显示其独特的优越性。HMC 技术与显微操作技术相比主要优点有：需要的设备少且价格便宜；操作简便、快速；需要的时间、劳动力、投资较少，虽然 2 枚卵母细胞才能组成 1 枚克隆胚，但从可移植胚胎来看，效率与传统技术相当；猪和牛的克隆胚经过低温冷冻保存，也有可能得到正常后代；利用 HMC 法体细胞克隆猪和牛胚胎的妊娠率，与常规通过显微操作得到的克隆猪和牛的妊娠率相当。

HMC 法主要包括卵母细胞透明带的去除，徒手切割半卵法去核，双半卵融合、激活，以及支持无透明带卵/胚胎培养技术。透明带的去除会对重构胚产生负面影响，如电融合时卵胞质膜和电极直接接触，加大了细胞损伤的可能性，但适当地调节融合电压或添加血清等可以减少损伤。因为需要双半卵才能构建 1 枚重构胚，所以要求较多数量的卵母细胞。

七、重构胚的培养

目前，猪重构胚的培养基一般用 PZM-3 或 NCSU-23。华再东等（2011）用这两种培养基对猪的重构胚胎培养 48h 和 168h，观察卵裂率和囊胚率，结果如表 2-14。

表 2-14　两种胚胎培养基对重构胚胎体外发育的影响

胚胎培养基	培养胚胎数（枚）	卵裂数（枚）	卵裂率（%）	囊胚数（枚）	囊胚率（%）
PZM-3	60	49	81.67[a]	5	8.34[a]
NCSU-23	60	52	86.67[a]	6	10.00[a]

从表 2-14 可见，重构胚的体外发育在 PZM-3 和 NCSU-23 两组成熟培养液中获得的卵裂率和囊胚率差异不显著（P>0.05），表明两种培养基都适合重构胚的体外培养。

重构胚的培养方法目前主要有以下几种。

（一）微滴培养法

微滴（microdrop）培养是应用最广泛、最简单的一种胚胎培养方法。在无透明带胚胎的单个培养中，微滴培养法也需要进行一定的改变。微滴一般为 $1\sim5\mu l$，但也有 $20\mu l$ 或 $30\mu l$ 等。胚胎体外培养的密度是影响其发育的一个重要因素。显微操作重构胚培养的具体步骤如下。

（1）在超净工作台内取 35mm 培养皿，做 4 个 $50\mu l$ 液滴，小心加入 $2.5\sim3ml$ 矿物油覆盖。

（2）做好标记，放入 CO_2 培养箱中平衡。

（3）将融合/激活后的重构胚洗涤 5 遍后转入液滴，每个液滴转入 $15\sim20$ 枚重构胚。

（4）置于 CO_2 培养箱中培养 48h 和 168h，观察并记录卵裂和囊胚形成情况。

（二）套皿培养法

（1）在超净工作台内取胚胎培养液 5ml 左右，做好标记，放入 CO_2 培养箱中平衡。

（2）将融合/激活后的重构胚用 DPBS 洗涤 3 遍，培养液洗涤 3 遍，转入预先平衡的胚胎培养液，每毫升转入 $100\sim150$ 枚重构胚。

（3）置于 CO_2 培养箱中培养 48h 和 168h，观察并记录卵裂和囊胚形成情况。

（三）微穴培养法

微穴（well of well，WOW）法最早是 Vajta 等（2000）在牛体外受精合子的培养中被应用。它是在 4 孔板的底部，用灼热的铁针烫制小窝，然后将其进行清洗灭菌之后，在小窝内盛满培养液，将单个胚胎置于其中进行培养。最初主要设计了 2 种形状的 WOW培养小窝：一种类似于 V 字形，底部为圆形，深度约为 $250\mu m$；另一种类似于 U 字形，底部平坦，深度约为 $300\mu m$。而 Taka 等（2005）在猪单精注射胚胎的体外培养中，采用了 2 种规格的小窝，即小窝内径分别为 $500\mu m$ 和 $1\,000\mu m$ 的 WOW 系统。结果发现，内径为 $1\,000\mu m$ 的 WOW 有较高的囊胚率（24.6%）。2008 年，刘根胜等在小鼠无透明带胚胎的培养中，以海藻酸钙凝胶包埋小窝，并与共培养技术相结合，使得胚胎卵裂率（89.7%）与囊胚发育率（67.9%）大大提高。

（四）玻璃微管培养法

玻璃微管（glass oviduct，GO）法是 Thouas 等（2003）在研究小鼠合子的发育培养时被首次应用。它是用 1 根末端开口、无菌的玻璃微细管（内径 $200\mu m$，体积 $1\mu l$），通过毛细管的虹吸作用将合子和培养液吸入玻璃微管中进行培养。结果，GO 培养法的囊胚孵化率（48.3%）显著高于对照组的微滴培养（3.3%），且囊胚的内细胞团细胞（ICM）

数和滋养层细胞（TE）数也有显著提高。2005 年，Du 等在猪的手工克隆中，采用 GO 培养系统也得到了较高的卵裂率（89％）和囊胚发育率。

（五）潜水艇培养体系

潜水艇培养体系（submarine incubation system，SIS）是由 Vajta 等（2000）发明，他们将该法应用于牛体外受精合子的培养中。它是将盛有胚胎的 4 孔板不盖盖放入 1 个锡箔纸包中，再用铁皮完全封闭。然后，用注射针头在纸包靠近角落但远离培养孔板的地方做 1 个孔，通过注射针头向其内注入过滤除菌且预热的饱和湿度混合气体。然后，将针头拔掉，使里面多余的气体自然排出。如此重复 2 次以上，使纸包里的空气全部被交换出去，然后热封闭锡箔纸包。最后，将锡箔纸包放入 1 个塑料的试管架中，沉入 38.7℃ 的循环水浴槽中，用一重物压住试管架以防止其漂浮。此培养系统的优点是循环水浴的温度变化范围在 0.001～0.005℃，可快速准确地进行温度调节，且温度恢复快，不必担心高温的危险，这是 CO_2 培养箱所不能达到的。2004 年，Vajta 等利用该培养系统成功获得了非洲第一头无透明带手工克隆牛，从而使 CO_2 培养箱也从核移植所需仪器中省去，使得人们可以在很简单的条件下高效地生产克隆动物。

（六）明胶孔培养法

明胶孔（agarwell）培养法是一种专门为无透明带胚胎的群体培养而设计的胚胎培养方法（Vajta 等，1997）。它是先将琼脂糖溶解于无蛋白质的胚胎培养液中，明胶浓度为 2％。当溶解液还热的时候，将其加入 4 孔板中，在 4℃ 凝固 5min 后，用胚胎培养液覆盖，再覆盖以石蜡油。然后，用 1 根直径为 150μm 的玻璃管抽吸琼脂糖胶层，从而在胶层上形成一个个小窝，在 4 孔板的 1 个孔内，做成 20～40 个这样的小窝。最后，每个小窝放入 1 个胚胎进行培养。Peura 等（2003）在绵羊的无透明带克隆中，采用该培养系统，比较了 2 种供体细胞，即成年耳皮肤成纤维细胞和颗粒细胞，囊胚率分别为 4.9％ 和 21.0％。

体外培养重构胚胎要求严格，因为体外环境的变化能改变一些重要基因的表达。血清的添加也可能改变印记基因的表达。而这些基因的正常表达与克隆动物的正常发育密不可分。因此，在体外培养条件不完善的情况下，也可在中间受体的输卵管中培养到桑椹胚或囊胚，从而克服胚胎在体外培养发育的缺陷。

八、重构胚的移植

重构胚胎进行移植的方法见本章第三节。此外，还需要强调以下几点。

（一）移植的细胞期

1～4 细胞期的重构胚应移入受体母猪的输卵管内，8 细胞期及以上发育阶段的重构胚应移入受体母猪的子宫角内。

（二）移植的数量

妊娠识别和妊娠维持是移植克隆胚后获得后代的关键。猪妊娠识别和妊娠维持与其他单胎动物相比需要有一定数量胚胎。魏庆信等的研究认为，移入至少 4 枚正常发育的胚胎，才能提供足够的妊娠信号，使母猪妊娠。鉴于目前核移植重构胚的发育率低、死亡率高，因而需要大量移入胚胎。如果按 5％ 的发育率，则至少要移入 100 枚以上的重构胚才有可能使母猪妊娠。如果重构胚的数量不足，可采取如下策略。

1. 与孤雌激活胚共同移植　De Sousa 等（2001）认为用孤雌激活胚与其克隆胚共同移植，这些孤雌激活胚能补充妊娠信号，使母猪妊娠，之后这些孤雌胚胎就会退化死亡。同时，使用一些激素使母猪维持妊娠，能大大提高克隆重组胚移植的成功率。

2. 与正常胚胎共同移植　在移入重构胚的同时，移入一定数量的正常胚胎，有助于受体母猪的妊娠。但对出生的后代需要进行筛选。

（三）移植受体的发育阶段

体细胞克隆胚胎在体外发育阶段落后于体内同期胚胎的发育阶段，因而选择克隆胚的受体母猪，其发育阶段应稍晚一些。Petersen 等（2008）认为猪体细胞克隆胚胎移植后，受体母猪在 24h 内排卵，此时输卵管环境更利于维持重构胚的后续发育。试验结果为 12 头受体母猪 25d 的妊娠率达到 75％，妊娠足月产仔率为 75％。一般认为，采用受体母猪的发情阶段比胚胎发育晚 1d 的移植方案，会收到满意的移植效果。

九、猪体细胞核移植存在的问题及应用前景

（一）存在的问题

目前，体细胞核移植技术还存在许多缺陷。

首先，克隆动物生产效率低，由于核移植的技术环节太多，每个环节都对核移植效果产生影响，而且重构胚移植后妊娠率低而流产率特别高，仅有 1％～5％ 的重组胚能够发育到成体阶段。有证据表明，体细胞核移植效率低下与体细胞在去核卵母细胞质中去分化和重编程不完全有很大关系。

其次，克隆动物出生时体重偏大而造成难产的现象也很突出。由于培养基中血清的存在，导致早期胚胎基因表达发生改变，致使许多克隆动物出生重增加，给自然分娩带来困难。

此外，克隆动物还面临体细胞突变及其他遗传问题。因为基因突变与 DNA 复制次数紧密相关，所以分裂次数越多的体细胞，发生突变的可能性越大，这是克隆动物材料来源方面不可避免的问题。

目前，对克隆动物出现异常的机制了解甚少。其中一种可能的机制涉及胎儿生长的基因印记紊乱。基因印记是一个渐进的过程，在这一过程中父性和母性基因组的功能是不同的，一些等位基因的表达就有赖于父母一方的遗传。核移植的结果也表明，来源于雄性和雌性的胎儿细胞克隆后，发育率有很大差异。克隆动物的研究仍处于技术优化阶段，今后需要不断完善各技术环节，并加强相关基础研究。虽然研究难度大、耗时长，但只有在深入了解卵母细胞成熟、胚胎发育以及体细胞在卵母细胞中重塑机制后，才能提高体细胞克隆的成功率，使核移植技术能够真正用于科学研究、生产实践等领域。

（二）应用前景

体细胞核移植技术在猪的遗传改良中具有广阔的应用前景。

1. 应用于优良种猪的快速扩繁　通过建立优良种猪的细胞系，应用体细胞克隆技术迅速扩繁优良种猪，加快育种进程。

2. 应用于性别控制　在养猪生产中，性别控制具有重要的经济意义。例如，专门用

于杂交父系的品种，生产出的公猪比母猪有较大的经济效益；专门用于杂交母系的品种，生产出的母猪则比公猪有较大的经济效益。随着今后体细胞核移植技术的完善和效率的提高，人们可以通过建立父系（或母系）的细胞系，再进行核移植，从而控制性别。

3. 应用于转基因猪的制备 将体细胞核移植技术与转基因技术相结合，可以大大提高传统转基因技术的效率。其结合的方式有 3 种：第一，从通过各种方法获得的转基因个体上取体细胞，进行体外培养建系，用于核移植生产转基因克隆动物；第二，利用转染方法将外源基因导入体外培养的体细胞中，经体外筛选出携带外源基因的细胞用于核移植，生产转基因动物；第三，通过与基因打靶技术相结合，将体外获得定点整合外源基因的体细胞用于核移植，生产定位整合的转基因动物。后两种方式，将转基因操作步骤提前在体细胞阶段实施，在细胞水平上进行外源基因整合和表达的筛选，从而解决了在个体水平上筛选而导致的效率低下的问题。

第六节　猪的 iPS 技术

猪的 iPS 细胞系由 Wu Z 等（2009）和 Esteban 等（2009）2 个独立的研究团队各自首次建立。他们从猪的胎儿中分离成纤维细胞，然后用逆转录病毒分别将小鼠 Oct4、Sox2、Klf4 和 c-Myc（OSKM）及人 OSKM 转录因子导入成纤维细胞中，并用经丝裂霉素 C 处理后的小鼠胚胎成纤维细胞作为饲养层细胞，16d 后，类似人类胚胎干细胞的克隆被挑选出来，这些克隆能在饲养层细胞上常规传代。其特点如下：扩增的克隆保留了原有的形态，表现出高度的核/质比例，碱性磷酸酶表达阳性，具有较高的端粒逆转录酶表达；半定量逆转录聚合酶链式反应（PCR）显示，OSKM4 个转录因子成功整合到 iPS 细胞基因组；猪 iPS 细胞系成功表达阶段特异性胚胎抗原-4（SSEA-4）、转录因子 Nanog 和 Rexl（Zfp42）的特异性表面抗原；小鼠 OSKM 和人源 OSKM 转录因子诱导的猪 iPS 细胞系在形态、碱性磷酸酶表达和免疫荧光染色上没有区别；猪 iPS 细胞系具有分化的多潜能性，将猪 iPS 细胞系注射到裸鼠皮下可形成畸胎瘤，其中含有 3 个胚层的细胞组织（如来源于内胚层的肠上皮组织，来源于中胚层的骨组织和软骨组织，来源于外胚层的神经组织）；核型分析正常。另外，对猪 iPS 细胞、小鼠胚胎干细胞、大鼠 iPS 细胞、人胚胎干细胞及猪成体细胞进行基因芯片检测，发现猪 iPS 细胞基因表达谱明显不同于猪成体细胞，而与小鼠胚胎干细胞、大鼠 iPS 细胞和人胚胎干细胞相似，再次证明猪 iPS 细胞具有与其他多能干细胞相似的特征。

一、iPS 细胞的制备技术

iPS 细胞制备的技术流程如图 2-39 所示。

（一）iPS 的诱导转录因子

目前，已发现与 iPS 诱导重编程有关的转录因子主要有 6 种：Oct4、Sox2、c-Myc、Klf4、Nanog 和 Lin28。

1. Oct4 Oct4 最初在未受精的卵母细胞、精原细胞和胚胎干细胞发现，它可以在内细胞层中进行表达，进而维持未分化的多能状态。表达量增加时可以引起干细胞 3 个胚层

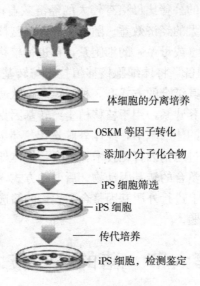

体细胞的分离培养

OSKM 等因子转化

添加小分子化合物

iPS 细胞筛选

iPS 细胞

传代培养

iPS 细胞，检测鉴定

图 2-39　iPS 细胞制备的技术流程

的分化。若 Oct4 基因缺失，胚胎干细胞会向滋养层细胞分化。由此可见，Oct4 在动物胚胎发生中是一个关键的调控因子，而且可能在维持细胞的全能性及未分化状态中起着重要的作用。

2. Sox2　Sox2 是与胚胎干细胞多能性相关的一个基因。它主要在外胚层和滋养层中表达，与 ES 的自我更新有关，可以与 Oct4 形成异二聚体，从而诱导干细胞分化。Sox2 可以稳定 0ct3/4 的表达，从而维持胚胎干细胞的多能状态（Masui 等，2007）。Sox2 的表达对早期胚胎发育和抑制分化起着十分重要的作用。Sox2 在胚胎发育过程中存在 2 个表达高峰，即囊胚内细胞团（ICM）和神经干细胞时期，Sox2 在这两种细胞中的高表达与维持该细胞的状态并抑制细胞分化密切相关。

3. c-Myc　c-Myc 为原癌基因，它是 Lif/STAT3 和 Wnt 信号通路的一个主要的下游基因，这两条信号通路对于多能性的维持都很重要，其强制表达诱导 ES 细胞分化和凋亡。c-Myc 可以激活转录，调节包括细胞分裂和增殖相关基因的表达，从而打开整个染色质结构。此外，c-Myc 还调节非编码 RNA 的表达。它的存在可以显著提高 iPS 细胞的产生效率。

4. Klf4　Klf4 既是原癌基因又是抑癌基因，它的过表达可以维持 Oct4 的表达，并抑制 ES 细胞的分化。Klf4 的强制表达可以促进小鼠 ES 细胞的自我更新，而在体细胞中强制表达可抑制 DNA 的复制，阻滞细胞周期处于 G1/S 期。因此，它在细胞增殖和分化之间起开关作用。

5. Nanog　Nanog 是不依赖于 Lif/STAT3 途径而独自维持 ES 细胞多能性的同源异型蛋白因子（Xu 等，2008），持续表达 Nanog 的 ES 细胞在没有外源性 Lif 的情况下仍可保持未分化状态，而缺失 Nanog 基因的 ES 细胞将向内胚层分化。Oct3/4 缺失的 ES 细胞仍然有 Nanog 表达，但不能维持 ES 细胞的全能性。这说明 Nanog 的功能依赖于 Oct3/4 的持续表达。Nanog 可以维持干细胞的自我更新能力，并且协调与细胞全能性相关的基因和蛋白质的表达。

6. Lin28　Lin28 在早期胚胎发生中表达，通过增强特定 mRNA 的稳定性，从而控制干细胞的分化。Lin28 属于小分子 RNA 结合蛋白，可以提高人体细胞重编程的发生频率。但研究表明，有些 iPS 细胞克隆并没有产生 Lin28 基因整合。这说明 Lin28 无论是对细胞初期的重编程还是 iPS 细胞的稳定增殖，都不是必需的（Yamanaka，2007）。

在众多 iPS 细胞的研究当中，Oct4 一直被认为是重编程过程中不可缺少的转录因子，在重编程起始过程中起到重要作用。而 Sox2 往往作为 Oct4 的协作因子对胚胎干细胞（ESCs）中的下游靶基因进行调控，全基因组定位分析结果显示，这 2 个转录因子在调控靶基因中存在着普遍的互作。Shi 等（2008）对转录因子各家族成员之间的关系和作用进行研究，发现除 Oct4 外，Sox2、Klf4 和 c-Myc 在重编程过程中的作用均可被同一蛋白家族的其他成员所替代，因而得出 Sox2、Klf4 和 c-Myc 可能并非是重编程过程所必需的因子。Kim 等（2009）只使用 Oct4 即将神经干细胞诱导成 iPS 细胞。

普遍认为，外源因子可以激活内源性 Oct4 与 Sox2 的表达，而且一旦内源性的 Oct4 与 Sox2 得以表达，就会迅速在细胞内形成一个自我调节环路，用以维持 iPS 细胞的多能性状态，而不再需要外源基因的诱导与维持。Masui 等（2007）的研究得出，通过在重编程过程中过表达 Oct4，就可以免去 Sox2 的使用，因而 Oct4 可能是重编程过程中唯一不可缺少的转录因子。

（二）小分子化合物

最初，iPS 细胞诱导的效率只有 0.01% 左右。为了提高诱导效率，研究者发现，在诱导过程中于培养基中添加小分子化合物，如 2-丙基戊酸（valproic acid，VPA）、5-氮杂胞苷（5-AZA）、G9a 组蛋白甲基化转移酶抑制剂（BIX01294）、钙通道激动剂（BayK8644）、Wnt 通路激活剂（Wnt3a）、Ras-丝裂原激活的蛋白激酶通路抑制剂（PD0325901）和肝糖原合成激酶 3 通路抑制剂（CHIR99021）等，能促进受体细胞的重编程，显著提高 iPS 的诱导效率。这些小分子有的是通过抑制基因组甲基化作用，直接提高受体细胞被诱导的效率；有的则通过影响特定的信号通路，使诱导过程中产生的中间过渡型细胞和部分重编程的细胞转化为稳定的多能干细胞。一般情况下，Oct4、Sox2、c-Myc、Klf4 组合或 Oct4、Sox2、Klf4 组合即可将体细胞重编程为 iPS 细胞，只是后一种组合重编程的效率较前一种低许多。当选用小分子化合物时，可大幅度提高重编程效率和减少转录因子使用个数。如用 Oct4 和 Klf4 2 种基因，甚至只用 Oct4，即可将神经干细胞或前体细胞转化成 iPS 细胞，而当在培养液中加入小分子化合物 BIX 或 PD0325901 与 CHIR99021，则可显著提高重编程效率。Oct4 和 Klf4 2 种因子与小分子化合物 BIX 和 Bay 组合联用时，可高效率将小鼠成纤维细胞诱导为 iPS 细胞，这时 BIX 和 Bay 可以弥补外源 Sox2 的缺失，这是由于小鼠成纤维细胞重编程为 iPS 细胞至少需要 Oct4、Sox2 和 Klf4 3 种因子。小鼠成熟 B 细胞需要导入 Oct4、Sox2、Klf4、c-Myc 和 C/EBP 5 种基因才能转化成 iPS 细胞，而当在培养液中加入 5-AZA 时，Oct4、Sox2、Klf4 和 c-Myc 4 种因子亦可将成熟 B 细胞诱导为 iPS 细胞。

（三）受体细胞的选择

随着 iPS 细胞研究的深入，人们逐渐发现被逆转的细胞并不局限于特定的细胞类型及特定的分化阶段。许多不同组织来源的体细胞均可被重编程，如成纤维细胞、肝细胞、胃上皮细胞、胰腺细胞、脑膜细胞、神经前体细胞、肾上腺细胞、肌肉细胞、小肠上皮细胞、间充质干细胞、表皮干细胞、造血细胞以及终末分化的 B 细胞等，可以是内、中、外任一胚层来源的细胞；既可以来源于胚胎细胞，也可以来源于新生儿、成人甚至是终末分化的成熟细胞。只是不同胚层来源的细胞或不同发育阶段的细胞重编程为 iPS 细胞的难易不同、效率不同、所需因子组合不同或形成克隆所需时间不同。Jaenischds 等（2008）借助新近建立的药物可诱导系统来研究体细胞重编程为 iPS 细胞，得出如下结论：不同诱导水平的重编程因子均可将体细胞诱导为 iPS 细胞；转录因子转基因活性的持续时间与重编程效率有直接相关性；许多不同组织来源的体细胞均可被重编程；不同类型体细胞重编程为 iPS 细胞所需转录因子诱导水平不同。总之，任何一种体细胞在理论上均可被这些转录因子重编程为 iPS 细胞。

iPS 技术虽然在不同物种的多种细胞上都取得了成功，但是不同的受体细胞、不同的细胞状态及其传代数，对于诱导的效率和诱导能否成功都有一定的影响。因此，需要准备符合要求的受体细胞。最初，研究者以胎鼠和成年小鼠的成纤维细胞为受体细胞进行 iPS 诱导，虽然最终都得到了 iPS 细胞，但是采用胎儿细胞进行的诱导效率明显要高一些。这可能是由于胎儿细胞增殖活力强，并且甲基化程度较低，易于重编程。研究发现，不同类型细胞来源的 iPS 细胞具有不同的特点，如肝脏细胞和胃上皮细胞来源的 iPS 细胞，其基因组不易被病毒整合，具有较低的致瘤性，更适合于医学研究。Aasen 等（2008）发现，以角质细胞作为受体细胞可显著提高 iPS 的诱导效率，并能降低病毒在受体细胞基因组上的整合。另外，神经干细胞本身表达较高的内源性 Sox2 等因子，当采用 Oct4 因子时，也能产生较高效率的 iPS 细胞。因此，神经干细胞可以作为理想的受体细胞。

对于不同的受体细胞，诱导效率存在差异，这可能是由不同受体细胞间的表观遗传修饰的差异引起的。不同细胞基因组的甲基化和乙酰化程度各不相同，诱导重编程过程中开启外源基因表达的要求也不一样，如诱导过程中添加甲基化酶抑制剂可以明显提高诱导的效率。同时，有的受体细胞自身也表达部分诱导因子，这不仅可以减少外源基因的使用数量，同时也减轻了重编程的负担，进而可以得到较高的 iPS 诱导效率，且减少诱导的时间，如神经干细胞诱导为 iPS 细胞。由于取材和培养简便，原代成纤维细胞仍然是 iPS 诱导中最常用的受体细胞。为了确保受体细胞的增殖活力，应尽可能使用低代数（3～5 代）的细胞进行诱导。

（四）外源转录因子导入受体细胞的方法

1. 逆转录病毒或慢病毒转导　最初，为了使导入的外源基因能在受体细胞内持续表达，保证 iPS 诱导的成功，采用了能高效整合的逆转录病毒和慢病毒作为载体。常规的操作是通过病毒载体携带外源基因转染受体细胞，转染时间为 24～48h，可进行第二次转染以提高转染效率。为了保证转染效率，病毒的滴度要求达到 $1 \times 10^6 \sim 5 \times 10^6$。转染后撤去病毒液，用新鲜的受体细胞培养液继续培养 24～72h。然后，将转染的细胞铺于小鼠胚胎成纤维细胞（MEF 或 SNL）饲养层上，在 6 孔板上细胞的密度为每孔 5×10^4 个细胞。生长 24h 后，换为 ES 培养液继续培养。但也有人认为，病毒转染后的细胞不更换新鲜培养液，而直接消化后接于明胶铺底的培养板上，可以提高诱导效率，且不需要饲养层的支持。对此，研究发现，在较短时间内的诱导并不依赖饲养层细胞的支持。对于神经干细胞等能在较短时间内诱导出现 iPS 集落的受体细胞，可以在病毒转染后直接换上 ES 培养液，而不进行消化重铺，在出现集落后再将集落单独接种于饲养层上，进行下一步的传代诱导培养。

但是，病毒载体在受体细胞基因组中高效随机的整合，也会使得到的 iPS 细胞具有很高的致瘤性，且逆病毒载体易于导致插入突变，因而在生物医学中被限制应用。

2. 腺病毒转导　与逆转录病毒相比，腺病毒能将外源基因以非插入的方式导入细胞，外源基因可游离表达，降低插入突变激活癌基因的危险。Stadtfeld 等（2008）利用可以短暂表达 4 因子（Oct4、Sox2、Klf4 和 c-Myc）的未经整合的腺病毒，诱导鼠成纤维细胞和肝细胞形成 iPS 细胞，这些细胞具有重编程细胞的 DNA 甲基化特征，能表达内源多能性基因，也可以形成畸胎瘤。通过腺病毒介导的转基因方式将转录因子的基因导入体细胞，进而瞬时表达这些基因，即可获得无病毒载体整合的 iPS 细胞，而无需将病毒载体整合进宿主细胞基因组中。但该方法将体细胞诱导为 iPS 细胞的效率较逆转录病毒和慢病毒的低许多。非整合方式实现体细胞重编程为 iPS 细胞的理论依据是：在通过逆转录病毒介导的方式将转录因子基因导入体细胞而获得的 iPS 细胞上，检测发现转录因子转基因表达水平非常低或外源转基因完全沉默，而内源性转录因子基因被激活，且维持很高表达水平，这时 iPS 细胞的多潜能性靠内源性转录因子的表达来维持，至此，外源转录因子转基因已完成自己的使命而不表达（Nakagawa 等，2008；Okita 等，2008）。

3. 质粒转导　利用质粒作为载体也已成功建立 iPS 细胞，且以此培育产生的嵌合体小鼠无肿瘤发生。Okita 等（2008）采用 2 个质粒，一个为共表达 Oct4、Sox2 和 Klf4 基因的多顺反子质粒，另一个仅携带 c-Myc 基因，通过脂质体介导重复转染小鼠胚胎成纤维细胞，成功获得没有外源基因插入的 iPS 细胞。Woltjen 等（2009）利用非病毒转染的质粒载体（包括 c-Myc、Klf4、Oct4 和 Sox2 的编码序列，以及 2A 多肽），可以诱导鼠和人成纤维细胞的重编程，并且诱导成功后，转基因可以立即移除。当这种载体重编程系统与 piggyBac 转座子结合之后，可以得到从胚胎成纤维细胞产生的重编程细胞系。Kaji 等（2009）通过构建单个质粒作为载体（pCAG2LMKOSimo），同时表达 4 个重编码因子（Oct4、Sox2、Klf4 和 c-Myc）。转染人类成纤维细胞并成功诱导 iPS 细胞后，利用 Cre-LoxP 重组酶系统将整合的外源性重编码基因删除，这样得到的 iPS 细胞在基因表达谱上，较没删除外源性重编码基因的 iPS 细胞，更接近人胚胎干细胞（Soldner 等，2009）。同腺病毒介导的方法一样，使用质粒诱导 iPS 细胞的效率很低。

（五）iPS 细胞的其他诱导方法

1. 蛋白质分子诱导　是指在重编程因子蛋白上连接细胞穿膜肽，形成可穿透细胞膜的融合蛋白进入细胞内部，执行其重编程的功能，来诱导 iPS 细胞的形成，成为蛋白诱导多能干细胞。但是由于蛋白质在细胞内不稳定，不能持续作用，因而需要对受体细胞进行多次蛋白处理。Zhou 等（2009）把聚精氨酸蛋白转导区连接到 4 个重编码因子（Oct4、Sox2、Klf4、c-Myc）的 C 末端，形成的融合蛋白导入小鼠胚胎成纤维细胞内，在化学小分子丙戊酸（VPA）协助下，融合穿膜肽 11R（Poly-arginine）的蛋白质组合（11R-Oct4、11R-Sox2、11R-Klf4 和 11R-c-Myc），分别将小鼠成纤维细胞重编程为 iPS 细胞。

用类似的方法，Kim 等（2009）使用融合穿膜肽 9 的蛋白质组合（9R-Oct4、9R-Sox2、9R-Klf4 和 9R-c-Myc），重编程人新生儿成纤维细胞为 iPS 细胞。由于蛋白质转染技术制备的 iPS 细胞在重编程过程中不会涉及任何的遗传修饰，避免了基因操作和化学物质不良反应带给 iPS 细胞的潜在风险，因而从 iPS 细胞应用的安全角度来看，它是目前最好的方法，但是需要进一步提高其诱导效率。目前，蛋白质转染技术依赖化学小分子，并需多次转染，重编程效率极低（0.001%），诱导时间长（约为病毒载体诱导的 2 倍），而且蛋白质容易失活，限制了其在制备 iPS 细胞上的进一步应用。随着提高重编程效率化学物质的研发，有望建立高效、安全型蛋白质转染—化学药物诱导技术，为改进 iPS 细胞制备技术提供新方案。

2. microRNA 诱导   microRNA 可通过对转录调控和表观遗传调控的影响来调节体细胞重编程效率。Mir-302s 家族是维持胚胎干细胞自我更新能力和干性的重要因素之一，在生长缓慢的人胚胎干细胞中表达非常丰富，在细胞分化和细胞增殖后迅速减少。Lin 等（2008）利用 Mir-302s 转染人黑色素瘤 Colo 细胞和人前列腺癌 PC3 细胞，转变为 microRNA 诱导 iPS 细胞（miRNA-induced pluripotent stem cells，miriPS）。这些细胞不仅表达大量重要的胚胎干细胞标志物，如 Oct3/4、SSEA-3、SSEA-4、Sox2 和 Nanog，而且有一组类似重组合子基因组的高度去甲基化基因组。芯片分析进一步揭示 miriPS 和人胚胎干细胞 H1、H9 之间的全基因组的基因表达模式有 86% 是一致的。通过分子引导的体外实验，这些 miriPS 细胞能分化成不同的组织细胞类型，如神经元、软骨细胞、成纤维细胞和精原细胞样原始细胞。

3. 采用 siRNA 诱导   与小分子化合物诱导相类似，在 4 因子诱导的基础上加入对 RNA 翻译水平起特定调控作用的 siRNA，也同样能提高 iPS 细胞的诱导效率，如 p53 基因的 siRNA、Utf1 基因的 cDNA 和 Wnt3a 等。研究发现，它们均可以通过影响与细胞分化和多能性维持相关的一些信号通路，从而促进诱导过程中受体细胞的重编程，提高 iPS 细胞诱导效率，或替代某些诱导因子的使用。目前，采用这一方法诱导 iPS 细胞的报道还不太多，研究人员还在寻找更多有效的 siRNA 干扰片段。

目前，iPS 细胞的诱导机理还没有完全研究清楚，尤其是诱导过程中产生的大量类 iPS 细胞或不完全重编程细胞的干扰，使得真正具有全能性的 iPS 细胞难以被很快筛选得到。但随着研究的不断深入，iPS 细胞的诱导技术将会更加成熟。

（六）诱导后受体细胞的培养和传代

由于诱导 iPS 细胞的过程较长，所以在外源因子导入细胞后，掌握好对被诱导的受体细胞进行长期的体外培养至关重要。将导入外源基因或其表达产物后的受体细胞铺于饲养层后，第二天换成相应的 ES 细胞培养液，之后每隔 24～48h 换液 1 次，直至 ES 样克隆出现，该过程一般需要 15～20d。有报道称，诱导时间需要在 10d 以上，否则产生的 iPS 细胞可能不具有完全的多能性。但更多的研究显示，克隆出现的时间与受体细胞的年龄和转染因子的数量有关。一般胎儿细胞要比成体细胞出现克隆早，上皮样细胞所需的诱导时间要比成纤维细胞短一些，而以神经干细胞为受体细胞，则仅需要 3～5d 就可以出现大量的 ES 样克隆。Wu Z 等（2009）用猪成纤维细胞为受体细胞诱导 iPS，在攻毒后 4d，受体细胞的生长速度明显加快，6d 左右受体细胞会发生明显的形态改变，并出现极小的 ES

样克隆，至 $13\sim15d$，克隆已长到 $100\sim200\mu m$，可以对其进行传代培养。而导入较多的转录因子，如导入 6 个转录因子（OSKMNL），同样可以缩短克隆出现的时间，并提高诱导的效率。

受体细胞在导入外源基因后，会明显加快增殖速度，$4\sim6d$ 后会发生明显的形态改变。在诱导过程中发现，受体细胞往往会在 ES 样克隆出现之前便已长满整个培养皿，这时需要对其进行传代，尽管有报道称诱导过程中传代会影响诱导的效率，但是不及时传代将会导致受体细胞大量死亡。在连续传代过程中，应尽量采用Ⅳ型胶原酶进行细胞消化，这样可以除去传代过程中饲养层的干扰。当原代的 iPS 克隆长到 $100\sim200\mu m$ 时，就需要对 iPS 克隆进行传代，接种到新的饲养层上进行增殖培养。早期传代时，主要采用机械法，将克隆单个挑取，分别消化，再接种到铺有饲养层细胞的 96 孔板中。等继代克隆传至 $5\sim6$ 代后，便可以采用Ⅳ型胶原酶消化法对其进行传代培养。从 96 孔板开始，依次放大扩增，直到接种在 60mm 培养皿上。在得到足够细胞量后将其分别冻存，这样可以保证 iPS 细胞遗传背景的一致性。经过 3 次传代，将单个克隆的 iPS 细胞传代至 6 孔板中，待其长满后便将部分冻存，之后消化传代的方法基本与 ES 细胞培养方法相同。挑取较好的克隆后，剩下的细胞克隆通过碱性磷酸酶（AP）染色，计数，计算诱导的效率。

如果受体细胞有 GFP 等报告基因，那么可以直接挑取 GFP 阳性克隆。也有报道通过流式技术将诱导一定时间的 GFP 阳性细胞先筛选富集，再进行传代培养。但是，如果诱导的时间较短，有可能 GFP 的报告基因要在传代后才慢慢呈现阳性，而克隆的形态也会在传代过程中慢慢变得更为典型。

（七）iPS 细胞的筛选

在导入相关基因后，于诱导过程中挑选可能具有多能性的细胞，对于整个工作来说至关重要，筛选的方式一直以来也是 iPS 细胞研究的重点。目前，用于 iPS 细胞筛选的方法主要有 Fbx15、Nanog、Oct4 表达药物筛选和依赖形态学标准进行筛选。

1. Fbx15 表达药物筛选　激活内源性 Fbx15-neo 表现的 G418 抗性是最早的 iPS 筛选方法。2006 年，Yamanaka 等选择 Fbx15 作为报告基因获得 Fbx15 iPS 细胞。但 Fbx15 iPS 细胞与 ES 细胞的基因表达水平和甲基化模式不同，也不能发育为成年嵌合体。这说明 Fbx15 iPS 细胞并不具备 ES 细胞的全面分化潜能。另外，Fbx15-neo 作为外源性筛选基因插入体细胞，在一定程度上阻碍了 iPS 细胞的广泛应用。

2. Nanog 表达药物筛选　在 Fbx15 实验基础上，Yamanaka 等（2007）采用绿色荧光蛋白（GFP）和嘌呤霉素体系筛选出 Nanog iPS 细胞。Wernig 等（2007）将 Nanog 表达的雄性 iPS 细胞注射到小鼠囊胚，得到嵌合小鼠。这说明 Nanog iPS 细胞具有真正意义上的细胞重编程。

3. Oct4 表达药物筛选　Jaenisch 等（2008）将抗药基因分别插入小鼠细胞的 Oct4 和 Nanog 基因位点，得到 Oct4 iPS 和 Nanog iPS 细胞，并获得小鼠中期胚胎。Okita 等（2007）研究报道，Oct4 iPS 细胞的诱导效率是 Nanog iPS 细胞的 10 倍，证明 Oct4-neo 可筛选出更高比例的 iPS 细胞。

4. 依赖形态学标准进行筛选　Meissner 等（2007）发现，仅利用形态学的标准对细胞进行筛选，也能够分离出小鼠的 iPS 细胞。之后，利用这一形态学筛选策略，Yamanaka 和 Thomson 实验室均从人类体细胞中成功地诱导出了 iPS 细胞。研究还表明，形态学筛选所获得的 iPS 细胞均稳定表达 Oct4 和 Nanog。形态学标准正日益成为 iPS 细胞筛选的主要方法。

（八）iPS 细胞的鉴定

iPS 细胞应在形态和生长特性方面与 ES 细胞一致。细胞的多能性具有 2 个基本特征：强大的自我更新能力和分化潜能。因此，人们可以从细胞表型、标志分子的表达、表观遗传状态、基因表达模式和发育潜能等方面对其进行一系列的鉴定。

1. 细胞表型的鉴定　所得到的 iPS 细胞首先形态上要与 ES 细胞类似，具体表现为细胞呈集落样生长、集落致密且边缘整齐、细胞形态较小、核质比高、有明显的核仁、增殖迅速、倍增时间短以及能够长期传代。iPS 细胞经 AP 染色鉴定，要求呈阳性。此外，还需检测 iPS 细胞的核型情况，由于外源基因整合的随机性，使诱导得到的 iPS 细胞会有较高比例的核型异常，那些核型异常的 iPS 细胞，应予以剔除。

2. 表面标志分子的鉴定　在分子水平上，iPS 细胞中导入的外源基因表达水平要随着重编程的完成逐渐降低或沉默，内源的多能性基因表达激活，基因的选择以 ES 细胞表达的特异性标志为参照。如通过 RT-PCR 检测 Oct4、Sox2、Nanog、Rex1、SSEA1、SSEA3、SSEA4、Tra-1-60、Tra-1-81 等基因的表达情况。此类基因在不同物种间的表达不完全相同，如小鼠的 iPS 细胞一般 SSEA1 呈阳性，SSEA3 和 SSEA4 呈阴性。而人的 iPS 细胞则正好与之相反，SSEA1 为阴性，SSEA3 和 SSEA4 为阳性。也可通过流式细胞和免疫组化技术鉴定 iPS 细胞表达多能干细胞特异的表面标志 SSEA-1、SSEA-3、SSEA-4、TRA-1-60、TRA-1-81 和 TRA-2-49/6E 等，这些蛋白在转染前的成纤维细胞中并不表达。此外，与多能性相关的端粒酶活性也由 0 上升到近似 ES 细胞的高水平（Takahashi 等，2007；Yu J 等，2007）。

3. 表观遗传状态的鉴定　iPS 细胞应与 ES 细胞具有相似的 DNA 甲基化模式。iPS 细胞重编程后，Nanog、Oct4 和 Rex1 等重要多能基因的启动子区 CpG 岛从高甲基化转变为类似 ES 细胞的低甲基化状态，表明这些启动子处于转录活性状态（Okita 等，2007；Takahashi 等，2007）。iPS 细胞的组蛋白修饰也发生了相应的改变，通常 H3K4 三甲基化促进转录，而 H3K27 三甲基化抑制转录。人 iPS 细胞组蛋白染色质免疫共沉淀（CHIP）分析证实了 iPS 细胞的 Oct4、Sox2、Nanog 和 Gata6 等多能基因的启动子区域具有高 H3K4 三甲基化和低 H3K27 三甲基化水平，与 ES 细胞一致，而与转染前细胞有较大差异（Takahashi 等，2007）。

4. 基因表达模式　Yu 等（2007）研究表明，雌鼠 iPS 细胞的 X 染色体在重编程中被重新激活，拥有雌性 ES 细胞特有的 2 个活性 X 染色体，在分化过程中又随机失活。而人 iPS 细胞具有正常染色体数目和核型，说明没有发生细胞融合或染色体异常。根据基因转录产物分析，目前建立的 iPS 细胞系的基因表达谱与 ES 细胞的基因表达谱极其相似，而与成体细胞差异较大。进而从基因水平上证明了 iPS 细胞的多能性。

5. 发育潜能　在动物体内进行 iPS 细胞多向分化能力的检验。首先，要对 iPS 细胞在免疫缺陷鼠如重症联合免疫缺陷（SCID）Beige 小鼠体内进行成瘤试验。将 $1 \times 10^6 \sim 5 \times 10^6$ iPS 细胞注射到裸鼠的皮下，经过一段时间的生长，来观察皮下畸胎瘤形成的变化。根据动物来源的不同，iPS 细胞成瘤时间也不尽相同，如小鼠的 iPS 细胞在 1 个月左右能成瘤，但是猪的 iPS 细胞需要 1～3 个月时间才能成瘤。取出的瘤组织，经切片检测其是否发育出 3 个胚层的各种组织。同时，还应将 iPS 细胞在相应物种上进行嵌合体试验，要求后代能够真正实现生殖系嵌合。四倍体囊胚注射法是目前国际上验证细胞全能性的"金标准"。Kang 等（2009）将 iPS 细胞注入四倍体囊胚后，成功得到了完全由 iPS 细胞来源的小鼠。Zhao 等（2009）也获得了完全由 iPS 细胞来源的小鼠。由此证明了 iPS 细胞的全能性。

除上述检测之外，iPS 细胞由体细胞诱导而来，故还涉及检测其遗传背景的问题。需通过微卫星技术进行指纹鉴定，要求与受体细胞一致。如受体细胞内整合有 GFP 等报告基因，则也可以作为其遗传背景的有力证据。此外，还需检测 iPS 细胞整体的基因表达水平，一般采用基因芯片进行检测。之前的研究显示，iPS 细胞的基因表达谱与诱导前的受体细胞明显不同，而与 ES 细胞相类似。特别是部分多能细胞中特异表达的基因，在 iPS 细胞中的表达几乎与 ES 细胞相同。但是，不同批次的 iPS 细胞，甚至同一批次的不同克隆之间，其基因表达图谱均有一定的差异。因为多能性诱导是极其复杂的重编程过程，外源基因导入的随机性及其表达的差异，诱导时间的长短，均会引起最后产生的 iPS 克隆的具体性质及整体基因表达谱的差异。

二、猪 iPS 技术的应用前景

iPS 细胞在各方面都与 ES 细胞极其类似，但比 ES 更具优势，因为其来源方便，仅需一小部分体细胞即可诱导产生。同时，iPS 细胞具有强大的可塑性，能够高效地进行遗传修饰操作。因而 iPS 技术对于猪的遗传改良存在着重要的应用价值。

（一）在制备克隆猪方面的应用

目前，克隆猪的制备应用的是体细胞核移植技术，效率很低，一般在 1%～2%。ES 细胞作为核供体进行核移植时，具有较高的克隆效率。对小鼠的研究表明，10%～30% 的克隆囊胚能够成功发育成新个体，是体细胞的 10～20 倍（Eggan 等，2001；Hochedlinger 等，2002）。到目前为止，猪的 ES 细胞尚未构建成功。iPS 细胞与 ES 细胞在各方面都极其类似。如果用猪的 iPS 细胞取代体细胞，作为核供体进行细胞核移植，有望大大提高克隆效率。iPS 细胞还可通过生殖系嵌合遗传到后代。因此，可利用 iPS 细胞与胚胎聚合产生生殖嵌合体，再通过回交获得克隆猪，从而使 1 头良种猪在短期内生产较多的具有遗传同质型的猪，以加速猪的良种化进程。

（二）在生产转基因猪方面的应用

目前，有多种制备转基因猪的技术，如原核注射、精子介导、病毒感染和体细胞核移植等，但能与基因打靶相结合，在细胞水平上筛选，从而实现定位整合的只有体细胞核移植技术。外源基因的定位整合对于克服随机整合所带来的非预期效应，以及后期的转基因猪育种至关重要。而体细胞转染外源基因的效率很低，只相当于 ES 细胞转染效率的 1/10 左右。ES 细胞的转染效率可达 50%，其中生殖细胞整合率可达 30%。猪 iPS 细胞的建立，为转基因猪的制备提供了新的技术途径。与 ES 细胞一样，首先对 iPS 细胞进行外源基因导入、基因敲除和基因改造等遗传修饰操作，通过随机或定位整合将外源 DNA 插入到基因组中。经过筛选获得阳性细胞，然后将阳性细胞注入囊胚腔或与其他胚胎聚合，可获得嵌合体后代。如果经遗传修饰的 iPS 细胞分化为生殖干细胞，可获得转基因阳性动物。如果把经遗传修饰的 iPS 细胞作为核移植供体细胞，则利用细胞核移植技术可直接获得转基因猪，相对于体细胞会大大提高制备转基因猪的效率。

三、iPS 细胞目前存在的问题

首先，重编程技术的效率还很低，而且有可能会产生突变。其次，重编程细胞不一定能够分化出目的细胞系。而且利用 iPS 细胞构建的疾病细胞模型也不够完美，各种新问题也在不断涌现。

Yamanaka 等利用 4 种重编程因子在逆转录病毒的帮助下转染细胞，完成重编程工作。因为逆转录病毒能够与宿主细胞 DNA 整合，所以有潜在的致癌危险，而且在 Yamanaka 等使用的 4 种重编程因子中，刚好有一种能够致癌的基因——Myc 基因。到目前为止，Yamanaka 等的逆转录病毒重编程方法是效率最高、应用范围最广的一种方法。使用逆转录病毒法，约有 0.01％ 的人体皮肤干细胞会被转化成多潜能细胞，但如果使用不能整合入宿主细胞基因组的腺病毒（Adenoviruses）重编程方法，转化成功率就只有 0.0001％～0.0018％。如果采用不借助病毒载体，直接导入重编程因子的方法，成功率也只有 0.001％。因为效率低下，所以成本高昂，而且很难获得 iPS 细胞，更为关键的是，很难用这些方法对少见细胞进行重编程操作。有科研人员尝试不使用 Myc 基因进行重编程操作，或者在细胞完成重编程操作之后，立即沉默 Myc 基因或清除 Myc 基因，但这些方法也会降低重编程的效率，而且被沉默的 Myc 基因还有可能被再次激活。

如何解决上述这些问题已经成为 iPS 研究领域里最主要的课题。科研人员还在不断改进重编程方法，希望找到新的重编程因子及新的导入重编程因子的方法，找到最有效率同时又不会增加细胞癌变风险的方法。

iPS 细胞的转导效率极低，大部分不超过 1％，如此低的转导效率无疑会限制 iPS 细胞在临床方面的应用。为了提高转导效率，科学家们尝试着不同的策略和方法。例如，采用 6 因子（Oct4、Nanog、Sox2、Lin28、c-Myc 和 Klf4）组合诱导体细胞产生 iPS 细胞（转导效率比用 4 因子提高 10.4 倍）；通过补充附加基因或生物活性分子，来提高重编程效率（提高 70 倍）；利用组蛋白脱乙酰基酶抑制剂丙戊酸（VPA），使 4 因子重编程 iPS 细胞效率提高 100 倍左右，同时使 3 因子（除去 c-Myc）重编程效率提高约 50 倍；还有研究发现，抑癌基因 p53 的小干扰 RNA（siRNA）同 Utf1 一起，可以使 iPS 细胞的转导效率提高 100 倍，并且没有致癌性，干扰 p53 信号途径可以显著提高转导效率，通过敲除或下调 p53 及其靶基因 p21 的表达，可以提高转导效率上百倍，达到 10％。

iPS 细胞具有表观遗传记忆（epigenetic memory），即重编程操作不能去除 iPS 细胞 DNA 上的化学修饰物，这可能就是 iPS 细胞无法像 ES 那样分化出所有细胞类型的原因。与体外培养的人体 ES 相比，iPS 细胞更容易发生单位点突变、DNA 拷贝数变异以及染色体数目变异等情况。这些突变并非源自被重编程操作的成体细胞，而是在重编程操作过程和体外培养过程中发生的。

类似的问题还有很多，比如在有关基因拷贝数变异的研究中就发现，如果 iPS 细胞在体外培养很长一段时间，那么很多基因重排的现象就会无故消失，这可能是因为突变过于严重的细胞被自然淘汰所致。

第七节　配子与胚胎操作的环境控制

配子与胚胎操作过程是在体外进行的。在操作过程中，对配子与胚胎在体外所能直接或间接接触的环境进行有效的控制，是决定操作成功与否或成功率高低的重要因素。

一、影响配子与胚胎操作的环境因素

影响配子与胚胎操作的环境因素主要有温度、空气洁净度、气相、pH、渗透压和无菌操作等。

(一) 温度

猪的配子与胚胎生存和发育的最适温度是体温。成年猪的正常体温为 $38 \sim 39.5℃$，体温不超过 $39.5℃$ 时，配子与胚胎细胞的代谢强度与温度成正比；高于此温度范围或过低的体温，细胞的正常代谢和生长将会受到影响，甚至会导致细胞死亡。细胞对低温的耐受力比对高温的耐受力强，把胚胎置于 $25 \sim 35℃$ 的较低温度下，仍能生存和发育，但速度减慢。由此可见，配子与胚胎体外培养的温度应控制在体温范围内，即 $38 \sim 39.5℃$。而配子与胚胎操作工作室的环境温度宜控制在 $25℃$ 左右，工作室的温度过高对操作人员不利，也会提高微生物的繁殖速度，增加污染的机会。

(二) 空气洁净度

配子与胚胎操作对空气洁净度的要求很高。空气中除了粉尘颗粒还有生物粒子，如细菌、病毒和立克次氏体等。工作室内空气中的粒子多，不仅极易造成胚胎的污染，而且对显微镜等光学仪器的使用寿命和使用效果也会造成不利的影响。配子与胚胎操作工作室的空气洁净度应保持在 100 级（美国宇航局生物净化室标准）以内，而要达到空气洁净度的标准，安装并使用空气过滤系统是必要的。

(三) 气相环境

氧是细胞代谢所必需的，氧参与呼吸代谢，为细胞的生命活动提供能量。不同的细胞和同一细胞的不同生长时期，对氧的需求不同。溶解氧浓度过低，细胞生长和代谢受到阻碍；溶解氧浓度过高会对细胞产生毒性，抑制细胞生长。高氧压对配子与胚胎细胞会产生致死性的危害。

在细胞代谢中，CO_2 是三羧循环的最终产物之一，一旦出现，就会很快被培养基中的阳离子所固定，或与丙酮酸结合生成草酸，这些物质反过来又可促进三羧循环。不仅如此，CO_2 还能调节细胞内的 pH，是培养基中重要的缓冲因子。可见，CO_2 有影响培养细胞呼吸及延长细胞存活期的作用。

胚胎的培养应在 CO_2 培养箱内进行，设置 CO_2 的浓度为 5％。更严格的气相控制，可在三气培养箱中进行，设置 CO_2 的浓度为 5％，O_2 的浓度为 5％，N_2 的浓度为 90％。

（四）pH

合适的 pH 是配子与胚胎细胞生存和发育的必要条件之一，猪胚胎细胞的最适 pH 是 7.2～7.4。为了维持胚胎细胞生存环境中 pH 的稳定，应该使培养基得到良好的缓冲，常用的方法是在培养基中添加碳酸氢钠以及用 4-羟乙基哌嗪乙磺酸（HEPES）来防止 pH 的波动。

（五）渗透压

配子与胚胎细胞的生存要求一定的渗透压，这在设计培养基时是很重要的。一般来说，哺乳动物胚胎细胞在 260～320mOsm/kg 范围内都可适应。培养基中的渗透压主要与氯化钠有关，其他电解质及葡萄糖对维持渗透压也有一定的作用，而大分子物质对渗透压的影响相对较小。

（六）无菌操作

无菌的环境是配子与胚胎操作的前提条件。在配子与胚胎操作的各个环节，所使用的器皿、器材、培养基和实验材料等都必须保持严格的无菌状态，配子与胚胎操作工作室也应尽量做到无菌。操作人员必须建立极强的无菌意识和具备良好的无菌操作技能，这是试验能够成功进行所必须达到的基本要求。无菌环境是通过灭菌技术实现的。

二、灭菌技术

所谓灭菌，是指用物理和化学的方法，杀死物体上或空间内的一切微生物，以及它们的芽孢或孢子。灭菌的方法有多种，要根据不同的灭菌对象采用不同的灭菌方法。

（一）高压蒸汽灭菌

高压蒸汽灭菌即利用高温高压蒸汽进行灭菌的方法。由于热、湿及压力的作用，高压蒸汽灭菌可以杀死一切微生物，包括细菌的芽孢、真菌的孢子或休眠体等。高压蒸汽灭菌法适用于各种器皿、器械、培养基、蒸馏水和棉塞等的灭菌。高压蒸汽灭菌锅是实验室最常用的设备之一，使用高压蒸汽灭菌锅时，应注意以下几点。

1. 灭菌锅内的冷空气必须排尽。冷空气的热膨胀系数大，若锅内留有冷空气，当灭菌锅密闭加热时，冷空气受热很快膨胀，使压力上升，造成灭菌锅内压力与温度不一致，产生假性蒸汽压，锅内实际温度低于蒸汽压表示的相应温度，使灭菌不彻底。排出冷空气的方法有两种：缓慢排气和集中排气。缓慢排气法，即开始加热时便打开排气阀门，随温度上升，锅内的冷空气便逐渐排出，当锅内的温度上升到 100℃、大量蒸汽从排气阀中排出时，即可关闭排气阀，进行升压灭菌。集中排气法，即在开始加热灭菌时，先关闭排气阀，当压力升到 49kPa 时，打开排气阀，集中排出空气，让压力降到 0，当有大量蒸汽排出时，再关闭排气阀进行升压灭菌。

2. 灭菌锅内的物品必须排列疏松，使蒸汽畅通。灭菌材料若放的过多、过密，会妨碍蒸汽的流通，影响温度分布的均一，造成局部温度较低，甚至形成温度"死角"，达不到彻底灭菌而导致污染。

3. 灭菌时间应按容器的体积及培养基的多少有所增减（表 2-15）。灭菌时间不可过长，否则培养基中的某些成分容易变性而失效。

表 2-15 不同体积容器灭菌参考时间

容器体积（ml）	121℃下灭菌时间（min）	容器体积（ml）	121℃下灭菌时间（min）
20～50	15	1 000	30
75	20	1 500	35
250～500	25	2 000	40

4. 灭菌完毕，应缓慢减压。

（二）火焰灭菌

火焰灭菌是通过火焰高温灼烧进行灭菌的方法。一些小型金属和玻璃等耐热的工具可通过火焰灼烧（一般使用酒精灯）灭菌。

（三）干热灭菌

干热灭菌是利用加热的高温空气进行灭菌的方法。电热干燥箱是干热灭菌的常用设备。干热灭菌适用于玻璃器皿和金属器械等物品的灭菌，但不适用于含水分的培养基等材料。干热灭菌的温度一般要求在 160℃，维持 40min 至 2h。

（四）紫外线杀菌

紫外线是一种最常见的对室内空间进行灭菌的方法。紫外线是一种肉眼看不见的辐射线，可划分为 3 个波段：长波段（UV-A），波长 320～400nm；中波段（UV-B），波长 280～320nm；短波段（UV-C），波长 100～280nm。强大的杀菌作用由短波段（UV-C）提供。由于 UV-C 具有较高的光子能量，当它照射微生物时，能穿透微生物的细胞膜和细胞核，破坏 DNA 的分子键，使其失去复制能力或失去活性而死亡。空气中的氧在紫外线的作用下可产生部分臭氧（O_3），当 O_3 的浓度达到 0.02～0.11mg/m³ 时也有一定的杀菌作用。紫外线可以杀灭各种微生物，包括细菌、真菌、病毒和立克次氏体等。

一般常用的灭菌消毒紫外灯是低压汞灯，在 C 波段的 253.7nm 处有 1 条强线谱。用石英制成灯管，两端各有 1 对钨丝自燃氧化电极。电极上镀有钡和锶的碳酸盐，管内有少量的汞和氩气。紫外灯打开时，电极放出电子，冲击汞气分子，从而放出大量波长为 253.7nm 的紫外线。

紫外灯辐射强度和灭菌效果受多种因素的影响。常见的影响因素有电压、温度、湿度、距离、角度、空气含尘率、紫外灯的质量、照射时间和微生物数量等。

1. 电压 国产紫外灯的标准电压为 220V，电压不足，会使紫外灯的辐射强度大大降低，当电压在 180V 时，紫外灯的辐射强度只有标准电压的 1/2。

2. 温度 室温在 10～30℃时，紫外灯辐射强度变化不大；室温低于 10℃，则紫外灯辐射强度显著下降。

3. 湿度 相对湿度不超过 50%，则对紫外灯辐射强度的影响不大。随着室内相对湿度的增加，紫外灯辐射强度呈下降的趋势。当相对湿度达到 80%～90% 时，紫外灯辐射强度和杀菌效率降低 30%～40%。

4. 距离 受照物与紫外灯的距离越远，辐射强度越低。30W 石英紫外灯，距其 100cm 处比 10cm 处的辐射强度降低 14 倍。

5. 角度 紫外灯辐射强度与投射角也有很大的关系，直射光线的辐射强度远大于散射光线。

6. 紫外灯的质量　紫外灯用久后即老化，影响辐射强度。其一般使用寿命为4 000h左右。使用1年后，紫外灯的辐射强度会下降10%～20%。因此，紫外灯使用2～3年后应及时更新。

7. 空气含尘率　灰尘中的微生物比水滴中的微生物对紫外线的耐受力高。空气含尘率越高，紫外灯灭菌效果越差。每立方厘米空气中含有800～900个微粒时，可降低灭菌率20%～30%。

8. 照射时间　每种微生物都有其特定的紫外线照射下的死亡剂量阀值。杀菌剂量（K）是辐射强度（I）和照射时间（t）的乘积（$K=It$）。可见，照射时间越长，灭菌效果越好。

影响紫外灯消毒效果的因素是多方面的。无菌室应该根据各自不同的情况，合理配置、安装和使用紫外灯，才能达到灭菌消毒的效果。例如，无菌室面积为15m²，高度为2.5m，其空间为37.5m³，则宜配置40W紫外灯1支，或20W紫外灯2支，后者效果更好。如果整个房间只需安装1支紫外灯即可满足要求的功率，则紫外灯应吊装在房间的正中央。如果房间需配置2支紫外灯，则2支紫外灯最好互相垂直安装。紫外灯的照射时间应根据气温、空气湿度和环境的洁净情况等，决定照射时间的长短。一般情况下，无菌室如按1W/m³配置紫外灯，其照射的时间应不少于30min。如果配置紫外灯的功率大于1W/m³，则照射的时间可适当缩短，但不能低于20min。

（五）过滤除菌

过滤除菌是通过机械性阻断微生物而达到无菌的要求。常用的过滤除菌装置有正压式不锈钢滤器和蔡氏（Zeiss）滤器等。一些不能高温灭菌的溶液，如激素、酶液和血清等，可通过过滤装置除菌，根据不同的要求选用不同细度的滤膜，一般采用0.22μm的滤膜。

（六）化学消毒灭菌

常用的化学消毒灭菌方法有以下几种。

1. 70%酒精　主要用于操作者的皮肤、操作台表面及无菌室内的壁面处理。

2. 0.1%新洁尔灭　主要用于器械的浸泡及皮肤和操作室壁面的擦拭消毒。

3. 抗生素　主要用于培养液灭菌或预防培养物污染。

三、玻璃及塑料制品的清洗

在配子、胚胎及其他组织细胞培养中，体外细胞对任何有害物质都非常敏感，均能影响培养细胞的生长。有害物质主要有微生物产品附带杂物、细胞残留物以及非营养成分的化学物质等。需要清洗的培养用品主要是玻璃器皿、胶塞及塑料制品等。

（一）玻璃器皿的清洗

玻璃器皿的清洗包括浸泡、刷洗、浸酸和冲洗4个步骤，清洗后的玻璃器皿应干净、透明、无油迹，不能残留任何物质。

1. 浸泡　初次使用和再次使用的玻璃器皿均需先用清水浸泡，以使附着物软化或被溶掉。初次使用的玻璃器皿，在生产及运输过程中，玻璃表面附有大量干固的灰尘，且玻璃表面常呈碱性及附有一些对细胞有害的物质等，先用自来水简单刷洗，然后用5%稀盐酸液浸泡过夜，以中和其中的碱性物质。再次使用的玻璃器皿，常附有大量刚使用过的蛋白质，凝固后不易洗掉，用后应立即浸入水中，而且要完全浸入，不能留有气泡或浮在液面上。

2. 刷洗　用毛刷沾洗涤剂刷洗，以除去器皿表面附着较牢的杂质。刷洗要适度，过度会损害器皿表面光泽度。

3. 浸酸　将玻璃器皿浸泡到清洁液中，清洁液对玻璃器皿无腐蚀作用，而其强氧化作用可除去刷洗不掉的微量杂质。浸泡时器皿要充满清洁液，勿留气泡或器皿露出清洁液面。浸泡时间不应少于 6h，一般为过夜。

常用清洁液的重铬酸钾（g）、浓硫酸（ml）、蒸馏水（ml）的比例分别如下：

强清洁液　　63：1 000：200

次强清洗液　120：200：1 000

弱清洁液　　100：100：1 000

配制时应注意安全，须穿戴耐酸手套和围裙，并要保护好面部及身体裸露部分。配制过程中可使重铬酸钾溶于水中，然后慢慢加浓硫酸，并用玻璃棒不停搅拌，使产生的热量挥发。配制成的清洁液一般为棕红色。

4. 冲洗　玻璃器皿在刷洗及浸泡后，都必须用水充分冲洗，尽量使其不残留清洁液，最好用洗涤装置。如用手工操作，需用流动水冲洗 10 次以上，最好再用蒸馏水清洗 3～5次，晾干备用。

（二）胶塞的清洗

新购置的瓶塞带有大量滑石粉及杂质，应先用自来水冲洗，再做常规处理。常规清洗方法：每次用后立即置入水中浸泡，用 2％NaOH 或洗衣粉溶液煮沸 10～20min（以除掉其中的蛋白质），先用自来水冲洗，再用蒸馏水冲洗 2～3 次，晾干备用。

（三）塑料制品的清洗

塑料制品现多采用无毒并已经特殊处理的材料包装，打开包装即可使用，多为一次性物品。清洗方法：必要时用 2％NaOH 浸泡过夜，用自来水充分冲洗，再用 5％盐酸溶液浸泡 30min，最后用自来水和蒸馏水冲洗干净，晾干备用。

四、配子与胚胎操作室的设计及环境管理

（一）配子与胚胎操作室的设计

到目前为止，配子与胚胎操作室的设计尚无统一的规范。笔者认为，应包括缓冲间、准备间、洁净走廊和操作室等 4 个部分（图 2-40）。

缓冲间是第一道屏障，操作者在此更衣、换鞋，动物和物品从此处进入。缓冲间可设计成 10 万级净化区（美国宇航局生物净化室标准）。

准备间内需设置一超净工作台，配试剂以及其他准备工作在此处进行。准备间也可设计成 10 万级净化区。

洁净走廊是第二道屏障，宜设计成万级净化区。

操作间是核心部分，各种胚胎操作在这里进行。操作间应设置显微操作仪、培养箱以及其他与胚胎操作相关的仪器设备。放置显微操作仪的工作台应用预制板做成固定的台

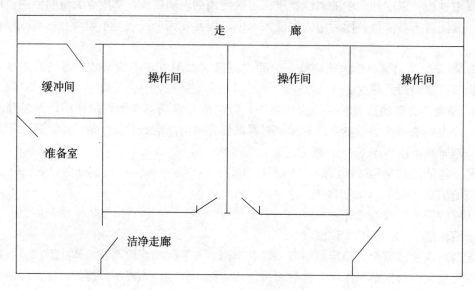

图 2-40　配子与胚胎操作室平面图

面，以防止振动。操作间应设计成百级净化区。

空气净化系统应委托具有资质的厂家进行设计和安装。

为了保证操作时的环境温度，还要安装空调系统。

（二）操作室的空气净化

操作室的空气质量是由空气来源和空气过滤程度决定的。为了确保供入操作室的空气不受外界环境的影响，可以安装集中式暖通中央通风空调系统（包括空调主机、通风机和空气过滤设备）该系统可以维持操作过程中所需要的适宜温度和卫生环境，是整个设施中最重要的组成部分。

普通空调机组很容易在热交换盘管（尤其是冷却去湿工艺）、凝水盘与水封、加湿器及其存水容器以及长期处于高湿度下的空气过滤器等局部产生积尘和积水（或高湿度），形成一次污染。尘埃与水分的积聚为空调机内滋生细菌提供了条件，有可能导致细菌大量繁殖，并产生大量有害的代谢物，使机组形成了所谓的二次污染。为此，在空调机的选择与机房的设置方面应注意以下几点。

1. 机房的位置要选择在离控制区域最短捷的地方，空间应高，便于风管布局；大小要便于空调机组的安置，尽可能不要使空调机组叠加起来布局，并在其周围预留检修通道（便于机组的日常检查、维修及更新等）。

2. 要选用能有效防止二次污染的空调机组，如卫生型空调机组。空调机和风机盘管机组中的盘管、集水盘等，必须易于清洗与消毒。

3. 为使空调机保养或机内的过滤器更换方便，最好将空调机设置在宽敞机房或空间大的技术夹层内，不宜设置在顶棚内。

4. 空调机房面积和空调机与各管件之间空间的大小，以能方便操作、容易维修过滤器和其他阀门类来确定；空调机房的地面、墙面与顶面应光洁，不易积尘。

5. 操作室有洁净度要求，应将末端过滤器直接安装在送风口处。对于不能在室内更换末端过滤器的，应采用阻漏层送风口，在空调机出口侧设置高效过滤器。

6. 高效过滤器是空调净化系统的主要部件，其次是粗/初、中效和亚高效过滤器。为了提高末端高效过滤器的使用寿命，净化空调机组应采用多级过滤的形式，各级过滤器宜采用一次抛弃型，高效空气过滤器不应使用木制框架。高效过滤器由于其在运输、安装过程中有可能产生缺陷，以及框架的密封装置可能产生渗漏，故安装后应在过滤器上游用试验粒子（DOP、PAO 等粒子）进行检测。使用中的高效过滤器，其上游迎风面有微生物生存，为了保证其不产生二次污染，可采用具有杀菌性能的高效过滤器，如含有杀菌酵素（又称溶菌酶，取自动物体液中的生物酶，可破坏细菌、真菌及病毒表面的蛋白质）的高效过滤器。此种过滤器是将杀菌酵素通过特殊处理后，固定在滤料上，以保持杀菌酵素长期的活性。

（三）配子与胚胎操作室的消毒灭菌

在开始试验的前 1h，打开胚胎操作室的紫外灯，照射 30min，然后关闭紫外灯。30min 后，待臭氧基本散尽，操作人员进入操作室开始工作。胚胎操作室的紫外灯开关应设置在室外的走廊或缓冲间内。

（四）人员进出的管理

（1）操作人员进入操作室前，应检查是否修剪过指甲、佩戴首饰、正处在患病期以及准备好消毒过的工作服、工作鞋、实验器具等（工作鞋、工作服必须专人专用），并应做好连续工作 4h 以上的准备。

（2）人员进入外门厅脱去外衣，并归类放在规定的位置，在外门厅的鞋柜处换鞋。

（3）进入缓冲间，再换上拖鞋，此间为屏障区入口，禁止任何未经过消毒的物品入内。工作人员戴上洁净口罩、帽子和手套，将消毒过的工作服从包装袋内取出，穿洁净内衣裤，穿洁净工作服及工作鞋。腰带须将上衣扎紧，用袜将裤腿扎紧，工作服须将全身裹紧，禁止头发露出。换洁净工作服时要站立操作，同时不能接触到任何物品。

（4）进入准备间，关好门，做各种准备工作。在工作期间，工作人员只能通过通信与外界联系，并且按有关规程正确操作。

（5）操作人员通过清洁走廊进入胚胎操作室，用酒精棉球对操作台和有关的设施消毒，开始工作。

（6）工作结束后，操作人员清理操作台，整理好各种仪器设备，擦拭地面，清理操作室房间。

（7）操作人员离开操作室前注意关闭各种电器。

（8）工作结束后，操作人员应脱掉工作服，并将其按规定放入收集箱内，穿好私人衣物，工作服及工作鞋送消毒，清洗整理好工作用品，做好工作日记以备下次使用。

（9）非胚胎操作人员禁止进入操作间。

参考文献

安利国．2005．细胞工程．北京：科学出版社．

陈必敬，胡祖茎．1999．现场紫外线灯强度测定及实验室消毒效果观察．上海预防医学杂志，11（7）：311-312.

陈大元．2000．受精生物学：受精机制与生殖工程．北京：科学出版社．

陈大元，李劲松，韩之明，等．2003．体细胞克隆牛：供体细胞和受体的影响．科学通报（48）：768-773.

陈乃清，赵浩斌，苟德明，等．1996．猪胚胎细胞核移植．西北农业大学学报，24（6）：1-5.

陈乃清，苟德明，路兴中，等．1997．猪的超数排卵．畜牧兽医杂志，16（1）：1-4.

陈世林，李颖康，达文政，等．2002．精子体外获能影响因素．宁夏农林科技（1）：43-44.

陈宋义，孙汝．1999．紫外灯辐射强度与电压、温度及距离的关系．上海预防医学杂志，11（7）：309-311.

戴琦，刘岚，牟玉莲，等．2007．小型猪超数排卵与胚胎回收方法的研究．实验动物科学，24（6）：126-128.

董伟．1980．家畜繁殖学．北京：农业出版社．

董伟．1985．家畜的生殖激素．北京：农业出版社．

窦忠英，雷安民，高志敏，等．1997．猪胚胎细胞核移植的研究．中国生物工程学会第二次会议论文集．

樊俊华，魏庆信，华文君，等．1995．猪早期胚胎在体内发育及分布的研究．湖北畜牧兽医（1）：4-6.

冯书堂，李绍楷，张元强，等．1990．猪胚胎移植技术研究．中国畜牧杂志，26（8）：13-16.

郭志勤．1998．家畜胚胎工程．北京：中国科学技术出版社．

韩毅冰．1997．透明质酸对精子活率、获能、顶体反应及体外受精穿透率的影响．中国兽医学报，17（6）：600-605.

黄振勇，张忠诚．1997．哺乳动物受精能力及调控研究现状．草食家畜（2）：28-33.

胡军和，杨春荣，雷安民，等．2004．体细胞克隆猪的研究进展．中国生物工程杂志，24（9）：22-25.

华再东．2011．删除标记转基因克隆猪重构胚构建技术研究．贵阳：贵州大学．

李光鹏，魏鹏，孟庆刚，等．1998．应用氯化锶和放线菌酮对小鼠卵母细胞进行孤雌活化的研究．细胞生物学杂志，20（2）：92-95.

李晟阳，罗光彬．2006．影响猪体细胞核移植效率的因素．当代畜牧（3）：47-49.

李俊，田永祥，曹斌云，等．2004．套皿法在猪卵母细胞体外成熟培养中的应用．湖北农业科学，4（6）：74-76.

李蓉，庄广伦，张敏芳．1996．卵母细胞单精子显微注射治疗男性及不明原因不育．中山医科大学学报，7（4）：320-325.

李文化，樊俊华，郑新民，等．2000．显微注射转基因用猪胚胎获得研究．中国畜牧杂志，36（6）：5-6.

李雪峰，谭丽玲，石德顺，等．1996．电启动对完全体外化牛细胞核移植的影响．畜牧兽医学报，27（6）：495-500.

李永海，焦丽红，侯毅，等．2003．猪卵母细胞的体外受精及多精受精．动物学杂志，38（3）：95-99.

刘根胜，刘军，孙健红，等．2008．小鼠无透明带胚胎培养方法的优化．农业生物技术学报，16（2）：270-275.

刘西梅，李莉，乔宪凤，等．采集猪早期胚胎或卵母细胞的器械及采集方法：中国，ZL201010112198.4.2011-8-17.

陆长富，卢光琇，卢惠霖．1997．小鼠胚胎核移植实验的初步报告．遗传，19（4）：4.

卢晟盛，卢克焕．2004．受精液、咖啡因、精液和抗生素对猪卵母细胞的体外受精及早期胚胎发育的影响．广西农业生物科学，23（2）：134-139.

马云，张英汉．2003．牛的体外受精技术研究进展．黄牛杂志，29（3）：30-34.

孟庆刚，张成林，张永忠，等.2001.猪小腔卵泡卵母细胞体外成熟的研究.畜牧兽医学报，32（3）：213-219.

秦鹏春.2001.哺乳动物胚胎学.北京：科学出版社.

桑润滋.2006.动物繁殖生物技术（第二版）.北京：中国农业出版社.

隋世燕，许厚强，庄丽伟，等.2009.贵州香猪超数排卵试验.畜牧与兽医，41（3）：45-47.

孙青原，秦鹏春.1994.哺乳动物的受精机理.黑龙江动物繁殖，2（4）：36-39.

孙兴参，岳奎忠，邹贤刚，等.1999.卵丘颗粒细胞核移植猪的初步研究.东北农业大学学报，30（4）：410-411.

田永祥，李莉，郑新民，等.2008.经产母猪的胚胎移植.中国畜牧杂志，41（3）：52-53.

万鹏程，石国庆.2003.哺乳动物精子体外获能原理与进展.第二届全国动物胚胎生物技术暨第九届兽医产科学研讨会论文集，（增刊）：37-39.

王海，曾申明，朱士恩，等.2002.培养介质、卵丘细胞和卵泡直径对猪卵母细胞体外成熟的影响.中国畜牧杂志，38（5）：15-17.

王亮，张成，王杏龙.2009.PG600对母猪同期发情率、受胎率和窝产仔数的影响.上海畜牧兽医通讯（4）：26-27.

王亚刚，郑新民，华文君，等.2008.原核注射转基因猪的准备——诱发发情、超数排卵和原核胚的获取.黑龙江动物繁殖，16（5）：1-2.

王占贺，解广周，冯书堂，等.2000.五指山小型猪同期发情和超数排卵方法的探讨.北京农学院学报，15（1）：33-36.

王振飞，李煌，梁琳.2006.牛体细胞核移植技术研究进展.细胞生物学杂志（28）：377-381.

魏庆信.1991.母猪超数排卵的研究.养猪（3）：20-21.

魏庆信，郑新民，李莉，等.用于猪胚胎移植的器械：中国，ZL200920227727.8.2010-6-2.

魏庆信，樊俊华，李荣基.1990.猪胚胎移植试验.湖北农业科学（2）：36-37.

魏庆信，姜天童，黄少文，等.2009.怎样提高规模猪场的繁殖效率.北京：金盾出版社.

魏庆信，郑新民.2006.猪精子注入输卵管的授精技术.湖北农业科学，45（4）：495-496.

吴光明.1994.猪卵母细胞体外成熟的研究.华南师范大学学报（自然科学版）（1）：1-7.

刑风英，吴中红，曾申明，等.2004.猪卵母细胞体外成熟和孤雌启动效率影响因素分析.中国农业科学，37（1）：125-129.

肖红卫，郑新民，刘西梅，等.2011.采用真空泵法快速获取猪卵母细胞.湖北农业科学（21）：4438-4440.

肖红卫.快速抽取卵母细胞装置：中国，201120314165.8.2012-7-11.

杨喜，王志刚，刘丑生，等.2007.猪卵母细胞的体外成熟影响因素的研究.中国畜牧兽医，34（3）：74-76.

殷红.2006.细胞工程.北京：化学工业出版社.

原巨强，陈静波，赵云程，等.2008.牛卵胞质内显微受精中第一极体位置与启动方法研究.西北农林科技大学学报（自然科学版），36（2）：17-22.

袁云生，章孝荣.2002.精子获能机理及调控.黑龙江动物繁殖，10（1）：15-17.

赵兴绪.2007.猪的繁殖调控.北京：中国农业出版社.

赵浩斌，陈乃清，魏庆信，等.1997.猪卵核移植的研究.武汉大学学报（自然科学版），43（4）：505-510.

张德福，王凯，王英，等.2000.初情期前枫泾小母猪超数排卵及其胚胎发育研究.上海农业学报，16（1）：38-41.

张德福，王英．2003．影响猪体细胞核移植重构胚体外发育的若干因素．实验生物学报，36（1）：63-159．

张忠诚．2000．家畜繁殖学（第三版）．北京：中国农业出版社．

郑新民，华文君，肖红卫，等．一种提高母猪排卵数的方法及注射剂：中国，101711513A．

征曰良，陈大元．2004．卵母细胞成熟过程中一些重要分子的作用．自然科学进展，14（1）：6-10．

朱林泉，朱苏磊，靳雁霞．2003．紫外线辐照杀菌消毒技术．华北工学院学报，24（6）：446-449．

Aasen T，Raya A，Barrero M J，et al. 2008. Efficient and rapid generation of induced pluripotent stem cells from human keratinocytes. Nat Biotechnol，26（11）：1276-1284.

Abeydeera L R，Wang W H，Cantley T C，et al. 2000. Development and viability of pig oocytes matured in a protein-free medium containing epidermal growth factor. Theriogenology，（54）：787-789.

Alexander M，Marius W，Rudolf J. 2007. Direct reprogramming of genetically unmodified fibroblasts into pluripotent stem cells. Nat Biotechnol，25（10）：1177-1181.

Aoi T，Yae K，Nakagawa M，et al. 2008. Generation of pluripotent stem cells from adult mouse liver and stomach cells. Science（321）：699-702.

Baguisi A，Behboodi E，Melican D T，et al. 1999. Production of goats by somatic cell nuclear transfer. Nat Biotechnol，17（5）：456-461.

Boquest A C，Grupen C G，Harrison S J，et al. 2002. Production of cloned pigs from cultured fetal fibroblast cells. Biol Reprod（66）：128-1287.

Booth P J，Tan S J，Holm P，et al. 2001. Application of zona-free manipulation technique to porcine somatic nuclear transfer. Cloning and Stem Cells（3）：191-197.

Bracket B G，Bousquet D，Boice M L，et al. 1982. Normal development following in vitro fertilization in the cow. Biol Repord（27）：147-158.

Burks，Sailing. 1992. Molecular mechanisms of fertilization and activation of development. Animal Reproduction Science（28）：79-86 .

Byrne J A，Pedersen D A，Clepper L L，et al. 2007. Producing primate embryonic stem cells by somatic cell nuclear transfer. Nature（450）：497-502.

Catt S L，Catt J W，Gomez M C，et al. 1996. Birth of a male lamb derived from an in vitro matured oocyte fertilised by intracytoplasmic injection of a single presumptive male sperm. Vet Rec，139（20）：494-495.

Chen S H，Seidel G E. 1997. Effects of oocyte activation and treatment of spermatozoa on embryonic development following intracytoplasmic sperm injection in cattle. Theriogenology，48（8）：1265-1273.

Chesnel F，Eppig J J. 1995. Induction of precocious germinal vesicle breakdown（GVB）by GVB-incompetent mouse oocyte：possible role of mitogen-activated protein kinase rather than P34cdc2 kinase. Biol Reprod，52（4）：895-902.

Chesne P，Adenot P G，2002. Viglietta C，et al. Cloned rabbits produced by nuclear transfer from adult somatic cells. Nat Biotechnol，20（4）：366-369.

Comeze E，Tarin J J，1993. Pellicer A. Oocyte maturation in humans：The role of gonadotropins and growth factors. Fertil and steril，60（1）：40-46.

Comizzoli P，Wildt D E，2006. Pukazhenthi BS. In vitro development of domestic cat embryos following intra-cytoplasmic sperm injection with testicular spermatozoa. Theriogenology，66（6-7）：1659-1663.

Conti M，Andersen C B，Richard F，et al. 2002. Role of cyclic nucleotide signaling in oocyte maturation. Mol Cell Endocrinol（187）：153.

Coskun S, Lin Y C. 1995. Mechanism of action of epidermal growth factor induced porcine oocyte maturation. Molecular Reproduction and Development (42): 311-317.

Cowan C A, Atienza J, Melton D A, et al. 2005. Nuclear reprogramming of somatic cells after fusion with human embryonic stem cells. Science (309): 1369-1373.

Czolowska R, Modlinski J A, Tarkowski A K. 1984. Behaviour of thymocyte nuclei in non-activated and activated mouse oocytes. Cell Sci (69): 19-34.

Dai Y F, Vaught T D, Boone J, et al. 2002. Targeted disruption of the α-1, 3-Galactosyltransferase gene in cloned pigs. Nat Biotechnol, 20 (3): 251-255.

Day B N, Mathias K, Didion B A, et al. 2003. Deep intrauterine insemination in sows: first field trial in USA commercial farm with newly developed device. Theriogenology (59): 213.

Day B N. 2000. Reproductive biotechnologies: current status in porcine reproduction. Anmi Reprod Sci (61): 161-172.

De Leeuw F E, Colenbrander B, Verkleij A J. 1990. The role membrane damage plays in cold shock and freezing injury. Reprod Domest Anim (1): 95-104.

De Sousa P A, King T, Harkness L, et al. 2001. Evaluation of gestational deficiencies in cloned sheep fetuses and placentae. Biol Reprod, 65 (1): 23-30.

Duncan A E, Huam H, Johnson M K. 1993. Cycline AMP depend phosphorylation of epididymal mouse sperm proteins during capacitation in vitro. Mol Boil (97): 287-299.

Du Y, Kragh P M, Zhang X, et al. 2005. High overall in vitro efficiency of porcine handmade cloning (HMC) combining partial zona digestion and oocyte trisection with sequential culture. Cloning Stem Cells, 7 (3): 199-205.

Du Y, Kragh P M, Zhang Y, et al. 2007. Piglets born from handmade cloning, an innovative cloning method without micromanipulation. Theriogenology, 68 (8): 1104-1110.

Du Y, Zhang Y, Li J, et al. 2007. Pig lets born from handmade cloning. Reprod Fertil (19): 135.

Ebert A D, Yu J, Rose F F, et al. 2009. Induced pluripotent stem cells from a spinal muscular atrophy patient. Nature (457): 277-280.

Ebner T, Yaman C, Moser M, et al. 2000. Prognostic value of first polar body morphology on fertilization rate and embryo quality in intracytoplasmic sperm injection. Hum Reprod (15): 427-430.

Eggan K, Akutsu H, Loring J, et al. 2001. Hybrid vigor, fetal overgrowth, and viability of mice derived by nuclear cloning and tetraploid embryo complementation. Proc Natl Acad Sei USA, 98 (11): 6209-6214.

Erickson R P. 1995. Recent advances in developmental genetics: Growth factors and morphogens. Molecular Reproduction and Development (41): 109-125.

Evans M J, Kaufman M H. 1981. Establishment in culture of pluripotential cells from mouse embryos. Nature (292): 154-156.

Ezashi T, Telugu B P, Alexenko A P, et al. 2009. Derivation of induced pluripotent stem cells from pig somatic cells. Proc Natl Acad Sci USA (106): 10993-10998.

Fulton B P, Whittingham D G. 1978. Activation of mammalian eggs by intracellular injection of calcium. Nature (273): 149-150.

Gadea J, Selles E, Marco M A. 2004. The Predictive value of Porcine seminal parameters on fertility outcome under commercial conditions. Reprod Domest Anim (39): 1-6.

Galvin J M, Killian D B, Stewart A N V. 1994. A procedure for successful non surgical embryo transfer in swine. Theriogenology (41): 1279-1289.

Garcia-Roselló E, Matas C, Canovas S, et al. 2006. Influence of sperm pretreatment on the efficiency of intracytoplasmic sperm injection in pigs. J Androl, 27 (2): 268-275.

Gibbons J, Arat S, Rzucidlo J, et al. 2002. Enhanced survivability of cloned calves derived from roscovitine-treated adult somatic cells. Biol Reprod (66): 895-900.

Goto K, Kinoshita A, Nakanishi Y, et al. 1996. Blastocyst formation following Intracytoplasmic injection of in-vitro derived spermatids into bovine oocytes. Human Reproduction (11): 824-829.

Guthrie H D, Polge C. 1976. Luteal function and estrus in gilts treated with synthetic analogue of prostaglandin F2a (1C1 79939) at various times during the oestrus cycle. J Reprod Fertil (48): 423-425.

Guthrie H D, Polge C. 1978. Treatment of pregnant gilts with a prostaglandin analogue, cloprostenol, to control oestrus and fertility. J Reprod Fertil (52): 271-273.

Hanna J, Markoulaki S, Schorderet P, et al. 2008. Direct reprogramming of terminally differentiated mature B lymphocytes to pluripotency. Cell (133): 250-264.

Hanna J, Wernig M, Markoulaki S, et al. 2007. Treatment of sickle cell anemia mouse model with iPS cells generated from autologous skin. Science (318): 1920-1923.

Harrison R A P. 1997. Sperm plasma membrane characteristics and boar semen fertility. J Reprod Fertil Suppl (52): 271-283.

Hazeleger W, Noordhuizen J P, Kemp B. 2000. Effect of asynchronous non-surgical transfer of porcine embryos on pregnancy rate and embryonic survival. Livestock Production Science (64): 281-284.

Hewitson L, Dominko T, Takahashi D, et al. 1999. Unique checkpoints during the first cell cycle of fertilization after intracytoplasmic sperm injection in rhesus monkeys. Nat Med, 5 (4): 431-433.

Hiroyuki W, Yutaka F. 2006. Effects of dithiothreitol and boar on pronuclear formation and embryonic development following intracytoplasmic sperm injection in pigs. Theriogenology, 65 (3): 528-539.

Hochedlinger K, Jaenisch R. 2002. Nuclear transplantation: lessons from frogs and mice. Curr Opin Cell Biol (14): 741-748.

Hochedlinger K. 2010. From MYOD1 to iPS cells. Nat Rev Mol Cell Biol, 11 (12): 817.

Hong W, Yutaka F. 2000. Technical improvement in intracytoplasmic sperm injection (ICSI) in cattle. Journal of Reproduction and Developmen, 46 (6): 403-407.

Huangfu D, Maehr R, Guo W, et al. 2008. Induction of pluripotent stem cells by defined factors is greatly improved by small-molecule compounds. Nat Biotechnol, 26 (7): 795-797.

Huangfu D, Osafune K, Maehr R, et al. 2008. Induction of pluripotent stem cells from primary human fibroblasts with only Oct4 and Sox2. Nat Biotechnol, 26 (11): 1269-1275.

Hunter R H F. 1964. Superovulation and fertility in the pig. Anim Prod (6): 189-194.

Hyun S H, Lee G S, Kim D Y, et al. 2003. Effect of maturation media and oocytes derived from sows or gilts on the development of cloned pig embryos. Theriogenology (59): 1641-1649.

Iritani A. 1988. Current status of biotechnological studies in mammalian reproduction. Fertil Steril, 50 (4): 543-551.

Jaenisch R, Young R. 2008. Stem cells, the molecular circuitry of pluripotency and nuclear reprogramming. Cell, 132 (4): 567-582.

Jang W L, Shi C W. 2003. Production of cloned pigs by whole-cell intracytoplasmic microinjection. Biol Reprod (69): 995-1001.

Johannes Kauffold. 2007. Synchronization of estrus and ovulation in sows not conceiving in a scheduled fixed—time. Animal Reproduction Science (97): 84-93.

Kaji K, Norrby K, Paca A, et al. 2009. Virus-free induction of pluripotency and subsequent excision of reprogramming factors. Nature (458): 771-775.

Kang L, Wang J, Zhang Y, et al. 2009. iPS cells can support full-term development of tetraploid blastocyst-complemented embryos. Cell Stem Cell (5): 135-138.

Kato Y, Tani T, Sotomaru Y, et al. 1998. Eight calves cloned from somatic cells of single adult. Science (282): 2095-2098.

Kikuchi K, Onishi A, Kashiwazaki N, et al. 2002. Successful piglet production after transfer of blastocysts produced by a modified in vitro system. Biol Reprod (66): 1033-1041.

Kim D, Kim C H, Moon J I, et al. 2009. Generation of human induced pluripotent stem cells by direct delivery of reprogramming proteins. Cell Stem Cell, 4 (6): 472-476.

Kim J B, Sebastiano V, Wu G, et al. 2009. Oct4-induced pluripotency in adult neural stem cells. Cell, 136 (3): 411-419.

Kim J B, Zaehres H, Wu G, et al. 2008. Pluripotent stem cells induced from adult neural stem cells by reprogramming with two factors. Nature (454): 646-650.

Kim N H, Lee J W, Jun S H, et al. 1998. Fertilization of porcine oocytes following intracytoplasmic spermatozoon or isolated sperm head injection. Molecular Reproduction and Development, 51 (4): 436-444.

Kono T, Kwon O Y, Watanabe T, et al. 1992. Development of mouse enucleated oocytes receiving embryonic a nucleus from different stages of the second cell cycle. J Reprod Fetil, 96 (1): 275-281.

Kono T, Kwon O Y, Ogawa M, et al. 1991. Development of mouse oocytes receiving embryonic nuclei and thymocytes. Theriogenology (35): 227.

Kragh P M, Vajta G, Corydon T J, et al. 2004. Production of transgenic porcine blastocysts by hand-made cloning. Reprod Fertil Dev, 16 (3): 315-318.

Kragh P M, Du Y, Corydon T J, et al. 2005. Efficient in vitro production of porcine blastocysts by hand-made cloning with a combined electrical and chemical activation. Theriogenology, 64 (7): 1536-1545.

Krueger C, Rath D. 2000. Intrauterine insemination in sows with reduced sperm number. Reprod Fertil (12): 113-117.

Kurome M, Saito H, Tomii R, et al. 2007. Effects of sperm pretreatment on efficiency of ICSI-mediated gene transfer in pigs. J Reprod Dev, 53 (6): 1217-1226.

Kwon I K, Park K E, Niwa K. 2004. Activation, pronuclear formation, and development in vitro of pig oocytes following intracytoplasmic injection of freeze-dried spermatozoa. Biol Reprod, 71 (5): 1430-1436.

Lai L X, Tao T, Macháty Z, et al. 2001. Feasibility of producing porcine nuclear transfer embryos by using G2/M stage fetal fibroblast as donors. Biol Reprod (65): 1558-1564.

Lai L X, Kang J X, Li R F, et al. 2006. Generation of cloned transgenic pigs rich in omega-3 fatty acids. Nat Biotechnol, 24 (4): 435-436.

Lee G S, Hyun S H, Kim H S, et al. 2003. Improvement of a porcine somatic cell nuclear transfer techniques by optimizing donor cell and recipient oocyte preparations. Theriogenology (59): 1949-1957.

Lee J W, Tian X C, Yang X. 2004. Optimization of parthenogenetic activation p rotocol in porcine. Mol Reprod Dev, 68 (1): 51-57.

Lee K B, Niwa K. 2006. Fertilization and development in vitro of bovine oocytes following intracytoplasmic injection of heat-dried sperm heads. Biol Reprod, 74 (1): 146-152.

Lee M S, Kang S K, Lee B C, et al. 2005. The beneficial effects of insulin and metformin on in vitro developmental potential of porcine oocytes and embryos. Biology of Reproduction, 73 (6): 1264-1268.

Liao J, Cui C, Chen S, et al. 2009. Generation of induced pluripotent stem cell lines from adult rat cells. Cell Stem Cell, 4 (1): 11-15.

Liao J, Wu Z, Wang Y, et al. 2008. Enhanced efficiency of generating induced pluripotent stem (iPS) cells from human somatic cells by a combination of six transcription factors. Cell Res, 18 (5): 600-603.

Lin S L, Chang D C, Chang Lin S, et al. 2008. Mir-302 reprograms human skin cancer cells into a pluripotent ES-cell-like state. RNA, 14 (10): 2115-2124.

Lin T P, Florence J. 1973. Cell fusion induced by a virus within the zona pellucida of mous eggs. Nature (242): 47-49.

Liu L, Oldenbourg R, Trimarchi J R, et al. 2000. A Reliable, nonivasive technique for spindle imaging and enucleation of mammalian oocytes. Nature (18): 223-225.

Lynette S. 2003. The biological basis of non-invasive strategies for selection of human oocytes and embryos. Human Reproduction Update, 9 (3): 237-249.

Maherali N, Stidharan R, Xie W. et al. 2007. Directly reprogrammed fibroblasts show global epigenetic remodeling and widespread tissue contribution. Cell Stem Cell, 1 (1): 55-70.

Mali P, Ye Z, Hommond H H, et al. 2008. Improved efficiency and pace of generating induced pluripotent stem cells from human adult and fetal fibroblasts. Stem Cells, 26 (8): 1998-2005.

Marchal R, Feugang J M, Perreau C , et al. 2000. Developmental competence of prepubertal and adult swine oocytes: Birth of piglets from in vitro-produced blastocysts. Theriogenology (53): 361.

Marius W, Alexander M, Ruth F, et al. 2007. In vitro reprogramming of fibroblasts into a pluripotent ES-cell like state. Nature (448): 124-318.

Marson A, Levine S S, Cole M F, et al. 2008. Connecting microRNA genes to the core transcriptional regulatory circuitry of embryonic stem cells. Cell, 134 (3): 521-533.

Martinez E A, Vazquez J M, Roca J, et al. 2002. Minimum number of spermatozoa required for normal fertility after deep intrauterine insemination in non-sedated sows. Reproduction (123): 163-170.

Martin M J. 2000. Development of in vivo-matured porcine oocytes following intracytoplasmic sperm injection. Biol Reprod, 63 (1): 109-112.

Masui S, Nakatake Y, Toyooka Y, et al. 2007. Pluripotency governed by Sox2 via regulation of Oct3/4 expression in mouse embryonic stem cells. Nat Cell Biol, 9 (6): 625-635.

Maxwell W M, Welch G R, Johnson L A. 1996. Viability and membrane integrity of spermatozoa after dilution and flowcytometric sorting in the presence or absence of seminal plasma. Reprod Fertil Dev, 8 (8): 1165-1178.

Maxwell W M and Johnson L A. 1999. Physiology of spermatozoa at high dilution rates: the influence of seminal plasma. Theriogenology, 52 (8): 1353-1362.

Meissner A, Wernig M, Jaenischi R. 2007. Direct reprogramming of genetically unmodified fibroblasts into pluripotent stem cell. Nat Biotechnol, 25 (10): 1177-1181.

Meng L, Ely J J, Stouffer R L, et al. 1997. Rhesus monkeys produced by nuclear transfer. Biol Reprod, 57 (2): 454-459.

Mikkelsen T S, Hanna J, Zhang X, et al. 2008. Dissecting direct reprogramming through integrative genomic analysis. Nature (454): 49-55.

Miyoshi K, Rzucidlo S J, Pratt S L, et al. 2002. Utility of rapidly matured oocytes as recipients for production of cloned embryos from somatic cells in the pig. Biol Reprod (67): 540-545.

Mohamadnejad M，Swenson E S. 2008. Induced pluripotent cells mimicking human embryonic stem cells. Arch Iran Med，11（1）：125-128.

Morcom C B，Dukelow W R. 1980. A research technique for the oviductal insemination of pigs using laparoscopy. Lab Anim Sci，30（6）：1030-1031.

Morozumi K，Yanagimachi R. 2005. Incorporation of the acrosome into the oocyte during intracytoplasmic sperm injection could be potentially hazardous to embryo development. Proc Natl Acad Sci USA，102（40）：14209-14214.

Mullen R J，Whitten W K，Carter S C. 1970. Annual report of the Jackson Laboratory. Bar Harbor Maine（67）：67-68

Nakagawa M，Koyanagi M，Tanabe K，et al. 2008. Generation of induced pluripotent stem cells without Myc from mouse and human fibroblasts. Nat Biotechnol，26（1）：101-106.

Niemann H，Rathd D，Wrenzycki C. 2003. Advances in biotechnology：New tools in future pig production for agriculture and biomedicine. Reprod Domest Anim，38（2）：82-89.

Nimet M，Rupa S，Wei X，et al. 2007. Directly reprogrammed fibroblasts show global epigenetic remodeling and widespread tissue contribution. Cell Stem Cell，1（1）：55-70.

Oback B，Wiersema A T，Gaynor P，et al. 2003. Cloned cattle derived from a novel zona-free embryo reconstruction system. Cloning and Stem Cells，5（1）：3-12.

Okita K，Ichisaka T，Yamanaka S. 2007. Generation of germline competent induced pluripotent stem cells. Nature（448）：313-317.

Okita K，Nakagawa M，Hyenjong H，et al. 2008. Generation of mouse induced pluripotent stem cells without viral vectors. Science（322）：949-953.

Onishi A，Iwamoto M，Akita T，et al. 2000. Pig cloning by microinjection of fetal fibroblast nuclei. Science（289）：1188-1190.

Palermo G，Joris H，Devroey P，et al. 1992. Pregnancies after intracytoplasmic injection of single spermatozoon into an oocyte. The Lancet，340（8810）：17-18.

Park K W，Choi K M，Hong S P，et al. 2008. Production of transgenic recloned piglets harboring the human granulocyte-macrophage colony stimulating factor（hGM-CSF）gene from porcine fetal fibroblasts by nuclear transfer. Theriogenology，70（9）：1431-1438.

Park I H，Arora N，Huo H，et al. 2008. Disease-specific induced pluripotent stem cells. Cell，134（5）：877-886.

Park I H，Lerou P H，Zhao R，et al. 2008. Generation of human-induced pluripotent stem cells. Nat Protoc，3（7）：1180-1186.

Park I H，Zhao R，West J A，et al. 2008. Reprogramming of human somatic cells to pluripotency with defined factors. Nature（451）：141-146.

Petersen B，Lucashahn A，Oropeza M，et al. 2008. Development and validation of a highly efficient protocol of porcine somatic cloning using preovulatory embryo transfer in prepubertal gilts. Cloning Stem Cells，10（3）：355-362.

Peura T T. 2003. Improved in vitro development rates of sheep somatic nuclear transfer embryos by using a reverse-order zona-free cloning methods. Cloning and Stem Cells（5）：13-24.

Peura T T，Lewis I M，Trounson A O，et al. 1998. The effect of recipient oocyte volume on nuclear transfer in cattle. Mol Reprod Dev，50（2）：185-191.

Polejaeva I A，Chen S H，Vaught T D，et al. 2000. Cloned pigs produced by nuclear transfer from adult somatic cells. Nature (407): 86-90.

Polge C, Day B N. 1968. Pregnancy following non-surgical egg transfer in pigs. Vet Rec (82): 712.

Polge C, Dziuk P J. 1970. Time of cessation of intrauterine migration of pig embryos. J Anim Sci (31): 565-567.

Prather R S, Barnes F L, Sims M M, et al. 1987. Nuclear transplantation in the bovine embryos: assessment of donor nuclei and recipient oocyte. Biol Reprod (37): 859-866.

Prather R S, Eichen P A, Nicks D K, et al. 1991. Artificial activation of porcine oocytes matured in vitro . Molecular Reproduction and Development, 28 (4): 405-409.

Prather R S, Sims M M, First N L. 1989. Nuclear transplantation in early pig embryos. Biol Reprod (44): 414-418.

Rath D, Niemann H. 1995. In vitro maturation of porcine oocytes in follicular fluid with subsequent effects on fertilization and embryo yield in vitro. Theriogenology, 44 (4): 529-538.

Rechenbach H D, Modl J, Brem G. 1993. Piglets born after transcervical transfer of embryos into recipient gilts. Vet Rec (133): 36-39.

Rho G J, Kawarsky S, Johnson W H, et al. 1998. Sperm and oocyte treatments to improve the formation of male and female pronuclei and subsequent development following intracytoplasmic sperm injection into bovine oocytes. Biol Reprod, 59 (4): 918-924.

Said S, Han M S, Niwa K. 2003. Development of rat oocytes following intracytoplasmic injection of sperm heads isolated from testicular and epididymal spermatozoa. Theriogenology, 60 (2): 359-369.

Sasagawa I, Kuretake S, Eppig J J, et al. 1998. Mouse primary spermatocytes can complete two meiotic divisions within the oocyte cytoplasm. Biol Repord (58): 248-254.

Satto S, Liu B B, Yokoyama K. 2004. Animal embryonic stem (ES) cells: self-renewal, pluripotency, transgenesis and nuclear transfer. Human Cell, 17 (3): 107-116.

Selles E, Gadea J, Romar R, et al. 2003. Analysis of in vitro fertilizating capacity to evaluate the freezing procedures of boar semen and to predict the subsequent fertility. Reprod Domest Anim (38): 66-72.

Shin T, Kraemer D, Pryor, et al. 2002. A cat cloned by nuclear transplantation. Nature (415): 859.

Shi Y, Desponts C, Do J T, et al. 2008. Induction of pluripotent stem cells from mouse embryonic fibroblasts by Oct4 and Klf4 with small-molecule compounds. Cell Stem Cell, 3 (5): 568-574.

Shi Y, Do J T, Desponts C, et al. 2008. A combined chemical and genetic approach for the generation of induced pluripotent stem cells. Cell Stem Cell, 2 (6): 525-528.

Sims M, First N L. 1994. Production of calves by transfer of nuclei from cultured inner cell mass cells. Proc Natl Acad Sci USA, 91 (13): 6143-6147.

Singh B, Armstrong D. 1997. Insulin like growth factor-1, a component of serum that enables porcine cumulus cells to expand in response to follicle-stimulating hormone in vitro. Biol Reprod (56): 1370-1375.

Smith L C, Wilmut I. 1989. Influence of nuclear and cytoplasmic activity on the development in-vitro of sheep embryos after nuclear transplantation. Biol Reprod (40): 1027-1036.

Soldner F, Hockemeyer D, Beard C, et al. 2009. Parkinson's disease patient-derived induced pluripotent stem cells free of viral reprogramming factors. Cell, 136 (5): 964-977.

Squires E L, Wilson J M, Kato H, et al. 1996. A pregnancy after intracytoplasmic sperm injection into equine oocytes matured in vitro. Theriogenology (45): 306.

Stadtfeld M, Brennand K, Hochedlinger K. 2008. Reprogramming of pancreatic beta cells into induced pluripotent stem cells. Curr Biol, 18 (12): 890-894.

Stadtfeld M，Maherali N，Breault D T，et al. 2008. Defining molecular cornerstones during fibroblast to iPS cell reprogramming in mouse. Cell Stem Cell，2（3）：230-240.

Stadtfeld M，Nagaya M，Utikal J，et al. 2008. Induced pluripotent stem cells generated without viral integration. Science（322）：945-949.

Stice S L，Robl J M. 1988. Nuclear reprogramming in nuclear transplant rabbit embryos. Biol Reprod（39）：657-664.

Tada M，Takahama Y，Abe K，et al. 2001. Nuclear reprogramming of somatic cells by in vitro hybridization with ES cells. Curr Biol，11（19）：1553-1558.

Takahashi K，Okita K，Nakagawa M，et al. 2007. Induction of pluripotent stem cells from fibroblast cultures. Nat Protoc，2（12）：3081-3089.

Takahashi K，Tanabe K，Ohnuki M，et al. 2007. Induction of pluripotent stem cells from adult human fibroblasts by defined factors. Cell，131（5）：861-872.

Takahashi K，Yamanaka S. 2006. Induction of pluripotent stem cells from mouse embryonic and adult fibroblast cultures by defined factors. Cell，126（4）：663-676.

Taka M，Iwayama H，Fukui Y. 2005. Effect of the well of the well（WOW）system on in vitro culture for prone embryos after intracytoplasmic sperm injection. Journal of Reproduction and evelopment，51（4）：533-537.

Tatham B G，Dowsing A T，Trounson A O. 1995. Enucleation by centrifugation of in vitro-matured bovine oocytes for use in nuclear transfer. Biol Reprod，53（5）：1088-1094.

Tecirlioglu R T，French A J，Lewis I M，et al. 2003. Birth of a cloned calf derived from a vitrified handmade cloned embryo. Reproduction fertility and development（15）：361-366.

Thomson J A，ItskovitzEldor J，Shapiro S S，et al. 1998. Embryonic stem cell lines derived from human blastocysts. Science（282）：1145-1147.

Thouas G A，Jones G M，Trounson A O. 2003. The GO system a novel method of microculture for in vitro development of mouse zygotes to the blastocyst stage. Reproduction（126）：161-169.

Tsafriri A，Dekel N，BarAmi S. 1982. The role of oocyte maturation inhibitor in follicular regulation of oocyte maturation. Journal of Reproduction and Fertility（64）：541-551.

Vajta G，Bartels P，Joubert J，et al. 2004. Production of a healthy calf by somatic cell nuclear transfer without micromanipulation and carbon dioxide incubators using handmade cloning（HMC）and submarine incubation system（SIS）. Theriogenology，62（8）：1465-1472.

Vajta G. 2007. Handmade cloning：the future way of nuclear transfer. Trends Biotechnol，25（6）：250-253.

Vajta G，Holm P，Greve T，et al. 1997. The submarine incubation system，a new tool for in vitro embryo culture：a technique report. Theriogenology（48）：1379-1385.

Vajta G，Lewis I M，Hyttel P，et al. 2001. Somatic cell cloning without micromanipulators. Cloning，3（2）：89-95.

Vajta G，Peura T T，Holm P，et al. 2000. New method for culture of zonaincluded or zona-free embryos：the Well of the Well（WOW）system. Mol Reprod Dev（55）：256-264.

Vajta G，Peura T T，Holm P，et al. 2005. High overall in vitro efficiency of porcine handmade cloning（HMC）combining partial zona digestion and oocyte trisection with sequential culture. Cloing and Stem Cells（7）：199-205.

Vajta G，Lewis I M，Trounson A O，et al. 2003. Handmade somatic cell cloning in cattle：analysis of factors contributing to high efficiency in vitro. Biol Reprod，68（2）：571-578.

Vajta G, Alexopoulos NI, Callesen H, et al. 2004. Rapid growth and elongation of bovine blastocysts in vitro in a three-dimensional gel system. Theriogenology, 62 (7): 1253-1263.

Vazquez J M, Martinez E, Parrilla I, et al. 2001. Deep intrauterine insemination in natural post-weaning oestrus sows. Proceedings of the 6th International Conference of Pig Reproduction, Columbia, MO: 134.

Verstegen J, IguerOuada M, Onelin K. 2001. Computer-assisted semen analysers in andrology research and veterinary practice. J Androl (22): 104-110.

Wakayama T, Yanagimachi R. 1999. Cloning of male mice from adult tail-trip cells. Nature Genetice (22): 127-128.

Walker S C, Shin T, Zaunbrecher G M, et al. 2002. A highly efficient method for porcine cloning by nuclear transfer using in vitro-matured oocytes. Cloning Stem Cells, 4 (2): 105-112.

Watson P F, Behan J R. 2002. Intrauterine insemination of sows with reduced sperm numbers: results of a commercially based field trial. Theriogenology (57): 1683-1693.

Wernig M, Lengner C J, Hanna J, et al. 2008. A drug-inducible transgenic system for direct reprogramming of multiple somatic cell types. Nat Biotechnol, 26 (8): 916-924.

Wernig M, Meissner A, Foreman R, et al. 2007. In vitro reprogramming of fibroblasts into a pluripotent ES cell—like state. Nature (448): 318-324.

Willadsen S M. 1979. A method for culture of micromanipulated sheep embryos and its use to produce monozygotic twins. Nature, 277 (5694): 298-300.

Willadsen S M, Godke R A. 1984. A simple procedure for the production of identical sheep twins. Vet Rec, 114 (10): 240-243.

Willadsen S M. 1986. Nuclear transplantation in sheep embryos. Nature (320): 63-65.

Willadsen S M, Polge C. 1981. Attempts to produce monozygotic quadruplets in cattle by blastomere separation. Vet Rec, 108 (10): 211-213.

Wilmut I, Schnieke A E, 1997. Mcwhir J, et al. Viable offspring derived from fetal and adult mammalian cells. Nature (385): 810-813. .

Woltjen K, Michael I P, Mohseni P, et al. 2009. Piggyback transposition reprograms fibroblasts to induced pluripotent stem cells. Nature (458): 766-770.

Woods G L, White K L, Vanderwall D K, et al. 2003. A mule cloned from fetal cells by nuclear transfer. Science (301): 1063.

Wu T C, Wang L. 1993. Detection of estrogen receptor messenger ribonucleic acid in human oocytes and cumulus-oocytes complexes using reverse transcuptase-polymerase chain reaction. Fertil and steril (59): 54.

Wu Z, Chen J, Ren J, et al. 2009. Generation of pig-induced pluripotent stem cells with a drug-inducible system. J Mol Cell Biol, 1 (1): 46-54.

Xia P, Tekpetey F R, Armstrong D T. 1994. Effects of IGF-1 on the pig oocyte maturation, fertilization and early embryonic development in vitro, and on granulose and cumulus cell biosynthetic activity. Molecular Reproduction and Development (38): 373-379.

Xu R H, SampsellBarron T L, Gu F, et al. 2008. NANOG is a direct target of TGFβ/activin -mediated SMAD signaling in human ESCs. Cell Stem Cell, 3 (2): 196-206.

Yamanaka S. 2007. Strategies and new developments in the generation of patient-Specific pluripotent stem cells. Cell Stem Cell, 1 (1): 39-49.

Yanagimachi R, Kimura Y. 1995. Development of normal mice from oocytes injected with secondary sper-matocyte nuclei. Biology of Reproduction (53): 855-862.

Yang X, Zhang L, Kovacs A, et al. 1990. Potential of hypertonic medium treatment for embryo micromanipulation: Assessment of nuclear transplantation methodology, isolation, subzona insertion, and electro-fusion of blastomeres to intact or functionally enucleated acolytes in rabbits. Mol Reprod Dev, 27 (2): 118-129.

Yin X J, Tani T, Yonemura I, et al. 2002. Production of cloned pigs from adult somatic cells by chemically assisted removal of maternal chromosomes. Biol Reprod, 67 (2): 442-446.

Yonemura I, Fujino Y, Irie S, et al. 1996. Transcervical transfer of porcine embryos under practical conditions. J Reprod Dev (42): 89-94.

Yong H Y, Hong J Y, Pak S I, et al. 2005. Effect of centrifugation and electrical activation on male pronu-cleus formation and embryonic development of porcine oocytes reconstructed with intracytoplasmic sperm injection. Reprod Fertil Dev, 17 (5): 557-563.

Yoon K W, Shin T Y, Park J I, et al. 2000. Development of porcine oocytes from preovulatory follicles of different sizes after maturation in media supplemented with follicular fluids. Reprod Fertil Dev (12): 133-139.

Youngs C R. 2001. Factors influencing the success of embryo transfer in the pig. Theriogenology (56): 1311-1320.

Yu J, Hu K, SmugaOtto K, et al. 2009. Human induced pluripotent stem cells free of vector and transgene sequences. Science (324): 797-801.

Yu J, Vodyanik M A, SmugaOtto K, et al. 2007. Induced pluripotent stem cell lines derived from human somatic cells. Science (318): 1917-1920.

Zaneveld L I D. 1991. Human sperm capacitation and the acrosome reaction. Human Reprod (9): 1265.

Zhao X, Li W, Lv Z, et al. 2009. iPS cells produce viable mice through tetraploid complementation. Nature (461): 86-90.

Zhao Y, Yin X, Qin H, et al. 2008. Two supporting factors greatly improve the efficiency of human iPSC generation. Cell Stem Cell, 3 (5): 475-479.

Zhou H, Wu S, Joo J Y, et al. 2009. Generation of induced pluripotent stem cells using recombinant pro-teins. Cell Stem Cell, 4 (5): 381-384.

Zhou Q I, Jean P R, Gaelle L E F, et al. 2003. Generation of fertile cloned rats by regulating oocyte activa-tion. Science (302): 1179.

Zhu J, Telfer E E, Fletcher J, et al. 2002. Improvement of an electrical activation protocol for porcine oo-cytes. Biol Reprod (66): 635-641.

Zou C X, Yang Z M. 2000. Evaluation on sperm quality of freshly ejaculated boar semen during in vitro stor-age under different temperatures. Theriogenology (53): 1477-1488.

（华再东，肖红卫，刘西梅，魏庆信）

第三章

猪的基因工程技术

基因工程技术（又称 DNA 重组技术、基因重组技术）是指用人工的方法将目的基因与载体连接，形成重组 DNA 分子，然后将重组 DNA 分子导入受体生物体内，并稳定整合到其基因组上产生转基因生物，使目的基因在受体生物体内复制、转录、翻译，获得目的基因的表达产物，发挥相应的生物学功能。该技术是 20 世纪 70 年代初崛起的生物技术。这种跨越天然物种屏障，把来自任意生物的基因置于毫无亲缘关系的宿主生物细胞之中的能力，是基因工程技术区别于其他技术的根本特征。基因工程从诞生至今，仅有 40 多年的历史。然而，无论是在基础理论的研究，还是在实际应用方面，基因工程给生命科学带来了深刻的变化。目前，科学家已完成了多个物种的基因组全序列测定工作，这为实施基因工程和转基因研究提供了丰富的基因资源和素材。一个完整的基因工程技术程序包括：外源目的基因的分离、克隆以及表达载体的构建或目标基因的表达调控结构重组，这部分工作是整个基因工程的基础，因而又称为基因工程的上游技术；重组基因的导入以及后续的整合、表达检测、转基因新品系的选育和建立等，可称为基因工程的下游技术。本章主要讲述以猪为受体生物的基因工程上游技术，下游技术将在后面的章节中予以阐述。

第一节　转基因猪表达载体的构建

转基因猪表达载体一般应包括目的基因、启动子和报告基因，以及与转基因表达相关的其他元件，如内含子和增强子等。

一、目的基因及其全长序列的获取

目的基因也称目标基因、功能基因。生产转基因猪的目的基因大体可分为如下几类：编码调控机体生长发育的基因，这类基因有生长激素（growth hormone，GH）基因、胰岛素样生长因子 I（insulin growth factor-1，IGF-1）基因、人生长激素释放因子基因（growth hormone releasing hormone，GHRH）及抑制产肉的肌肉抑制素基因（Myosta-tin，MSTN）等；增强抗病作用的基因及免疫调控因子，较有价值的候选基因包括干扰素基因、干扰素受体基因、抗流感病毒基因、反义核酸、主要组织相容性复合体（MHC）基因、核酶、病毒衣壳蛋白基因、病毒中和性单克隆抗体基因、猪蓝耳病病毒基因和小鼠抗磷酰胆碱（PC）等；编码某些分泌蛋白的基因，目的在于用猪作为生物反应器，生产某些昂贵的特殊药用蛋白；改善肉质品质的基因，如菠菜 FAD12、秀丽线虫 FAT-1 等，可改善猪肉中脂肪酸的构成；与异种器官移植相关的基因；与疾病模型相关的基因。

基因的主要结构如图 3-1，基因的表达过程如图 3-2。

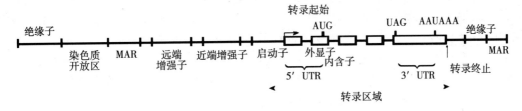

图 3-1　基因的主要结构

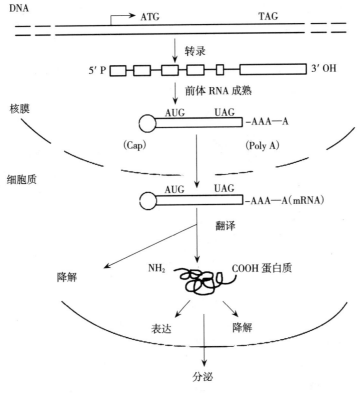

图 3-2　基因的表达

　　全长目的基因或其全长 cDNA 的获得，是进行转基因猪研究的先决条件。目前，常用的全长 cDNA 合成方法主要有以下几种。

（一）全长 cDNA 文库的构建

　　全长 cDNA 文库所获得的克隆不仅包括完整的编码区，还包含 5′端和 3′端的非编码区，因而弥补了传统 cDNA 文库构建方法的缺陷，成为目前基因克隆的一种重要方法，为蛋白质互作、表达和功能研究提供了更多、更可靠的信息。近年来，研究者一直致力于全长 cDNA 文库构建方法的研究，目前构建全长 cDNA 文库的常见方法主要有 4 种：Oligo-capping 方法、CAPture 方法、Cap-trapper 方法及 Switching mechanism at 5′ end of the RNA T-ranscript（SMART）等。

　　1. Oligo-capping　1997 年，Suzuki 等建立了一种构建全长 cDNA 文库的方法——oligo-capping 法。首先，用细菌碱性磷酸酶（Bacterial alkaline phosphatase，BAP）去除不完整 mRNA 5′端游离的磷酸基团，并用羟基取代，而完整 mRNA 由于其 5′端有帽子结构保护而不受影响。然后，用磷酸基团替代经烟草酸性磷酸酶（Tobacco acid pyrophos-phatase，TAP）处理后的完整 mRNA 5′端帽子结构，并将 1 段寡核糖核苷酸通过 T_4 RNA 连接酶连接到 mRNA 5′端，由于 RNA 连接酶需要 3′端羟基受体和 5′端磷酸供体，而不完整的 mRNA 分子缺乏 5′端磷酸结构，因而不能连接寡核糖核苷酸。mRNA 分子连接寡核糖核苷酸后，逆转录为 cDNA，再用相应的引物扩增，克隆到合适的载体上建立全长 cDNA 文库。oligo-capping 方法只需少量的 RNA 即可得到全长文库，且其 5′端序列能够得到很好的富集。在文库中可以检测到长达 5kb 的序列，但其平均长度要比这小得多。由于该方法用到 PCR 扩增，可能使全长文库发生长度偏移（Suzuki 等，1997）。

2. CAPture CAPture 方法最早由 Ederly 等于 1995 年提出，其原理是利用特异蛋白质对 5′端帽子结构的选择性吸附，从而筛选出全长 cDNA。该方法是以 mRNA 为模板逆转录成 cDNA，经核糖核酸内切酶（RNase A）处理，降解所有的单链 RNA。只有全长 RNA 链被保护（包括帽子结构），而非全长的 RNA 都会被降解。再将 cDNA-RNA 杂合体通过其特异蛋白亲和柱，使全长 cDNA 得以富集。然后，按常规方法合成 cDNA 双链，克隆并建立文库。虽然该方法步骤较简单，但还没有得到广泛的应用，因为该方法仍然存在一些缺陷：首先，需要制备大量的 mRNA，约 $100\mu g$；其次，其全长 cDNA 产量较低；最后，RNase A 对碱基的切割具有偏好性，能够有效切割富含嘧啶的单链 RNA，而对嘌呤含量较高的单链 RNA 则切割效率很低，甚至不能切割。而 mRNA 5′端的鸟嘌呤和胞嘧啶所占比例（GC 含量）普遍较高，这将导致非全长 cDNA 在文库中的比例增加（Ed-ery 等，1995）。

3. Cap-trapper 1997 年，Caminci 等建立了一种 Cap-trapper 方法。同 CAPture 方法一样，该方法也是依赖于对 mRNA-cDNA 杂合体 5′端的特异吸附，但两种方法又存在差异。该方法的原理是，mRNA 分子经氧化后可与生物素结合而被标记。在 cDNA 第一链合成的同时，生物素标签结合到 RNA-DNA 杂合体上；经 RNaseA 消化，使所有 RNA 分子 3′端的生物素标签被去除，但只有不完全 cDNA 5′端的生物素标签被降解。理论上，只有连接在全长 cDNA 5′端的生物素标签被保护而未被降解。结合生物素标签的 cDNA 会被免疫磁珠吸附而富集，开始合成第二链。

Cap-trapper 方法使用锚定引物合成 cDNA，保证了 cDNA 的合成从多聚腺苷酸（Po-ly A）尾巴处开始；因 RNA 3′端生物素在 RNase A 消化时得不到保护，增加了特异性；由于不使用 PCR 技术，减少了理论上的偏移和冗余性，得率和产量较以前的方法提高了 1 050 倍，能够得到较完整的全长基因，全长比率可达 95% 以上。但是，由于该方法使用氧化试剂，且反应时间过长增加了 RNA 降解的机会，同时 5′端部分降解的 RNA 也可以被生物素标记，可能会造成 5′端假阳性的出现（Carninci 等，1997）。

4. SMART SMART 系统由 Clonetech 公司创建，用于 cDNA 合成和文库构建。该方法充分利用了逆转录酶的末端转移酶活性。该酶为莫洛尼鼠白血病病毒（MMLV）逆转录酶的点突变产物，没有 RNase H 活性，保留逆转录活性，并有较强的长距离逆转录能力；此外，还具有较强的末端转移酶活性，能够在双链核酸的 3′端添加几个 dC。在合成 cDNA 的反应中加入 3′端带 Oligo dC 的 SMART 引物，在逆转录酶作用下以 Oligo dT 为引物合成 cDNA；当到达 mRNA 5′端时，碰到 mRNA 特有的帽子结构，借助其末端转移酶活性在合成的 cDNA 单链末端连续加上几个 dC，这几个 dC 与 SMART 引物的 Oligo dG 配对，SMART 引物成为 cDNA 继续延伸的模板，得到的所有 cDNA 单链的一端含有 Oligo dT 起始引物序列，另一端含有 SMART 引物的互补序列；合成第二链后，利用 Oligo dT 起始引物和 SMART 引物即可进行扩增。非全长 cDNA 末端因无 dC 而无法扩增。该方法只需 25 ng 的 mRNA 或者 50ng 的总 RNA 即可得到高质量和高产量的 cDNA 文库，且得到的 cDNA 能够代表原有样品中的 mRNA 的丰度，而且 SMART 引物含有限制性酶切位点，易实现片段的定向克隆。但是，该方法由于 PCR 或其他原因，导致表达谱的偏移或克隆测序中的冗余。研究表明，用 SMART 系统构建的 cDNA 文库全长基因的比例，最高只能达到 80％（Zhu 等，2001）。

（二）3′RACE（Rapid amplification of cDNA ends）和 5′RACE

cDNA 末端快速扩增法也是应用较多的一种方法，它分为两种类型，即 3′RACE 和 5′RACE，两种类型原理一样，操作步骤略有不同。3′RACE：用 35bp 的引物（17 个 dT，含 3 个 gDNA 中稀有内切酶识别位点的接头序列）将 mRNA 逆转录成 cDNA 负链，再用基因特异的引物（3′amp）合成 cDNA 的正链，最后用接头引物和 3′amp 同时扩增。5′RACE：用基因特异的引物（5′amp）将 mRNA 逆转录成 cDNA 负链，将多余的引物去除后用脱氧三磷酸腺苷（dATP）和末端脱氧核糖转移酶连接 PolyA 尾巴，用 dT17-接头引物合成正链，再用 5′amp 和接头引物同时扩增。目前，有许多基因的全长就是采用 3′RACE 和 5′RACE 的方法获得的，而且现在已经有 3′RACE 和 5′RACE 的试剂盒可供购买（Sabirzhanov 等，2011）。

（三）计算机杂交（computer hybridization）

计算机杂交是近几年才发展起来的新兴方法，它是基因克隆的蓬勃发展和计算机技术日益成熟的必然结果。计算机杂交是指利用计算机对现有的基因序列、表达序列标签（ESTs）、蛋白序列等进行扫描，同时与目的片段进行比较，清除垃圾片段，从而确定目的片段与已知基因、基因片段的同源性和成为新基因的可能性，并利用现有的基因序列，对目的基因片段进行拼接加工，以完成基因全长的克隆。计算机杂交的理论基础是绝大多数功能基因的编码区比较保守，即相似度较高。目前，有众多软件收有大量的基因序列可供查询，国际上最著名的 3 家核酸序列数据库是：GenBank、EMBL（the European Mdecular Biology laboratory）和 DDBJ（DNA DataBank of Japan）。最主要的蛋白质数据库是 GenBank、EMBL、PIR（Protein Information resource）和 Swiss-Port。ESTs 的数据库也主要在 GenBank、EMBL 和 DDBJ。用户可以从 *Nucleic Acids Research* 杂志中查询数据库，现在每年的第一期均为数据库专辑。用户查询数据库的软件也多种多样，主要是 BLAST（Basic Local Alignment Search Tool），它有基本的和高级的两种查询方式，核酸序列与核酸数据库的比较在 BLASTN；核酸序列与蛋白质数据库的比较在 BLASP；核酸的 6 种翻译序列与蛋白质数据库的比较在 BLASTX；蛋白质序列与核酸数据库所有序列 6 种翻译的比较在 tBLASTN；核酸序列的 6 种翻译与核酸数据库所有序列 6 种翻译的比较在 tBLASTX。将核酸序列以 FASTA 形式输入，选定查询方式即可进行查询，并可利用已有 ESTs 资料对目的序列进行加工，根据基因的同源性可以获得目的基因的全长或者基因的间断序列，再利用 PCR 等即可得到全长。需要注意的是，信息学分析和预测必须通过实验证实才能确定结果的真伪。因此，计算机杂交与其他实验方法联合使用才能发挥其优势（李国印等，2011）。

（四）直接测序和全基因组随机测序

直接测序是目前大多数基因组测序中心在进行大规模基因测序时最常采用的方法，其基本步骤是：先将样本 DNA 随机切成 1.5kb 左右的片段，并克隆合适的测序载体；再对每 1kb 的 DNA 进行 10～30 个亚克隆的高覆盖率的测序；然后根据测出的相互重叠序列组装成连续的多序列重叠线；最后从质量最高的测得序列中获得一致序列（consensus sequence）。近年来，提出了全基因组随机测序法，即全基因组鸟枪战略（whole-genome short-gun strategy），其基本步骤是：用机械的方法将基因组 DNA 随机打断后，装入适当的测序载体，然后对插入的 DNA 片段的两端各 500bp 进行测序。这个方法的基因组测序思路是先测序，后作图，是对不完整 DNA 序列的巧妙应用，可以大大加快基因组测序的步伐，而且毛细管电泳测序仪的问世使该方法如虎添翼。由于这两种基因组测序方法成本较高，而且测序数据仍然需要深入求证，故而其实际应用范围有限（Neiman 等，2011）。

（五）人工化学合成

随着化学合成技术的发展，现在计算机控制的全自动核酸合成仪已被广泛应用，按人们设计好的序列一次合成 100～200bp 的 DNA 片段已不成问题。这些合成的片段可能组合连接成完整的基因。但目前人工合成基因最大的限制是，并未掌握核酸序列具有生命功能的规律，如 1kb 的 DNA 通常编码功能蛋白质的基因长度就可以有10 600种不同的序列，随意合成的 DNA 绝大多数是不具有生物功能或无法知道它具有什么功能，因而只能模仿自然界生物中已知的基因序列来合成，而化学合成这样长的基因 DNA 序列，其成本远高于用 PCR 法获得基因，所以目前很少全部用化学方法合成全长基因（Hou 等，2011）。

二、启动子的选择

启动子决定外源基因在体内能否表达及表达效率的高低。在构建目的基因表达载体时，一般选择具有表达活性的强启动子。把外源基因及其相配套的启动子按一定方式重组后，再导入受体细胞，并在其染色体特异位点上进行定向重组、整合与表达，是实现转基因动物高效表达的关键环节。对非特异性表达基因而言，一般选用组成型或广谱型启动子与之重组。对特异性表达基因而言，所选用的启动子必须具有严格的时空作用特异性，如组织细胞特异性启动子、生长发育特异性启动子及诱导特异性启动子等。对组织细胞特异性启动子而言，其组织细胞特异性的产生是由于基因侧翼或基因内部某些顺式作用元件与特定的反式作用因子结合相互作用的结果。发育特异性启动子与动物的发育调控和细胞生长、发育、分化相关基因的表达有关，如甲种胎儿球蛋白基因在转基因小鼠中表达就是先在卵黄囊内表达，然后在肝和肠中表达。在发育特异性启动子与基因选配设计时，要注意避免外源基因与内源基因竞相结合调控区，从而出现共抑制的现象，以保证外源基因启动子特异性结合反式作用因子的单一优势。一切环境因子对基因的诱导调控，均涉及可诱导性启动子与基因间的匹配关系，及其与诱导底物间的作用方式等，如小鼠重金属结合蛋白基因-1（mMT-1）启动子、转铁蛋白基因和半乳糖苷酶（β-Gal）基因等，它们均有诱导底物的特异性。

三、报告基因

为了方便转基因操作过程中的细胞筛选和后续跟踪鉴定，引入合适的报告基因是非常重要的。为了达到这一目的，常用的报告基因主要是各种荧光蛋白和荧光素酶蛋白。荧光蛋白中，应用最为广泛的是绿色荧光蛋白（green fluorescent protein，GFP）（图3-3）。

由水母（Aequorea victoria）中发现的野生型绿色萤光蛋白，395nm和475nm分别是其最大和次大的激发波长，它的发射波长的峰点是在509nm，在可见光绿光的范围下是较弱的位置。由海肾（sea pansy）所得的绿色萤光蛋白，仅在498nm有1个较高的激发峰点。在细胞生物学与分子生

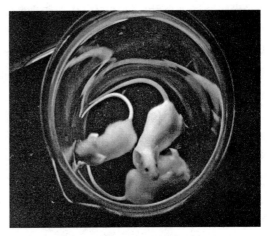

图3-3　转绿色荧光蛋白的小鼠
（小鼠尾部和耳尖等部位均发出强烈的绿色荧光）

物学领域中，绿色萤光蛋白基因常作为一个报告基因（reporter gene）。2008年10月8日，日本科学家下村修（伍兹霍尔海洋生物学研究所）、美国科学家马丁·查尔菲（哥伦比亚大学）和钱永健（加利福尼亚大学圣迭戈分校）因为发现和改造绿色荧光蛋白而获得了当年的诺贝尔化学奖。钱永健系统地研究了绿色荧光蛋白的工作原理，并对它进行了化学改造，不但大大增强了它的发光效率，还发展出了红色、蓝色和黄色荧光蛋白，以及红外线荧光蛋白。目前，生物实验室普遍使用的荧光蛋白，大部分是钱永健改造的变种（Shu等，2009）。

荧光素或荧光素酶是另一类常用的报告基因。它们不是特定的分子，而是对所有能够产生荧光的底物和底物对应的酶的统称。最为熟知的发光生物是萤火虫，在其体内，发光反应所需的氧气是从腹部气管（abdominal trachea）的管道中输入。一些生物，如叩头虫，含有多种不同的荧光素酶，能够催化同一荧光素底物，而发出不同颜色的荧光。叩甲总科（包括萤火虫、叩头虫和相关昆虫）的生物有很多种，它们的荧光素酶对于分子系统学研究很有用。目前，研究得最透彻的荧光素酶是来自北美萤火虫（Photinus pyrali）。研究人员还发展了"半分子"荧光素酶报告基因，可用于动物活体成像和大分子互作研究（Paulmurugan等，2002）。

荧光素酶可以在实验室中用基因工程的方法制备，并被用于多种不同的试验。荧光素酶的基因可以被合成并插入到生物体中或转染到细胞中。研究者利用基因工程已经使得小

鼠、家蚕、马铃薯等可以合成荧光素酶。间接体外成像是一种强大的研究手段，可以对整个动物体中的细胞群落进行分析：将不同类型的细胞（骨髓干细胞、T细胞等）标记上（即表达）荧光素酶，就可以用高敏感度的CCD相机对动物体内进行活体观察，而不会伤害到动物本身。在荧光素酶中加入相应的荧光素底物就可以发出荧光，而发出的光子可以被光敏感元件，如荧光探测器或改进后的光学显微镜探测到。这就使得对包括感染在内的多种生命活动进程进行观察成为可能，如荧光素酶可以被用于检测血库中所存血液的红细胞是否开始破裂；法医可以用含有荧光素酶的溶液来检测犯罪现场中残留的血迹；医院用荧光素酶的发光来发现特定的疾病。荧光素酶还可以作为"报告蛋白"被用于分子生物学研究中，如用于在转染过荧光素酶的细胞中检测特定启动子的转录情况，或用于探测细胞内的ATP水平；这一技术被称为报告基因检测法或荧光素酶检测法（Luciferase assay）。荧光素酶是一种热敏感蛋白，因而经常被用于研究蛋白热变性过程中热休克蛋白的保护能力。

此外，选择标记基因可以看做是另一类报告基因。为了将含目的基因的载体导入哺乳动物细胞，并使之长期、稳定地表达，加入合适的选择标记基因是一个必需的步骤。常用的正向选择标记基因包括新霉素磷酸转移酶（NPT）基因、潮霉素B磷酸转移酶（HPH）基因、次黄嘌呤/鸟嘌呤磷酸核糖转移酶（HGPRT）基因、次黄嘌呤磷酸核糖转移酶（HPRT）基因、基因及嘌呤霉素乙酰转移酶（PAC）基因。常用的负向选择标记基因有胸腺激酶（TK）基因、二氢叶酸还原酶（DHFR）基因。DHFR基因还可作为共扩增基因使外源基因的表达产物增加。当培养基中逐渐增加氨甲蝶呤（MTX）的浓度时，随着细胞对MTX抗体的增加，DHFR基因与外源基因均明显扩增。据文献报道，在不断提高的选择压力下，DHFR基因及侧翼序列能扩增至上千个拷贝，大大增加了目的基因的表达水平（王兴春，2003）。

四、调控元件

(一) 内含子

外源基因要在转基因动物体内有效表达，除了必须具有合适的启动子和开放阅读框之外，还有其他调控元件在设计时也必须特别注意。首先，内含子与外源基因的表达有密切关系。在转基因动物中用DNA比cDNA有更适宜的表达。Choi等把连有细菌氯霉素乙酰转移酶（CAT）基因的组蛋白H4启动子转入小鼠，发现当一种杂种内含子掺入到转基因小鼠后，其CAT活性比不含此内含子的相应转基因小鼠的CAT活性要高5～300倍（Choi等，1991）。1991年，Palmiter等进一步证实了内含子能提高转基因动物表达效率，并提出内含子存在于胚胎发育的相关序列中（Palmiter等，1991）。

(二) 增强子

增强子对外源基因的表达有显著的提高作用。增强子的作用无方向性和位置性，外源DNA整合后可能受插入位点邻近部位宿主增强子序列的作用，因而构建基因时带有增强子序列，将会有效地提高目的基因的表达水平。另外，研究发现，某些增强子具有组织特异性，对实现目的基因的组织特异性表达具有重要作用。反式作用因子在外源基因的特异性表达中不仅能激活不同种外源基因转录，而且能结合到染色体的不同位点。同时，将一个基因的调节序列与另一个基因的结构序列重新组合，可以产生新的组织特异性表达（刘秉乾，2005）。

(三) 5′非翻译区 (5′untranslated region, 5′UTR)

5′非翻译区与转基因的表达有密切关系。在真核细胞中，翻译的起始是一个复杂的过程，至少牵涉到 25 种蛋白质，包括与 mRNA 3′端结合的蛋白质。在真核细胞所有已知的 mRNA 中，位于 mRNA 5′端的帽子结构都与 40S 的核糖体亚基结合，由 40S 核糖体亚基与翻译起始因子所形成的复合物，沿着 mRNA 的 5′非翻译区迁移，直到碰到 Kozak 序列中的甲硫氨酸（AUG）起始密码子。由此可见，5′UTR 的一级序列信息及其所决定的二级结构信息可能对 mRNA 的翻译具有重要的调控作用。有研究表明，当将 1 个能形成发卡结构的序列加入到起始密码子的后面，能使 40S 核糖体亚基的搜寻减慢，有利于它与起始密码子的结合，从而刺激翻译。有的 mRNA 5′UTR 富含 GC 的序列，结构性较强，据推测，其可能阻止核糖体亚基的搜寻。但在细胞的某些生理状态下，这些序列却可以促进翻译，这些序列与 40S 核糖体亚基的结合被认为并非与帽子结构和 5′UTR 有关，因而这类序列被命名为内部核糖体进入位点（internal ribosome entry site, IRES）。在若干多顺反子 mRNA 中，IRES 可以用来表达独立的顺反子，有时将 IRES 加到 5′UTR 中，能利于单顺反子在特定细胞或组织中表达。位于 5′UTR 中的上游开放阅读框（upstream open reading frame, uORF）是参与 mRNA 翻译调控的顺式作用元件之一。血小板源生长因子 B 链 mRMA 的 5′端有 3 个对翻译有抑制作用的 uORF，这 3 个 uORF 的突变导致 mRNA 翻译水平的提高（Hemmings 等，2000）。

(四) 3′非翻译区 (3′untranslated region, 3′UTR)

真核生物中，初始转录的 mRNA 需要经过转录后的加工修饰才能成为有功能的 mR-NA，而 3′UTR 对 mRNA 的表达调控起重要作用。现已了解，3′UTR 不仅调控 mRNA 的体内稳定性及降解速率，控制其利用效率，协助辨认特殊密码子，而且还决定 mRNA 的翻译位点及控制 mRNA 翻译效率。关于 mRNA 3′端的加工，应首先在其内部某一特定的多聚腺苷酸化位点处产生断裂，随后在断裂末端进行多聚腺苷酸化。PolyA 位点的选择被认为是通过其上游附近的几个具顺式作用的多聚腺苷酸化信号调节的。缺失突变表明，mRNA 3′端存在 2 个很重要的保守序列：一是位于切割位点上游 10～35 核苷酸处的 "AAUAAA" 序列；二是 PolyA 位点下游的富含 U 或 GU 的序列。动物基因转录本中一般只有一个 PolyA 位点，而植物中则可能有多个，导致产生不同末端的 mRNA，这主要由 3′UTR 序列调控。mRNA 降解是基因表达调控的一个重要机制。适时地关闭不再需要表达的基因和清除不再有用的 mRNA 是基因表达调控的重要阶段。转录本中调控 mRNA 稳定性的元件也存在于 3′UTR 中。

3′UTR 在特定 mRNA 翻译的时间和空间调控中起重要作用。肌细胞增强因子 2（MEF2）基因的 3′UTR 相当保守，其转录本可在多种组织、细胞中积累，但是 MEF2 蛋白及其结合活性却只出现在骨骼肌、平滑肌、心肌及脑内。这种蛋白与 mRNA 累积上的不同，暗示翻译过程在基因表达调控中起了重要作用。进一步的研究表明，若将鼠 MEF2 的 3′UTR 与氯霉素乙酰转移酶（CAT）报告基因融合后，转染于幼体仓鼠肾细胞，3′UTR 在活体内强烈抑制了 CAT 基因的表达，但 RNase 酶保护实验表明，

CAT mRNA 的稳态水平不受融合的 MEF2 3′UTR 的影响，说明 CAT 活性的抑制是其翻译受到抑制的结果，且抑制翻译的序列存在于保守的 MEF2 3′UTR 内（Black 等，1997）。

此外，细胞质内有很多种 mRNA 是特定定位的，而 mRNA 的定位信号存在于 3′UTR 中。这在果蝇卵细胞中表现最为突出，其内的许多 mRNA 和蛋白质的正确定位，对胚胎极性的建立以及随后的胚胎分裂是必需的。在果蝇胚胎发生过程中，bicoid mRNA 和 nanos mRNA 从营养细胞转运至卵母细胞，并分别定位于前极（anterior pole）和后极（posterior pole）。在爪蟾卵母细胞中，Vgl mRNA 与 An1、An2 和 An3 mRNA 分别定位于植物极和动物极。这种 mRNA 的局部富集导致了所编码蛋白质的区域性表达，这对形态的建成以及大分子复合物在特定亚细胞部位的组装是至关重要的。

由此可见，对 3′UTR 内的有关调控序列及其功能的研究，不仅有助于深入了解基因表达的复杂调控，而且对转基因工作中通过提高目的 mRNA 的稳定性而加强转基因产物的表达等，具有重大的实践意义。

（五）绝缘子（Insulator）

在真核生物中，绝缘子能通过结合转录因子招募重组复合体，来发挥它的绝缘作用，这类 DNA 序列元件可以保护基因的转录区域不受沉默子或增强子的影响。可以将绝缘子分为两大类，一类是增强子阻遏绝缘子，即绝缘子只要位于增强子和启动子之间，它就可以抑制增强子对启动子的作用，但是不会影响增强子或启动子和其他调控元件的相互作用。另一类是屏障绝缘子，通常在转基因过程中，如果异染色毗邻的区域没有这类绝缘子，在某些细胞中，异染色质就会发生传递，影响目的基因的表达，使该基因沉默，而在另外一些细胞中则不会发生异染色传递，基因正常表达。这种随机现象就是由位置效应引起的表达差异。屏障绝缘子可以防止邻近的异染色质的传递，抗基因沉默，使转入的基因能在所有的细胞里都表达。由此可见，绝缘子的抗基因沉默功能对转基因的研究有着重大作用。

目前，转基因生物研究过程中通常会出现基因沉默的现象，这与转基因整合的随机性有关。在转基因动物中，由于个体基因表达差异过大，而基因整合的位置在每个个体都不一样，另外，庞大的动物基因组大部分都是无表达活性的异染色质，则整合在这些部分的外源基因必然受到异染色质的抑制。只有很少一部分转基因整合在有活性的染色质区域而获得表达，这就必须制作大量的转基因动物才能选出理想的个体，给研究带来了极大的困难。近几年，许多实验室开始将绝缘子元件应用于转基因动物中，并获得了很好的效果。2004 年，Timur 等将鸡的 5′HS4 绝缘子置于转基因的两侧，利用绝缘子元件抑制了染色体的位置效应，并大大提高了具有表达的转基因小鼠个体的数量（Murphy 等，2004）。利用绝缘子的抗基因沉默功能，可以帮助外源基因防止染色体的影响，并将这种特性遗传到后代。绝缘子在基因治疗方面也有潜在的应用价值。研究发现，禽超敏感位点④（chicken hypersensitive site-4，CHS4）绝缘子元件能明显增加表达靶基因的细胞水平，这就符合了基因治疗要求外源基因在造血干细胞中能有较高的导入率和持续高表达水平的基本策略。由此可见，绝缘子作为一种调控元件，在基因的表达上扮演着重要角色，对转基因动物的研究也是具有重要意义的。

五、动物基因工程常用载体

（一）普通克隆载体

1. pUC18/19 克隆载体（图 3-4）

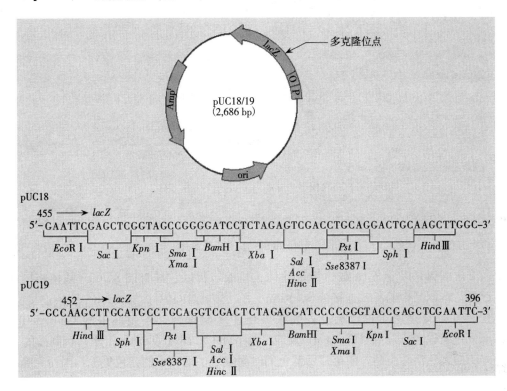

图 3-4　pUC18/19 克隆载体

本质粒为含 LacZ 表达系统的大肠杆菌克隆用质粒，可克隆的基因片段长度超过 M13 载体。其内除含有大肠杆菌内的复制基因（ori）外，还含有抗氨苄青霉素耐药基因。因在 LacZ 基因中含有多克隆位点，只需将含有插入物的质粒通过转化导入 LacZΔM15 基因型大肠杆菌，则可在含异丙基-β-D-硫代吡喃半乳糖苷/S-溴-4-氯-3-吲哚牛乳糖苷（IPTG/X-Gal）的培养基平板上形成白色菌落，可简便地对插入物的有无进行判断。LacZ 启动子的表达可在含变异型 LacIq 的大肠杆菌体内被调控，通过在培养基平板内加入 IPTG，即可表达出目标蛋白。另外，采用市售的 M13 系列的引物，可对插入的基因进行双脱氧法测序。

2. T 载体（图 3-5）　pMD ® 19-T Vector 是一种高效克隆 PCR 产物（TA Cloning）的专用载体。本载体由 pUC19 载体改建而成，在 pUC19 载体的多克隆位点处的 Xba I 和 Sal I 识别位点之间插入了 EcoR V 识别位点，用 EcoR V 进行酶切反应后，再在两侧的 3′端添加"T"而成。因大部分耐热性 DNA 聚合酶进行 PCR 反应时，都有在 PCR 产物的 3′端添加一个"A"的特性，所以使用本制品可以大大提高 PCR 产物的连接、克隆效率。

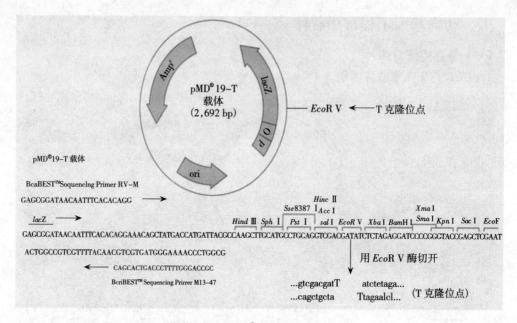

图 3-5　pMD ® 19-T 克隆载体

由于本载体是以 pUC19 载体为基础构建而成，所以它具有同 pUC19 载体相同的功能。此外，本制品中的高效连接液 Solution I 可以在短时间内（约 30min）完成连接反应，其连接液可以直接用于细菌转化，大大方便了实验操作。本制品中的 Control Insert（500bp）还可以用于对照（Control）反应。与 pMD ® 18-T Vector 相比，本制品的 β-半乳糖苷酶的表达活性更高，菌落显示蓝色的时间缩短，且显示的蓝色更深，因而克隆后更容易进行克隆体的蓝白筛选。

3. T 简易载体（图 3-6）

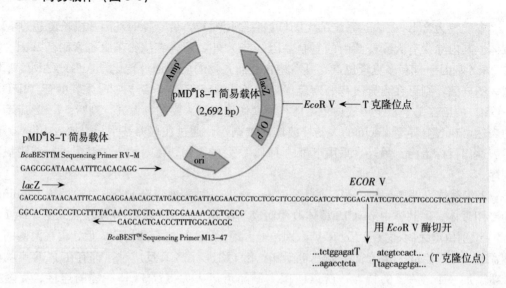

图 3-6　pMD ® 18-T 简易载体

pMD ® 18-T Simple Vector 是一种高效克隆 PCR 产物（TA Cloning）的专用载体。本载体由 pUC18 载体改建而成，它消除了 pUC18 载体上的多克隆酶切位点，在 pUC18 载体的多克隆酶切位点处导入了 EcoR V 酶切位点，使用 EcoR V 进行酶切反应后，再在两侧的 3′端添加"T"而成。因大部分耐热性 DNA 聚合酶进行 PCR 反应时都有在 PCR 产物的 3′端添加一个"A"的特性，所以使用本制品可以大大提高 PCR 产物的连接、克隆效率。

本载体尽管消除了 LacZ 基因上的多克隆酶切位点，但不影响 β-半乳糖苷酶的正常表达。因此，PCR 产物克隆后仍可以利用 α-互补性进行蓝白菌落的筛选，挑选阳性克隆。

由于本载体上消除了多克隆酶切位点，克隆后的 PCR 产物将无法使用载体上的限制酶切下，需要在 PCR 扩增引物上导入合适的酶切位点。此时，如果使用 PCR 扩增引物导入的酶切位点进行 DNA 酶切，酶切反应将不会受到 T 载体上其他多克隆酶切位点上的限制酶影响，可以大大提高酶切效率，增加亚克隆成功率。

（二）真核生物表达载体

1. pcDNA3. 0 载体（图 3-7）

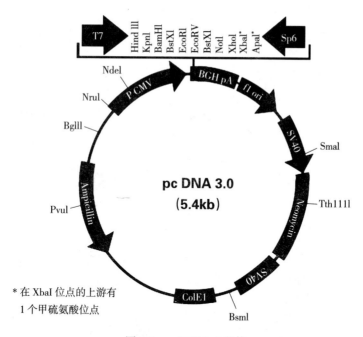

图 3-7　pcDNA3.0 载体

pcDNA3. 0 载体由 Invitrogen 公司发售，是应用范围最广泛的真核系统表达载体。该载体全长 5. 4kb，含有组成型启动子 CMV 和超过 10 种的酶切位点，含有体外转录所需的 T7 及 SP6 启动子。该载体具有新霉素抗性，可以用筛选稳定细胞系。

2. pEGFP-N1 载体（图 3-8）　　pEGFP 系列载体由 Clontech 公司发行，其主要特点是带有绿色荧光蛋白、红色荧光蛋白、黄色荧光蛋白和靛青荧光蛋白等报告基因，可与目的基因融合表达，用以检测转染效率，同时可对目的基因的表达进行示踪。pEGFP-N1 载体

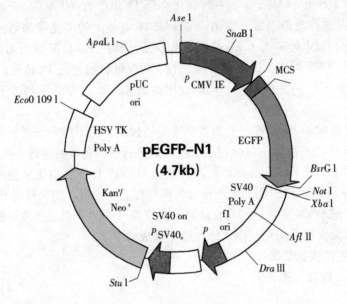

图 3-8 pEGFP-N1 载体

全长 4.7kb，具有卡那霉素抗性，目的基因克隆到多克隆位点后可与绿色荧光蛋白融合表达。

3. pCMV-Tag 系列载体（图 3-9）

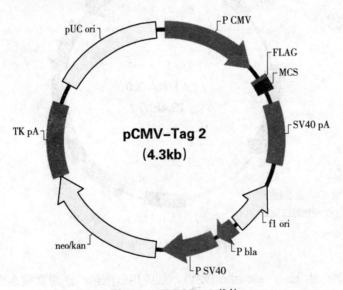

图 3-9 pCMV-Tag2 载体

pCMV-Tag 系列载体由 Stratagene 公司发售，其主要特点是含有蛋白表达的表位标签 Flag。Flag 与目的基因融合表达，通过检测 Flag 即可确定目的基因的表达水平和细胞定位等。

4. pIRES2-EGFP 载体（图 3-10）

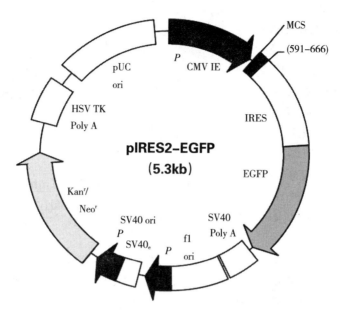

图 3-10　pIRES2-EGFP 载体

　　pIRES2-EGFP 载体由 Clontech 公司发售，其主要特点是含有内部核糖体进入位点（internal ribosome entry site，IRES），因而目的基因与报告基因绿色荧光蛋白以双顺反子的形式表达，各自独立翻译。

5. pGL3-Basic 载体（图 3-11）

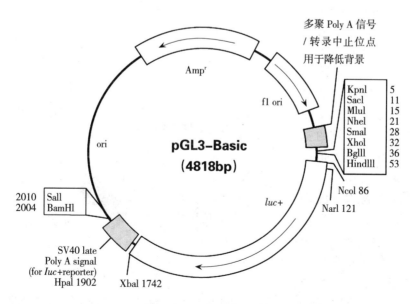

图 3-11　pGL3-Basic 载体

pGL3-Basic 载体由 Promega 公司发售，属于荧光素酶载体系列中的一个基础载体。其主要用途为检测和评价启动子的活性，表达萤火虫荧光素酶，常与表达海肾荧光素酶的 pRL-TK 载体一起使用。

6. pTRE-Tight 载体（图3-12） pTRE-Tight 载体由 Clontech 公司发售，含有四环素调控元件（TRE）响应序列和最小 CMV 启动子序列。该载体与表达 tTA 或 rt-TA（反式结合蛋白）的载体共同使用，可准确诱导、定量表达目的基因，从而将目的基因的表达控制于合理范围，并按照人类的意志任意增减。该载体是转基因猪研究中为数不多的允许转基因定量表达的工具之一。

（三）病毒载体

1. pLEGFP-N1 载体（图3-13） pLEGFP-N1 逆转录表达载体由 Clontech 公司发售，含有病毒复制所必需的长串联重复序列（long tandem repeat，LTR），包装为假病毒后，感染细胞递送目的基因，表达效率高。该载体具有新霉素抗性，目的基因与报告基因绿色荧光蛋白融合表达，CMV 驱动。

2. pAdeno-X 载体（图3-14） 由 Clontech 公司发售的 pAdeno-X™ 表达系统是一个特别高效的腺病毒表达系统，用于在哺乳动物细胞中瞬时及高水平地表达目的蛋白质。

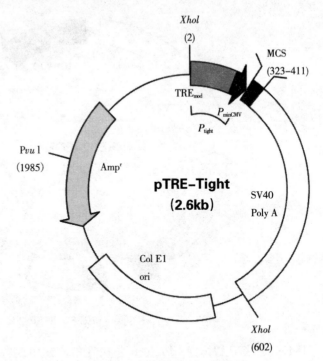

图 3-12 pTRE-Tight 载体

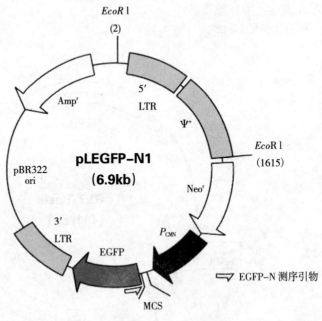

图 3-13 pLEGFP-N1 载体

腺病毒介导的基因转移重组腺病毒 DNA 是游离于细胞基因组外的（不整合入宿主基因组），所以目的蛋白质得到瞬时的高水平表达。更重要的是，利用腺病毒表达系统可以将外源基因转到分裂及不分裂的细胞中表达。

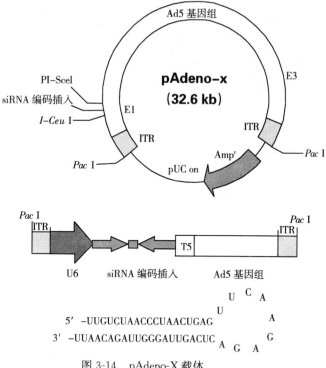

图 3-14 pAdeno-X 载体

3. pLV-eGFP 载体（图 3-15）

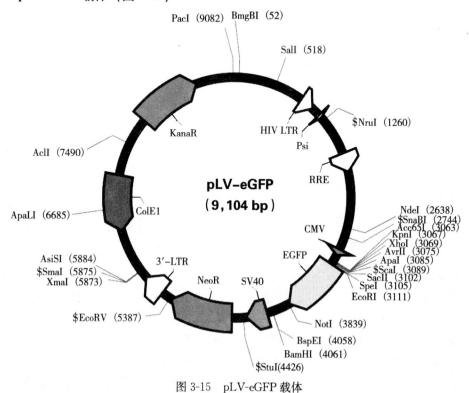

图 3-15 pLV-eGFP 载体

　　pLV-eGFP 慢病毒载体由 Capital Bioscience 公司发售，含有人免疫缺陷病毒（HIV）的复制必需元件长末端重复序列（LTR），可高效地感染哺乳动物细胞，介导目的基因的高水平表达。

（四）RNAi 及 miRNA 表达载体

　　1. pSuper. gfp/neo 载体（图 3-16）　　pSuper. gfp/neo 载体由 Oligo Engine 公司发售，采用人 H1 启动子，表达发夹状小干扰 RNA（short hairpin RNA，shRNA），可介导内源

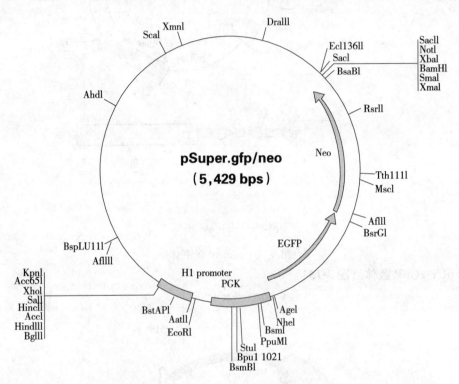

图 3-16　pSuper. gfp/neo 载体

性基因的转录后沉默。该载体带有报告基因绿色荧光蛋白，可用来监测转染效率，可利用携带的新霉素磷酸转移酶基因筛选并稳定表达 shRNA 的细胞系，或制备持续失活靶基因的转基因动物。

　　2. pCMV-MIR 载体（图 3-17）　　pCMV-MIR 载体由 Origene 公司发售，带有报告基因绿色荧光蛋白，具有新霉素抗性。研究人员可将 miRNA 的前体序列克隆到该载体的多克隆位点，由 CMV 启动子驱动表达 miRNA，从而介导靶基因的转录后沉默。

　　3. pFila 载体（图 3-18）　　pFila 载体由湖北省农业科学院畜牧兽医研究所动物生物技术研究室构建，全长6，486bp，能够同时表达萤火虫荧光素酶和海肾荧光素酶两种报告基因，且各自独立翻译，无干扰。在海肾荧光素酶的 3′UTR 处预留有多克隆位点，方便研究者克隆目的基因的靶位点序列。该二合一型载体可用于制备监测 miRNA 活性的生物感应器，也可用于制备失活内源性 miRNA 功能的"miRNA 海绵"，且检测方便，定量准确，特别适合在个体水平研究 miRNA 的功能，以及研制相应的转基因动

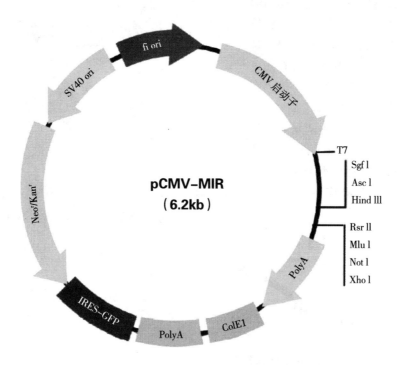

图 3-17　pCMV-MIR 载体

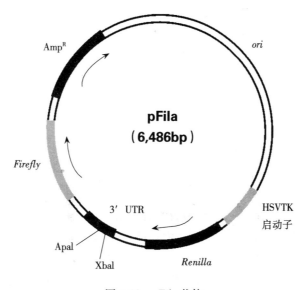

图 3-18　pFila 载体

物（Bi 等，2011）。

（五）转座子系统载体

转座子介导基因转移的原理如图 3-19。

转座子是基因组中一段可移动的DNA序列，可以通过剪切、粘贴等一系列过程从基因组的一个位置"跳跃"到另一个位置。其两端带有插入序列（IS），构成了"左臂"和"右臂"。两个"臂"可以是正向重复，也可以是反向重复。这些两端的重复序列可以作为转座子（Tn）的一部分转座，也可以单独作为 IS 而转座。

1. "睡美人"转座系统（图 3-20）

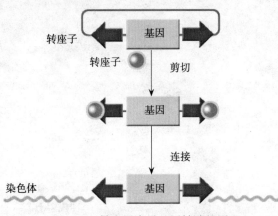

图 3-19　转座子介导基因转移的原理

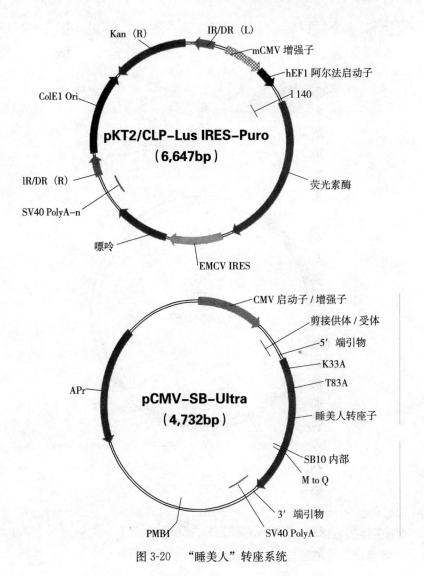

图 3-20　"睡美人"转座系统

冬眠的"睡美人"转座子（Sleeping Beauty transposon）在 1997 年被唤醒，当时它被改装成能在更高等的真核细胞中起作用的诱变剂（mutagen）。对鲑鱼源转座子家族进行系统发育分析，发现了 2 种新的 Tc1 样转座子功能结构域，发现其活跃于 1 千万年前，并在不同的鱼类基因组中进行过水平转移。对来自于不同鱼类基因组的有缺陷的拷贝序列比对，获得了最原始的转座子序列，通过点突变获得了有活性的转座子元件，命名为"睡美人"（Sleeping Beauty，简称 SB）。SB 转座系统主要包括转座酶合成基因和一个能够被转座酶识别的具有反向重复序列的转座元件。SB 发生转座时需 2 个组成部分同时存在（Ivics 等，1997）。

2. PiggyBac 系统（图 3-21）

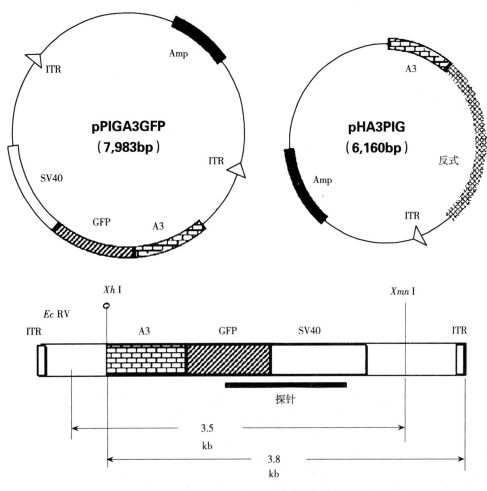

图 3-21 PiggyBac 系统

PiggyBac（PB）转座子最早从一种叫做甘蓝螟度尺蛾的昆虫中分离重建得到，该转座元件最初发现能够在果蝇和昆虫中转座，各方面明显不同于其他已发现的转座子类型，属于新的转座子家族。研究发现，PB 还能够在异源染色体之间发生转座，如红腋斑粉蝶（Delias acalis acalis）。从真菌到哺乳动物的基因组均存在类似序列，PB 转座系统在多种生物体内都具有很高的转座活性。与 SB 相同的是，PB 发生转座反应时也需要转座子序列和转座酶同时存在，但 PB 识别不同的转座靶位点，且转座后供体位置处不留任何痕迹（Tamura 等，2000）。

六、载体构建的一般流程

基因克隆的一般流程如图 3-22。

用于转基因猪研究的各类载体的构建流程与基因工程的方法相同，主要流程包括目的片段的获得、目的片段与载体的酶切与连接及重组子的筛选与鉴定等。下面以克隆猪的 MSTN 基因调控区为例，说明基因克隆的一般步骤。主要实验材料为猪基因组 DNA 和克隆载体 pUC19，具体实验步骤如下。

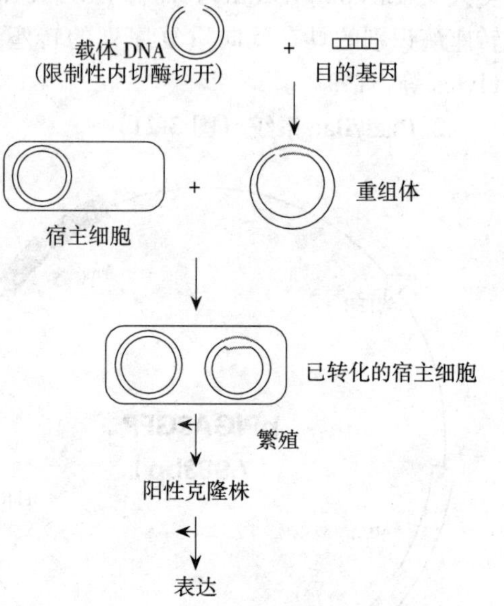

图 3-22　基因克隆的一般流程

（一）PCR 扩增猪 MSTN 调控区序列

1. 调整猪基因组 DNA 模板浓度至 100ng/μl。

2. 按下列体系配制反应混合液，混匀，加 1 滴矿物油，离心 5s。

Template DNA	1.0μl（100ng）
10×buffer	2.0μl
MgCl$_2$（25mmol/L）	1.5μl
Primer F（10μmol/L）	0.2μl
Primer R（10μmol/L）	0.2μl
dNTPs（2mmol/L）	2.0μl
Taq（5IU/μl）	0.2μl
ddH$_2$O	12.9μl
总容积	20μl

3. PCR 反应循环条件设置。

95℃	3min	1 个循环
94℃	1min（Tm-5）℃ 1min 72℃ 90s	35 个循环
72℃	10min	1 个循环
4℃	保温	

4. 检测。加 2μl 溴酚蓝，混匀，短暂离心，取 15μl 反应产物点样电泳。

5. 在 1% 的琼脂糖凝胶上点样电泳。溴化乙锭（EB）染色，紫外观察。

（二）插入片段与 pUC18 载体连接

1. 载体 pUC18 和外源 DNA 片段的限制性酶切。

（50μl 反应体系，用 1.5ml 离心管，冰上操作）

DNA	30μl

```
R. E                    1μl
10×buffer               5μl
ddH₂O                   14μl
```

37℃反应1h，分别取8μl外源片段酶切产物和5μl PUC18酶切产物，于1.0％凝胶检测酶切是否完全；纯化、回收DNA。

2. 加入ddH2O 150μl（扩大体积），加入等体积氯仿/异戊醇（24∶1），颠倒混匀，12 000g离心10min。

3. 吸取上清液，加1/10体积3mol/L NaAc和2倍体积无水乙醇，于－20℃放置15min以上。

4. 12 000g、4℃下冷冻离心15min。

5. 弃上清液，用75％乙醇浸洗沉淀，风干后外源DNA溶于10μl ddH2O（0.5ml离心管中），pUC18溶于20μl ddH2O（1.5ml试管中）。

6. 按以下反应去除载体pUC18的5′磷酸基团，50℃下反应30min以上。

```
DNA                     20μl
CIAP（TaKaRa）           0.5μl
10×buffer               4.0μl
ddH2O                   15.5μl
```

7. 70℃水浴10min，使牛小肠碱性磷酸酶（CIAP）失活。

8. 按2—5步纯化载体，溶于10μl ddH2O。

9. 连接反应（15μl体系）。

```
DNA                     10μl
pUC18                   2.5μl
5×buffer                1.5μl
T4 ligase（3IU/μl）      1μl
```

16℃水浴过夜

（三）大肠杆菌感受态细胞的制备

1. CaCl₂感受态细胞制备的实验步骤

（1）前夜接种受体菌（DH5α或DH10B），挑取单菌落于LB（Luria-Bertani）培养基中，于37℃摇床培养过夜（约16h）。

（2）取1ml过夜培养物转接于100ml LB培养基中，在37℃摇床上剧烈振荡培养2.5～3h（250～300r/min）。

（3）将0.1mol/L CaCl₂溶液置于冰上预冷。

以下步骤需在超净工作台和冰上操作。

（4）吸取1.5ml培养好的菌液至1.5ml离心管中，在冰上冷却10min。

（5）4℃下，以3 000g冷冻离心5min。

（6）弃上清液，加入100μl预冷0.1mol/L CaCl₂溶液，用移液枪轻轻上下吸动混匀，使细胞重新悬浮，在冰上放置20min。

（7）4℃下，以3 000g冷冻离心5min。

（8）弃上清液，加入 $100\mu l$ 预冷 $0.1mol/L$ $CaCl_2$ 溶液，用移液枪轻轻上下吸动混匀，使细胞重新悬浮。

（9）细胞悬浮液可立即用于转化实验，或添加冷冻保护剂（15％～20％甘油）后超低温（－70℃）冷冻贮存备用。

2. 电转化法制备大肠杆菌感受态细胞的实验步骤

（1）前夜接种受体菌（DH5α 或 DH10B），挑取单菌落于 LB 培养基中，于 37℃摇床培养过夜。

（2）取 2ml 过夜培养物转接于 200ml LB 培养基中，在 37℃摇床上剧烈振荡培养至 OD600＝0.6（2.5～3h）。

（3）将菌液迅速置于冰上。

以下步骤务必在超净工作台和冰上操作。

（4）吸取 1.5ml 培养好的菌液至 1.5ml 离心管中，在冰上冷却 10min。

（5）4℃下，以 3 000g 冷冻离心 5min。

（6）弃上清液，加入1 500μl 冰冷的 10％甘油，用移液枪轻轻上下吸动混匀，使细胞重新悬浮。

（7）4℃下，以 3 000g 冷冻离心 5min。

（8）弃上清液，加入 750μl 冰冷的 10％甘油，用移液枪轻轻上下吸动混匀，使细胞重新悬浮。

（9）4℃下，以 3 000g 冷冻离心 5min。

（10）加入 20μl 冰冷的 10％甘油，用移液器轻轻上下吸动混匀，使细胞重新悬浮。

立即使用或迅速置于－70℃下超低温保存。

（四）外源 DNA 的转化

1. 热激法转化实验步骤

（1）制备选择性培养基平板。在融化的 250ml LA 培养基中加入 250μl Amp（100mg/ml），250μl X-Gal（20mg/ml），25μl IPTG（200mg/ml），混匀后倒入灭菌培养皿中。

（2）取出 3 管制备好的感受态细胞，放在冰上融化。

（3）每 100μl 感受态细胞加入约 20ng 质粒 DNA，3 管分别加连接产物、加标准超螺旋质粒 DNA（阳性对照）及不加入任何 DNA（阴性对照），用移液器轻轻吸打均匀，在冰上放置 30min。

（4）热击。将离心管置于 42℃水浴，热击 90s，注意勿摇动离心管。

（5）冰镇。快速将离心管转移至冰浴，放置 1～2min。

（6）复苏。每管加400μl SOC 培养基，在 37℃摇床温和摇动温育 45min，使细菌复苏。

（7）涂皿。取适当体积均匀涂布于含有 IPTG、X-Gal 和抗生素（Amp）的 LA 平板。

（8）培养。倒置培养皿，于 37℃培养 12～16h，即可观察到蓝白相间的菌落（其中白色菌落为含有外源插入片段的转化子，蓝色菌落是载体自连的转化子）。

2. 电转化实验步骤

（1）制备选择性培养基平板。在融化的 250ml LA 培养基中加入 250μl Amp（100mg/ml），250μl X-Gal（20mg/ml），25μl IPTG（200mg/ml），混匀后倒入灭菌培养皿中。

（2）取出制备好的感受态细胞，放在冰上融化。

（3）每管感受态细胞加入 1μl 连接产物，用移液器轻轻吸打均匀，置于冰上。

（4）电转化仪选择 1 800V 作为输出电压。

（5）将要转化的混合物加入预冷的 1mm 的电转化杯中，立即按下按钮电击。

（6）立即加 1ml SOC 培养基到转化杯中重悬细胞。

（7）将细胞转入合适的培养管中，于 37℃ 培养 1h。

（8）吸取合适体积的菌液涂布已制备好的选择培养基平板。

（9）37℃ 下培养过夜，观察结果。

（五）转化子的鉴定

挑取平板上生长的单克隆菌落置于 1.5ml 选择性培养基中培养过夜，采用菌液 PCR 鉴定阳性重组子。PCR 所用引物即为插入片段的扩增引物。经鉴定为阳性的克隆可送相关公司测序确认。

第二节　基因打靶技术及其策略

基因打靶技术是 20 世纪 80 年代后兴起的，是建立在基因同源重组技术和胚胎干细胞技术基础上的一种分子生物学技术。基因打靶技术可以按预定设计对宿主 DNA 进行精确改造或修饰。利用细胞染色体 DNA 可与外源性 DNA 同源序列发生同源重组的性质，以定向修饰改造染色体上某一基因的技术叫基因打靶（gene targeting）。基因打靶最常用的一种策略是通过同源重组使特定靶基因失活，以研究该基因的功能，称基因敲除（gene konckout）；也可通过同源重组引入一个新的基因，称基因敲入（gene knockin）。它克服了随机整合的盲目性和危险性，是一种理想的修饰、改造生物遗传物质的方法。这项技术的诞生可以说是分子生物学技术上继转基因技术后的又一革命。尤其是条件性、可诱导性基因打靶系统的建立，使得对基因靶位点在时间和空间上的调控更加精确，它的发展将为发育生物学、分子遗传学、免疫学及医学等学科提供一个全新的研究手段。该技术的应用涉及基因功能的研究、生产具有商业价值的转基因动物和植物、异体动物器官移植和人类疾病的基因治疗等诸多方面。目前，基因打靶技术在鼠胚胎干细胞（embryonic stem cells，ESCs）中的应用已经很成熟。由于大动物的胚胎干细胞难以分离和培养，其基因打靶可以用体细胞来代替，然后用核移植技术来产生转基因动物。由于对人类胚胎干细胞的研究始终是一个审慎的课题，所以基于基因治疗为目的的人类细胞的基因打靶也可用病人体细胞来取代，以生产转基因动物的方法来获得用于移植治疗的不受免疫排斥的细胞和组织。本节主要介绍胚胎干细胞和体细胞的基因打靶原理、技术路线及进展。

一、基因打靶载体的类型和构建方法

把目的基因和与细胞内靶基因特异片段同源的 DNA 分子都重组到带有标记基因（如 neo 基因、TK 基因等）的载体上，此重组载体即为打靶载体。因基因打靶的目的不同，此载体有不同的设计方法，如是为了把某一外源基因引入染色体 DNA 的某一位点上，这种情况下应设计的插入型载体要包括外源基因（即目的基因）、同源基因片段及标记基因等部分；如是为了使某一基因失去其生理功能，这时所要设计的置换型打靶载体应包括含有此靶基因的启动子、第一外显子的 DNA 片段及标记基因等诸成分。哺乳动物细胞打靶中常用的 2 种载体是置换型载体（Ω 型）和插入型载体（O 型），其基本的结构如图 3-23 所示。

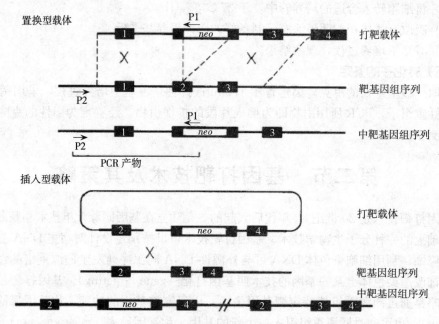

图 3-23　哺乳动物细胞打靶中常用的 2 种载体

图 3-24 中，neo 为正选择基因；P1、P2 为检测中靶点的 PCR 引物；带数字的黑框表示基因的外显子。

（一）置换型载体

又称 Ω 型形体，断裂位点位于同源序列的外侧或两侧，选择基因位于同源目的序列内部或外侧，载体 DNA 同源目的序列与染色体靶位点发生 2 次同源重组。载体的同源序列取代染色体靶位序列。设计置换型载体应注意以下几点。

1. 同源臂为 5～8kb。

2. 正选择标记框应插入到靶基因上游的外显子内。

3. 应避免将正选择标记插入到靶基因外显子 2 个编码密码子之间。

4. 如果靶基因过小或 5′端的外显子过大，应删除整个靶基因。

5. 如果采用 PCR 的方法进行筛选中靶的克隆，打靶载体的短臂应为 0.5～2kb。

6. 转染细胞前，在同源臂的外侧将载体线性化。

（二）插入型载体

又称 O 型载体，在打靶过程中，断裂位点位于同源序列内，选择基因紧邻同源目的序列，载体 DNA 同源序列与染色体靶位点发生 1 次同源重组，整个载体整合到染色体靶位点上。插入型载体的设计应遵循以下原则。

1. 同源序列为 5～8kb。

2. 同源序列上应至少含有 1 个单一的限制性内切酶位点，以便形成双链断裂点。

3. 正选择标记框可以位于同源区内，也可以位于同源区外。

4. 如果载体中的同源序列仅含有 1 个外显子，正选择标记框不要插入到外显子内。

5. 不要选用基因的第一个和最后一个外显子序列作为打靶载体的插入位点。

6. 设计载体时，尽量破坏一些限制性内切酶位点，以便于 Southern 杂交分析。

二、胚胎干细胞基因打靶

用于胚胎干细胞基因打靶的靶细胞目前最常用的是小鼠 ES 细胞。首先是设计合成一个将要导入 ES 细胞的打靶载体（targeting vector），该载体不仅含有需要插入的 DNA 序列，其两端还含有与靶基因位点上的序列相同的核苷酸片段，将此载体用转基因技术导入靶细胞，通过外源载体与内源靶位点相同的核苷酸顺序间的同源重组，使外源 DNA 序列定点整合到靶细胞的特定基因位点上，从而达到对靶位点进行定点修复或定点突变的目的。为了便于筛选重组阳性的细胞克隆，目前普遍采用正负双向选择策略，即打靶载体上同时携带正选择基因（如 G418）和负选择基因［如丙氧鸟苷（GANC）、Hygro 等］，当发生定点整合（同源重组）时，同源臂外侧的负向选择基因被切离，同源臂之间的正向选择基因整合入基因组，表现型为 G418＋/GANC－；当随机整合时，正向和负向选择基因都插入到基因组内，表现型为 G418－/GANC＋。将筛选出的已发生定点整合的 ES 细胞用显微注射方法导入着床前的宿主囊胚的内细胞团，再将此胚胎移植到假孕母鼠的子宫内，就可得到由供体 ES 细胞和受体 ES 细胞共同发育成的子代嵌合体小鼠。发生了定点突变或修复的供体 ES 细胞既可能发育成嵌合体的体细胞，也可能发育成嵌合体的生殖系。如果供体 ES 细胞发育成嵌合体的生殖系，通过嵌合体间的杂交，就可获得某一基因发生了定点突变或修复的纯合子，即双等位基因突变动物。

基因同源重组法敲除靶基因的基本步骤如图 3-24。

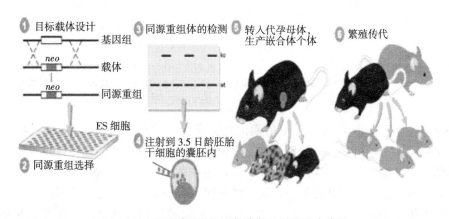

图 3-24　基因同源重组法敲除靶基因的基本步骤

（一）基因载体的构建

把目的基因和与细胞内靶基因特异片段同源的 DNA 分子都重组到带有标记基因的载

体上，成为重组载体。基因敲除是为了使某一基因失去其生理功能，所以一般设计为替换型载体。

（二）ES 细胞的获得

现在基因敲除一般采用胚胎干细胞，最常用的是小鼠胚胎干细胞。常用的小鼠的种系是 129 及其杂合体，因为这类小鼠具有自发突变形成畸胎瘤和畸胎肉瘤的倾向，是基因敲除的理想实验动物。其他遗传背景的胚胎干细胞系也在逐渐被发展应用。

（三）同源重组

将重组载体通过一定的方式（电穿孔法或显微注射法）导入同源的胚胎干细胞（ES cell）中，使外源 DNA 与胚胎干细胞基因组中相应部分发生同源重组，将重组载体中的 DNA 序列整合到内源基因组中，从而得以表达。显微注射命中率较高，但技术难度较大，电穿孔命中率比显微注射低，但便于使用。

（四）选择筛选已击中的细胞

由于哺乳动物同源重组自然发生率极低，重组概率仅为 $1/10^5 \sim 1/10^2$，因而如何从众多细胞中筛选出真正发生了同源重组的胚胎干细胞非常重要。目前，常用的筛选方法是正负筛选法（PNS 法）和标记基因的特异位点表达法，应用最多的是 PNS 法（图 3-25）。

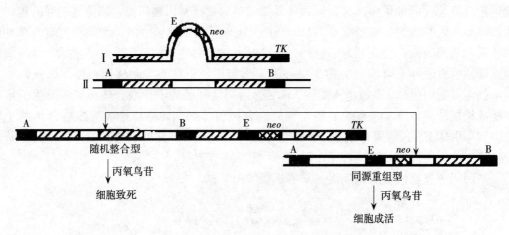

图 3-25　正负双向选择系统

[Ⅰ为正、负选择 DNA 载体，Ⅱ为染色体 DNA，Ⅰ、Ⅱ的斜线部分为两者的同源区，A、B 为染色体上的 2 个基因，E 为载体上的外源基因，neo 为 G418 抗性基因，即正选择基因，TK 为载体上的负选择基因，表达单纯疱疹病毒胸苷激酶（HSV-TK）的细胞能够被丙氧鸟苷致死]

1988 年，Mansour 等设计了正负双向选择系统（positive-negative-selection，PNS），解决了定点整合与随机整合的鉴别问题。同源重组时，只有载体的同源区以内部分发生重组，同源区以外部分将被切除。随机整合时，是在载体的两端将整个载体连入染色体内。置换型载体含有正负选择基因各一，正选择基因多为 neo 基因，位于同源区内，其在随机整合和同源重组中均可正常表达。负选择基因在靶基因同源区之外，位于载体的 3′端，常用 HSV-TK 基因，在同源重组时，TK 基因将被切除而丢失。相反，在随机整合时，所有的序列均保留（包括 TK）。胸苷激酶蛋白（TK）可使无毒的丙氧鸟苷（GANC）转变为毒性核苷酸，而杀死细胞，因而可用丙氧鸟苷筛选排除随机整合的细胞株。故同源重组时，G418 和 GANC 都有抗性，随机整合时对 G418 有抗性，但对 GANC 敏感，细胞将被杀死，无整合的将被 G418 杀死。用 G418 作正筛选，选出含有 neo 基因的细胞株，再用丙氧鸟苷作负筛选淘汰含有 TK 基因的细胞株，保留未含有 TK 基因的同源重组细胞株。此方法是目前应用较广泛的一种基因打靶策略（Mansour 等，1998）。正向筛选标记基因 neo 具有双重作用，一方面导致靶基因的插入突变；另一方面作为重组细胞的正向筛选标志，该基因产物可使细胞在含有新霉素的培养基中生长。除了上述方法外，还可用 PCR 及 Southern 杂交法进一步筛选及鉴定中靶细胞。

来自霍华德·休斯医学研究院（The Howard Hughes Medical Institute，HHMI）的 Friedel 等建立了一种新的同源重组选择方法——启动子陷阱法（promoter trap）。其主要程序是将选择标记基因 neo^R 的启动子和起始密码切除，再嵌入打靶载体中与靶位点同源的序列内，将打靶载体转染进靶细胞。但可能出现下面几种情况：打靶载体不整合入靶细胞基因组，将随传代而丢失；外源打靶序列随机整合，由于 neo^R 基因缺失了其自身的启动子和起始密码，整合位点周围也无启动子，使 neo^R 基因的表达受阻；虽是随机整合，但在其整合位点侧翼序列，其他基因的启动子能启动 neo^R 基因的表达；外源打靶载体与靶位点发生了同源重组，则 neo^R 基因可借助靶基因自然存在的和起始密码的作用而呈现表达活性。因此，如用 G418 筛选，则抗性细胞中将只包含后 2 种可能情况，根据这 2 种情况下基因组 DNA 酶切图谱的不一致，用 Southern 印迹杂交即可检测出同源重组的克隆（Friedel 等，2005）。

（五）表型研究

通过观察嵌合体小鼠的生物学形状的变化，进而了解目的基因变化前后对小鼠的生物学形状的改变，得以对目的基因进行研究。

（六）得到纯合子

由于同源重组常常发生在 1 对染色体中的 1 条染色体上，所以要得到稳定遗传的纯合子基因敲除模型，需要进行至少 2 代遗传。

三、体细胞基因打靶

对于大型哺乳动物，迄今尚未能建立 ES 细胞系，而对人类 ES 细胞的基因打靶研究也受到伦理、取材等方面的限制，在此背景下，体细胞基因打靶技术得以发展。首先，要设计合成 1 个将要导入体细胞的打靶载体，对该打靶载体的要求与 ES 细胞基因打靶载体类似。将此载体导入受体细胞，通过正负双向选择系统对打靶阳性的体细胞克隆进行筛选，将筛选出的只发生了 1 次同源重组（即双等位基因中的 1 个发生了定点突变或修复）的体细胞，根据需要来决定是否进行二次基因打靶，使 2 个等位基因均发生定点突变或修复。然后，将该体细胞的细胞核移植到去核卵母细胞中，通过激活和融合形成重构胚，将重构胚移植到受体动物的子宫内，并诞生出某一基因发生改变的转基因动物。

四、基因打靶技术的发展及复杂调控

以往的基因打靶对生物基因组的修饰缺乏可控性，而近几年发展起来的条件性基因打靶，由于其对生物基因组的修饰在时间和空间上的可调控性而获得了广泛应用。条件性基因打靶实际上是在常规基因打靶的基础上，利用重组酶介导的位点特异性重组技术。常见的重组酶（recombinase）有 Cre 和 Flpe，它们的识别位点分别是 loxP 和 FRT 核酸序列。通过在靶基因序列的两侧装上 2 个同向排列的 loxP 或 FRP 序列，之后经过导入 Cre 或 Flpe 重组酶，介导靶基因两侧的 2 个 loxP 或 FRT 位点发生重组，结果将靶基因和其中的 1 个 loxP 或 FRT 序列切除。这样，靶基因的修饰（切除）是以重组酶（Cre 或 Flpe）的表达为前提的。重组酶在哪一种组织细胞中表达，靶基因的修饰（切除）就发生在哪种组织细胞，所以只要控制重组酶的表达特异性就可实现对靶基因修饰的特异性。

Cre-LoxP 重组系统的工作原理如图 3-26 所示。

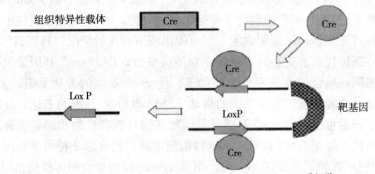

| LoxP 位点 | ATAACTTCGTATAGCATACATTATACGAAGTTAT | Gre 重组酶 |
| FRT 位点 | GAAGTTCCTATTCTCTAGAAAGTATAGGAACTTC | Flp 重组酶 |

图 3-26　Cre-LoxP 重组系统的工作原理

Cre 是来源于 P1 噬菌体 Cre 基因所编码的一种位点特异重组酶，能够识别特异靶位点并在其上催化断裂和重接，从而产生精确的 DNA 重组。LoxP 位点对应 Cre 的特异靶基因位点，它包括 2 个反向重复序列及 1 个核心序列。2 个反向重复序列分别位于核心序列两侧，中间的核心序列标志着 LoxP 位点的方向，从而介导 Cre 在不同排列的 LoxP 位点间的重组作用。Cre 重组酶可以介导 3 种不同的重组：同一 DNA 分子同向 LoxP 位点间序列的缺失，不同 DNA 分子同向 LoxP 位点间序列的插入，以及同一 DNA 分子反向 LoxP 位点间序列的颠倒。Cre 的重组作用具有高效性、高特异性和时空特异性等特点，如果利用时空特异调控的启动子或其他调节基因，就可以实现 Cre 的条件性表达，从而极大地增加 Cre-LoxP 系统在转基因动物领域的实用价值。Cre 介导的重组可以在多种真核生物细胞内实现，比如酵母、植物和哺乳动物细胞中。并且，Cre 重组酶也能够在转基因小鼠中稳定表达。

Cre-LoxP 重组系统经常用于基因打靶技术中，尤其是条件性定向基因转移技术。使用 Cre-LoxP 的最直接目的是在定向基因转移实现之后除去标记基因。这对修饰基因座上的基因而非将其灭活的试验，十分重要，因为筛选标记基因极有可能干扰基因的功能或表达调控。使用 Cre-loxP 序列系统还可以进行基因座上的序列置换。一般来说，进行基因置换的目的是用 1 段异源的 DNA 序列去置换靶基因座上 1 段内源的野生型 DNA 序列。与使用常规置换型载体简单地将新序列插入到基因座上相比，Cre-loxP 序列系统可以同时去除被取代的原始基因片段和筛选标记基因，仅留一小段 LoxP 序列在靶基因上（杜丽等，2010）。

五、基因打靶技术的应用和展望

基因打靶技术具有定位性强和打靶后新的基因随染色体 DNA 稳定遗传的特点，它是一种理想的修饰改造生物遗传物质的方法。如果说基因工程技术是 20 世纪生命科学领域的一个重大突破，基因打靶技术则是其在应用领域的另一重大飞跃。这项技术使人们有可能真正地按自己的设想去改造生物的遗传物质，且使改造后的遗传物质能稳定遗传。一些复杂的生命现象如发育的分子机制则有望通过此技术得以解答。可以利用这一技术创造出更多有利于人类的新品种，还可通过这一技术了解一些疾病的分子机制，并解决某些遗传病的治疗问题。

（一）基因打靶技术的应用

自从 Thomas 等首次成功地利用定向基因转移技术在小鼠 ES 细胞中实现基因定点突变以来，基因敲除这项技术已发展成为研究小鼠基因功能的最直接手段（Thomas 等，1987）。早期的 ES 细胞取自动物早期胚胎的内细胞团，它可在体外长期培养并保留发育成各类细胞的全能性，即只分裂但不分化。在体外进行遗传操作后，将 ES 细胞重新植入胚胎，它可发育成胚胎的各种组织，从而形成嵌合体动物。如果这些携带突变基因的 ES 细胞能发育成动物个体的生殖细胞，通过动物个体之间的杂交就能获得基因纯合突变的动物个体。到目前为止，通过在 ES 细胞中敲除基因，已培育出 800 多种基因缺失的小鼠品系。小鼠中基因敲入的研究也已取得成功，这些工作都是在小鼠的 ES 细胞中进行。但是，此项技术在家畜中难以进行，其主要原因是到目前为止仍未建立家畜的 ES 细胞系，所以定向基因转移技术不能在其他动物中普遍采用。1996 年，体细胞克隆技术的出现使得在动物原代培养细胞中实现基因定向转移成为可能（Campbell 等，1996）。与利用小鼠 ES 细胞建立基因打靶小鼠相比，用体细胞进行基因打靶的优点是技术操作比较简单，可直接对人的体细胞系进行打靶，研究人类特定基因的功能。因为人与鼠之间存在较大的遗传和生理差异，用小鼠建立的人类疾病模型不一定能真实反映人的生理病理过程。另外，用 ES 细胞构建打靶动物技术难度大、费用昂贵，而且部分基因打靶动物不能存活。因此，近年来对体细胞进行基因打靶受到了高度重视，国外用该技术已敲除多种肿瘤抑制基因，以深入研究它们的作用机理，寻找有效的基因治疗药物。

基因打靶技术在实践中有广泛的用途。经典的遗传学主要是通过自然突变子的逐步聚集，筛选出高产、优质的和具有较高经济价值的动植物品种。通过基因打靶可以更迅速、有效和精确地对动植物品种进行改良，达到同样的目的。我们能够将基因打靶技术和体细胞克隆技术结合起来，一起运用到动物乳腺生物反应研究当中，使药用蛋白基因定点地置于动物乳汁蛋白基因座的调控序列之下，进而获得足够多的、有生物活性的珍贵药用蛋白。

（二）体细胞基因打靶目前存在的问题和解决途径

利用大动物体细胞进行基因打靶目前仍存在许多问题有待解决，首先，体细胞打靶同源重组的频率比 ES 细胞低两个数量级，且体细胞中非同源重组的频率非常高；其次，体细胞在转染后传代次数有限、易分化、易衰老等。因此，对中靶体细胞的筛选和富集成为基因打靶技术中关键的一环。解决上述问题，可有如下两方面的途径：

1. 提高打靶效率　打靶载体中同源序列是决定同源重组效率的关键因素，Deng 等研究表明，当载体同源序列长度从 4kb 增加至 9kb 时，基因打靶效率将增加 10 倍，同时非同源重组效率增加 40 倍（Deng 等，1992）。Zimmer 等用显微注射法将含 20kb 同源重组序列的载体插入小鼠基因组，破坏了 Hox1.1 基因，其效率是 1/150（Zimmer 等，1989）。Hasty 等研究发现，同源序列达一定长度后，继续增加长度对同源重组效率不产生显著影响（Hasty 等，1991）。另外，载体上的非同源序列对打靶效率可能产生影响，片段插入的数目和位点可能与同源重组效率有关，但不是主要的影响因素。

在构建打靶载体时，应对计划打靶的等位基因在打靶细胞中所有可能产生的转录和转译产物作周全的考虑。例如，如果计划通过切出或打断来使有关键功能的外显区失活，则需要考虑经这类改变后，某种剪接的产物是否有另外的功能，或者有另外的剪接使转录产物超出阅读框架。还需要考虑靶基因与标记基因之间可能形成的融合蛋白，尤其是标记基因无启动子或缺乏 Poly A 信号的时候。

2. 改进中靶细胞的检测方法　在基因打靶之前建立鉴别打靶细胞的试验方法是极其重要的。由于检验的探针是"界外的"探针（即虽为识别打靶位点探针，但却在打靶序列和打靶载体之间的同源区的界外），且探针常常是从内含子序列检验，而内含子往往存在重复序列，因而要得到清晰明确的信号使用界外探针并非易事。有时，改变打靶构件来适配一个好探针，比找到一个对特定构件作用的好探针更容易。因此，在电转移之前先要有探针。

鉴别性检验也应包括去肯定只有 1 个整合位点即同源位点。电转移的优点之一是，如果打靶 DNA 的量不大，通常就只有 1 个整合位点，但为确保这一点，还要对此整合位点进行测定。鉴别工作还应包括检验打靶序列任一端不存在缺失。若打靶序列的一端存在缺失，则可能是同源臂上同源区短（132bp）所致。应避免将靶基因连同 1 个邻近的基因消除，认为是由基因敲除所致。

减少对随机整合子的检测有利于分离打靶过的细胞，最常用的方法就是 PNS（Mansour 等，1988）。

第三节　RNAi 基因沉默载体的构建

一、RNAi 的研究

1990 年，Napoli 等为了加深矮牵牛花的紫色，将过量的色素合成基因导入细胞，结果是：不仅转入的色素基因未表达，自身的内源色素合成也减弱，转基因的花出现白色或全白色，他们称这种现象为共抑制（co-suppression）（Napoli 等，1990）。1995 年，美国康奈尔大学的 Guo 和 Kemphues 发现正义 RNA 与反义 RNA 同样能阻断线虫中 par-1 基因的表达，但他们不得其解。1996 年，Irelan 等在脉孢菌属（Neurospora）中发现了相似现象，他们将这种现象命名为基因表达的阻抑作用（quelling）。1998 年，Fire 等首次发现将双链 RNA（dsRNA）注入线虫可特异性抑制基因表达，并将这种由 dsRNA 引发的基因表达抑制现象称为 RNA 干扰（RNAi）。由于基因的功能无法表达而不能显现，故又将此现象称为基因沉默（gene silencing）。随后的研究发现，长度为上百碱基对的 dsRNA 在低等真核生物（如秀丽线虫、果蝇、拟南芥锥虫等）中均表现很好的基因沉默效应，但哺乳动物细胞转入的 dsRNA 超过 30bp 时即会引起干扰素（IFN）效应和激活 RNA 依赖的蛋白激酶（PKR）通路，从而导致细胞增殖受阻甚至凋亡（Persengiev 等，2004）。在哺乳动物细胞中，主要应用 2 种相关的技术来实现 RNAi：一种是向哺乳动物细胞直接转染人工合成的长度为 19bp 并且 3′端具有 2 个突出碱基的小干扰 RNA（siRNA）（Elbashir 等，2001），另一种是利用表达质粒或者病毒载体在哺乳动物细胞中表达小发夹 RNA（shRNA）（Brummelkamp 等，2002）。化学合成与体外转录方法得到的 siRNA 进入细胞后容易被降解，只能引起短暂的干扰效应，而通过载体介导可以获得稳定而持久的基因沉默。2006 年，Peng 等用传统的显微注射法将 shRNA 表达载体导入小鼠受精卵，其沉默效应可持续传递多代，证明 RNAi 效应是可以稳定遗传的。以此为契机，RNAi 的基础和应用研究迅速成为 21 世纪初生命科学中的热点领域。2001 年和 2002 年，RNAi 研究曾连续 2 年入选美国《科学》杂志评定的"年度自然科学十大突破"。2006 年，诺贝尔生理学与医学奖授予美国科学家法尔和梅洛，以表彰他们在发现 RNA 干扰现象中做出的重要贡献。目前，RNA 干扰技术已经成为在细胞及个体水平研究基因功能、调控，以及发现新基因的有力工具，渗透到了发育生物学、分子生物学和分子遗传学的各个分支，并在人类疾病模型、基因治疗和新药研发等与人类健康密切相关的领域，以及畜禽遗传育种等诸多领域展示了诱人的应用前景。

二、RNAi 的分子机制

随着与 RNAi 技术作用相关的一些酶和蛋白的相继发现，其作用机制逐渐阐明，包括针对 DNA 分子在转录水平进行基因沉默和针对 mRNA 分子在转录后水平进行基因沉默。它们在某种情况下存在着共同的通路和执行者，而且是相互交错进行。

（一）转录水平的基因沉默

转录水平的基因沉默主要发生在真核细胞核，是指基因信息从 DNA 到 mRNA 的转录过程尚未启动时，siRNA 分子通过修饰染色体 DNA 分子或与其结合的组蛋白分子，阻碍转录的发生，主要包括 RNA 介导的 DNA 甲基化、异染色质形成和 DNA 分子消融 3 个环节，此种 siRNA 分子是长度为 60～200bp 的小双链 RNA 分子，多见于低等动物体内。

（二）转录后水平的基因沉默

1. 起始阶段　由外源导入或由转基因、病毒感染、转座子的转录产物等各种方式引入的 dsRNA 被 Dicer 核酸酶（Rnase Ⅲ核糖核酸酶家族成员）在 ATP 的参与下切割为 21～23nt 的小 RNA，即小干扰 RNA（small interfering RNA，siRNA）。Dicer 酶是 RNase Ⅲ家族中的一员，主要切割 dsRNA 或者茎环结构的 RNA 前体成为小 RNAs 分子。siRNA 的序列与其作用的靶 mRNA 的序列具有高度同源性，它是由 19～21 个碱基配对形成的双链；在其 3′端有 2 个游离未配对的核苷酸，5′端磷酸化，此结构对于 siRNA 行使其功能非常关键。

2. 效应阶段　siRNA 可与一些相关蛋白如 Argonaute 蛋白家族、解旋酶、核酸酶以及 ATP 等一起组成具有多个亚单位的核糖核苷酸蛋白复合物，即 mRNA 沉默复合体

（RNA inducing silencing Complex，RISC）。RISC 可能以完全单链或 2 条链解旋，但不完全分离的形式存在，使 siRNA 的反义链与靶 mRNA 的特异序列互补结合。继而，RISC 复合物中的核酸酶在靶 mRNA 与 siRNA 结合区域的中间将其切断。这种 mRNA 在转录后水平被降解、抑制其基因表达的现象称为转录后基因沉默（post-transcriptional gene silencing，PTGS）。

RNAi 的作用机理如图 3-27。

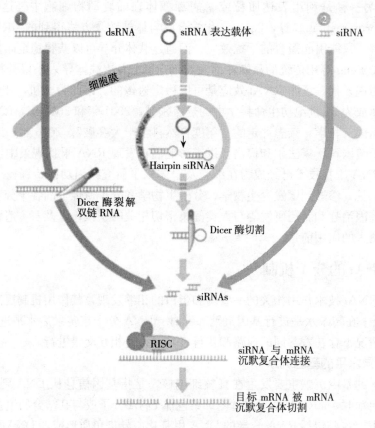

图 3-27   RNAi 作用机理

三、shRNA 表达载体构建

shRNA 包括 2 个短反向重复序列，中间由一茎环序列分隔，退火后可组成发夹结构。携带目的基因 shRNA 的表达载体转染或者转导到目标细胞中，载体表达 shRNA 并被 Dcier 酶切割产生 siRNA，即可引发目标基因的沉默。shRNA 表达载体可分为质粒载体和病毒载体，其最大的优点就是利用载体上的抗生素标记可以建立稳定的长期基因沉默细胞株，或者通过病毒插入基因组中，从而得到稳定的基因沉默细胞株。

（一）shRNA 的设计

shRNA 的设计方法如下。

1. 从起始密码子下游 50～100bp 开始搜索 siRNA，主要是为了避免 5′端或 3′端

UTRs 的蛋白结合位点。

2. 搜索 5′AA（N19）UU 的序列，如果没有相应序列，可以选择 5′AA（N21）或 5′NA（N21）。

3. GC 含量在 30%～52%，高 GC 含量会降低 RNAi 的效果。

4. 有义链 15～19 位至少有 3 个 A 或 U。

5. 避免出现反向重复，否则会形成发卡。

6. 有义链 19 位为 A。

7. 有义链 3 位为 A。

8. 有义链 10 位为 U。

9. 有义链 19 位非 G 或 C。

10. 有义链 13 位非 G。

11. 利用 Blast 软件，在基因组数据库中对设计出的序列进行比对，确定 siRNA 对靶基因的特异性。

12. 可同时构建 2 个以上针对同一基因不同靶区域的干扰序列，并设置对照 siRNA（即在基因组中无对应序列的 siRNA）。

除了 siRNA 序列本身以外，靶 mRNA 的二级结构对 siRNA 的沉默效率也有较大的影响。即使设计的 siRNA 非常有效，但由于靶序列区的高度折叠导致其难以接近目标区域，会影响 siRNA 正常发挥作用。

（二）启动子的选择

在进行 RNA 干扰试验时，首选的启动子是 RNA 聚合酶Ⅲ类启动子（包括人源 H1、人源 U6 和鼠源 U6 启动子）。这类启动子相对简单，完全位于转录序列的上游，因而转录产物不含来自启动子的序列；另外转录产量相对较高，遇到 3～6 个连续的 T 时会自动终止转录，不需要转录终止信号，很适合制备 siRNA。实验表明，U6 启动子比 H1 相对较强，而且表达持续时间较长，是多数研究者的首选。此外，RNA 聚合酶Ⅱ类启动子如 CMV 和 U1 启动子也比较常见。由于 CMV 能耐受 4 个甚至更长的 U，采用这类启动子的表达载体需要在下游添加转录终止信号，如 SV40 转录终止信号，因而当目标序列中含有连续的 U 时，应考虑优先选用该启动子。CMV 启动子不是人类或者鼠类细胞内源启动子，因而不会干扰细胞本身的转录，更适合作长期 shRNA 表达。但应注意，shRNA的表达并非是越高越好，外源基因的过度表达可能会导致细胞毒性或者脱靶效应的发生。

上述启动子均为组成型表达启动子，在人源、小鼠或大鼠细胞中通用。但在实际研究中，常需要在特定的组织部位或者时间开启 shRNA 的表达，这就需要用到另一种比较常见并且重要的启动子——诱导型启动子。

（三）抗性标记的选择

真核表达载体一般都被设计带有一定的抗性标记，通过抗性筛选稳定表达外源基因的细胞株，shRNA 表达载体也不例外。抗生素筛选本身不是细胞生长所必需的，甚至会干扰细胞原有的表达模式。但是，带有抗生素标记的 shRNA 表达载体可用于长期抑制的研究，通过抗性辅助筛选，使得质粒可以在细胞中持续抑制靶基因的表达，而且可以有效避免未转染细胞影响后继的 mRNA 检测。抗生素选择的另外一个作用是促进 shRNA 表达，防止 shRNA 表达减弱而影响基因表达沉默的效果。因此，在设计 shRNA 表达载体时，最好选择一个抗性标记。这些筛选标记都是哺乳动物细胞常用的抗生素，如 G418、潮霉素或嘌呤霉素等，应根据实际需要而定。

（四）病毒载体的选择

病毒转染细胞的效率远远高于其他任何转染试剂，对于那些难以转染的细胞系、原代细胞或彻底分化的静止细胞，病毒载体是比较好的选择，因而可以将设计好的目标 shRNA 克隆到病毒载体，以达到高效转染细胞。目前，最常用的病毒载体包括腺病毒、腺相关病毒、逆转录病毒和慢病毒，各种病毒载体都具有各自的特点和优势。为了操作安全，病毒基因组中的重要元件被拆分到 2～3 个载体中，一个用于构建外源基因插入的重组载体，另一个包括其他病毒蛋白或者包装元件，在试验中共同转染到包装细胞，最后包装成为具有感染能力，同时携带重组基因的病毒。

腺病毒可以高效地感染多种哺乳动物细胞和组织，由于其感染不受细胞周期限制，对分裂期或者非分裂细胞均可感染，因而特别适合逆转录病毒难以转染的完全分化的静止期细胞。但由于其不能整合到基因组中，需要长期稳定表达 shRNA 时不能采用。

因逆转录病毒可以随机插入基因组中，得到稳定表达 shRNA 的细胞株，所以其是研究长期基因沉默效应时的首选病毒。由于外源基因的随机插入，产生突变是不可避免的。逆转录病毒可以广泛地感染哺乳动物细胞和组织，适用于体内或者体外 RNA 干扰实验，但难以转染彻底分化的细胞。

慢病毒载体是逆转录载体的一种，可整合到染色体上，很少引起干扰素效应。经过改造的慢病毒，兼具腺病毒和逆转录病毒的优点，可以感染几乎任何一种细胞，包括静止期细胞和神经细胞。慢病毒载体逐渐成为构建基因沉默病毒载体的最佳选择，但在试验前应当充分估计随机整合的风险。

四、基因沉默技术在猪遗传改良上的应用

基因沉默技术作为一项新技术已经应用于畜牧业的遗传育种领域，尤其是猪的育种。

猪育种研究中，应用 RNA 干扰的基因沉默技术可以促进生长，提高肉质。猪的生长发育过程是一系列正调控基因和负调控基因共同作用的结果，如生长速度受生长激素基因的正调节和生长抑制素基因的负调节，肌肉的发育与组成受胰岛素样生长因子正调节和肌细胞生长抑制素基因的负调节，脂肪组织的发育也是如此。因此，育种实践中可以根据需要，利用基因沉默技术，一方面抑制生长和肌肉的负调控；另一方面加强脂肪组织发育的负调控，从而达到促进生长、提高瘦肉率的目的。随着哺乳动物功能基因组的深入研究，以及中国—丹麦家猪基因组计划的顺利实施，必将大大深化对家猪生长机理的认识，并探明肌肉—脂肪组织调控的精细机制，基因沉默技术在此领域将会大有作为。

基于 RNA 干扰的基因沉默技术还可用于猪的抗病育种，针对危害大、传播力强的猪病毒性传染病，如猪瘟、猪繁殖与呼吸综合征等，利用基因沉默技术设计构建特异性的沉默载体，来抑制病毒关键蛋白的转录，干扰病毒的复制和组装，从而达到抗病的目的。2006 年，高晓飞等筛选到针对编码猪繁殖与呼吸综合征（PRRS）病毒核衣壳蛋白的 N

基因的 2 处靶序列作为候选片段，在猴胚胎肾上皮细胞（MARC-145）上进行基因干扰试验研究，成功观测到由载体表达的小干扰 RNA 在 MARC-145 细胞中对 PRRS 病毒增殖的抑制现象。

目前，RNAi 在非脊椎动物（如线虫、果蝇）以及植物中的研究和应用已经取得了一些重要的成果，但在哺乳动物中的应用还处于起步阶段。基因沉默在很大程度上可以取代传统基因敲除技术，并具有独特的优势：步骤少、试验周期短、技术难度小、成本低；从遗传学角度考虑，传统基因敲除一般只能失活个体 2 个等位基因中的 1 个，相当于隐性突变，而基因沉默通过靶 mRNA 的抑制和降解制造功能缺失，相当于显性突变，因而可以省略传代纯合步骤，直接在杂合子中观察靶基因功能缺失的表型效应，从而显著加快试验进程。RNAi 技术比反义 RNA 技术和同源共抑制更有效，更容易产生功能丧失或降低突变。RNAi 现象存在的广泛性远远超过人们的预期，对此问题的深入研究将为进化的观点提供有力佐证。通过与细胞特异性启动子及可诱导系统结合使用，可以在发育的不同时期或不同器官中有选择地进行 RNAi，相信在不远的将来，RNAi 技术必然发展成为基因功能研究的有力工具。

第四节　其他猪基因组靶向修饰技术

一、锌指核酸酶

锌指核酸酶（zinc finger nucleases，ZFNs）是高效的动物基因组位点特异性修饰酶，它由两部分组成，一是 DNA 结合功能域（DNA-binding domain），由 3～4 个识别不同位点、根据靶位点序列人为重组的锌指结构域构成，这一部分介导 ZFN 与靶基因目的位点的特异性结合；二是源自 TypeII S 类的限制性内切酶 FokI，是没有序列特异性的核酸内切酶功能域，这一部分介导 ZFN 对靶位点 DNA 的非特异性降解。ZFN 需要二聚化（dimerization）来切割 DNA。将设计好的 2 个互补的 ZFN 分子同时与靶位点结合，当 2 个互补的 ZFN 分子间相距 6～8bp 时，FokI 结构域二聚化并切割 DNA，从而特异性地在基因组特定位点切断 DNA 双链，形成双链断裂缺口（double strand break，DSB）。DSB 可启动细胞内的 DNA 损伤修复机制。一方面，细胞通过错配率很高的非同源重组末端连接（non-homologous end joining，NHEJ）机制修复 DSB，从而在 ZFN 靶位点造成随机性的小片段丢失或是插入，引起基因的靶向敲除；另一方面，由于 DSB 可使同源重组效率大大提高，在 DSB 修复的过程中，如果细胞内同时存在与靶位点同源的 DNA 片段，则细胞主要通过 DNA 同源重组（homologous recombination，HR）的机制修复 DSB，从而实现靶向基因敲除或敲入。

锌指核酸酶的作用机理如图 3-28。

每条 DNA 链上的目标基因的 10 多个连续碱基是锌指蛋白识别和结合的对象，其间相隔的 6 个碱基会被 FokI 内切酶结构域切割，引起双链断裂。如果细胞的 DNA 修复是非同源的末端连接，将会有大约 70% 的概率通过随机删减或添加，引起移码突变的碱基长度变化，或无义突变引起蛋白质长度变化，从而导致基因敲除。如果修复过程中引入模板发生同源重组，可对目标基因进行修饰。

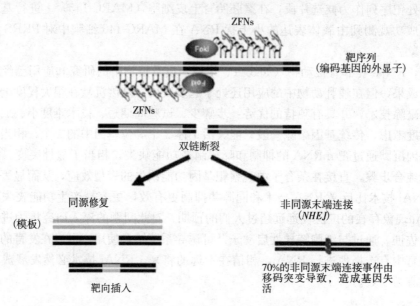

图 3-28　锌指核酸酶的作用机理

迄今为止，采用 ZFN 技术已经在多个物种，包括非洲爪蟾、斑马鱼、果蝇、小鼠、大鼠、人、猪等，完成了多个基因位点的靶向修饰研究。例如，1996 年，Kim 等首次提出构建"杂合内切酶"的概念，即将具有 DNA 结合活性的锌指结构域与具有 DNA 酶切活性的 FokI 结构域融合表达，采用体外实验证明这种新型人工酶能够在特定位点切割 λDNA。2001 年，Bibikova 等率先利用 ZFN 在非洲爪蟾中开展体内基因修饰研究。他们在爪蟾卵母细胞中注射含有 ZFN 特异识别位点的质粒载体和 ZFN 表达载体，随后采用 Southern blot 证明了 ZFN 可将靶向基因切开，并刺激细胞以外源质粒为模板，通过同源重组机制修复该切口。2002 年，Bibikova 等开展了在果蝇中应用 ZFN 进行内源性基因靶向敲除的研究。他们将含编码 3 个锌指结构的 ZFN 基因和热激启动子连接，用热激方法诱导 ZFN 表达，在果蝇的 Yellow 基因的相应位点产生 DSB，并以标记供体 DNA 为模板，通过同源重组修复机制替换 Yellow 基因。此变异通过生殖细胞可稳定遗传给后代，说明敲除的基因位于染色体基因组内。此法的研究成功表明可将其应用于其他生物，拓宽研究对象和范围。2003 年，Porteus 等首次报道了在人类细胞中利用 ZFN 技术实现基因打靶和基因插入。研究者使用 3 个锌指结构的 ZFN 将 GFP 报告基因定点插入到了 HEK293 细胞的基因组，并筛选得到表达 GFP 的细胞克隆。这是 ZFN 成功应用于哺乳动物基因组靶向修饰的首次报道。2010 年，Kim 等报道了 ZFN 用于哺乳动物基因组大尺度删除。研究者设计了不同组合的 ZFN 靶向人趋化因子受体（CCR2），发现 M15 和 S162 锌指核酸酶组合可以介导长达 15Mbp 基因片段的缺失。ZFN 成功用于多个物种胚胎水平的研究，采用胚胎显微注射 ZFN 的方法分别在斑马鱼、果蝇、大鼠等物种中得到携带预期突变且稳定遗传的个体（Geurts 等，2009）。2011 年，德国和中国的研究者分别报道了利用 ZFN 介导靶向敲除 α-1，3-半乳糖苷酶基因（α-1，3-GT）和过氧化物酶体增殖物激活受体 γ（PPARγ），这是将 ZFN 用于猪基因组靶向修饰的很有价值的探索工作（Hauschild 等，2011；Yang 等，2011）。总之，锌指核酸酶技术因其特异性好和修饰效率高等特点，在猪基因组靶向修饰和转基因猪的研究中将会发挥不可估量的作用。

为了使更多的研究者得益于 ZFN 技术，部分研究人员共同开发了集 ZFN 设计、筛选、验证等于一身的共同体（ZFN consortium），可登录 http：//www. zincfingers. org/ 查询。

二、TALEN

TALEN 效应蛋白（transcription activation-like effector nucleases，转录样激活因子蛋白）最初是在水稻白叶枯病菌中发现的，是重要的毒力因子。该蛋白主要由 3 部分组成：核定位信号（nuclear localization signal），负责使 TALEN 从细胞质转运到细胞核；转录激活域（transcription activation domian），负责激活所结合基因的转录；DNA 串联识别域（repeat domain），负责识别特异的靶 DNA 序列。TALEN 蛋白高度保守，其主要结构区别在于 DNA 串联识别域。该识别域的长度一般为 34 个氨基酸，但只有 12 位和 13 位的氨基酸是不同的，所以称为超变区（hypervariable），也称为重复可变域（repeat-variable domain，RVD）。不同的 RVD 决定了 TALEN 的序列识别特异性（少数 RVD 也存在简并性），含有不同 RVD 的 TALEN 蛋白串联在一起即可识别特定的 DNA 序列；再与 FokI 核酸内切酶融合表达，即可在识别特定 DNA 序列的基础上引入切割，造成双链断裂（DSB），从而实现基因敲除和敲入。这是 TALEN 发展为基因组靶向修饰技术的主要理论基础（Boch 等，2009；Moscou 等，2009）（图 3-29）。

2011 年，Sangamo 公司的研究人员首次报道采用 TALEN 技术实现了哺乳动物细胞的内源性基因 NTF3 和 CCR5 的定点修饰，效率高达 25％（Miller 等，2011），开创了动物基因组靶向修饰的新方法。

研究者自行设计和构建了 TALEN 技术及其相关载体，以实现自己的研究目标。现在已经成立了 TALEN 的专业资源网站，读者可免费查询相关资料和信息：http：//boglabx. plp. iastate. edu/TALENT/。

三、PhiC31 整合酶

在动物转基因研究中，位点特异重组酶是实现转基因定点修饰的有力工具。根据氨基酸同源性及催化残基，位点特异重组酶可分为 2 个家族：酪氨酸家族和丝氨酸家族。酪氨酸家族常称为 λ 整合酶系，其催化重组的机制是进行酪氨酸介导的链交换。已经研究较为清楚的 Cre-LoxP、FLT-FRP 等即属于此家族。该类重组酶的一个主要缺陷是其介导的反应是可逆的，真正的整合效率很低；由于该类重组反应需要识别位点的"预置"，所以在某些具体应用上它们往往不是最佳选择。丝氨酸家族也称为解离酶/转化酶系，该家族的催化反应由丝氨酸介导 DNA4 条链发生协调的交错断裂，再重新聚合完成重组，噬菌体 PhiC31、R4 和 TP901-1 均属此列。

PhiC31 整合酶最早报道于 1991 年，可识别细菌附着位点（bacterial attachment site，attB）和噬菌体附着位点（phage attachment site，attP），介导两者的位点特异重组。2 个识别序列间有一段重叠序列 TTG，侧翼是 2 个反向重复序列。attB 最小为 34bp，attP

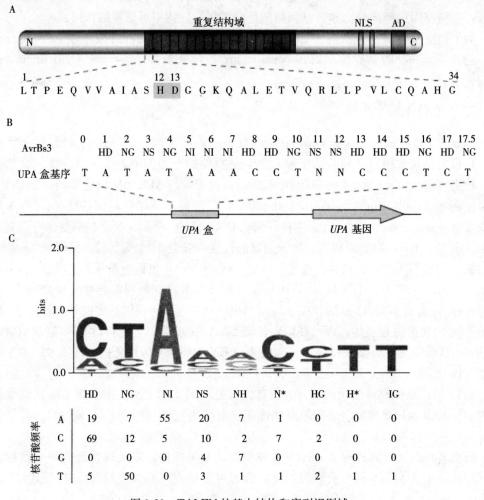

图 3-29　TALEN 的基本结构和序列识别域

最小为 39bp。经过位点特异重组后生成的 2 个杂合位点附着位点 L（attL）与附着位点 R（attR），再也不能作为整合酶重组的底物，因而反应是单向的。attB 和 attP 位点定位和定向的改变可导致不同的重组结果。当这 2 个位点定位在不同的 DNA 分子时，1 个 attP 和 1 个 attB 之间的重组导致一种整合作用。当这 2 个位点定位在同一 DNA 分子（质粒或染色体）时，则可能发生两种结果：如果 attP 和 attB 在 DNA 上同向排列，会发生缺失反应；如果这 2 个 att 位点反向排列，则引起倒位反应。因此，通过了解适合的 att 位点的定位和定向，就可以建立和选择特定的重组反应。PhiC31 整合酶具有自主作用的特点，不需要外界的化学能源、蛋白质辅助因子或者特殊的 DNA 拓扑结构。这些特点使 PhiC31 整合酶成为转基因定点修饰的有力工具（图 3-30）。

　　PhiC31 整合酶虽然来源于原核生物，但是在真核细胞环境中也可发挥良好的整合功能。Thyagarajan 等将含有 attB 位点的 EGFP 报告载体（或荧光素酶报告载体）和 PhiC31 表达载体共转染人胚肾 293 细胞和小鼠 NIH3T3 细胞，经过抗药性筛选，稳定克隆的数量增加了 8.6 倍，荧光素酶的活性比 PhiC31 缺失组至少高 10 倍。结果表明，在哺乳动物基因组中存在类似 attP 位点的序列，可作为整合酶作用的特异性位点，称之为假 attP 位点，可维持外源基因的长期、稳定和高效表达。研究人员还发现，PhiC31 整合酶优先选择在人类 8 号染色体短臂上的同一位点催化整合作用，该位点被命名为 hpsA (human pseudo site A)。在鼠 3T3 细胞基因组中，也鉴定出假 attP 位点，但是没有人类细胞基因组中的多 (Thyagafajan 等，2001)。之后，科学家们在果蝇、鸡、牛、蚕等多个物种中均鉴定出假 attP 位点，充分证明了 PhiC31 整合酶在真核细胞环境内能够

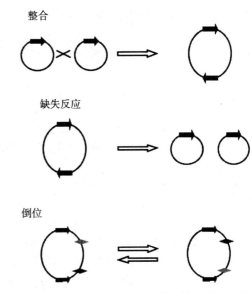

图 3-30 PhiC31 整合酶的 3 种位点特异重组方式

催化定点整合反应，可作为哺乳动物基因组靶向修饰的新工具。PhiC31 整合酶现已在基因治疗等方面得到广泛应用（马晴雯，2011）。Hollis 等（2003）通过共注射 PhiC31 整合酶的编码 mRNA 和带有 attB 的质粒 DNA 到小鼠的胚胎中，检测到该质粒在假 attP 位点上整合，且发现有 2.6% 的转基因后代。Tasic 等（2011）将 attb-pCA-GFP 质粒显微注射小鼠的受精卵，从得到的 447 只小鼠中，检测到有 45 只实现了定位整合。可以预见，PhiC31 整合酶技术在猪基因组定点修饰和转基因猪研究方面必将得到广泛利用（图 3-31）。

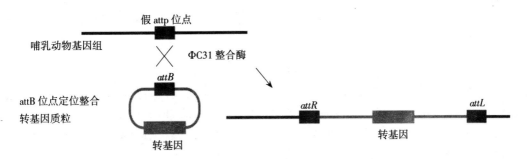

图 3-31 PhiC31 整合酶介导 attB 和假 attP 位点间特异重组

参考文献

杜丽，孟庆文，满处日嘎，等 . 2010. 转基因表达的时空调控 . 动物医学进展，31（10）：102-105.

高晓飞，包晶晶，陈勇军，等 . 2006. 利用 RNA 干扰机制抑制猪繁殖与呼吸综合征病毒的增殖 . 中国病

毒学，21（3）：226-230.

李国印，阙友雄，许莉萍，等.2011.甘蔗 MYB2 转录因子的电子克隆和生物信息学分析.生物信息学，9（1）：24-27.

李景芬，于浩，袁野，等.2009.同源重组敲除 MSTN 基因的猪胎儿成纤维细胞的构建.中国农业科学，42（8）：2972-2977.

刘秉乾，马志方，李胜芝，等.2005.异种移植转基因用含杂合增强子 UI 的人衰变加速因子重组基因的构建.天津医科大学学报，11（4）：528-530.

马晴雯.2011.PhiC31 整合酶系统介导的位点特异性整合研究进展.遗传，32（6）：567-575.

王兴春，杨长登.2003.转基因植物生物安全标记基因.中国生物工程杂志，23（4）：19-22.

Beimesche S，Neubauer A，Herzig S，et al. 1999. Tissue-specific transcriptional activity of a pancreatic islet cell-specific enhancer sequence/Pax6-binding site determined in normal adult tissues in vivo using transgenic mice. Molecular Endocrinology，13（5）：718-728.

Bi Y，Zheng X，Shao C，et al. 2011. Construction and application of a built-in dual luciferase reporter for microRNA functional analysis. Electronic Journal of Biotechnology，14（2）：11-17.

Bibikova M，Carroll D，Segal D J，et al. 2001. Stimulation of homologous recombination through targeted cleavage by chimeric nucleases. Molecular and cellular biology，21（1）：289-292.

Bibikova M，Golic M，Golic K G，et al. 2002. Targeted chromosomal cleavage and mutagenesis in Drosophila using zinc-finger nucleases. Genetics，161（3）：1169.

Black B L，Lu J，Olson E N. 1997. The MEF2A 3′untranslated region functions as a cis-acting translational repressor. Molecular and cellular biology，17（5）：2756-2760.

Boch J，Scholze H，Schornack S，et al. 2009. Breaking the code of DNA binding specificity of TAL-type III effectors. Science，326（5959）：1509-1512.

Brummelkamp T R，Bernards R，Agami R. 2002. A system for stable expression of short interfering RNAs in mammalian cells. Science，296（5567）：550-554.

Campbell K H S，McWhir J，Ritchie W，et al. 1996. Sheep cloned by nuclear transfer from a cultured cell line. Nature，380（6569）：64-70.

Carninci P，Westover A，Nishiyama Y，et al. 1997. High efficiency selection of full-length cDNA by improved biotinylated cap trapper. DNA Research，4（1）：61.

Choi T，Huang M，Gorman C，et al. 1991. A generic intron increases gene expression in transgenic mice. Molecular and cellular biology，11（6）：3070.

Deng C，Capecchi M R. 1992. Reexamination of gene targeting frequency as a function of the extent of homology between the targeting vector and the target locus. Molecular and cellular biology，12（8）：3365.

Edery I，Chu L L，Sonenberg N，et al. 1995. An efficient strategy to isolate full-length cDNAs based on an mRNA cap retention procedure (CAPture). Molecular and cellular biology，15（6）：3363.

Elbashir S M，Harborth J，Lendeckel W，et al. 2001 Duplexes of 21-nucleotide RNAs mediate RNA interference in cultured mammalian cells. Nature，411（6836）：494-498.

Fire A，Xu S Q，Montgomery M K，et al. 1998. Potent and specific genetic interference by double-stranded RNA in Caenorhabditis elegans. Nature，391（6669）：806-811.

Friedel R H，Plump A，Lu X，et al. 2005. Gene targeting using a promoterless gene trap vector (targeted trapping) is an efficient method to mutate a large fraction of genes. Proc Natl Acad Sci USA，102（37）：13188.

Geurts A M，Cost G J，Freyvert Y，et al. 2009. Knockout rats via embryo microinjection of zinc-finger nucleares. Science, 325 (5939): 433-435.

Guo S, Kemphues K J. 1995. par-1, a gene required for establishing polarity in C. elegans embryos, encodes a putative Ser/Thr kinase that is asymmetrically distributed. Cell, 81 (4): 611-617.

Hasty P, Rivera-Perez J, Bradley A. 1991. The length of homology required for gene targeting in embryonic stem cells. Molecular and cellular biology, 11 (11): 5586.

Hauschild J, Petersen B, Santiago Y, et al. 2011. Efficient generation of a biallelic knockout in pigs using zinc-finger nucleases. Proc Natl Acad Sci USA, 108 (29): 12013-12017.

Hemmings-Mieszczak M, Hohn T, Preiss T. 2000. Termination and peptide release at the upstream open reading frame are required for downstream translation on synthetic shunt-competent mRNA leaders. Molecular and cellular biology, 20 (17): 6212.

Hou Z, Xiao G. 2011. Total chemical synthesis, assembly of human torque teno virus genome. Virologica Sinica, 26 (3): 181-189.

Irelan J T, Selker E U. 1996. Gene silencing in filamentous fungi: RIP, MIP and quelling. Journal of Genetics, 75 (3): 313-324.

Ivics Z, Hackett P B, Plasterk R H, et al. 1997. Molecular reconstruction of Sleeping Beauty, a Tcl-like transposon from fish, and its transposition in human cells. Cell, 91 (4): 501-510.

Kim Y G, Cha J, Chandrasegaran S. 1996. Hybrid restriction enzymes: zinc finger fusions to Fok I cleavage domain. Proc Natl Acad Sci USA, 93 (3): 1156-1159.

Lee H J, Kim E, Kim J S. 2010. Targeted chromosomal deletions in human cells using zinc finger nucleases. Genome Research, 20 (1): 81-85.

Mansour S L, Thomas K R, Capecchi M R. 1988. Disruption of the proto-oncogene int-2 in mouse embryo-derived stem cells: a general strategy for targeting mutations to non-selectable genes. Nature, 336 (6197): 348-352.

Miller J C, Tan S, Qiao G, et al. 2011. A TALE nuclease architecture for efficient genome editing. Nat Biotechnol, 29 (2): 143-148.

Moscou M J, Bogdanove A J. 2009. A simple cipher governs DNA recognition by TAL effectors. Science, 326 (5959): 1501-1505.

Murphy K T, Koopman R, Naim T, et al. 2004. Antibody-directed myostatin inhibition in 21-mo-old mice reveals novel roles for myostatin signaling in skeletal muscle structure and function. FASEB J, 24 (11): 4433-4442.

Napoli C, Lemieux C, Jorgensen R. 1990. Introduction of a chimeric chalcone synthase gene into petunia results in reversible co-suppression of homologous genes in trans. The Plant Cell Online, 2 (4): 279-289.

Neiman M, Lundin S, Savolainen P, et al. 2011. Decoding a Substantial Set of Samples in Parallel by Massive Sequencing. PLoS One, 6 (3): 17785.

Palmiter R D, Sandgren E P, Avarbock M R, et al. 1991. Heterologous introns can enhance expression of transgenes in mice. Proc Natl Acad Sci USA, 88 (2): 478.

Paulmurugan R, Umezawa Y, Gambhir S. 2002. Noninvasive imaging of protein-protein interactions in living subjects by using reporter protein complementation and reconstitution strategies. Proc Natl Acad Sci USA , 99 (24): 15608-15611.

Peng S, York J P, Zhang P. 2006. A transgenic approach for RNA interference-based genetic screening in mice. Proc Natl Acad Sci USA, 103 (7): 2252-2256.

Persengiev S P，Zhu X，Green M R. 2004. Nonspecific，concentration-dependent stimulation and repression of mammalian gene expression by small interfering RNAs (siRNAs) . RNA，10 (1)：12-18.

Porteus M H，Baltimore D. 2003. Chimeric nucleases stimulate gene targeting in human cells. Science，300 (5620)：763-767.

Sabirzhanov B，Sabirzhanova I B，Keifer J. 2011. Screening Target Specificity of siRNAs by Rapid Amplification of cDNA Ends (RACE) for Non-Sequenced Species. Journal of Molecular Neuroscience，44 (1)：68-75.

Shu X，Royant A，Lin M Z，et al. 2009. Mammalian expression of infrared fluorescent proteins engineered from a bacterial phytochrome. Science，324 (5928)：804-807.

Suzuki Y，Yoshitomo-Nakagawa K，Maruyama K，et al. 1997. Construction and characterization of a full length-enriched and a 5′-end-enriched cDNA library. Gene，200 (1-2)：149-156.

Tamura T，Thibert T，Royer C，et al. 2000. A piggybac element-derived vector efficiently promotes germline transformation in the silkworm Bombyx mori L. Nat Biotechnol，(18)：81-84.

Thomas K R，Capecchi M R. 1987. Site-directed mutagenesis by gene targeting in mouse embryo-derived stem cells. Cell，51 (3)：503-512.

Thyagarajan B，Olivares E C，Hollis R P，et al. 2001. Site-specific genomic integration in mammalian cells mediated by phage PhiC31 integrase. Molecular and cellular biology，21 (12)：3926-3931.

Yang D，Yang H，Li W，et al. 2011. Generation of PPARγ mono-allelic knockout pigs via zinc-finger nucleases and nuclear transfer cloning. Cell research，21 (7)：979-982.

Zhu Y，Machleder E，Chenchik A，et al. 2001. Reverse transcriptase template switching：A SMART (tm) approach for full-length cDNA library construction. Biotechniques，30 (4)：892-897.

Zimmer A，Gruss P. 1989. Production of chimaeric mice containing embryonic stem (ES) cells carrying a homoeobox Hox 1. 1 allele mutated by homologous recombination. Nature (338)：150-153.

（毕延震，刘中华）

第四章

猪的转基因技术

第一节 显微注射法

应用显微注射技术制作转基因猪,由于其生理特点和解剖上的差异,与小鼠、大鼠和兔等小动物在操作环节上有较大的差异。制备转基因猪的工作必须由5～6名分工明确、操作熟练、配合默契的技术人员共同完成。显微注射法制备转基因猪的技术程序如图4-1所示。

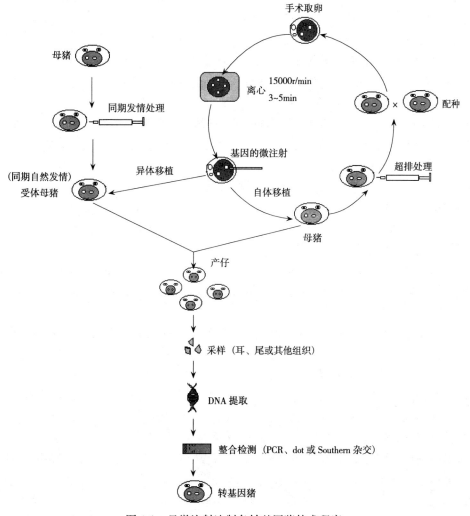

图4-1 显微注射法制备转基因猪技术程序

一、原核胚的获取

（一）供体母猪的准备

供体原核是转基因猪的遗传基础，因而要根据不同的实验目的选择相应的猪种。例如，以提高瘦肉率为目的的转基因，应选择具有中等瘦肉率，且肉质较好的地方品种，从而达到既能适当提高瘦肉率，又能保持优质的目的；过高的瘦肉率品种，如果通过转基因进一步提高瘦肉率，往往会降低肉质。如果是以改善肉质为目的的转基因，则可以选择高瘦肉率的品种。以育种为目的的转基因，要求供体猪有详细、完整的系谱资料，为下一步的育种工作提供依据。

在取受精卵和移植的过程中，需要对猪进行全身麻醉。RYR1（Ryanodine veceptor）基因显性的猪在麻醉过程中极易发生应激而死亡，因而要选择 RYR1 基因频率低的品种或品系。

供体母猪要从相对净化的猪群中选择。选择的个体要求身体健康、膘情中等。在进入正式试验之前，至少要进行 1 个情期的发情观察（断奶母猪除外），以淘汰发情不正常的母猪。认真做好每天的查情记录，以便为超数排卵处理提供准确的时间。

（二）供体母猪的超数排卵和配种

按本书第二章第二节所述的方法对供体母猪进行超数排卵和配种。

（三）确定采集胚胎的时间

Bremel 等（1999）的研究认为，掌握显微注射的时机非常重要，只有在胚胎进行第一次 DNA 复制前进入细胞核的外源 DNA，才有希望通过整合产生转基因动物。Chan 等的研究表明，在注射的 242 枚牛的原核胚中，有 58 枚（24％）表达了外源基因（GFP）；而在表达 GFP 的胚胎中，只有 12 枚是在所有的卵裂球中均表达了 GFP，是真正的转基因胚胎；其余的原核胚只是在一部分卵裂球中表达了 GFP，是嵌合体（Chan 等，1999）。从体内获取的受精卵，其发育阶段很不一致，几乎不可能确切地找出 DNA 尚未复制的原核用于显微注射。即使是用体外受精技术获得的受精卵，也有发育快慢的问题，难以做到一致。因此，目前也只能选择早期原核（越早期的原核，注射的效果会越好），这就难免会出现一部分嵌合体。如果嵌合发生在生殖细胞系上，这种嵌合体仍能将外源基因传递给后代。

由此可见，如何确定采集胚胎的时间，尽量获得早期的原核，就成为重要的环节。对于小鼠而言，获得大而清晰的原核，是显微注射的最佳时期。有研究表明，在注射 hCG 后的 24～28h，一般可获得高比例的大而清晰的原核（张德福等，2000）。尹海林等（2004）的研究表明，在注射 hCG 后的 18～27h，小鼠受精卵原核出现的数量随时间间隔延长而增加。其中，在注射 hCG 后的 25～27h 原核出现最多，达 82.2％～88.4％，且受精卵核大而清晰，适合显微注射。27h 后原核期受精卵的数量随着时间间隔的延长而减少。猪的受精卵被浓密的脂肪颗粒包被，不经离心，看不见原核。同时，与其他多胎动物一样，卵巢上众多的卵泡并非在同一时间全部排卵，母猪的排卵过程是陆续完成的，其持续的时间比小鼠等小动物更长。排第一个卵与排最后一个卵间隔的时间为 1～7h，平均为 4h（朱世恩，2006）。在超数排卵处理的情况下，间隔的时间更长。这样就造成同一时间从输卵管内取出的胚胎，其发育阶段很不一致，获得高比例原核胚的难度更大。原核期以后的胚胎，如发育到 2 细胞期的胚胎，2 个细胞均要注射，不仅注射时操作繁琐，而且整合率低；即使整合成功，也是嵌合体，这是由于整合在 2 个细胞的外源基因具有相同位点的概率极低。

李文化等（2000）以湖北白猪青年母猪为实验材料，按照超排母猪的不同取卵时间，观察获取胚胎的发育情况（表 4-1）。

表 4-1 超排母猪冲卵时间与胚胎发育阶段的关系

注射 PMSG 到收集胚胎时间（h）	供试母猪数（头）	1 细胞期胚胎率（%）	2 细胞期胚胎率（%）	多细胞胚胎率（%）
124~129	57	95.6	3.1	1.3
130~136	11	19.8	65.1	15.1
137~142	7	7.2	8.3	84.4

从表 4-1 可见，在注射 PMSG 后的 124~129h 内取卵，可得到 95.6% 的 1 细胞期胚胎。

对于自然发情母猪的最佳冲卵时间，魏庆信等（未发表资料）以青年湖北白猪作为实验材料，在其自然发情后，按常规进行人工授精。根据发情持续时间的不同，一般输精 1~2 次（个别需输精 3 次）每次输精间隔的时间为 12h。分别在最后 1 次输精的 18h、24h、30h 左右，从母猪的输卵管内冲卵，在实体显微镜下拣卵，在倒置显微镜下观察胚胎的发育情况。结果如表 4-2。

表 4-2 自然发情母猪冲卵时间对原核胚获得率的影响

冲卵时间（h）	处理母猪数（头）	原核胚数（枚）	2 细胞期以上原核胚数（枚）	原核胚获得率（%）
18	13	148	0	100
24	7	55	40	57.9
30	6	0	54	0

从表 4-2 可见，在最后一次输精的 18h 左右冲卵，原核胚获得率可达 100%。

（四）原核胚的采集

按本书第二章第三节所述方法，从供体母猪的输卵管内采集胚胎。

将接卵的表面皿置于实体显微镜下，观察卵的形态、大小和发育情况。用移卵管将正常的卵移入 1.5ml 透明的离心管内，淘汰未受精卵、发育不正常的卵和 2 细胞期及以上发育阶段的卵。正常猪的受精卵直径为 150μm 左右，呈球形，色泽匀称。

二、基因的显微注射

（一）外源基因的准备

在原核注射之前，将质粒 DNA 切成线性，可以显著提高外源基因整合率。许多研究结果显示，线性 DNA 的整合率远高于环状 DNA（Brinster 等，1985），这可能是因为线状 DNA 在注射到细胞后，会通过一定的重组机制形成分子量很大的多拷贝复合物（Bishop 等，1989），从而降低体内各种酶对它的分解。例如，Wong 等（1986）将 2 个均含有仓鼠腺嘌呤磷酸核糖转移酶基因的质粒共注射入大鼠细胞中，使之短时表达，测表达效率，结果表明，线性 DNA 的整合率明显高于闭环 DNA 分子；如果将 2 种线性 DNA 分子共注射，其整合效率比共注射 2 种闭环 DNA 分子高 20～70 倍，且线性 DNA 能在宿主基因组中稳定整合。魏庆信等（2005）的实验也证实了上述的结果，他们将环状的猪金属琉基因启动子与猪生长激素融合基因（pOMT-PGH）质粒与切成线性后的（pOMT-PGH）基因分别注入小鼠的受精卵原核，其整合率分别为 5.4% 和 20.9%。

纯化线性后的 DNA 溶于低离子强度的注射缓冲液（10mmol/L Tris，pH7.4，含 0.1～0.3 mmol/L EDTA）中，浓度在 1.0～3.0ng/μl。

（二）显微操作针的制备

用显微注射技术向受精卵原核内注射基因，需要显微注射针和持卵针作为工具。显微注射针用于向原核内注射基因，持卵针用于固定受精卵。由于显微操作针具极易破损，损耗也较大，因而无论从经济角度还是实用角度，显微操作人员都需要掌握这些针具的制备技术。

制作显微注射针和持卵针的材料一般为硼硅玻璃或铝硅玻璃材料的中空毛细管。毛细管的内径为 0.5～0.7mm，外径为 0.9～1.0mm，其尺寸很重要，因为它决定拉针后显微注射针是闭合还是保持张开，若为厚玻璃，针尖常易闭合。

1. 显微注射针的拉制　选好的中空玻璃管通过拉针器拉制。戴一次性塑料手套将玻璃管放置在 Ω 型铂丝的中央，并拧紧螺钉固定好，设定拉针仪的参数。要获得理想形态的针，优化参数需要花相当时间，所制成的每一根针的均一性是值得花时间的。要达到最佳的形状，应该了解各个参数变化的影响。一般说来，加热温度和拉力的增加会使针变得更细，压力降低和时间缩短，或速度提高，会使针身的锥度增加。制成理想的针形是最难掌握的技巧，牵涉到相互依存的各种参数。显微注射针拉出的尖部长度以 5mm 为宜，尖端开口应小于 1μm。典型的微注射针头尖部，其内径约 150nm，外径约 350nm。

显微注射针拉好后，一种使针尖锋利的方法是在持定针上将注射的针尖折断。虽然这种制作方法速度快，但所得到的针尖不像在磨针器上制作的那样具可重复性。但是，只要熟练，任何一种方法都容易制出锐利的针尖，足以穿透透明带和原核的膜而不致使卵裂解或损伤。若要得到斜口的针，在磨针器上用 0.5～5pm 粒度的钻石轮来磨针是一种重复性很好且可制作出锐利针尖的方法。研磨时用光纤照明，并使用配有宽视野目镜的立体显微镜，可以很好地观测针尖的斜角。

针尖斜切好后，根据需要，可作 15°～30° 弯曲（图 4-2）。制作这种弯曲需要在锻针器上进行。

2. 持卵针的制作　首先按显微注射针的方法拉制成型，然后在锻针器下按如下步骤操作。

（1）打开锻针器电源，聚集加热丝，使加热丝在镜下（10×）清晰可见，并位于视野下方。

（2）将事先在拉针器上拉制的中空毛细

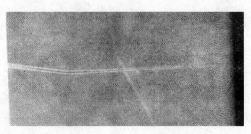

图 4-2　弯曲成 15°～30° 角的显微注射针

管，用玻璃刀在其颈部 2cm 处切断，然后固定在移动支架上，将先端移向加热丝，在同一视野下清楚可见。

（3）打开脚挑开关，调节温度至 50～60℃，使加热丝变红，推进支架使中空玻璃管的前端距加热丝约 10μm，利用加热丝的高温，使管的管口受热变形，管口变小呈钝缘，根据测微尺测定口径大小，持卵端外径为 100～200μm，内径为 15～30μm，细端长 1～3cm。持卵针端部如图 4-3 所示。

为使操作方便，根据操作者的习惯，也可将持卵针在锻针器上弯曲成 20°～30°的角，如图 4-4 所示。

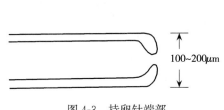

图 4-3 持卵针端部

图 4-4 弯曲成 20°～30°角的持卵针

（三）受精卵离心

由于猪卵细胞质内含有大量脂肪颗粒，原核被浓厚的细胞质包裹，即使在有微分干涉相差（DIC）系统的显微镜下，也无法看清。因此，必须有一种技术使原核显现出来。20 世纪 80 年代早期，有人试验用 Hoescht 33342 荧光染料对核进行染色，然后再注射 DNA（Minhas，1984）。但这种方法操作烦琐，且荧光染料对胚胎和 DNA 有一定的损伤。Wall 等（1985）对猪受精卵进行离心处理，使卵黄颗粒沉降到卵的一侧，便可将原核显现出来（图 4-5）。由于这种方法操作简便且对受精卵损伤不大，之后人们便沿用这种离心的办法对猪的受精卵进行原核注射。将盛有 PBS 液和受精卵的离心管置于台式高速离心机内，以 15 000r/min 离心 3～5min，离心时间要根据卵的实际情况而定。离心后要能在卵的赤道线上看清原核，否则要重复离心。猪的受精卵对离心的耐受性较好，离心力稍大或离心时间稍长对其存活和发育无显著影响，但较大强度的离心也会导致其破损，因而要"适度"。

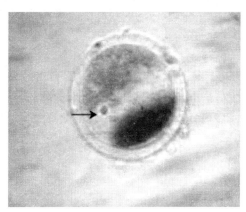

图 4-5 离心后的猪受精卵（黑色箭头处为原核）

（四）显微注射

先在凹玻片的中央滴 1 滴 20～30μl PBS 液，覆以石蜡油；将 5～6 枚离心后的受精卵移至液滴中；滴 1 滴配制好的 DNA 溶液于凹玻片上的受精卵液滴旁；置于倒置显微镜下操作。

在低倍镜下调焦距，先用持卵管将受精卵置于视野的适当位置。再小心将持卵管和注射针调至适当的操作位置，通过微调左右臂将持卵管和注射针调至清晰，用持卵管持住 1

枚卵后，转至高倍显微镜下进行注射。在显微镜（≥400x）下，用持卵管反复吹吸受精卵，将其调至原核清晰、位置合适时为止，然后吸持受精卵。将已吸有目的基因溶液的注射针快速刺入雄原核，不要触及核仁（有黏性），轻微旋转注射泵，将基因注入原核(图 4-6)。每枚雄原核注入的剂量约为2pl（含 500～600 个基因拷贝），以看到核略有膨胀为宜。基因注入后，迅速退出注射针。将注射过的卵移至一边，再进行下一枚卵的注射。

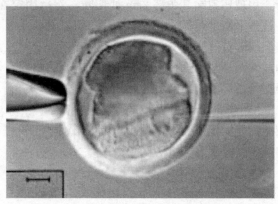

图 4-6　猪受精卵的原核注射

每枚原核的注射剂量也是影响转基因效率的因素。剂量过小，拷贝数少，整合的概率也小；剂量过大，胚胎发育受到影响，同样影响转基因效率。李智等（1998）用气压电控式显微注射器研究了注射剂量对小鼠胚胎发育的影响。结果表明，注射剂量在 2～4 pl 时，胚胎发育不受影响；大于 10 pl 时，注射胚胎 1h 内全部死亡。实际操作中，注射剂量要根据外源基因的大小和浓度做适当调整，一般应保证注入原核的外源基因有 500～600 个拷贝。

（五）注射胚的体外培养

受精卵经原核注射之后，置于 PBS + 5％ BSA 的培养基中，在 38℃、5％CO_2 的环境下做短时间的培养。经过短期培养后，将因注射而裂解的受精卵淘汰。一般情况下，注射后应尽快移植。如果需要较长时间的培养，则应更换培养基（如 NCSU-23、PZM_3 等）。

三、注射胚的移植

原核胚显微注射后，影响转基因效率的另一个重要技术环节就是胚胎移植。良好的胚胎移植技术和高效率的移植方法，能提高受体母猪的妊娠率和产仔率，从而提高转基因的效率。注射基因后的胚胎，按受体的不同，可分为异体移植和自体移植。

传统的动物胚胎移植，是将供体的胚胎移植给另外 1 头同期发情的个体（受体），以提高优秀供体动物的繁殖率。在转基因动物的研究中，人们习惯从供体采集胚胎，注射基因后，再移植到受体的输卵管内，这种方式称为异体移植。构建转基因猪多采用异体移植的方式，这就需要同时制备同期发情的母猪。对于必须将供体处死后才能采集胚胎的动物（如小鼠、大鼠），或者利用体外生产的胚胎进行转基因的动物（如牛），只能采取异体移植的方式对转基因胚胎进行移植。

有些动物，如猪、羊、兔等，采集胚胎时不需要将供体动物处死，而是采用活体手术冲卵的办法。这就为制备转基因动物提供了另一种胚胎移植的方式，即将注射基因的受精卵直接移入提供受精卵动物的输卵管内，使供、受体猪为一体，这种方式称为自体移植。苏联全苏畜牧所 Л. К. эрнст 等（1991）在转基因绵羊的研究中，采用了自体移植的方式，使母羊的受孕率达到83.3%，产仔率达到96.6%。猪注射基因胚胎的自体移植技术由魏庆信等（1994）首先建立。

注射基因胚胎移植的具体方法见本书第二章第三节猪胚胎的采集和移植技术。

（一）注射胚移植的数量

显微注射过程会使胚胎的生命力下降。经过显微注射的小鼠受精卵，约有60%可以存活，其中有30%经过胚胎移植后可以发育成小鼠。统计以往转基因小鼠的试验，以移植注射的受精卵为基数，小鼠的出生率平均为15%，出生的后代中有20%是转基因小鼠（陈永福，2002）。胚胎的死亡，除了显微注射本身对胚胎造成的损伤之外，还有相当一部分的原因是显微注射以外的原因造成的，因为注射不含DNA分子的缓冲液可以得到更多的出生小鼠（Canseco等，1994；Page等，1995）。DNA的致死作用可能是由于外源DNA的插入灭活了单倍性功能不足的基因，或是局部地干扰了染色体的结构，甚至导致染色体片段的丢失。对于制备转基因猪而言，除上述的影响因素之外，猪的受精卵还要经过高速离心的过程，从而进一步降低了显微注射胚胎的发育成活率。Wall（1996）统计了20次转基因猪的试验，移植注射胚胎19 397枚，后代的出生率为9.9%，出生的后代中有9.2%是转基因猪。显然，基因注射胚胎移植的数量应比常规胚胎要多，才能保证受体母猪的妊娠和产仔。然而，移植过多数量的注射胚，也会造成不必要的浪费，降低总体效率。为此，魏庆信等（1997，2005）根据历次转基因猪实验的情况，按移入不同数量范围的注射胚分组，分别研究分析了异体移植和自体移植的情况下，1头受体母猪移入最适注射胚的数量范围，结果如表4-3。

表4-3 移入注射胚数对受体的受孕率及产仔率的影响

移植方式	分组	受体数（头）	头均移入胚数（枚）	受孕率（%）	产仔率（%）
异体	10～19枚组	18	15.6±3.2	33.3（6/18）	5.3[a]
移植	20～29枚组	29	23.8±2.9	58.6（17/29）	15.8[b]
	30枚以上组	15	33.7±3.1	66.7（10/15）	13.4[c]
自体	12～15枚组	25	13.4±2.4	64.0（16/25）	20.4[a]
移植	16～20枚组	11	18.5±1.4	91（10/11）	28.4[b]
	21～32枚组	10	24.6±4.4	70（7/10）	8.9[c]

从表4-3可见，在异体移植的情况下，每头受体移入20～29枚注射胚，效率最高；在自体移植的情况下，每头受体移入16～20枚注射卵的效率最高。移植数量过低，产仔率降低；移植数量过高，不仅使总体效率降低，同时还浪费了来之不易的注射胚胎。

（二）自体移植与异体移植的比较

自体移植与异体移植相比较，显示出如下优点。

1. 提高效率 表4-3中，将异体移植的10～19枚组与自体移植的12～15枚组相比较，在头均移入胚数差异不显著的情况下，自体移植的方式大大提高了效率，其受孕率和产仔率分别比异体移植提高了30.7%（$P<0.05$）和15.1%（$P<0.01$）。

异体移植比自体移植的受孕率和产仔率低，这可能是因为供、受体发情同期化的偏差所致。在自体移植的情况下，供、受体为一体，不存在发情同期化的偏差。而在异体移植的情况下，供、受体为不同的个体，其发情同期化靠肉眼观察，不同母猪个体，发情表现的强、弱有差异，排卵的时间也难以精准地确定，操作者也不可能24h连续观察，因而难免造成供、受体发情同期化的偏差，有的偏差可能还比较大。发情同期化有偏差，尤其是在较大偏差的情况下，生殖道的环境就有差异，从而造成受孕率和产仔率的降低。

2. 节省动物 由于自体移植供、受体是同一头母猪，其比异体移植节省至少一半数量的动物。

3. 简化操作程序 由于自体移植不需要对供、受体进行同期发情处理，也不需要每移植1头受体，做2头以上的手术，从而大大简化了操作程序。自体移植不需要很大的猪群，在小型猪场也可以进行转基因猪的试验，使繁杂的转基因猪工作变得相对简便。

4. 降低成本 以上几点共同说明了自体移植与异体移植相比，大大降低了转基因猪的实验成本。

（三）自体注射胚与异体注射胚的混合移植

在注射胚移植的实际操作中，一些供体冲出的受精卵较少，而另一些供体冲出的受精卵却较多，为了既能满足高效率的受孕及产仔所需要的胚胎数量，又不浪费来之不易的胚胎，有时会采取对1头受体，既移植有其自身的胚胎，又移植有其他供体母猪的胚胎，这种方式可称为混合移植。混合移植的过程中，应以自体胚胎的移植为主，异体胚胎作为一种补充，其受孕率和产仔率与自体移植相当。

四、原核注射法制备转基因猪的效率

移植的受体产仔后，采样检测（检测的方法见本书第五章），筛选出转基因的仔猪进行单独饲养。关于原核注射法制备转基因猪的效率，国内外的部分实验情况如表4-4。

表4-4 原核注射法制备转基因猪的效率

目标基因	移植注射胚数（枚）	产仔数（头）	阳性数（头）	效率（%）	研究者
mMT-hGH	2 025	192	20	0.98	Hammer 等，1985
mMT-hGH	1 014	21	4	0.4	Brem 等，1988
mMT-bGH	2 330	150	9	0.39	Pursel 等，1987
hMT-pGH	423	17	6	1.4	Vize 等，1988
PEPCK-bGH	1 057	124	7	0.66	Wieghart 等，1988
bPRL- bGH	289	20	5	1.73	Polge 等，1989
WAP- hGH	1 028	51	7	0.7	Brem 等，1989
mMT-hGRH	1 041	54	6	0.6	Brem 等，1989
mMT-hGRF	2 236	177	7	0.31	Pursel 等，1989
mMT-hGRF	2 627	234	9	0.34	Pinkert 等，1987
Alb- hGRF	968	132	5	0.52	Pursel 等，1989
mMT-hIGF-1	387	34	4	1.03	Pursel 等，1989
mMT-Mx	1 083	22	6	0.6	Brem 等，1988
MLV-pGH	410	59	6	1.5	Ebert 等，1990
CMV-pGH-SV40	372	32	15	4.0	Ebert 等，1990
MLV-pGH-SV40	312	33	10	3.2	Ebert 等，1990
WAP-WAP	850	189	5	0.59	Wall 等，1991
LTRcSK1	1 091	302	29	2.7	Pursel 等，1992
合计	19 516	1 843	160	0.82	

（续）

目标基因	移植注射胚数（枚）	产仔数（头）	阳性数（头）	效率（%）	研究者
pOMT-PGH	1 347	195	29	2.1	陈永福、魏庆信等，1990
PSV40-PGH	333	9	7	2.1	陈永福、魏庆信等，1992
pOMT-PGH-mic	608	87	16	2.6	陈永福、魏庆信等，1993
PMHR	304	55	4	1.3	魏庆信等，1995
hDAF	517	93	18	3.4	魏庆信等，1998
pSHSA	384	23	4	1.1	郑新民等，2002
sFatI	797	162	26	3.2	郑新民等，2008
合计	4 290	624	104	2.4	

从表 4-4 可见，应用原核注射法制备转基因猪的效率在 0.31%～4.0%，总体效率为 1.1%。总的趋势是，后期进行的实验效率比前期的高。国内的几次转基因猪试验，平均效率达到 2.4%，这与自体移植技术的应用不无关系。除技术层面之外，转基因的效率还与外源基因有关，后面的内容也会涉及这方面的问题。

五、提高转基因效率的措施

（一）去载体的原核序列部分

Chada 等（1985）和 Townes 等（1985）的研究发现，将携带有质粒载体的 β-珠蛋白转入小鼠时，珠蛋白基因不表达或表达极低；删去载体序列时，β-珠蛋白的表达可提高 100～1 000 倍。Gu 等（1994）在研究带有大肠杆菌（E. coli）Lacl 基因的转基因鼠时发现，载体的原核序列部分对动物具有致畸作用，去掉载体的原核序列部分能提高外源基因的整合与表达效率。魏庆信等（2000）在构建转 hDAF 基因猪中，将基因分成 2 组，第 1 组包括载体的原核序列部分（全长 8.0kb），第 2 组切掉原核序列部分（全长 4.3kb），然后进行显微注射。结果，去原核片段的死胎率和畸形率均降低，而整合率和表达率均有提高（表 4-5）。

表 4-5 猪导入 hDAF2 种片段对胚胎的影响

基因分组	死胎率（%）	畸形率（%）	整合率（%）	表达率（%）
8.0kb（带原核片段）	39.6	11.8	17.6	40.0
4.3kb（去原核片段）	20.0	0	24.0	75.0

尽管并非所有转基因的整合和表达都受载体序列的抑制，但在转基因工作中，当转基因携带有载体序列而整合和表达的效率很低或不表达时，考虑载体序列对转基因的影响是必要的。

（二）双原核注射

通常的显微注射制备转基因动物的方法是向体积较大的雄原核注射基因，较小的雌原核不注射。Kupriyanov 等（1997）首次报道双原核注射可以显著提高转基因小鼠的效率。其具体做法是：通过调整受精卵的位置，使雄原核和雌原核在同一个平面上直线排列；然后，用 1 根细长的注射针，先刺穿近端的原核，再刺入远端的原核；注射时，先将 DNA

溶液注入远端的原核，再把针撤回到近端原核内注入 DNA 溶液，然后将针退出，或者先注射 1 个原核，再调整卵的方位后注射另 1 个原核。Lu 等（2001）采用双原核注射，使小鼠转基因的整合率由单一原核注射的 48.68% 提高至 62.65%。王勇等（2005）采用双原核注射，并以单原核注射作为对照，注射胚胎 2 细胞期卵裂率分别为 45.0% 和 52.3%，表明双原核注射的胚胎发育率降低；注射胚胎移植后，体内存活率分别为 16.7% 和 18.1%，差异无显著性；而转基因阳性小鼠占总注射胚胎的比例分别为 2.08% 和 1.2%，差异极显著（P<0.01）。这些都表明尽管双原核注射降低了胚胎的发育率，但总体的转基因效率却明显提高。

猪的双原核注射尚未见报道，也许是由于离心后仍不能如小鼠那样同时很清晰地看见 2 个原核的原因。

（三）用标记基因筛选转基因胚胎后进行移植

有研究表明，原核注射基因之后，随着胚胎的发育，转基因胚胎的比例呈下降的趋势。Page 等（1995）报道，原核注射基因之后，1 细胞期、2 细胞期和 4 细胞期胚胎转基因的滞留率分别为 88%、88% 和 44%。卢一凡等（1998）使用小鼠乳清酸蛋白（WAP）控制下的人粒细胞击落刺激因子（G-CSF）基因，进行小鼠的原核注射，采用 PCR 方法检测转基因胚，在 1 细胞期、2 细胞期和 8 细胞期的阳性率分别为 100%、77.7% 和 44.4%。刘西梅等（2008）将人血清白蛋白基因注入小鼠的受精卵原核，然后进行体外培养，对不同发育阶段的胚胎用 PCR 方法检测外源基因的滞留情况，发现随着胚胎的发育，阳性胚胎的比率逐渐下降（表 4-6）。

表 4-6　不同发育时期体外培养胚胎中人血清白蛋白基因的存留情况

胚胎发育阶段	检测胚胎数（枚）	阳性胚胎数（枚）	阳性率（%）
2 细胞期	52	50	96
4 细胞期	60	38	63
8 细胞期	54	23	43
囊胚期	42	8	19

由表 4-6 可见，外源基因注入受精卵之后，如果没有整合，则随着胚胎的发育而被降解，越到胚胎发育的后期，其滞留率越接近于整合率。

用显微注射法生产转基因动物的困难之一是需要大量的受体动物，尤其是猪等大动物。如果首先对胚胎进行筛选，只移植那些已整合外源基因的胚胎，则可以提高效率、降低成本、简化操作。而对胚胎进行筛选最好的方法，是选用标记基因在胚胎中表达，以便直观地挑选那些已整合外源基因的阳性胚胎。GFP 和荧光素酶基因便是很好的选择标记基因。Takada 等（1997）用表达 GFP 的小鼠胚胎进行移植，生产出来的小鼠有 70% 是转基因的。用筛选胚胎的方法制备转基因动物，需要对注射的受精卵进行一段时间的培养，最好培养到囊胚期，再进行筛选和移植，可获得较高的阳性率。

尚未见用这种方法制备转基因猪的报道，其原因可能是由于猪是多胎动物，对于 1 个受体 1 次必须移入较多的胚胎才能保证受体的受孕和产仔。而要做到这一点，必须同时冲取多头供体母猪的受精卵，才能筛选出足够数量的转基因胚胎，这给现场操作造成困难。

尽管如此，这种方法仍然值得探讨。

六、通过显微注射法实现基因的定位修饰和整合

通常的基因定位修饰和整合是利用同源重组的原理，通过基因打靶来实现的。外源基因即使不含适当的同源区，也可以通过同源交换整合到染色体的特定位点，只是比随机整合的概率低很多。在转基因细胞系的研究中发现，应用显微注射法导入DNA，每1000次注射可以产生10个随机整合和1个同源重组整合（陈永福，2002）。这种极低的概率，对于猪等大动物的基因定位修饰和整合是难以实现的。因此，通常认为显微注射法制备的转基因动物，其外源基因是随机整合的。人们曾设想，如果有一种"基因导弹"技术，能将外源基因精确地导入宿主基因组的特定位点，就能够应用显微注射法，实现基因的定位修饰和整合。近几年，锌指核酸酶（ZFNs）技术和PhiC31整合酶技术的出现，使这种"基因导弹"的设想成为现实。

（一）通过编码 ZFNs 的 DNA 和 mRNA 的显微注射实现基因组的靶向修饰

Geurts 等（2009）最先应用 ZFNs 的 DNA 和 mRNA 进行胚胎显微注射获得基因敲除动物。他们将编码 ZFNs 的质粒 DNA 和 mRNA，分别显微注射到大鼠原核期的原核或胞质中，得到免疫球蛋白 M 基因（Immunoglobulin M，IgM）和 Rab38 基因敲除的大鼠。其实验结果如表 4-7 所示。

表 4-7　Geurts 等 ZFNs 显微注射大鼠胚胎的实验结果

大鼠品系	目的基因/结构	注射途径	剂量（ng/μl）	移植胚胎数/注射胚胎数	原代阳性结果		原代突变结果	
					阳性数（只）	占比（%）	突变数（只）	占比（%）
SS	GFP/mPNA	PNI	1.5	25/36（69%）	5	20	2	40
SD	IgM/Plasmid	PNI	10	493/609（81%）	54	11	6	11
SD	IgM/Plasmid	PNI	2	468/605（77%）	82	18	8	10
SD	IgM/Plasmid	PNI	0.4	423/511（83%）	62	15	4	6
SD	IgM/mRNA	PNI	10	104/186（56%）	14	13	4	29
SD	IgM/mRNA	PNI	2	142/230（62%）	21	15	4	19
SD	IgM/mRNA	PNI	0.4	118/183（64%）	19	16	1	5
SD	IgM/mRNA	IC	10	197/272（72%）	4	2	3	75
SD	IgM/mRNA	IC	2	134/197（68%）	17	13	2	12
FHH	RAB38/mRNA	IC	2	83/91（91%）	17	20	1	6

注："PNI"代表原核注射；"IC"代表胞浆内注射。

分析 Geurts 等的实验结果，质粒原核注射共移植胚胎 1 384 枚，获得基因敲除动物 18 只，其效率为 1.3%；mRNA 原核注射共移植胚胎 389 枚，获得基因敲除动物 59 只，其效率为 15.2%；mRNA 胞质内注射共移植胚胎 414 枚，获得基因敲除动物 38 只，其效率为 9.2%。质粒 DNA 原核注射获得基因敲除动物的效率，达到用显微注射法制备转基因动物的平均效率；mRNA 原核注射和胞质内注射获得基因敲除动物的效率，远高于用显微注射法制备转基因动物的平均效率。

（二）通过 PhiC31 整合酶的显微注射实现外源基因的定位整合

PhiC31 整合酶能够介导含 attB 位点的外源基因定点整合哺乳动物基因组的假 attP 位

点，且该重组反应具有单向整合、不可逆、无需辅助因子及胜任大片段基因转移等优点，成为基因组靶向修饰的有力工具。Hollis 等（2003）通过共注射 PhiC31 整合酶的编码 mRNA 和带有 attB 的质粒 DNA 到小鼠的胚胎中，检测到该质粒在假 attP 位点上整合，且发现有 2.6% 的转基因后代。Tasic 等（2011）将 attB-pCA-GFP 质粒显微注射小鼠的受精卵，从得到的 447 只小鼠中检测到有 45 只实现了定位整合。PhiC31 整合酶系统与显微注射技术结合，不仅大大提高了整合效率，并且可以将目的基因定点整合至所预期的染色体位置。

到目前为止，尚未见应用 ZFNs 和 PhiC31 整合酶，采用显微注射的方法获得靶向修饰转基因猪的报道。这可能是因为猪的显微注射转基因技术比小鼠、大鼠有更高的难度。

第二节 猪精子介导法

一、精子介导转基因的机理

（一）精子具有结合外源 DNA 的能力

早在 1971 年，Brackett 等就发现去除精清的兔精子能够与 DNA 结合，并在受精的过程中将 SV40 的 DNA 转移到卵中，生产出转基因胚胎。20 世纪 80 年代末到 90 年代中，世界上许多实验室的研究都证实精子结合 DNA 的能力在各种动物中普遍存在。我国陈永福等（1990）通过电镜观察，精子与 DNA 共育后，外源 DNA 确实进入了精子内部，当精子出现顶体反应后，进入的概率加大。Cheng 等（1995）也证实，已获能的猪精子与 DNA 共培养（37℃，60min）后，有 40.8%～79.8% 的精子与 DNA 结合。为了解猪精子与外源 DNA 的结合形态，有研究者应用 ^{32}P 标记的外源 DNA 与经 3 次洗涤的猪精子共同培养，结果发现，有 5% 总放射强度的 DNA 不被移除。经自动放射显像证明，放射性 DNA 均结合于精子的头部顶体后区。进一步应用电子显微镜技术结合生化检验方法，证明外源 DNA 可以进入精子核内，且进入的外源 DNA 发生重排现象，一部分游离于细胞内，一部分则与基因组 DNA 发生重组，嵌入精子的单套染色质中。

（二）精子结合外源 DNA 的分子机制

研究表明，动物精子结合外源 DNA 的能力，其结合率为 15%～80%。尽管结合能力不同，但结合部位都集中于精子头部顶体后区。1992 年，Lavitrano 利用十二烷基硫酸钠聚丙烯酰胺凝胶电泳（SDS-PAGE）分离精子膜蛋白，得到小于 30kDa、30-35kDa 和大于 37kDa 3 条主带，其中只有 30～35kDa 在体外能与 DNA 形成复合体。进一步分析表明，精子膜蛋白集中分布于精子顶体后区，与外源 DNA 的结合部位一致，而且在各种动物中非常保守，从低等动物水母到高等哺乳动物都存在。

研究发现，附睾精子结合外源 DNA 的能力明显高于带有精浆的精子，射出精液经充分离心洗涤后，也具有较好的结合能力，表明精浆中的某些成分可能抑制精子与 DNA 的结合。意大利科学家从哺乳动物的精清和海胆精子的表面分离到这种起抑制作用的物质，是一种糖蛋白，被命名为抑制因子 IF-1（Zani 等，1995）。IF-1 因子起作用的是它的糖基，用葡萄糖苷酶处理 IF-1，可以使它的抑制功能完全消失。IF-1 广泛存在于各种动物中，不同物种的 IF-1 可以相互作用，如从海胆中提取的 IF-1 可以阻止哺乳动物的精子同外源 DNA 结合。

　　也有研究显示，主要组织相容性复合物Ⅱ类分子（MHCⅡ）也可促使 DNA 与精子的结合。Lavitrano 等试验表明，来自 MHCⅡ基因敲除小鼠的精子结合 DNA 分子的能力，比来自野生型小鼠的精子结合能力弱。另外，Huang 在精浆中还发现了一种 Ca^{2+} 依赖性的 DNA 酶，在 Ca2＋激活后可对外源 DNA 产生降解。

　　精子结合的外源 DNA 分子数，因物种的不同而有极大的变异，从 9 分子/精子至 4 500分子/精子不等。其结合曲线显示，当精子与外源 DNA 共同培养 30min 时，结合率达饱和状态。

（三）精子内化转运外源 DNA 的分子机制

　　DNA 转染处理的精子以 DNaseI 消化后，仍然能检测到外源 DNA 信号的存在，表明外源 DNA 已透过细胞膜进入胞质或胞核内。Francolini（1993）利用 Southern 分析发现，有 15％～22％结合在小鼠精子顶体后膜上的 DNA 可内化转运到精子核膜周围及核内，甚至整合到精子基因组中。这一发现对以精子为载体制备各种转基因动物的研究非常重要，因为只有内化了的外源 DNA 才有机会通过受精过程进入卵母细胞，从而整合到后代的染色体基因组中。CD4 是细胞膜上的跨膜蛋白分子，在外源 DNA 内化转运过程中起非常重要的作用。Lavitrano（1997）发现 CD4 分子在内化转运外源 DNA 过程中扮演着重要角色，CD4 基因敲除小鼠的精子与 CD4 野生型小鼠具有相同的结合外源 DNA 的能力，不同的是，实验小鼠精子经 DNaseI 消化后，外源 DNA 信号也随之消失，而野生型 CD4 小鼠仍然有 30％～54％的阳性率；野生型 CD4 小鼠的精子与 CD4 抗体孵育后，其结合性能与 CD4 敲除小鼠完全一致，表明 CD4 是外源 DNA 内化转运的参与分子之一。基于上述实验研究，1998 年，Spadafora 提出了精子结合外源 DNA 及 DNA 内化的分子模型：正常的射出精子，膜上的 DNA 结合蛋白（DBP，即膜表面 30～35kDa 蛋白）被副性腺中的 IF-1 因子封闭，从而维持物种的遗传稳定性；当精子充分洗涤或经破膜处理后，IF-1 的封闭被解除，外源 DNA 与 DBP 相互作用形成 DNA-DBP 蛋白复合体；DNA-DBP 复合体激活 CD4，并组装成 DNA-DBP-CD4 复合体，该复合体内化，通过核孔到达核基质，在核基质区外源 DNA 被解离，并与精子染色体 DNA 紧密接触；游离的蛋白复合体循环到膜上，再转运新的 DNA 分子。这一模型较合理地解释了目前地实验结果。

　　有研究者将猪精子与具有放射性标识的外源 DNA 共同培养后，再应用 DNase 将结合于精子外表的 DNA 予以分解，结果发现，平均每个精子细胞内尚存在有 56 个分子的外源 DNA。将前述与外源 DNA 共培养的精子置于电场强度为2 000Vs/0.4 cm 的条件下，经 3 次电脉冲的电穿孔法处理后，发现平均每个精子内含有外源 DNA 的分子数，可提高至 98 个分子。应用 Southern blot 杂交法，详细分析源自经过电穿孔处理后的精子所萃取的 DNA，结果证明，被并入精子内的外源 DNA 仍然保有其完整性。

　　精子在受精过程中，其头巾内膜、核周围物质和线粒体等细胞器，均可跟随精子核被并入卵母细胞内。其中，除精子核得以继续发育成为雄原核外，其余物质则随着受精卵的发育而逐渐消失。显然在成熟卵母细胞的细胞质中，存在有某些类似蛋白酶，或核酸内切酶等物质，可分解源自精子的物质。但精子核内则可能具有某些抗蛋白酶，或抗核酸内切酶等物质，可以保护精子核，使其得以存在于受精卵的细胞质中，并继续发育成为雄原核。一般而言，在细胞质内含有核酸内切酶，但细胞本身的 DNA 因存在于细胞核内，而有核膜的保护，使其不与核酸内切酶有直接的接触，故可避免被核酸内切酶分解。此外，在核内可能有某些成分可以保护细胞本身的 DNA，故即使在 DNase 存在下，也可避免 DNA 被分解。

二、精子介导制备转基因猪的方法

经过 20 余年的研究，已开发出多种精子介导制备转基因猪的技术手段，概括起来可分为两大类：体外转染法和体内转染法。体外转染法又可以根据处理的方法不同，分为精子与外源 DNA 共孵育法、电穿孔法和脂质体介导转染法；体内转染法又可以根据处理部位的不同，分为睾丸注射法、曲细精管注射法和输精管注射法。

（一）体外转染法

体外转染法是将采集的精子在体外处理，使之与 DNA 相结合，然后再采用各种授精技术获得转基因猪。

1. 精子与外源 DNA 共孵育法　根据已有的报道，目前有以下几种方案可供选择。

（1）将采集的公猪新鲜精液以 4 层纱布过滤，离心，弃上清液，用 BO 液洗涤 3 次，然后用 BO+10mmol/L Caffeine 悬浮，加 $0.2×10^{-3}$ ml 钙离子载体 A23187，37℃下培养 1～2min，做体外获能处理。获能后离心，弃上清液，按 $6×10^7$ 个/ml 精子数，用 PBS+BSA 悬浮精子，按 $2μg/ml$ 的浓度将 DNA 加入精子悬液，于 38.5℃、5%CO_2 的环境下培养 30～60 min，镜检活力不低于 0.3 即可用于输精。

（2）将采集的精液加入 TALP-BSA 中离心洗涤，去精清，然后对精子细胞计数，加入质粒 DNA（4～5$μg/10^5$ 个精子细胞），在 18℃温育 2～4 h，每隔 20 min 翻转 1 次，以利于 DNA 导入精子。

（3）采集公猪射精中段浓份精液，室温放置 0.5～1 h，加入等温等量 mTBM 液（113.1mmol/L NaCl，3 mmol/L KCl，7.5 mmol/L CaC_{12}，20 mmol/L Tris，11 mmol/L 葡萄糖，5 mmol/L 丙酮酸钠，100 IU/ml 青霉素，50 mg/L 链霉素），2 000 r/min 离心 5 min，洗涤 3 次，然后用 mTBM 液调整精子密度为 $5×10^6～1×10^7$ 个/ml，加入末端标记的线性化质粒 DNA，在 37～39℃下孵育 60min。

2. 脂质体转染法　脂质体是一种与细胞膜成分类似的脂类物质，其表面带有阳离子，能与带负电的 DNA 相互作用，形成脂质体-DNA 复合物。复合物通过静电作用被细胞吸附，进而由细胞融合或细胞吞噬作用进入细胞内，并释放出 DNA 分子。鉴于以上脂质体的特性，Rotmann 等（1992）先用脂质体包埋外源 DNA，再与兔精子混合培养。形成的脂质体-DNA 复合物比较容易和精子质膜融合，进入细胞内部。同时，经脂质体包埋的外源 DNA 还可防止胞内核酸酶的降解，保持稳定性。用转染后的兔精子进行人工授精，后代的阳性率高达 63%。由于这种方法的转染效率高，对精子的毒害作用小，成为目前常用的方法之一。

猪精子体外转染的脂质体法也有以下几种方案可供选择。

（1）将脂质体悬浮液等体积地与浓度为 $20μg/ml$ 的 DNA 混合，室温下感作 20 min，以形成脂质体-DNA 复合物。将洗涤后的精子悬液（浓度为 6×10^7 个/ml），按每 1ml 加入 $500\mu l$ 的脂质体-DNA 复合物液混合，38℃下转染 30 min。

（2）按照 $2\mu l$ 脂质体/$1\mu g$ DNA 的比例混合，37℃温育 1h，使脂质体充分包裹 DNA。公猪精液洗涤后加入脂质体-DNA 混合物，17℃转染 90 min。

经过脂质体转染的精子，其活力和受精能力一般不受影响。

3. 电穿孔导入法 1982 年，Neumann 等首先报道应用电穿孔技术将外源基因导入哺乳动物细胞中。该方法是利用高压电场使细胞膜通透性发生暂时性的可逆性变化，从而使外源 DNA 比较容易地进入细胞内的一种物理方法。研究证实，电击能提高精子对外源DNA 的摄取量。Gagne 等（1991）用电穿孔法将外源 DNA 导入牛精子细胞，精子携带外源基因的数量提高了 5～8 倍。Horan 等（1992）用这种方法将外源 DNA 导入猪精子细胞，结果表明，外源基因与精子结合的量有所增加，所结合的 DNA 多位于精子顶体的后部。

猪精子电穿孔导入的具体方案为：将洗涤、获能后的精子用电穿孔缓冲液（200 mmol/L 葡萄糖，5mmol/L 硫酸镁，2mmol/L β-巯基乙醇，20mmol/L Tris-HCl，PH＝7.6）悬浮，按 $2\mu g/ml$ 的浓度将 DNA 加入精子悬液，置于高压电脉冲处理槽内，以 8～10kV/cm 的场强下电穿孔 2 次。

4. 其他方法 1996 年，Kroll 和 Amaya 首次运用限制性酶介导整合（REMI）技术将线状质粒 DNA 导入非洲爪蟾精子的细胞核内，再将转染后的精子细胞核通过显微注射至未孵化的爪蟾卵内，结果获得了阳性的转基因后代。Shemesh 等利用 REMI 技术将GFP 转入牛的精细胞中，通过体外受精和人工授精技术获得转基因后代。

2001 年，Qian 等首次将一个含功能基因的线性 DNA 结合到 1 个单克隆抗体上，形成抗体-DNA 复合物。结果表明，通过蛋白质克隆抗体 mAbC 的桥接作用，精子的受精能力未受影响，且转基因的成功率大为提高。

此外，Kuznetsov（2000）在精子转染液中加入 3％～5％的 DMSO，兔精子阳性率增加到 80％～90％，受精后胚胎和后代动物的阳性率达到 80％以上。国内李兰等（2006）通过利用 DMSO 对细胞膜的特殊作用，采用 DMSO 结合 SMGT 将人的乳铁蛋白基因转到兔，后代雌兔中 81％表达人乳铁蛋白。

经过体外转染携带外源 DNA 的猪精子，根据精子数量的不同，可分别采取子宫颈输精、子宫内输精、子宫角输精和输卵管输精等人工授精技术（详见本书第二章第一节），或体外受精、胞质内精子注射等技术（详见本书第二章第四节）生产转基因猪。

（二）体内转染法

体内转染即是将外源 DNA 直接注射到动物的睾丸、曲细精管或输精管内，使其在动物的体内与外源 DNA 相结合，从而获得转基因动物。

1. 睾丸注射法 睾丸注射法就是将外源 DNA 直接注射到雄性动物睾丸内，转染各个发生阶段的精子细胞，转染精子经体内成熟后，采用自然交配或人工授精获得转基因动物。睾丸打点注射法是由 Kim 等于 1997 年率先使用，外源 DNA 有效地整合进入雄性生殖细胞。Farre 等（1999）对猪睾丸内转染，得到 47％的精子转染阳性和 22％的猪胚胎表达阳性率。2005 年，肖红卫等将 hCD59 基因采用打点注射法注入猪的睾丸，得到阳性猪

（阳性率 4.3%）。

　　猪睾丸注射法的具体操作为：麻醉、保定公猪，仔细消毒阴囊；将脂质体-DNA 复合物打点式注入睾丸组织内，每侧 1ml（约含质粒 25μg）；约 1 个生精周期（8d）后，重复上述操作，共注射 4 次。公猪在最后 1 次注射完成后 20d 与母猪交配。

　　2. 输精管注射法　输精管注射法是将外源 DNA 直接注射到动物的输精管内，DNA 首先在整个输精管内扩散，然后与精子接触，进而转染进精子内，再通过配种或人工授精的方式，获得转基因动物。尽管有人对这种方法的可行性提出异议，其理由是附睾分泌物及精清中的 IF-1 因子能抑制精子与外源 DNA 的结合，但 Hugue 等（1998）的研究否定了上述说法，并且通过这种方法得到了 4 只 GFP 阳性的转基因小鼠。后来也有人通过这种方法获得了转基因猪和山羊。这种方法的局限性在于，由于转染的精子已失去增殖能力，只能产生 1 批转染的精子。

　　猪输精管注射法的具体操作为：将公猪麻醉、保定后，仔细消毒阴囊皮肤，切开皮肤，暴露输精管；将新鲜制备的脂质体-DNA 复合物注入输卵管中，每侧 2.5ml，含 90～100μg 质粒；缝合创口，消毒并皮下注射青霉素，防止感染。待 8d 左右公猪伤口愈合后，用于交配母猪。

　　3. 曲细精管注射法　精原干细胞紧贴曲细精管的基膜分布，因而可以通过曲细精管显微注射法或睾丸打点法将外源基因转染曲细精管内的精原干细胞，使其整合到精原干细胞的染色体中。这样，由精原干细胞分化产生的精子就能长期携带外源基因，并通过与卵子的结合，产生携带有外源基因的子代。Kim 等（1997）分别向鼠和猪睾丸的曲细精管中注射脂质体-细菌 LacZ 基因复合物，对精原干细胞进行转染，通过 PCR 证实，在小鼠中有 8.0%～14.8% 的睾丸精子表达 LacZ 基因，7%～13% 的附睾精子携带外源 DNA；在猪中，经原位杂交，结果有 15.3%～25.1% 的曲细精管中有外源基因的表达，比体外孵育及电穿孔等方法的转染率高。

　　当进行曲细精管显微注射或睾丸打点注射时，难免会对被注射睾丸的间质细胞造成一定的机械损伤，可能会影响睾丸中睾酮的分泌和精原干细胞的生长，从而降低雄性动物的性欲和繁殖能力。为此，乔贵林等（1999）在建立人白细胞抗原 B27（HLA-B27）转基因鼠的研究中对该方法进行了改进，仅注射一侧睾丸，另一侧睾丸不注射，并将其输精管结扎。以改进的方法对精原干细胞进行体内转染，可减少对睾丸组织的损伤。单侧睾丸注射和双侧睾丸注射在转基因动物的生殖力和后代的阳性率上均未有明显差别。这种单侧注射的方法可应用于转基因猪的制备。

第三节　体细胞核移植介导法

　　体细胞核移植介导法培育转基因猪是当前被广泛应用的技术之一（Lai 等，2002，2006；Park 等，2008）。体细胞核移植转基因的技术程序，包括供体细胞系的建立、基因转染，受体卵母细胞的体外成熟、去核、移核，重构胚胎的融合、激活、体外培养及胚胎移植等。除供体细胞需要外源基因导入之外，其他所有的过程与体细胞核移植完全一致。因此，本节只对供体细胞的基因转染技术进行阐述。

一、供体细胞的选择及建系

尽管许多体细胞都可以作为制备克隆动物的核供体（如颗粒细胞、输卵管上皮细胞、皮肤成纤维细胞和肝脏细胞等），但转基因克隆动物的制备过程中，体细胞作为核供体却具有一定的局限性。转基因动物的制作，要求转染了外源基因的体细胞在体外筛选时，能够多次传代并保持旺盛的生长力，且染色体不易发生畸变等。高度分化的成体组织细胞，在体外培养过程中传代次数和染色体的稳定性等方面都相对较差。同时，同种组织细胞来自幼年个体比来自老年个体易于培养；来自同一个体的组织，分化程度低的组织细胞比分化程度高的容易培养。胎儿成纤维细胞由于其取材方便、易于生长、体外可传代次数高和染色体相对稳定等优势，成为制备转基因动物的首选核供体细胞。截至目前，由胎儿成纤维细胞作为核供体而成功获得的转基因动物已有绵羊、山羊、牛和猪等。对克隆猪的研究也表明，胎儿成纤维细胞作为供体细胞的效果较好，易于在胞质中重新启动核编程。

成纤维细胞是动物结缔组织最主要的成分，是一种具有较强分裂增殖能力、性状稳定和适应性强的细胞类型。目前，分离和培养成纤维细胞的主要方法有组织块贴附法和分离单细胞接种法。其中，组织块贴附的方法不仅操作简便，而且具有获得细胞量大、对细胞的原始损伤小等优点。有研究表明，选取 35 日龄的猪胎儿作为供体细胞时，原代培养的成纤维细胞 3～4d 即可长至汇合，经 G418 筛选后得到阳性细胞经传代 10 次，核型变化不严重（张德福等，2007）。因此，通过核移植方法制备转基因猪，一般选择 35 日龄左右的胎儿成纤维细胞。

体细胞建系的方法见本书第二章第五节（二、供体细胞的制备方法）。

二、细胞的基因转染

转染，是将外源性基因导入细胞内的一种专门技术。随着基因与蛋白功能研究的深入，目前转染已成为实验室工作中经常涉及的基本方法。转染大致可分为物理介导、化学介导和生物介导 3 类途径。物理介导方法，包括电穿孔法、显微注射法和基因枪法；化学介导方法很多，如经典的磷酸钙共沉淀法、脂质体转染法和多种阳离子物质介导技术；生物介导方法，有较为原始的原生质体转染和现代应用比较多的各种病毒介导转染技术。通常将外源基因导入动物细胞的过程称为"细胞转染"或"基因导入"。常用于猪体细胞转化的方法是电穿孔法、磷酸钙共沉淀法、逆转录病毒转染法和脂质体介导法。其中，电穿孔法和磷酸钙共沉淀法的实验条件要求较严、难度较大；病毒法的前期准备较复杂；而阳离子性的脂质体介导法因转染效率较高、重复性好和简单易行而被较多采用。

需要指出的是，无论采用哪种转染技术，要获得最优的转染结果，都需要对转染条件进行优化。影响转染效率的因素很多，细胞类型、培养条件和细胞生长状态，以及转染方法的操作细节等都需要考虑。

（一）电穿孔法

电穿孔（Electroporation）法是指在高压电脉冲的作用下使细胞膜上出现微小空洞，将外源 DNA 导入细胞的技术。电穿孔既可以用于瞬时表达，也可用于稳定转化；既适用于贴壁生长的细胞，也适用于悬浮生长的细胞。电穿孔的实验表明，电脉冲和场强的优化对于成功的转染非常重要，因为过高的场强和过长的电脉冲时间会不可逆地伤害细胞膜而裂解细胞。不同电穿孔仪的脉冲调节参数也不尽相同，每种细胞电转染的条件都需要进行多次优化。对于特定的靶细胞，一般都需要进行大量预试验确定转化的条件。

1. 操作步骤 电穿孔转染通常可参照如下步骤进行。

（1）收获对数生长中期的细胞，并用胰酶处理。

（2）在电穿孔介质（PM）中至少洗 1 次。洗细胞时，在台式离心机上以 1 000r/min 离心 3min，使得悬浮细胞沉降。然后，弃上清液，在新的介质中重新悬浮细胞。

（3）计数细胞，在 PM 中调整细胞的浓度为 10^7 个/ml。

（4）将 DNA 加到细胞悬液中，充分混合，使 DNA 均匀分散，用吸管吸一定体积的细胞-DNA 混合液到装有电极的灭菌小样品池中。

（5）在电穿孔装置上设置输出电压和脉冲宽度。

（6）将小样品池放进盛样品的池中，启动电穿孔装置，供给所需的电脉冲。

（7）电处理后，向小样品池加 1ml 普通培养基，将细胞混合液从小样品池转移到组织培养容器（培养皿或培养孔）中，再加入适量培养基。然后，将样品细胞放回培养箱中培养。

近年来，活体电穿孔技术用于转基因研究的报道不断增多，在基因治疗方面的优势也日趋显著，是一种很好的活体基因导入方法。活体电穿孔法（in vivo electroporation）是将外源基因通过电场作用，导入动物目标组织或器官。由于这种方法能有效导入外源基因，可在多种组织器官上应用，并且效率较高。活体电穿孔法的原理很简单，在直流电场作用的瞬间，细胞膜表面产生疏水或亲水的微小通道（直径 $105\sim115\mu m$），这种通道能维持几毫秒到几秒，然后自行恢复。在此期间，生物大分子如 DNA 可通过这种微小的通道进入细胞。活体电穿孔法可用于检测瞬时表达系统中载体的表达状况。大量的研究表明，活体电穿孔法在基因治疗方面有非常好的应用前景。

2. 注意事项

（1）电穿孔与细胞状态有关，为达到最高效率，必须收集对数生长中期的细胞。

（2）电穿孔参数依使用细胞种类而有明显的变化，要根据不同细胞类型和实验条件进行适当调整。

（二）磷酸钙共沉淀法

磷酸钙共沉淀法（Calcium phosphate co-precipitation）是将溶解的 DNA 加入 Na_2HPO_4 溶液中，再逐渐加入 $CaCl_2$ 溶液，当 Na_2HPO_4 和 $CaCl_2$ 形成磷酸钙沉淀时，DNA 被包裹在沉淀中，形成 DNA-磷酸钙共沉淀物，当该沉淀物与细胞表面接触时，细胞则通过吞噬作用将 DNA 导入其中，注意沉淀颗粒的大小和质量对于转染的成功至关重要。该法的优点是方法简单，能用于任何 DNA 导入哺乳类动物细胞，瞬时转染和稳定转染均可。其不足之处是不适于悬浮细胞的转化，而且转染效率低，只有不到 1% 的 DNA 可以与细胞 DNA 整合，并在细胞中进行稳定表达；重复性不佳，pH、钙离子浓度、DNA 浓度、沉淀反应时间、细胞孵育时间乃至各组分加入顺序和混合的方式都可能对结果产生影响。在试验中使用的每种试剂都必须小心校准，保证质量，即使偏离最适 pH 的 1/10 都会导致磷酸钙转染的失败。

1. 操作步骤　磷酸钙共沉淀法转染通常可参照如下步骤进行。

（1）细胞的准备。一般在转染前一天接种细胞，接种密度为 2×10^4 个/cm²，用含 10％胎牛血清的 DMEM 液，于 37℃、5％CO_2 条件下培养，待细胞占 50％～70％瓶底面积时，即可进行转染。加入沉淀前 3～4h，用 90ml 完全培养液培养细胞。

（2）DNA 沉淀的准备。首先将质粒 DNA 用乙醇沉淀（10～50μg/10cm 平板），空气中晾干沉淀，将 DNA 沉淀重悬于无菌水中，加 50μl 2.5mol/L $CaCl_2$。

（3）用巴斯德吸管在 500μl 2×HBS（HEPES 缓冲盐水）中逐滴加入 DNA-$CaCl_2$ 溶液，同时用另一吸管吹打溶液，直至 DNA-$CaCl_2$ 溶液滴尽，整个过程需缓慢进行，需持续 1～2min。

（4）室温静置 30 min，至出现细小颗粒沉淀。

（5）将沉淀逐滴均匀加入 10 cm 平板中，轻轻晃动。

（6）在标准生长条件下培养细胞 4～16h。除去培养液，用 5ml 1×HBS 洗细胞 2 次，加入 10 ml 完全培养液培养细胞。

（7）收集细胞或分入培养皿中选择培养。

（8）6～7d 后挑选阳性克隆。

2. 注意事项

（1）提取的 DNA 中不能含蛋白质和酚，乙醇沉淀后的 DNA 应保持无菌。

（2）沉淀物的大小和质量对于磷酸钙转染的成功至关重要。在磷酸盐溶液中加入 DNA-$CaCl_2$ 溶液时需用空气吹打，以确保形成尽可能细小的沉淀物（因为成团的 DNA 不能有效地黏附和进入细胞）。

（3）严格控制 pH，缓冲液的 pH 限定在 7.1 ± 0.05。

（三）逆转录病毒转染法

逆转录病毒转染的原理和方法见本章第四节。

（四）脂质体法

脂质体法适用于广泛的哺乳动物细胞系，其有很高的转染效率，而且脂质体介导的外源基因转染具有所需 DNA 用量少、效率高、重复性好等优点，是目前有效的真核细胞转染方法。对于很多普通细胞系，一般的瞬时转染方法多采用脂质体法（Liposomes）。阳离子脂质体表面带正电荷，能与核酸的磷酸根通过静电作用，将 DNA 分子包裹入内，形成 DNA-脂质体复合物；也能被表面带负电荷的细胞膜吸附，再通过融合或细胞内吞作用（偶尔也通过渗透作用），将 DNA 传递进入细胞形成包含体。内吞后的 DNA-脂质体复合物在细胞内形成的包含体，在 DOPE 作用下，细胞膜上的阴离子脂质因与阳离子脂质中的阳离子形成中性离子对，使原来与脂质体结合的 DNA 游离出来，进入细胞质，进而通过核孔进入细胞核，最终进行整合、转录和表达。辅助脂质体 DOPE 含乙酰胺头部，在溶液中形成六角形，引起脂质高度弯曲，对脂双层具有去稳定作用，可使细胞膜和包含体膜去稳定，在 DNA-脂质体复合物的内吞和 DNA 从包含体释放 2 个关键步骤中起作用。其中，阳离子脂质体比阴离子及中性离子脂质体更能有效地介导外源基因转染各种类型的组织和细胞。Lipo2000 和 Lipofect 都是由 Invitrogen 公司研制开发的阳离子脂质体，都适用于真核细胞的外源基因转染。

用脂质体法转染细胞的过程如图 4-7 所示。

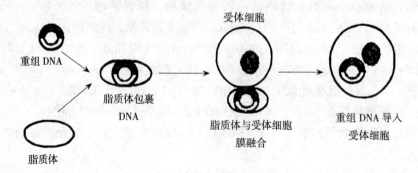

图 4-7 脂质体法转染细胞

1. 操作步骤

（1）转染前一天将原代培养的胎儿成纤维细胞用无抗生素的培养液传代至 60mm 平皿中，或将冻存的胎儿成纤维细胞复苏至 60mm 平皿中。当细胞达到 70%～80%融合时即可进行细胞转染。

（2）转染时吸除培养基，用 DMEM 清洗 2 遍，再加入 15ml DMEM。

（3）将 24μgDNA 悬于 1 500μl 不含血清的 DMEM 中，混匀。

（4）将 Lipofectamine™2000 轻轻混匀，吸取 60μl，加于 1 500μl 不含血清的 DMEM 中，轻轻混匀，室温下孵育 5min。

（5）5min 后，将 DNA 和 Lipofectamine™2000 混合，于室温下孵育 20min，混合液可能出现浑浊，但不影响转染。

（6）将 DNA 和 Lipofectamine™2000 混合物均匀加入 15mm 平皿中，轻轻前后摇动培养板。

（7）于 39℃、5%CO_2 培养箱中培养 48h，其间每隔 6h 换液（Growth medium）1次。

最好在转染之前做 Lipofectamine™2000 剂量的优化试验和 DNA 剂量的优化试验，根据优化试验的结果，加入相应剂量的 Lipofectamine™2000 和 DNA。

2. 注意事项

（1）如为贴壁生长的细胞，一般要求在转染前一天，必需应用胰酶处理成单细胞悬液，重新接种于培养皿或瓶，转染当天的细胞密度以 70%～90%（贴壁细胞）或 $2×10^6$～$4×10^6$ 个细胞/ml 悬浮细胞）为宜，最好在转染前 4h 换 1 次新鲜培养液。

（2）用于转染的质粒 DNA 必须无蛋白质、RNA 和其他化学物质的污染，OD260/280 比值应在 1.8 以上。

（3）有血清时的转染，在开始准备 DNA 和阳离子脂质体试剂稀释液时，要使用无血清的培养基，因为血清会影响复合物的形成。其实，只要在 DNA-阳离子脂质体复合物形成时不含血清，在这之后的转染过程中是可以使用血清的。阳离子脂质体和 DNA 的最佳量在使用血清时会有所不同，因而如果想在转染培养基中加入血清，需要对条件进行优化。大部分细胞可以在无血清培养基中几个小时内保持健康。对血清缺乏比较敏感的细胞，可以使用 OPTI-MEM 培养基，OPTI-MEM 是一种营养丰富的无血清培养基。

（4）培养基中的抗生素，如青霉素和链霉素，是影响转染的培养基添加物。这些抗生素一般对真核细胞无毒，但阳离子脂质体试剂增加了细胞的通透性，使抗生素可以进入细胞。这降低了细胞的活性，导致转染效率降低。所以，在转染培养基中不能使用抗生素。对于稳定转染，不要在选择性培养基中使用青霉素和链霉素，因为这些抗生素是 GENE-TICIN 选择性抗生素的竞争性抑制剂。另外，为了保证无血清培养基中细胞的健康生长，抗生素用量应比含血清培养基少。

（5）转染过程中应严格遵守无菌操作，防止污染。

以上 4 种动物细胞转染方法的比较如表 4-8。

表 4-8　4 种动物细胞转染方法的比较

转染方法	原理	应用	特点
磷酸钙共沉淀法	磷酸钙-DNA 复合物吸附细胞膜，被细胞内吞	稳定转染 瞬时性转染	不适用于原代细胞，操作简单但重复性差，有些细胞不适用
电穿孔法	高脉冲电压破坏细胞膜电位，DNA 通过膜上形成的小孔导入	稳定转染 瞬时转染 所有细胞	适用性广，但细胞致死率高，DNA 和细胞用量大，需根据不同细胞类型优化电穿孔实验条件
脂质体法	带正电的脂质体与核酸带负电的磷酸基团形成复合物，被细胞内吞	稳定转染 瞬时转染 所有细胞	适用性广，转染效率高，重复性好，但转染时需去除血清，转染效果随细胞的类型变化大
逆转录病毒转染法	通过侵染宿主细胞将外源基因整合到染色体中	稳定转染特定宿主细胞	可用于难转染的细胞、原代细胞和体内细胞等，但携带的基因不能过大，细胞需处于分裂期，还需考虑安全因素

三、细胞筛选和阳性单克隆培养

（一）G418 最适筛选浓度的选择

已克隆的 DNA 被导入真核细胞时，只有一小部分细胞将外源 DNA 稳定地整合进入其基因组。所以，必须对转染细胞进行筛选。在制备 DNA 时，转染用质粒克隆有标记基因。发生整合外源基因的细胞，由于标记基因的表达使其具有 G418 抗性，从而能够在含有 G418 的选择性培养基中存活下来。标记基因的表达会给重组细胞的代谢带来负担，且其表达量越高，细胞的代谢负担越重，进而造成生长速度减慢。随着筛选时间的延长，细胞在生长、代谢和增殖等方面的能力逐渐下降，其承受代谢负担的能力也随之下降，结果使细胞表现出近乎停滞的生长状态。因此，确定筛选细胞的 G418 浓度，是十分重要的。

G418 最适筛选浓度的选择方法为：将对数生长期未转染的猪成纤维细胞按 1×10^4 个/ml 接种于 24 孔细胞培养板，培养在含 10% 胎牛血清及抗生素（青霉素 100IU/ml，链霉素 $100\mu g/ml$）的生长培养基中，置于 39℃、5% CO_2 的培养箱中培养；培养 24h 后分别加入终浓度为 0、100、200、300、400、500、600、700、800$\mu g/ml$ 的 G418 新鲜培养基中，每 2d 换液 1 次，并补加相应浓度的 G418 培养 14d，每天观察并记录细胞生长或死亡的情况。一般情况下，以能够在 14d 内杀死全部细胞的 G418 浓度作为最低"维持浓度"，以能够在 3～6d 内杀死全部细胞的 G418 浓度作为"筛选浓度"。华再东等（2011）通过对非转染的猪胎儿成纤维细胞进行 G418 毒性检测，最终确定筛选浓度为 500～600μg/ml（表 4-9）。

表 4-9　猪胚胎成纤维细胞在不同浓度 G418 培养基中的存活时间

G418 的浓度（μg/ml）	胎儿成纤维细胞存活时间（d）
0	>14
100	14
200	11
300	8
400	6
500	6
600	4
700	3
800	3

如何在适合的时间内完成筛选和纯化，同时把 G418 对细胞的毒性影响降到最小，是试验能否顺利进行的重要因素。筛选和纯化的具体操作如下。

1. 转染用质粒必须携有标记基因。转染后经 48～72h 培养，近融合时按 1：4 密度传代。

2. 继续培养，至细胞密度达 50％～70％ 融合。弃培养液，更换"筛选浓度"的 G418 培养液进行筛选（G418 浓度一般为 500μg/ml 左右，根据试验而定），同时用未加转染液的细胞作对照。

3. 将移有克隆细胞的 24 孔板，继续置 39℃、5％CO_2 培养箱中培养 2～5d。

4. 当对照细胞大部分死亡时（5～8d），再换"维持浓度"的筛选液（G418 浓度一般为 100～200μg/ml，根据试验而定），以维持筛选作用。

5. 10～20d 后，可见有抗性克隆形成，待其逐渐增大后，将其移至 24 孔板继续培养。

（二）细胞筛选

将转染后 48h 的细胞经胰酶消化后，按 1：10 传代，同时加 500μg/ml G418 筛选，具体操作如下。

1. 将原培养基吸出，用 DPBS 清洗 1～2 遍。

2. 加入 1ml 消化液，置 39℃消化约 2min。

3. 加入 3ml 细胞培养液终止消化；用移液枪仔细吹打，显微镜下观察细胞密度，待细胞全部悬浮后转入 15ml 离心管中。

4. 5 000r/min 离心 2min，弃上清液，收集细胞。

5. 加入含 500μg/ml G418 的细胞培养液，将细胞重新悬浮，用移液枪吹打，混匀细胞。

6. 转入 4 个 6 孔板中培养，每隔 24h 观察细胞并换液。

7. 用含有 500μg/ml G418 的培养液筛选 5～8d 后，改用含 100μg/ml G418 培养液继

续筛选。

8. 待细胞数量扩大或汇合后，进行消化，将一部分细胞转移到 35mm 培养皿中继续扩大培养，另一部分冻存。

（三）阳性细胞的单克隆培养

1. 在显微镜下观察细胞克隆集落情况，用记号笔圈出分散良好、细胞数量多的细胞集落。

2. 弃培养液，用 39℃ DPBS 液洗细胞 2 遍。

3. 用自制的玻璃针在标记好的细胞克隆四周划□，轻轻挑起细胞集落，用 $100\mu l$ 移液枪吸取细胞克隆。然后，加入 $15\sim30\mu l0.25\%$ 胰蛋白酶消化液，置 39℃ 消化约 2min。

4. 加入 1ml 细胞培养液终止消化，用移液枪仔细吹打，显微镜下观察细胞密度，待细胞全部悬浮后转入 15ml 离心管中。

5. 将离心管上下颠倒 $3\sim5$ 次，以 5 000r/min，离心 3min，弃上清液。

6. 加入 4ml 培养液，吹打分散细胞团块，将其分别转入加有 $500\mu l$ 培养液的 4 孔板中。

7. 用含 $100\mu g/ml$ G418 培养液继续筛选。

8. 待克隆细胞数量扩大或汇合后，再进行消化，一部分细胞转移到 35mm 培养皿中继续扩大培养，另一部分冻存。

（四）抗性细胞的鉴定

抗性细胞可通过 PCR 的方法鉴定其是否转基因细胞，通过核型分析鉴定其染色体的数目及形态有无异常。

转基因细胞系建立之后的核移植操作见本书第二章第五节猪体细胞核移植（克隆）技术。

第四节 逆转录病毒感染法

以慢病毒载体为代表的逆转录病毒载体是一种高效的转基因载体，并且经过研究和改进，其生物安全性也有了较大改善。慢病毒载体与精子介导、体细胞核移植介导及精原干细胞技术的有机结合，为转基因猪的制备提供了广阔的应用前景。

一、逆转录病毒载体的构建

（一）逆转录病毒的基因组结构

逆转录病毒基因组是二倍体单链 RNA，正链为 $8\sim10kb$，不同毒株其长度有较大差异。与真核 mRNA 一样，其具有 5′端甲基化帽子结构和 3′端 PolyA 尾。2 个 RNA 分子在 5′端非共价结合，还有少量 tRNA。其基本结构如图 4-8 所示。

逆转录病毒基因组的主要组成可分为反式元件和顺式元件两大组。在它的中心部分是病毒基因组的反式元件，由 Gag，Pol，Env3 个病毒基因的编码序列组成。在反式元件的两翼是它的顺式元件，由 3′端和 5′端 2 个长末端重复序列和其他一些元件组成。

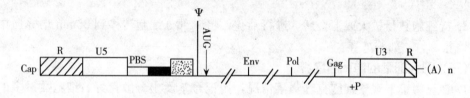

图 4-8　逆转录病毒基因组基本结构

（R 表示末端冗长，U5 为 5′端独特区，PBS 为引物结合区，DLS 为二聚体结合位点，
Ψ 为包装信号，AUG 为 Gag 蛋白的起始密码子，+P 为正链引物区，U3 为 3′端独特区，
（A）n 为 PolyA 尾，Gag、Pol 和 Env 是病毒编码的 3 个基因）

其中，U3 含有病毒的启动子和增强子，R 含有 PolyA 信号，Ψ 是病毒 RNA 包装的信号。

（二）逆转录病毒载体构建的基本原理

病毒的长末端序列（long terminal repeat，LTR）能对插入的外源基因进行有效的转录，因而构建逆转录病毒载体应去除反式元件序列，代之以外源基因，并保留或部分保留病毒本身的 LTR 以及包装信号 Ψ。这样产生的重组病毒没有蛋白编码基因，不能依靠自身形成完整的毒粒。产生重组病毒的主要步骤之一是用重组 DNA 技术将目的基因插入到载体适当位点，实现基因重组，再通过 DNA 转染技术将重组体传递到特殊构建的包装细胞，收获重组病毒。用重组病毒感染靶细胞，外源基因随病毒整合到宿主细胞染色体上，而使其得以表达。体外构建的载体包括两端 LTRS，中间插有标记基因（如 neo、LacZ 等）、细菌复制子以及可供外源基因插入的单一位点。病毒 LTRS 可以对插入的外源基因进行有效的转录。

（三）逆转录病毒载体构建的基本程序

1. 利用重组 DNA 技术除去病毒转化基因，用目的基因、选择标记基因替代病毒的编码基因　先在体外构建原病毒 DNA 载体，包括 LTR、中间标记基因、细菌复制子以及可供插入外源基因的多酶切位点，切除 Gag，Pol，Env 等结构基因，保留两端 LTR 和包装信号序列。将目的基因插入多酶切位点，这种带有目的基因的载体可以在细菌内增殖，然后转染靶细胞。但是，这种逆转录病毒载体是缺陷型的，必须在辅助病毒辅助下才能复制。

2. 组建包装细胞系　此类细胞中含有整合的缺陷型逆转录病毒 DNA（去除包装信号），尽管有大量的病毒蛋白存在，但却无病毒颗粒装配。Mulligan 实验室建成一种辅助病毒细胞株，称为 Ψ-2 细胞，它源于 NIH-3T3 成纤维细胞，由 Moloney 白血病病毒 Ψ（包装位点）缺陷株感染细胞而得到。这种细胞可以表达病毒全部基因产物，但缺少 Ψ 位点，不能包装成毒粒。

3. 用构建的逆转录病毒载体转染包装细胞　由于该载体含有包装信号，通过两者相互作用，组装成完整的病毒颗粒。这种包装有 RNA 的病毒称为假病毒，其毒粒的外膜是由 Ψ 细胞提供。

用得到的缺陷型重组病毒感染靶细胞。随着前病毒 DNA 的整合，目的基因也整合到靶细胞基因组中进行表达，完成基因转移。如果靶细胞为体细胞，则可用于基因治疗方面的研究；如果靶细胞为生殖细胞，则可生产转基因动物。

插入的外源基因序列最好是 cDNA，完整的基因序列影响病毒包装。要保证载体中目的基因的稳定表达，既要考虑外加启动子与载体自身启动子的相互作用，也要注意载体调控元件、标记基因和目的基因三者之间的关系。因为它们之间的相互位置常影响表达效率和重组病毒的产生。

（四）慢病毒载体的构建

目前，最常见的慢病毒载体有来源于人的 HIV-1（human immunodeficiency virus type1）和 HIV-2（human immunodeficiency virus type2），来源于猿猴的 SIV（simian immunodeficiency virus），来源于猫的 FIV（felines immunodeficiency virus）等。其中，以 HIV-1 的研究最为广泛，其基因组结构如图 4-9 所示。

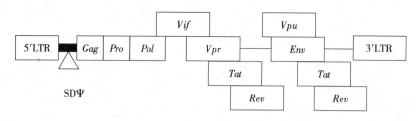

图 4-9　野生型 HIV-1 基因组结构

慢病毒除了具有一般逆转录病毒 Gag，Pol 和 Env 3 个基本基因结构外，还包含 4 个辅助基因 Vif、Vpr、Nrf 和 Vpu，以及 2 个调节基因 Tat 和 Rev。

慢病毒载体的构建原理与其他逆转录病毒载体相同。

1. 第一代慢病毒载体　第一代慢病毒载体也称三质粒表达系统，即通过限制性内切酶等工具去除野生型慢病毒复制所需要的 Gag、Pol 和 Env 基因，部分去除 Vpu、Vpr、Vif、Nef 致病基因，以保证载体的生物安全性。保留顺式作用元件，包括病毒本身的 LTR 以及病毒的包装信号 Ψ、Gag 基因部分 p17 区域、Rev 反应元件（RRE）。由于这种载体已经缺少形成完整病毒所需要的蛋白基因，所以它不能依靠自身基因形成完整的病毒颗粒。而后，将编码病毒衣壳和包膜结构的基因分别克隆于另外 2 个质粒中，一个表达 Gag 和 Pol，另一个表达 Env，即构建转移质粒（transfer vectors）、包膜表达质粒（envelop expression plasmids）和辅助质粒（helper plasmids）。转移质粒带有 1 个强启动子（如 CMV 启动子），用来控制除 Env 以外所有病毒结构基因的表达，还保留了病毒的 LTR 区，且被插入了外源基因，在转移质粒上人工插入标记基因（如 LacZ、NeuoR、Gpt、Gfp），并在标记基因之后外源基因之前引入内部核糖体进入位点（IRES），这样就可以由 1 个启动子来转录出 1 个双顺反子 mRNA，而由不同的核糖体分别翻译出 2 种蛋白。包膜表达质粒使用水疱性口炎病毒糖蛋白 G 基因（VSV-G）来代替原病毒的 Env 基因，包膜的更换降低了 HIV-1 载体恢复成野生型病毒的可能，扩大了 HIV-1 载体的感染谱，同时 VSV-G 包膜赋予 HIV-1 载体颗粒高度稳定性，使之能通过高速离心而浓缩，获得高的载体滴度。辅助质粒则整合了 Gag 和 Pol。Naldini 等（1996）和 Kafri 等（1999）构建了三质粒表达系统，通过 3 个质粒共同转染包装细胞产生完整的病毒颗粒。用这 3 种质粒共同转染包装细胞如人胚肾 293T 细胞，在细胞上清液中即可收获只有一次感染能力、无复制能力的缺陷型 HIV-1 载体颗粒。第一代慢病毒载体系统的特点是在构建 3 种包装质粒时，为了降低产生有复制能力的病毒（replication competent virus，RCV）的可能性，尽可能减少了 3 种质粒之间的同源序列。但包装质粒中仍然保留了 HIV 的辅助基因。

将载体系统分成 3 个质粒的最大益处是使序列重叠的机会大大减少，减少载体重组过程中产生 RCV 的可能。通过 3 种质粒共同转染 293T 细胞，超速离心后，病毒滴度可达 10^8 TU/ml。三质粒表达系统如图 4-10 所示。

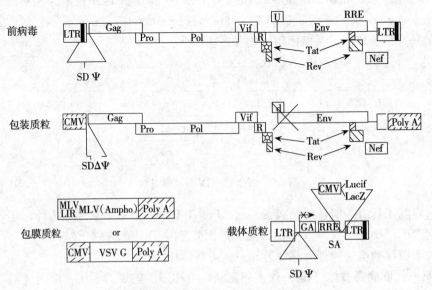

图 4-10　第一代慢病毒载体结构

2. 第二代慢病毒载体　第二代慢病毒载体系统是第一代基础上的改进，其改进主要体现在生物安全性方面。尽管第一代慢病毒载体在安全性上有一定保证，产生 RCV 的几率很小，但是考虑到包装质粒可以表达除 Env 外所有 HIV-1 病毒蛋白，其中部分蛋白与 HIV-1 病毒的生活周期，以及病毒毒性密切相关（如 Nef 会导致细胞凋亡，Vpr 可引起细胞周期停滞，Vif 会抑制某些细胞的生长），所以需要在包装质粒中彻底敲除 HIV-1 上所有编码辅蛋白 Nef、Vif 和 Vpr 的辅助基因。缺失了 Vif、Vpr 基因不会影响病毒颗粒对成纤维细胞和神经细胞的感染能力，而缺失了 Nef 基因也不会影响病毒对靶细胞的感染和进入靶细胞的能力，但是在缺失 Vpr 基因的情况下，病毒对巨噬细胞的感染能力会下降 50%。研究表明，即使全部 4 个辅助基因都被敲除，也不会影响病毒颗粒的产量，也不影响病毒在 293T 细胞中的包装，病毒仍然具有体外感染非分裂期细胞、体内感染分化成熟大鼠神经元的能力（Federico M，1999）。将这些辅蛋白敲除后，即使发生多位点重组形成 RCV，产生的亲代病毒也不会具有致病性。

3. 第三代慢病毒载体　第三代慢病毒载体也称四质粒表达系统。质粒 DNA 进入包装细胞，有可能使被包装入同一病毒颗粒的辅助质粒和载体质粒的 RNA 发生重组，产生

RCV 复制型病毒。前两代载体利用减少辅助质粒与载体质粒的同源序列来解决此问题。另一种解决方法是将编码 Gag、Pol 的基因和编码 Rev 的基因序列分离，各自转移到不同的质粒上（Dull 等，1998），使用四质粒包装系统代替原来的三质粒系统。4 种质粒分别携带：编码 Gag、Pol、Rev 反应元件（RRE）的基因序列；编码 Env 的基因序列；编码 Rev 的基因序列；外源基因。四质粒慢病毒包装系统的典型代表就是四环素可诱导系统（Rev Tet system）。这样的载体由四环素及其衍生物调控，定量表达目的基因，同时可以做到精确调控，并使外源目的基因得到高水平表达。第三代慢病毒载体在生物安全性方面的另一个改进是构建了自身失活（SIN）的慢病毒载体。即在原病毒载体的基础上删除了病毒 3′端长末端重复序列 LTR 中的 U3 区增强子和启动子序列的片断。病毒在正常逆转录过程中，U3 区的启动子、增强子序列将在复制后置于前病毒两端的 LTR，如果该区域的启动子出现突变，则在 HIV-1 载体逆转录后，其 5′LTR 就会因为缺失 HIV-1 所需要的启动子及增强子序列而无法复制出完整长度的病毒基因组，从而消除了产生活性病毒的可能性，大大保证了该类载体的生物安全性。这种自失活型载体最早被用于莫洛尼氏小鼠白血病病毒（MoMLV）载体和鸟类的脾坏死病毒（SNV）载体。敲除 3′LTR U3 区的同时，在同一位置插入外源性的启动元件，代替 U3 区本身的启动结构来驱动外源基因的转录，这样的改进可以让插入的外源启动子和外源基因都得到有效表达，还可以实现在同一慢病毒载体中同时表达两种外源基因，除克隆外源基因外，可以再加入抗生素筛选基因或者荧光标记基因。

四质粒共转染 293T 细胞，即可在细胞上清液中收获只有一次性感染能力，而无复制能力的携带目的基因的 HIV-1 载体颗粒。四质粒系统包装的病毒大部分转录失活，即使在病毒基因组发生重组的情况下，病毒基因组的复制也受到限制，从而其安全性显著提高，而且对细胞转导效率无影响。

二、利用逆转录病毒载体制备转基因猪的路径

逆转录病毒载体（包括慢病毒载体）作为一种高效转基因载体，已成功应用于小鼠、大鼠、猪、牛等转基因动物的构建，可通过感染生殖细胞（卵母细胞或精原细胞）、受精卵、囊胚期前各发育阶段的胚胎以及体细胞等途径转移外源基因，制备转基因动物。

（一）感染受精卵

逆转录病毒载体感染受精卵的方法有两种：一种方法是将病毒液注入卵周隙，第二种方法是将病毒液与去透明带的受精卵共培养。

Lois 等（2002）将 10～100pl 经改进的（在外源基因后添加旱獭肝 HIV 的侧翼元件 flap element）携有 GFP 的慢病毒液（浓度为 10^3 IU/μl）注入小鼠受精卵的卵周隙，然后移植到假孕母鼠，出生的后代中 82% 携有至少 1 个拷贝的外源基因，其中 76% 有荧光蛋白基因的表达。用同样的方法注入大鼠受精卵的卵周隙，获得 59% 的转基因阳性率。张敬之等（2006）利用三质粒转化系统共转染 293T 细胞，获得浓度为 5×10^5 IU/μl 的病毒液，注射小鼠受精卵的卵周隙，出生小鼠 PCR 阳性率达 45%，采集 PCR 阳性小鼠外周血液进行流式分析，GFP 表达率 40% 以上。荧光体视显微镜下观察，阳性小鼠全身可见 GFP 表达，GFP 基因的拷贝数从 6～12 个不等。Hofmann 等（2003）首先利用受精卵卵

周隙注入的方法制备转基因猪。他们将重组病毒进行受精卵的卵周隙注射，移植后所产仔猪 74% 整合有 GFP 基因，其中表达率为 94%，经直接荧光显影和免疫组化检测，转基因的所有组织均表达 GFP。

Ikawa 等（2003）用 LV-GFP 与去透明带的小鼠受精卵共培育，产生的囊胚移植到代孕鼠子宫，出生的后代有 60%～70% 整合有外源基因，并观察到外源基因能经生殖细胞传递给下一代。

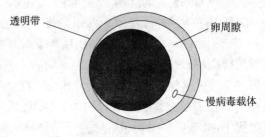

Ikawa 等的方法省去了显微操作的过程，但去透明带的过程可能会对受精卵的发育造成不利影响。因此，Lois 等的方法应用比较普遍（图 4-11）。

图 4-11　慢病毒载体注入受精卵卵周隙

（二）感染囊胚

Jaenisch 等（1974）将 SV40 DNA 注入小鼠囊胚腔中，发现获得的小鼠体内有 SV40 DNA 整合。大多逆转录病毒载体通过病毒两端的特殊序列在逆转录时整合到分裂细胞，这一过程依赖有丝分裂的核裂开，使逆转录前整合复合体转移到核上。这样，逆转录病毒载体转染动物胚胎的早期，会产生延迟的整合，以及不同组织和不同位点的镶嵌体。目前，Okada（2007）已经用慢病毒感染囊胚，介导转绿色荧光蛋白基因制备出 10.5d 的小鼠胚胎，Wolfgang（2001）用 $1×10^6$ TU/ml 的慢病毒注射到囊胚腔，介导生产出转绿色荧光蛋白基因的转基因猴。

（三）感染卵母细胞

感染卵母细胞普遍采用的方法是将重组病毒注入卵母细胞的卵周隙中，然后通过体外受精获得转基因胚胎而生产转基因动物。Chan 等（1998）将乙肝表面抗原基因插入复制子缺失的逆转录病毒载体 MoMLV 内，然后将其注射到体外培养成熟的 MⅡ牛卵母细胞的卵周隙中，再经体外受精，将体外发育到囊胚期的 10 个胚胎移植到 5 头受体母牛的子宫内，3 头受体母牛妊娠，出生 4 头皮肤和血液细胞表达有乙肝表面抗原基因的健康犊牛，其中 2 头母牛的乳汁中含有乙肝表面抗原，另有 1 头公牛与非转基因母牛交配生出 2 头犊牛，均为转基因个体。Hofmann 等（2004）应用慢病毒载体感染牛的卵母细胞，产下的 4 个后代均表达 GFP。cabot 等（2001）则利用携带 GFP 蛋白基因的复制缺陷型 MoMLV 作载体，转染体外成熟的猪卵母细胞，进行体外受精，获得转基因猪，并表达了 GFP。卵母细胞的核膜结构不完整，有利于前病毒的整合，从而提高转基因效率。

（四）感染精原细胞

感染精原细胞的方法有两种：一种方法是体外感染，即感染体外培养的精原细胞；另一种方法是体内感染，即通过曲细精管的注射，感染体内的精原细胞。

Hamra 等（2002）用携带增强型绿色荧光蛋白基因的慢病毒载体（LV-EGFP）转染体外培养的精原细胞，然后将整合有 LV-EGFP 的精原细胞移植到化学法杀死精原细胞的野生型雄性大鼠睾丸，移植后约 60d，与相当年龄的雌性大鼠交配，获得 44 只子代大鼠，其中有 26 只来自移植精子干细胞克隆，13 只携带慢病毒转基因，大约 30% 转基因阳性，并传递至 F2 代。说明 LV 可整合到精原细胞 DNA 上，经自然交配制备转基因动物。Kyle 等（2002）也用类似的方法获得了转基因动物，他们先用 Genpgkβ-Gal 载体转染体外培养的大鼠精原干细胞，然后将精原干细胞移植到裸鼠睾丸内成熟，经 3d 感染，0.5％的精原干细胞被转导，能在小鼠受体睾丸内产生转基因精子。

体内感染的方法实际上是逆转录病毒载体法和精子介导法的联合应用。马啸等（2010）将携带绿色荧光蛋白基因的慢病毒载体（LV-GFP）直接注射入小鼠曲细精管，使其在睾丸内微环境中转染精原细胞。实验证实，这种方法可成功转染睾丸内组织细胞，PCR 阳性率达 62.5％，但仅在高剂量组观察到绿色荧光蛋白的表达，说明 LV 转染效果与病毒滴度有关。

逆转录病毒载体感染精原细胞的方法，到目前还未见应用于构建转基因猪的报道，这可能与猪的精原细胞体外培养比较困难有关。

（五）感染体细胞

逆转录病毒具有感染特定靶细胞的特性，是动物细胞转染的主要方法之一。通过转染猪的体细胞制备转基因猪的主要程序是：先建立体细胞系，用携有外源基因的逆转录病毒载体转染细胞系，筛选整合、表达的细胞，并建立转基因细胞系；然后用转基因细胞作核供体，进行核移植，生产转基因猪。Lai 等（2002）用复制缺陷逆转录病毒作载体，感染 35 日龄的猪胎儿成纤维细胞，通过核移植获得了表达的转基因猪。

除上述细胞外，用逆转录病毒载体感染胚胎干细胞（ES 细胞）和桑椹期的胚胎也获得了转基因动物（Pfeifer 等，2002），但未见获得转基因猪的报道。

第五节　其他制备转基因猪的方法

一、精原干细胞途径

精原干细胞途径制备转基因猪的程序如图 4-12 所示。

（一）精原干细胞的分离纯化

目前，已有小鼠、大鼠、猪、人等多种哺乳动物睾丸内的精原干细胞成功地进行了分离纯化。Bellve 等（1977）报道，从（出生）8d 的小鼠睾丸中获得了纯度 91％的 A 型精原细胞，产量达 2×107 个；Dirami 等（1999）从 80 日龄仔猪睾丸分离出 A 型精原细胞的纯度达到 95％～98％；Brook 等（2001）分离出人的精原细胞，并进行低温冷冻保存试验。

精原干细胞具有自我更新和分化的能力，理论上各年龄段均可进行分离。但随着年龄增长，原始生殖细胞的分化能力逐步减弱，精原干细胞在成体睾丸中所占比例大大降低。成年动物的生精小管中，大部分生殖细胞为有丝分裂的精原细胞、正在进行减数分裂的精母细胞和高度特化时期的精子细胞。在新生小鼠睾丸中，精原干细胞的比例可达到 1.41％左右，而在成年小鼠睾丸中仅占 0.03％（Orwig 等，2002）。因此，通常选用幼龄动物作为干细胞的供体。一般来说，以幼龄或青春期前动物为供体，可获得纯度较高的 SSCs。成钢等（2005）的研究结果表明，1 月龄左右仔猪体外分离培养精原干细胞的可操作性和成活率都较其他日龄的效果好。也有报道，20 日龄仔猪的生精上皮内基本只有

A 型精原细胞和支持细胞，其他各级生精细胞尚未发育形成，理论上可获得最大量的精原细胞。

精原干细胞分离的原理是根据曲精细管内各种细胞的比重、大小、贴壁速度及表面标记等性质的不同而将其分离。其方法主要有以下几种。

1. 差异贴壁法 将曲细精管细胞悬液接种在明胶或胶原处理过的培养器皿中，体细胞的贴壁速率远远高于 SSCs。大部分体细胞短时间（2h 至过夜）内即可完成贴壁，而 SSCs 尚未贴壁或贴壁不牢，轻轻吹打即脱落，将其吸到另一个器皿即可富集培养。还可用反复差异贴壁的方法将混杂的体细胞进一步除去。采用差异贴壁法纯化 SSCs，不需要特殊设备，操作简单，费用低，可进行较大量细胞的分离。但耗时较长，并且需要仔细观察细胞贴壁特性。

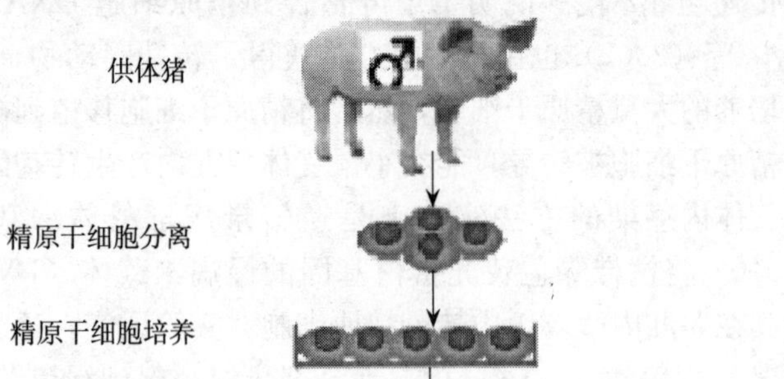

供体猪

精原干细胞分离

精原干细胞培养

遗传修饰

同体移植　　　　　　同种异体移植

交配

转基因猪

图 4-12　精原干细胞途径制备转基因猪

2. Percoll 不连续密度梯度离心法 Percoll 是一种无毒性的硅胶颗粒。Percoll 密度梯度离心已被广泛应用于各种动物的精子和细胞的分离纯化。在 Percoll 不连续密度梯度离心中，不同比重的细胞在相邻梯度的界面处形成各自的细胞带。吸出细胞带，洗涤后即得到纯化的细胞。由于生精上皮细胞组成复杂，所用 Percoll 梯度层数很多，至少为 5 层。采用 Percoll 密度梯度离心法分离纯化 SSCs 无需特殊设备，但分层不清晰，操作过程较繁琐，SSCs 丢失较多。

将差速贴壁法与不连续 Percoll 密度梯度离心法联合起来使用，可在一定程度上提高 SSCs 的纯度。薛振华等（2008）采用组合酶消化，结合 Percoll 不连续密度梯度离心法分离猪的精原细胞，经纯化后其纯度为 47.62%。

3. 单位重力沉降法 单位重力沉降法是在低密度介质中，让细胞在单位重力作用下沉降一定时间，体积大的细胞快速沉降，体积小的细胞缓慢沉降，从而可将不同大小的细胞分开。Dirami 等（1999）采用此法，再结合差速贴壁选择法分离猪的 A 型精原细胞，结果纯度达到 95%～98%。此法的缺点是步骤繁杂，耗时较长，常需数小时。

4. 流式细胞术 流式细胞术（flow cytometry，FCM）是广泛应用的一种单细胞悬液大通量检测与分选技术。目前，人们主要根据 SSCs 特异性表面标志和荧光染料排斥特性，进行流式细胞术分选。移植功能试验证明，SSCs 为 $\beta1$ 和 $\alpha6$ 整合素、Thy-1、CD9 、

CD24 、Ep-CAM、ESD-1 阳性；c-kit、Sca、CD34 、CD51 、MHC-I 阴性（Kubota 等，2003；Shinohara 等，2000；Shinohara 等，1999）。根据这些表面标志，SSCs 可以用流式细胞仪进行分选。但目前还没有确定唯一在 SSCs 上特异表达的表面标志，所以应综合多种参数进行分选。

近年来，在多种成体组织中都发现了一种侧群（side population，SP）细胞，它们具有将荧光染料 Hoechst 33342（H342）泵出细胞外的特性，在流式二维点图上，分布在靠边缘的一侧。SP 细胞同源性高，具有自我更新和多向分化潜能，代表了一群新型的干细胞。SP 细胞的流式分选已成为一种重要的成体干细胞分离纯化方法。

目前还没有唯一确定的 SSCs 表面标志，对睾丸细胞中 SP 细胞的分选可能是一条 SSCs 纯化的简便途径。

5. 免疫磁珠分离法　免疫磁珠分离技术（MACS）是基于细胞表面抗原能与连接有磁珠的特异性单抗相结合，在外加磁场中，通过抗体与磁珠相连的细胞被吸附而滞留在磁场中，无该种表面抗原的细胞由于不能与连接磁珠的特异性单抗结合而没有磁性，不在磁场中停留，从而使细胞得以分离。因此，有效的 SSCs 免疫磁珠法分离方法依赖于对其特异标志的认识和选择。Kanatsu-Shinohara 等用 CD9 MACS 法从小鼠和大鼠睾丸中富集 5～7 倍的 SSCs ；Kubota 等以 Thy-1 为表面标志，应用 MACS 从成年隐睾小鼠和野生型成年、幼年及新生小鼠睾丸中分别获得了富集 6 倍、30 倍、4 倍和 5 倍的 SSCs（Kubota 等，2004）。利用 MACS 不仅能够富集较大量的 SSCs，还可保持其活率及增殖能力。其不足之处是需要一次性的分离柱和抗体标记的磁珠，成本昂贵。

以小鼠为实验材料的分选，大多采用流式细胞术进行免疫分选，而在猪等大动物，多采用较为简单的分选方法，如贴壁差速分选、Percoll 密度梯度分选等，也能有效富集 SSCs，满足培养及后续转基因研究的需要。

（二）精原干细胞的检测鉴定

分离后的精原干细胞需要通过鉴定才能继续下一步的培养，其鉴定的方法主要有以下几种。

1. 形态学法　常规方法是用光学、电子或倒置显微镜观察，根据细胞的形态结构、局部解剖学位置和排列特征加以区分。在睾丸切片上，SSCs 常位于基膜最内侧，其核的大小、形状及核仁的形态、数目等均与支持细胞及其他生精细胞明显不同。SSCs 较睾丸体细胞体积大，呈圆形，核大而胞质少，细胞大小均一。猪的 SSCs 直径为 $20\sim25\mu m$，生长状态良好时，细胞透明，颗粒较少，核不明显，除单个存在之外，常见 2 个或多个细胞一起存在。它们紧密相连，有时相邻的细胞间有明显的开放的胞质间桥，由胞质桥相连的细胞稍呈卵圆形或短椭圆形，胞质内只含少量脂滴。睾丸体细胞为成纤维型，细胞延展后伸出数个胞质突起，胞质中含有大量大小不一的脂滴。

2. 表面标记法或荧光染色法　根据 SSCs 的特异性分子标记或 SSCs 对一些特殊荧光染料的染色特性，结合其他发育阶段生精细胞的表型标记如生殖细胞核抗原 1（GCNA1）、EE2 等，即可通过免疫细胞化学法、流式细胞术、免疫磁珠分离法等进行鉴定分析。

3. 综合排除法　试验性隐睾及体外培养研究表明，低于体温的培养温度有利于哺乳动物雄性生殖细胞的分化，而体温条件能阻止精原细胞的分化，但对 SSCs 的更新和分化潜能无影响。因此，在体温条件（一般为 37℃）下培养哺乳动物生精细胞时，精母细胞及其后的分化细胞类型，经短暂存活后将退化死亡，而仅有精原细胞存留。另外，通过限定供体细胞来源动物的年龄，也可避免大部分已分化生精细胞的污染。

4. 移植功能性检测法　大量研究表明，新分离的、体外培养后的、长期冷冻保存的以及经过转基因操作的 SSCs 被移植入受体睾丸曲细精管后，均可不同程度地重建来自供体干细胞的精子发生。因此，通过检测受体睾丸内来自供体干细胞的克隆数目及面积，即可确定细胞样品中 SSCs 的有无及数量。

（三）精原干细胞的培养

1. 基本培养基　培养精原干细胞较为理想的培养基是 DMEM，但还需要添加一些促细胞生长的物质，如丙酮酸钠、非必需氨基酸、L-谷氨酰胺和 β-巯基乙醇等。丙酮酸钠作为精原干细胞的能量底物，非必需氨基酸可为蛋白质的合成提供原料，β-巯基乙醇可使血清中的含硫化合物还原成谷胱甘肽，诱导细胞的增殖，还能促进 DNA 合成、防止过氧化物损伤以及促进细胞贴壁等。

2. 饲养层细胞　常用的有小鼠成纤维细胞（MEF）饲养层、STO 饲养层和 SNL 饲养层。它们均可以产生抑制精原干细胞自主分化和促进胚胎干细胞增殖的因子，故能有效地促进精原干细胞增殖，并维持未分化的二倍体状态和全能性。成纤维细胞饲养层还能产生一种胶质细胞源神经营养因子（GDNF），它是精原干细胞更新分化的一种调节因子，能够促进体外培养体系中精原干细胞的更新增殖及精原干细胞的数量。

3. 培养温度　温度对精原干细胞的体外培养有重要影响。大多数哺乳动物睾丸温度低于其正常体温，因而宜用略低于体温的温度培养精原干细胞。

4. 细胞因子　白血病抑制因子（leukaemia inhibitory factor，LIF）又称分化抑制因子，是睾丸肌样细胞分泌的一种细胞素，它是一种多功能糖蛋白，可以增加增殖中精原干细胞的成活率，并通过抑制细胞凋亡而促进生殖细胞的生长。在用滋养层细胞培养精原干细胞时，也可以刺激静止精原干细胞的分裂增殖。培养液中加入 LIF 可以明显延长精原干细胞的存活时间。

干细胞因子（Stem Cell Factor，SCF）又称 c-kit 配体，是由睾丸精曲小管足细胞分泌的一种细胞生长因子。放射自显影分析表明，SCF 选择性地刺激 A 型精原干细胞的 DNA 合成，从而促进其增殖。培养液中加入 SCF 后，精原干细胞存活时间随其质量浓度的加大而延长。

碱性成纤维细胞生长因子（basic fibroblast growth factor，bFGF）具有诱导各种哺乳类正常二倍体细胞 DNA 合成的潜能。bFGF 单独作用较小，常与其他因子联合使用。

5. 血清　血清除供给细胞营养外，还能促进细胞合成 DNA。血清中的一些未知因子对精原干细胞的体外存活和增殖有良好作用。一般在培养基中加入 10% 的小牛血清或 10% 的胎牛血清可收到良好效果。

6. 激素和维生素　一些激素如活性素（activin）、胰岛素、卵泡刺激素（FSH）以及维生素 A、维生素 C、维生素 E 等对精原干细胞的体外存活和增殖有重要作用。活性素是由睾丸支持细胞分泌的一种多肽类激素。Mather 等报道，活性素 A、B 可刺激精原细体外增殖。FSH 可以增加小鼠支持细胞 c-kit 配体的 mRNA 水平，从而增加其表达量，c-kit 配体又可刺激精原细胞 DNA 的合成，从而刺激其增殖，因而 FSH 有间接促进精原细胞增殖的作用。维生素 C、维生素 C、维生素 E 虽然不能刺激精原干细胞的增殖，但可为其提供体外存活的必要营养，因而可支持精原干细胞的存活。

（四）精原干细胞的转染

一般来说，能够用于动物细胞转染的方法都可用于精原干细胞的体外转染，而目前应用较多的是病毒感染的方法，尤其是逆转录病毒载体转染法。Demiguel 等（2003）摸索不同转染系统后发现，鼠白血病病毒（murine leukemia virus，MLV）、鼠干细胞病毒（murine stem cell virus，MSCV）、禽白血病病毒（avian leukosis virus，ALV）等多种逆转录病毒均能高效地转染精原干细胞。Harmra 等（2002）则用慢病毒作为载体将绿色荧光蛋白报告基因导入供体大鼠精原干细胞中。Honaramooz 等（2008）利用腺病毒介导的方法将外源基因转入山羊的精原干细胞内，然后将精原干细胞移植进事先经过辐射处理的受体睾丸，并且产生了大量精子，再利用体外受精的方法，成功地监测到 10% 的胚胎为转基因胚胎。

（五）精原干细胞移植

1. 受体的准备 精原干细胞移植的受体可分为两类：一类是同种异体移植；另一类是同体移植。

同种异体移植是指同种动物在不同的个体之间进行的移植。用没有达到性成熟的受体进行精原干细胞的同种异体移植，无需对受体进行免疫抑制处理。同种异体移植应考虑供、受体之间的免疫排斥，一般用主要组织相容性抗原一致的动物作供体和受体。用不同的方法处理受体动物睾丸的目的主要有两个方面：其一，抑制受体动物自身精原干细胞的精子发生；其二，尽量减少对受体动物睾丸的损伤。通常在进行精原干细胞移植之前，用白消安（Busulfan）处理受体动物，其作用机理是 Busulfan 使 DNA 烷基化，从而破坏受体精原干细胞增殖。白消安是一种烷化剂，是精原干细胞移植中制作受体动物的一种常用药物，它可以消除受体动物睾丸内绝大部分的生精细胞，但支持细胞仍然存活，残留的少量内源性干细胞能重新启动精子发生，这种情况下用携带遗传标记的供体生精细胞，有助于区分内、外源性的精子发生（Brinster，2002）。而且即使受体睾丸内源的精原干细胞没有完全除去，也能取得一定的移植效果（Honaramooz 等，2003）。此外，大量研究表明，对受体动物进行激素处理可以提高供体细胞的克隆数，从而提高移植效率。睾酮和 FSH 都对 SSCs 的分化有抑制作用，因而用促性腺激素释放激素的类似物处理受体动物，可以维持睾丸内低浓度的睾酮水平，为供体细胞提供理想的微环境，促进受体睾丸中 SSCs 的存活和分化，从而提高精原细胞克隆效率。由于这种方法的供体和受体是同种动物的不同个体，试验安排比较灵活，也可以有较多的受体供移植试验。

同体移植是指同一个动物一侧的睾丸用来制备精原干细胞，另一侧的睾丸作为受体。就猪等大动物的供、受体选择而言，从免疫学角度考虑，同体移植是较好的 SSCs 移植策略。该方法在猪的 SSCs 移植试验中取得了良好结果（Honaramooz 等，2002）。一般用 X 射线局部照射法来消除大动物受体内源性精子的发生。

2. 移植方法 精原干细胞移植的方法建立在睾丸结构的基础上。睾丸的实质分成许多锥形小叶，小叶的顶端朝向睾丸的中部，基部坐落于白膜。每个小叶由 2～3 条精细管盘曲而成，称为曲细精管。曲细精管在小叶的顶端汇合成直细精管，穿入睾丸纵隔结缔组织内，形成睾丸网，最后由睾丸网分出 10～30 条睾丸输出管盘曲成附睾头。凡是能将液体直接或间接注入曲细精管的方法均可用于精原干细胞的移植。根据睾丸的结构，精原干细胞移植的方法可分为曲细精管注射法、睾丸输出管注射法和睾丸网注射法。

(1) 曲细精管注射法　这是 Brinster 等（1994）最早采用的小鼠 SSCs 移植方法，其要点是用解剖显微镜注射装置，将供体小鼠的 SSCs 直接注射到受体小鼠的曲细精管。这种方法用于猪等大动物，需要剖开睾丸白膜才能将液体直接注入曲细精管内。

(2) 睾丸输出管注射法　该法是将全身麻醉的动物进行手术，并用显微操作仪器（用于小鼠）或压力注射器（用于大动物）将移植液从输出管注入受体睾丸中，移植液会迅速分布到曲细精管中。

上述两种方法均需进行手术，若操作不慎，则容易造成感染和对受体的睾丸造成损伤。

(3) 睾丸网注射法　该法不用进行手术，是直接将注射针插入睾丸网中注射。用睾丸网注射法移植大动物精原干细胞快速可行。但是，猪、牛、羊等大动物的睾丸网位于睾丸内部深处，不容易进行操作。为了解决这个问题，Schlatt 等（1999）采用超声波成像引导注射法，使供体生殖细胞有效地注入受体睾丸高达 70％ 的曲细精管中。应用超声波成像引导注射法，注射成功后可观察到超声波图像，并且能够看到针的尖端出现一小团气体，气体快速流入管中发生回波现象。此外，向移植液中加入不透明的液体，经超声波液体注射后，可显示出液体流经曲细精管的路径，实验人员可以很快知道细胞的移植注射是否成功。

Honaramooz 等（2002）利用睾丸网注射法进行猪睾丸移植，结果成功注入超过 90％ 受体睾丸的睾丸网，曲细精管充满度达 50％（图 4-13）。

曲细精管注射法是最早采用的精原干细胞移植技术，Brinster（1994）利用显微注射技术将小鼠的精原干细胞移植到不育小鼠的睾丸曲细精管内，移植后产生了具有受精能力的精子，受精后产生了供体的后代。此方法简单易行，广泛用于啮齿类动物的种内和种间移植，但由于需注射睾丸多达 80％ 的曲细精管，故比较费时，不适用于大型动物。睾丸输出管注射法是用显微操作仪将精原干细胞注入全身麻醉的受体动物睾丸输出管中，此方法比曲细精管注射法快捷，比睾丸网注射法可靠，几乎所有动物都可以采用该方法，但其缺点是对动物睾丸组织损伤较大，需要复杂的

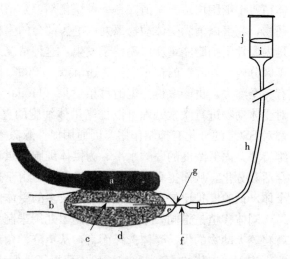

图 4-13　猪睾丸网注射法

a. 超声波探头　b. 精索　c. 睾丸网　d. 睾丸　e. 附睾
f. 注射针　g. 组织胶　h. 输液管　i. 细胞悬液　j. 蓄水槽

仪器设备及熟练掌握该技术的操作人员。睾丸网注射法是直接将精原干细胞注入睾丸网中，这种方法对睾丸网分布在睾丸浅表的小鼠、大鼠等动物快速可行。但猴、猪和羊等大动物的睾丸网深埋于睾丸内部，操作起来比较困难。

二、人工染色体技术

通常制备转基因动物重组 DNA 的载体是质粒。质粒的容量有限，能克隆的 DNA 片段一般小于 20kb，难以将整个调控序列都装入质粒内，因而转移到种系的构建体常缺少重要的顺式调控元件，于是产生了所谓"位点效应"。如果有一种大容量的载体，能将外源基因的整个基因座包括所有的调控序列全部组装到一个载体上，那就可能避免位点效应。人工染色体就是一种能满足上述要求的大容量载体。所谓人工染色体，是指一类能在细胞中独立、稳定存在和遗传的人工重组 DNA 分子，它至少应具备 3 种功能元件的类似组分：复制原点（origin of replication）、着丝点（centromere）和端粒子（telomere）。1983 年，Murry 把酵母染色体的着丝点、自主复制序列和端粒子连接在一起，成功构建了第一个人工染色体，称为酵母人工染色体（YAC）。在此基础上，Burke 等（1987）构建了第一个 YAC 载体。YACs 容量大，插入的外源 DNA 片段可达 2 000bp。然而，由于 YACs 易发生基因嵌合、重排和缺失现象，其插入片段的分离较难，转化效率低，使得 YACs 的应用和研究受到了限制。这促使科学家们去研究和构建新的人工染色体。Shizuya 等（1992）发展的 BAC 克隆系统较好地解决了 YAC 文库面临的问题，BAC 文库即细菌人工染色体文库，该载体容量虽然较 YACs 小，一般为 350kb，却具有许多 YACs 不具备的优点，如 BAC 具有嵌合和重排率低、外源 DNA 能稳定遗传、转化效率高、重组 DNA 容易分离及可采用高效的电转化体系等。在同时期发展起来的克隆系统还有：噬菌体 P1 衍生的人工染色体载体系统 P1s（PACs）（Ioannou 等，1994），能容纳的外源 DNA 片段较小，只有 100 kb 左右；哺乳动物人工染色体（MAC），最大能容纳 2 000kb 的外源 DNA，可以携带足够长的编码序列和调控序列。之后发展起来的还有人类人工染色体（HAC）（Harrington 等，1997），HAC 由着丝粒、端粒和复制起点组成，通过对天然染色体的改造等方法可以获得多种类型 HACs。HACs 以线状染色体形式复制，可以插入 10 000kb 的 DNA 片段。

转人工染色体技术可能成为基因打靶之外的、能获得高效表达转基因动物的另一途径。目前，利用 YAC、BAC 和 HAC 人工染色体载体系统均获得了转基因动物，其中以 YAC 居多，涉及的动物种类有小鼠、大鼠、兔、猪、牛等。例如，Yannoutsos 等（1995）将含整个 MCP 基因组序列的 YAC，通过显微注射法导入猪的受精卵，在出生的后代中有 8 头整合有 MCP 基因。Brem 等（1996）通过原核显微注射，成功获得了整合有 250kb 包含小鼠酪氨酸激酶基因的 YAC 的转基因兔，解除了转基因个体的白化症表型。Fujiwara 等（1999）建立了 210kb 人类乳清蛋白 YAC 转基因小鼠，在乳腺获得人乳清蛋白的高水平表达，其特点是不存在位置效应。因 YAC 载体的大容量能保证巨大基因的完整性，保证所有顺式因子的完整性，因而目的基因上下游的侧翼序列可以消除或减弱基因整合后的位点效应而起到缓冲的作用，从而提高外源基因的表达水平。Stinnakre 等（1999）制备出了含山羊 α-乳白蛋白基因的 BAC 转基因小鼠，在这只小鼠中，α-乳白蛋白的表达表现出了位点非依赖性和拷贝依赖性。Yoshihiro 等（2001）利用同源重组将人生长激素的基因置换 YAC 载体中的 α-乳白蛋白基因，并通过显微注射法获得了乳汁中高表达人生长激素的转基因大鼠。Kuroiwa 等（2002）将含有 IgH 和 Igλ 位点的 HAC，导入牛的成纤维细胞中，再通过核移植技术，获得 21 头健康小牛，其中 4 头小牛显示 IgH 和 lgλ 基因都进行了功能性重组，而且可以产生人免疫球蛋白。

克隆了外源基因的人工染色体分子量通常很大，在转基因动物制备方面不同于传统方法。转人工染色体主要有原核显微注射、脂质体转染和原生质体融合等 3 种方法。

（一）原核显微注射法

显微注射法是直接将携带外源基因的人工染色体注入受精卵的原核。这种方法可以得到人工染色体完整插入的转基因动物。到目前为止，大部分 YACs 转基因动物制备都是通过显微注射法得到的。显微注射 YACs 转基因总体效率与传统载体构件转基因相当，通常有 5%～20% 的新生动物是 YACs 阳性，但其中仅有 20%～70% 保留完整的 YACs 整合到基因组中，大部分转基因动物携带着 1 个或几个（小于 5 个）拷贝数，这与显微注射进入受精卵的有限量 YACs 分子数是一致的。

（二）脂质体转染法

脂质体转染法是首先将目的 YAC 的 DNA 分离，经脂质体包埋，再进行转染。经筛选得到的阳性动物细胞可在细胞水平对 YACs 的完整性、拷贝数及整合位点进行鉴定。此方法对较长的 YACs 转入动物细胞比显微注射法好。脂质体转染的如果是胚胎干细胞，则注射到囊胚腔中，生产出嵌合体动物，再经过回交和筛选获得转基因动物；如果转染的是体细胞，转化后经鉴定的细胞再通过核移植技术，得到转基因动物。显微注射能引起 YACs 的机械断裂，而脂质体转染法则相对更容易得到完整 YACs 的转基因动物。

（三）原生质体融合法

原生质体融合法是通过制备含人工染色体的原生质体与胚胎干细胞进行细胞融合，从而将目的基因转移进胚胎干细胞中，再将已转染的胚胎干细胞注射到囊胚腔中，以生产嵌合体小鼠。其具体方法是：首先在酵母中经同源重组，在 YAC 克隆中引入 PGKneo 筛选基因，通过酶解酶消化含目的 YAC 的酵母制备原生质体，原生质体即可在聚乙二醇（PEG）作用下与胚胎干细胞进行细胞融合，经 G418 筛选，可得到最高达 40% 的含有单个或多个拷贝的 YAC 克隆的胚胎干细胞（Lamb 等，1995），由此生产嵌合体小鼠，经鉴定可得到能稳定传代的含目的 YAC 的转基因小鼠品系。经指纹法分析发现，酵母染色体基因组是整合在单一位点串联排列，没有发现整合的酵母染色体对转基因动物的生长发育有不利影响。此方法最大的优点是不单独对 YACs 进行操作，从而保证 YACs 引入细胞后的完整性。

目前，人工染色体还没有成为制备转基因动物外源基因的主流载体，原因有以下几方面：将外源基因插入到人工染色体的适当位置，重组效率较低、过程复杂；人工染色体载体的片段分离过程繁琐，难度较大；100kb 以上的 DNA 整合效率低下，对于制备转基因大动物成本较高。尽管如此，人工染色体能克隆长基因、多基因和基因簇的优势，仍吸引科学家们投入了极大的热情。随着今后研究的深入，人工染色体有望成为制备转基因动物外源基因的重要载体之一。

参考文献

成钢，冯书堂，牟玉莲，等.2005.哺乳动物精原干细胞体外培养研究进展.中国畜牧兽医，32（10）：20-22.

陈铭正，郑登贵.1996.应用电穿孔处理猪精子作为基因载体产生基因转殖猪的可行性.中畜会志（24）：427-440.

何学令，尹海林.2004.转基因小鼠技术中获得原核期受精卵最适时间的研究.四川动物，23（4）：341-343.

李文化，熊忠良，樊俊华，等.2000.母猪超数排卵对胚胎发育和胚胎质量的影响.华中农业大学学报（1）：40-43.

李智，俞生，都同功，等.1998.转基因显微注射的剂量控制与效果分析.中国实验动物学杂志，8（2）：65-69.

卢一凡，田軼，邓继先，等.1998.胚胎发育早期转基因整合的研究.遗传学报，25（6）：485-490.

马啸，叶华虎，杜小燕，等.2010.慢病毒载体感染小鼠曲细精管的研究.实验动物科学，27（1）：5-9.

王勇，刘勤，倪勇，等.2005.通过双原核显微注射提高转基因小鼠研制效率的实验研究.中国实验动物学报，13（3）：159-162.

魏庆信，樊俊华，郑新民，等.1997.提高猪基因导入效率的研究.高技术通信，7（2）：49-51.

魏庆信，郑新民，赵浩斌，等.2005.转基因猪研究进展.中国比较医学杂志，15（2）：112-115.

魏庆信，樊俊华，李荣基，等.1994.猪微注射基因胚胎的自体移植.生物工程进展，14（2）：49-50.

魏庆信，樊俊华，郑新民，等.2000.猪导入人类促衰变因子（hDAF）基因的整合与表达.中国兽医学报，20（3）：219-221.

魏庆信，樊俊华，李荣基，等.1993.湖北白猪导入 OMT/PGH 基因的整合、表达和遗传.华中农业大学学报，12（6）：606-611.

魏庆信，樊俊华，郑新民，等.2000.猪导入人类促衰变因子（hDAF）的整合与表达.中国兽医学报，20（3）：219-221.

张德福，刘东，汤琳琳，等.2007.不同供体细胞及其处理对猪核移植重构胚体外发育的影响.遗传，29（2）：211-217.

张德福，陈茵，王英，等.2006.影响小鼠胚胎显微注射成功率的若干因素.上海农业学报，16（4）：57-59.

张敬之，郭歆冰，谢书阳，等.2006.用慢病毒载体介导产生绿色荧光蛋白（GFP）转基因小鼠.自然科学进展，16（5）：571-577.

郑登贵，陈铭正.1995.猪精子与外源 DNA 的结合特性.中畜会志（24）：289-300.

邹贤刚，袁三平，鲜建，等.2008.转基因克隆奶山羊大量生产重组人的抗凝血 III 蛋白（rhATIII）.生物工程学报，24（1）：117-123.

朱世恩.2006.动物生殖生理学.北京：中国农业出版社.

Bellve A R，Cavicchia J C，Millette C F，et al.1997.Spermatogenic cells of the prepubertal mouse.J Cell Biol，74（1）：68-85.

Bishop J O，Smith P.1989.Mechanism of chromosomal integration of microinjected DNA.Mol Biol Med，6（4）：283-298.

Boitani C，Politi M G，Menn T.1993.Spermatogonial cell proliferation in organ culture of immature rat testis.Biol Reprod（48）：761-768.

Bosselman R A, Hsu R T, Boggs T, et al. 1989. Germ line transmission of exogenous gene in chicken. Science (233): 533-535.

Brem G, Besenfelder U, Aigner B, et al. 1996. YAC transgenesis in farm animals: rescue of albinism in rabbits. Mol Repro Dev (44): 56-62.

Brinster R L, Ararboek M R. 1994. Germline transmission of donor haplotype following spermatogonial transplantation. Proc Natl Acad Sci USA, 91 (24): 11303-11307.

Brinster R L, Chen H Y, Trumbauer M E, et al. 1985. Factors affecting the efficiency of introducing foreign DNA into mice by microinjecting eggs. Proc Natl Acad Sci USA, 82 (13): 4438-4442.

Brinster R L. 2002. Germline stem cell transplantation and transgenesis. Science (296): 2174-2176.

Brinster R, Sandgren E, Behringer R, et al. 1989. No simple solution for making transgenic mice: reply. Cell (59): 239-241.

Brinster R L, Zimmermann J W. 1994. Spermatogenesis following male germ-cell transplantation. Proc Natl Acad Sci USA (91): 11298-11302.

Brook P F, Radford J A, shalet S M, et al. 2001. Isolation of germ cell from human testicular tissue for low temperature storage and autotransplantation. Fertil Steril (75): 269-274.

Bujan L, Daudin M, Alvarez M, et al. 2002. Intermittent human immunodeficiency type 1 virus (HIV-1) shedding in semen and efficiency of sperm processing despite high seminal HIV-1 RNA levels. Fertil Steril, 78 (6): 1321-1323.

Burke D T, Carle G F, Oison M V. 1987. Cloning of large fragments of exogenous DNA into yeast by means of artificial chromosome vectors. Science (236): 801-811.

Cabot R A, Kuhholzer B, Chan A W, et al. 2001. Transgenic pigs produced using vitro matured oocytes infected with a retroviral vector. Anim Biotechnol, 12 (2): 205-214.

Camaaioni A, Russo L, Odorisio T, et al. 1992. Uptake of exogenous DNA by mammalian spermatozoa: specific localization of DNA on sperm heads. J Reprod Feril (96): 203-212。

Canseco R, Sparks A, Page R, et al. 1994. Gene transfer efficiency during gestation and the influence of co-transfer of non manipulated embryos on production of transgenic mice. Transgenic Research (3): 20-25.

Chada K J, Magram K, Raphacl G, et al. 1985. Specific expression of a forein beta-globin gene in erythroid cells of transgenic mice. Nature (314): 377-380.

Chan A, Kukolj G, Skalka A, et al. 1999. Timing of DNA integration, transgenic mosaicism, and pronuclear microinjection. Molecular Reproduction and Development (52): 406-413.

Chan A W S, Homan E J, Ballou L U, et al. 1998. Transgenic cattle produced by reverse-transcribed gene transfer in oocytes. Proc Natl Acad Sci USA (95): 14028-14033.

Chang K J, Qian M, Jiang Y H, et al. 2002. Effective generation of transgenic pigs and mice by linker based sperm-mediated gene transfer. BMC Biotechnol (2): 5.

Dai Y F, Vaught T D, Boone J, et al. 2002. Targeted disruption of the α-1, 3-galactosyltransferase gene in cloned pigs. Nat Biotechnol, 20 (3): 251-255.

Demiguel M P, Donovan P J. 2003. Determinants of retroviral mediated gene delivery to mouse spermatogonia. Biol Reprod, 68 (3): 860-866.

Dirami G, Ravindranath N, Pursel V, et al. 1999. Effects of stem cell factor and granulocyte macrophage-colony stimulating factor on survival of porcine type a spermatogonia culture in KSOM. Biol Reprod (61): 225-230.

Dull T, Zuffery R, Kelly M, et al. 1998. A third-generation lentivirus vector with a conditional packaging system. Virology, 72 (11): 8463-8471.

Federico M. 1999. Lentiviruses a gene delivery vectors. Curt Opin Biotechnol, 10 (5): 448-453.

Francolini M, Lavitrano M, Lamia C L, et al. 1993. Evidence for nuclear internalization of exogenous DNA into mammalian sperm cells. Mol Reprod Dev, 34 (2): 133-139.

Fujiwara Y, Miwa M, Takahashi R, et al. 1999. High-level expressing YAC vector for transgenic animal bioreactors. Mol Reprod Dev (52): 414-420.

Gadella B M, Hammache D, Pieroni G, et al. 1998. Glycolipids as potential binding sites for HIV: topology in the sperm plasma membrane in relation to the regulation of membrane fusion. J Reprod Immu, 41 (1-2): 233-253.

Gandolfi F, Terqni M, Modina S, et al. 1996. Failure to produce transgenic offspring by intra-tubal insemination of gilts with DNA-treated sperm. Reprod Fertil Dev (8): 1005-1060.

Gandolfi F. 2000. Sperm-mediated transgenesis. Theriogenology, 53 (1): 127-137.

Geurts A M, Cost G J, Freyvert Y, et al. 2009. Knockout rats via embryo micro-injection of Zinc-finger nucleases. Science (325): 433.

GL Buchschacher Jr, Wong-Staal F. 2000. Development of lentiviral vectors for gene therapy for human diseases. Blood, 95 (8): 2499-2504.

Gordon J W, Scangos G A, Plotkin D J, et al. 1980. Genetic transformation of mouse embryos by microinjection of purified DNA. Proc Natl Acad Sci USA (77): 7380-7384.

Gu M, Ahmed A, Wei C, et al. 1994. Development of a λ-based complementation assay for the preliminary localization of lac I mutants from the Big Blue mouse: implications for a DNA-sequencing strategy. Mutat Res, 307 (2): 533-540.

Harrington. 1997. Human artificial chromosome. Nature Genetics (15): 345-355.

Hamra F K, Gatlin J, Chapman K M, et al. 2002. Production of transgenic rats by lentiviral transduction of male germ-line stem cells. Proc Natl Acad Sci USA, 99 (23): 14931-14936.

Hammer R E, Prsel V G, Rexroad C E, et al. 1985. Production of transgenic rabbits, sheep and pig by microinjection. Nature (315): 680-683.

Hofmann A, Kessler B, Ewerling S, et al. 2003. Efficient transgenesis in farm animals by lentiviral vectors. EMBO Rep, 4 (11): 1054-1060.

Hofmann A, Zakhartchenko V, Weppert M, et al. 2004. Generation of transgenic cattle by lentiviral gene transfer into oocytes. Biol Reprod, 71 (2): 405-409.

Hollis R P, Stoll S M, Calos M P, et al. 2003. Phage integrases for the construction and manipulation of transgenic mammals. Reprod Biol Endocrinol, 7 (1): 79.

Honaramooz A, Behboodi E, Megee S O, et al. 2003. Fertility and germline transmission of donor haplotype following germ cell transplantation in immunocompetent goats. Biol Reprod, 69 (4): 1260-1264.

Honaramooz A, Megee S O, Dobrinski I. 2002. Germ cell transplantation in pigs. Biol Reprod (66): 21-28.

Honaramooz A, Megee S, Zeng W X, et al. 2008. Adeno—associated virus (AAV) -mediated transduction of male germline stem cells results in transgene transmission after germ cell transplantation. FASEB, 22 (2): 374-382.

Horan R, Powell R, Melluaid S, et al. 1991. Association of foreign DNA with porcine spermatozoa. Arch Androl (26): 83-92.

Huang Z Y, Tamura M, Sakurai T, et al. 2000. In vivo transfection of testicular germ cells and transgenesis by using the mitocbondrially localized jellyfish fluorescent protein gene. FEBS Letters, 487 (2): 248-251.

Huguet E, Esponda P. 1998. Foreign DNA introduced into the vas deferens is gained by mammalian spermatozoa. Mol Reprod Dev, 51 (1): 42-52.

Ikawa M, Tanaka N, Kao W W Y, et al. 2003. Generation of transgenic mice using lentiviral vectors: a novel preclinical assessment of lentiviral vectors for gene therapy. Mol Ther, 8 (4): 666-673.

Ioannou P A, Amemiya G T, Garnes J, et al. 1994. A new bacteriophage P1-derived vector for the propagation of large human DNA fragments. Nature Genetics (6): 84-88.

Kafri T, Van Praag H, Ouyang L, et al. 1999. A packaging cell line for Lentivirus vectors. J Virol (73): 576.

Kanatsu-Shinohara M, Ogonuki N, Inoue K, et al. 2003. Long-term proliferation in culture and germline transmission of mouse male germline stem cells. Biol Reprod (69): 612-616.

Kim J H, Jung-Ha H S, Lee H T, et al. 1997. Development of a positive method for male stem cell-mediated gene transfer in mouse and pig. Mol Reprod Dev, 46 (4): 515-526.

Kubota H, Avarbock M R, Brinster R L. 2003. Spermatogonial stem cells share some, but not all, phenotypic and functional characteristics with other stem cells. Proc Natl Acad Sci USA (100): 6487-6492.

Kubota H, Avarbock M R, Brinster R L. 2004. Growth factors essential for self-renewal and expansion of mouse spermatogonial stem cells. Proc Natl Acad Sci USA, 101 (47): 16489-16494.

Kupriyanov S, Zeh K, BariBault H et al. 1997. Double pronuclei injection of DNA into zygotes increases yields of transgenic mouse lines. Transgenic Research (7): 223-226.

Kuroiwa Y, Kasinathan P, Choi Y J, et al. 2002. Cloned transchromosomic calves producing human immunoglobulin. Nat Biotechnol, 20 (9): 889-894.

Kuznetsov A V, Kuznetsova I V, Schit I Y. 2000. DNA interaction with rabbit sperm cells and its transfer into ova in vitro and in vivo. Mol Reprod Dev (56): 292-297.

Lai L X, Park K W, Cheong H T, et al. 2002. Transgenic pig expressing the enhanced green fluorescent protein produced by nuclear transfer using colchicines treated fibroblasts as donor cells. Mol Reprod Dev (62): 300-306.

Lai L X, Kang J X, Li R F, et al. 2006. Generation of cloned transgenic pigs rich in omega-3 fatty acids. Nat Biotechnol, 24 (4): 435-436.

Lai L X, Simonds D K, Park K W, et al. 2002. Production of α-1, 3-galactosyl- transferase knockout pigs by nuclear transfer cloning. Science (295): 1089-1092.

Lamb B T, Gearhatt J D. 1995. YAC transgenics and the study of genetic and human disease. Curt Opin Genet Dev (5): 342-348.

Lavitrano M, French D, Zani M, et al. 1992. The interaction between exogenous DNA and sperm cell. Mol Reprod Dev, 31 (3): 161-169.

Lavitrano M, Maione B, Forte E, et al. 1997. The interaction of sperm cells with exogenous DNA: a role of CD4 major histocompatibility complex class molecules. Exp Cell Res (233): 56-62.

Lois C, Hong E J, Pease S, et al. 2002. Germline transmission and tissue-specific expression of transgenes delivered by lentiviral vectors. Science (295): 868-872.

Lu Y f, Tian C, Deng J X, et al. 2001. Dual pronuclear co-injection to raise transgenic integration efficiency. Developmental and Reproductive Biology, 10 (2): 15-19.

Mashimo T, Takizawa A, Voigt B, et al. 2010. Generation of knockout rats with X-linked severe combined immunodeficiency (X-SCID) using zinc-finger nucleases. PLos One, 5 (1): 8870.

Mather J P, Attie K M, Woodruff T K, et al. 1990. Activin stimulates spermatogonial proliferation in germ-sertoli cell cocultures from immature rat testis. Endocrinology (127): 3206-3213.

Miguel M P, Donovan P J. 2003. Determinants of retroviral-mediated gene delivery to mouse spermatogonia. Biol Reprod, 68 (3): 860-866.

Murry A W, Szostak J W. 1983. Construction of artificial chromosome in yeast. Nature (305): 189-193.

Nagano M, Shinohara T, Mary R. 2000. Retrovirus-mediated gene delivery into male germ line stem cells. FEBS Letters (475): 7-10.

Naldini L, Blomer U, Gallay P, et al. 1996. In vivo gene delivery and stable transduction of nondividing cells by a lentiviral vector. Science (272): 263-267.

Ogawa T, Dobrinski I, Brinster R L. 1999. Recipient preparation is critical for spermatogonial transplantation in the rat. Tissue and Cell (31): 461-472.

Okada Y, Ueshin Y, Isotani A, et al. 2007. Complementation of placental defects and embryonic lethality by trophoblast-specific lentiviral gene transfer. Nature Biotechnology, 2 (25): 233-237.

Orwig K E, Avarbock M R, Brinster R L. 2002. Retrovirus mediated modification of male germline stem cell in rats. Biology of Reproduction (67): 874-879.

Orwig K E, Ryu B Y, Avarbock M R, et al. 2002. Male germ-line stem cell potential is predicted by morphology of cells in neonatal rat testes. Proc Natl Acad Sci USA, 99 (18): 11706-11711.

Page R L, Canseco R S, Russell C G, et al. 1995. Transgene detection during early murine embryonic development after pronuclear microinjection. Transgenic Research (4): 12-17.

Park K W, Choi K M, Hong S P, et al. 2008. Production of transgenic re cloned piglets harboring the human granulocyte-macrophage colony stimulating factor (hGM-CSF) gene from porcine fetal fibroblasts by nuclear transfer. Theriogenology, 70 (9): 1431-1438.

Pfeifer A, Ikawa M, Dayn Y, et al. 2002. Transgenesis by lentiviral vectors: Lack of gene silencing in mammalian embryonic stem cells and preimplantation embryos. Proc Natl Acad Sci USA (99): 2140-2145.

Salter D W, Smith E J, Hughes S H, et al. 1987. Transgenic chickens: Insertion of retroviral genes into the chicken germ line. Virology (157): 236-240.

Schlatt S, Rosiepen G, Weinbauer G F, et al. 1999. Germ cell transfer into rat, bovine, monkey and human testes. Human Reprod (14): 144-150.

Shinohara T, Avarbock M R, Brinster R L. 1999. Betal-and alpha6-integrin are surface markers on mouse spermatogonial stem cells . Proc Natl Acad Sci USA, 96 (10): 5504-5509.

Shinohara T , Orwig K E, Avarbock M R, et al. 2000. Spermatogonial stem cell enrichment by multiparameter selection of mouse testis cells . Proc Natl Acad Sci USA, 97 (15): 8346-8351.

Shizuya H, Birren B, Kim U J, et al. 1992. Cloning and stable integration of 300-kilobase-pair fragments of human DNA in Echerichia coli using an F-factor-based vector. Proc Natl Acad Sci USA (89): 8794-8797.

Spadafora C. 1998. Sperm cells and foreign DNA: a controversial relation. Bio Essays (20): 955-964.

Stinnakre M G, Soulier S. 1999. Position-independent and copy-number-related expression of a goat bacterial artificial chromosome alpha-lactalbumin gene in transgenic mice. Biochem J (339): 33.

Takada T, lida K, Awaji T, et al. 1997. Selective production of transgenic mice using green fluorescent protein as a marker. Nature Biotechnology (15): 458-461.

Tasic B, Hippenmeyer S, Wang C, et al. 2011. Site-specific integrase-mediated transgenesis in mice via pronuclear injection. PNAS Early Edition, 108 (19): 7902-7907.

Tegelenbosch R, De Rooij D G. 1993. A quantitative study of spermatogonial multiplication and stem cell renewal in the C3H/101 F1 hybrid mouse. Mutation Reseach, 290 (1): 193-200.

Townes T M, Lingrel J B, Brinster R L, et al. 1985. Erythroid specific expression of human beta-globin genes in transgenic mice. EMBO J (4): 3-9.

Wall R J, Powell A M, Paape M J, et al. 2005. Genetically enhanced cows resist intramammary Staphylococcus aureus infection. Nat Biotechnol (23): 445-451.

Wall R J. 1996. Transgenic livestock: progress and prospects for the future. Theriogenology (45): 57-68.

Wilmut I, Schnieke A E, McWhir J, et al. 1997. Viable off spring derived from fetal and adult mammalian cells. Nature (385): 810-813.

Wolfgang M J, Eisele S G, Browne M A, et al. 2001. Rhesus monkey placental transgene expression after lentivirus gene transfer into preimplantation embryos. Proc Natl Acad Sci USA, 19 (98): 10728-10732.

Xu K, Ma H, McCown T J, et al. 2001. Generation of a stable cell line producing high-titer self-inactivating lentiviral vectors. Mol Ther, 3 (1): 97-104.

Yannoutsos N, Langford E, Cozzi R, et al. 1995. Production of pigs transgenic for human regulators of complement activation. Transplantation proceedings, 27 (1): 324.

Yohihiro F, Riichi T, Masami M, et al. 2001. Analysis of control elements of position-independent expression of human α-lactalbumin YAC. Mol Reproduction Dev, 54: 17.

Zani M, Lavitrano M, French D, et al. 1995. The mechanism of binding of exogenous DNA to sperm cell: factors controlling the DNA uptake. Exp Cell Res, 217 (1): 57-64.

（肖红卫，华再东，肖作焕，刘西梅，李莉，魏庆信）

第五章

转基因猪的检测

无论用哪一种方法制备转基因猪，当受体母猪产仔后，都要对仔猪进行检测，以期将阳性个体筛选出来。转基因猪的检测一般包括可视化识别、DNA整合、RNA转录、蛋白质翻译和功能分析等，即感官、分子和机能三个水平的检测。

第一节　可视化识别检测

在转基因动物研究中，为了简化检测程序，在对目的基因表达载体设计时，常常采用可以直观分辨转基因个体的元素，常用的有毛色、肤色、发光、药物刺激表象和动作特征等。如能够表达黑色标记的个体，在白色群体中黑色个体为阳性转基因猪；绿色荧光蛋白（GFP）和红色荧光蛋白（RFP）等带有荧光标记的转基因个体，在激发光刺激下会发出相应的荧光；药物刺激表象、动作特征类型的动物仅有转基因鼠。这类转基因动物检测比较容易，不需要试剂、药品和专门的仪器设备，仔猪一出生就能很快鉴别。但在构建表达载体时，需要设计特别的标记基因。

一、荧光标记

最有代表性的是在转增强型绿色荧光蛋白（EGFP）基因猪的研制中，带EGFP基因的胚胎在荧光显微镜下能明显得观察到发绿色荧光（图5-1），这类胚胎移植受体猪后，所生个体将全部是转基因猪。没有发荧光的胚胎没有必要移植，即使移植，所生小猪也是阴性个体。对于带有EGFP标记的转基因猪，出生后用紫外光照射，在暗处即可见皮肤发出绿色荧光（图5-2）。如中国科学院广州生物院赖良学等研究的4种荧光克隆猪。

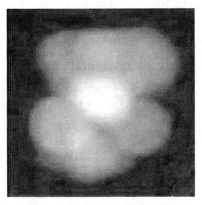

图 5-1　荧光标记的转基因胚胎

图 5-2　荧光标记的转基因猪

二、肤色标记

作为一种特殊的标记，在嵌合体转基因方面，肤色标记比较实用。如借助于转基因iPS细胞、胚胎干细胞等手段制备转基因动物的研究中，使用黑色及棕色皮肤标记，小动物出世后，皮肤上有黑色或棕色斑块，即为嵌合体转基因个体，再通过繁殖后代，将得到纯黑色或棕色的转基因个体。

第二节　整合检测

用于 DNA 整合水平检测的方法有聚合酶链式反应（Polymerase Chain Reaction，PCR）、Southern blot 杂交、斑点杂交（Dot blot）和原位杂交（In situ hybridization）。PCR 法简便、快速，但基因组 DNA 容易被质粒污染，假阳性较多，该方法多用于初步检测。PCR 检测为阳性的样本还需要应用 Southern blot 杂交作进一步确认。Dot blot 检测能够快速得到阳性结果，但在转基因拷贝数较低或为嵌合体时，易出现假阴性，因而也需要用 Southern blot 杂交作进一步确认。所有的整合检测，采样是第一步，采样不正确，检测结果将不可靠。

一、样品的采集

样品采集是检测的第一步，根据检测目的和现场实际情况，可以考虑用下列几种方式进行采样。

（一）血液采样

小猪出生时，通过采脐血可以获得对应的样品，取样比较方便。出生后，耳静脉、鼻镜、尾端、前腔静脉、心脏等均可比较方便地采集到血样，需要量较大时，于前腔静脉或心脏采血。血液采样适用于体细胞克隆、原核注射等全身整合类型的转基因猪检测。

（二）皮、毛采样

在出生后的任何时期，取猪的皮肤少许即可。采集毛样主要是收集毛囊的细胞，所以对于大猪可少采毛样，10~20 根即可；对于小猪则宜多采毛样，如 20~100 根。但对于干细胞、iPS 源的猪采样，只能采集标记色处的皮或毛囊，其他采样方式无法达到预期目的。

（三）耳、尾、脐带组织采样

主要适合于全身整合类型的转基因猪检测，一般是新生仔猪的耳、尾或脐带组织，这种采样方式方便，不增加猪场的生产程序，因而在实践中广泛采用。取耳样最为方便，在对仔猪进行编号时，剪下来的耳组织即可用于检测。

样品采集后，尽快保存到液氮中或-80℃冰箱中，或者直接进入提取 DNA 阶段。如果条件有限，可以暂时将样品放入加冰的 70％乙醇中，然后带回实验室，尽快进入下一步操作。

二、DNA 的提取

从组织提取基因组 DNA（Genomic DNA）的方法有很多种，常用的有蛋白酶 K

（proteinase K）法等。该方法是在 SDS 蛋白酶 K 作用下，组织或细胞被消化，基因组 DNA 从细胞核中释放出来，经酚、氯抽提和乙醇沉淀后，即可得到纯度较高的基因组 DNA。由于该体系中存在强的 DNase 灭活抑制剂（SDS、EDTA），所以只要温和操作，即可得到分子量较大的基因 DNA（80～100kb）。依据不同的组织，提取方法有所差别。一般液体样品（血液、组织液等）用血液快速 DNA 提取试剂盒；组织块样品在提取之前需要对组织块进行处理，之后才能按照液体样品提取方法进行 DNA 的提取。

（一）液体样品 DNA 的提取

有市售的 DNA 提取试剂盒，具体使用方法见试剂盒说明。

（二）组织块 DNA 的提取

以耳组织为例，先将耳样品用冰生理盐水洗净，在冰浴上剪碎，最好是在液氮中磨碎，按照以下步骤操作。

1. 取大约 80mg 碎组织，放入盛有 $600\mu l$ DNA 提取液（SSTE）的离心管中。

2. 加入 $30\mu l$ 10mg/ml 的蛋白酶 K（终浓度约为 $500\mu g/ml$），充分混匀后，于 $50～55℃$ 消化 8～18h（直至无碎组织）。其间，应反复颠倒混匀数次，或在温和振荡状态下消化，振荡不可剧烈。

3. 加入等体积的酚：氯仿：异戊醇（25：24：1），温和振荡 5min。

4. $4℃$ 离心（12 000r/min，5min），小心将上清液转入另一管中。

5. 加入 2 倍体积的无水乙醇，缓慢颠倒混匀，可见絮状 DNA 沉淀。

6. 用吸头挑取絮状沉淀。

7. 用 $400\mu l$ TE 溶解沉淀，加入 RNase 至 50IU/ml，37℃ 下消化 1h。

8. 加入 1/10 体积的 NaCl（2mol/L），以及 0.6 倍体积的异丙醇，室温下沉淀（10min）、离心（5 000r/min，5min），弃上清液。

9. 加入 $300\mu l$TE 充分溶解沉淀，加入 $100\mu l$ 10mol/L NH_4Ac 和 $800\mu l$ 无水乙醇沉淀 10min，室温下离心（5 000r/min，5min），弃上清液。

10. 沉淀经 70% 的乙醇洗涤后，溶于 $100\mu l$ TE 中。电泳（0.7% 凝胶）检查 DNA 质量。紫外分光光度计测试其在 260nm 和 280nm 波长时的吸光值，若 A_{260}/A_{280} 为 1.7～1.8，则 DNA 纯度符合要求；若该比值小于 1.6，则应用 SDS、蛋白酶 K 重新消化，用酚抽提后再沉淀 DNA。根据 A_{260} 值计算出 DNA 浓度，$-20℃$ 保存。

（三）试剂与仪器

DNA 提取液（SSTE）：

SDS	1%
NaCl	0.1mol/L
EDTA	0.1mol/L
Tris-HCL	0.05mol/L，pH8.0

TE 缓冲液：

Tris-HCl	10mmol/L
EDTA	1mmol/L，pH8.0

NaCl（2mol/L），NH_4Ac（10mol/L）。

以上试剂均需高压灭菌。

蛋白酶 K (10mg/ml，用无菌水配制)，无 DNase 的 RNase (10mg/ml)，酚：氯仿：异戊醇 (25：24：1)，氯仿：异戊醇 (24：1)，异丙醇，乙醇 (70%、100%)，无水乙醇，高速冷冻离心机，恒温水浴箱，紫外分光光度计，剪刀、镊子等 (酒精消毒)，电泳仪。

(四) 注意事项

1. 提取的基因组 DNA，可直接用于整合检测。

2. 该提取方法能从 1mg 耳组织中得到 1～2μg 的基因组 DNA，且片段在 80～100kb。

3. 用于 Southern 杂交的 DNA 样品，最好现提现用；长期保存的样品，在酶切前应电泳检查样品，确保无降解时再用。

4. 样品量在 50～100mg 为宜，如组织样量大，释放的 DNA 多，溶液过黏，不易抽提。

5. 为防止 DNA 被剪切，应采用大口径的吸头，也可用剪去尖端的普通吸头，注意轻吸和轻放溶液。

6. 用酚、氯仿抽提蛋白时，应温和振荡，否则基因组 DNA 会断裂。

7. 基因组 DNA 不溶时，可以于 50～65℃加热，使其充分溶解。

8. 用异丙醇、乙醇沉淀 DNA 后，可用加样头将纤维状 DNA 沉淀挑出，然后分别于 70%、100%乙醇中洗涤，免去了离心步骤，减少了 RNA 的污染，得到的基因组 DNA 更完整。

9. 本法也适用于培养细胞基因组 DNA 的制备，细胞数应少于 5×10^7 个。

三、聚合酶链式反应 (PCR)

PCR 是一种 DNA 体外扩增技术，其基本原理与体内 DNA 的复制相同，均需经过 DNA 模板 (Template) 解链、引物 (Primer) 结合及模板指导下的链延伸 3 个过程。在体内，这 3 个过程由各种不同的酶协助完成，而在 PCR 反应中，则靠温度的调整和聚合酶的共同作用实现：94～96℃下，DNA 模板解链 (变性)；50～60℃时，引物通过碱基配对原则结合于单链模板上 (复性)；70～76℃时，TaqDNA 聚合酶 (Taq DNA polymerase) 沿引物方向合成模板的互补链 (延伸)。这样，如果 PCR 体系中存在有 1 对方向相对的引物，通过重复上述过程 (如 30 个循环)，则在很短的时间内，可将两引物间的模板扩增至百万倍。因 PCR 具有所需样品少、灵敏度高且操作简便的优点，而逐渐用于转基因动物外源基因整合、表达的检测。

(一) PCR 引物设计和合成

根据 PCR 引物设计原则，设计合成 1 对或数对引物，以便对引物进行筛选。

(二) PCR 的操作程序

1. PCR 反应体系如下。

PCR 缓冲液	1×
MgCl$_2$	1.5mmol/L
dNTP	0.2mmol/L (每种)

引物 I	$0.2\mu mol/L$
引物 II	$0.2\mu mol/L$
基因组 DNA	$0.1\sim0.2\mu g$
TaqDNA 聚合酶	$1\sim2IU$
H_2O	使总容积至 $20\mu l$（根据试验需要确定容积）

旧型号 PCR 仪没有热盖，需覆盖 $20\mu l$ 石蜡油。

2. 将除 Taq 酶以外的试剂加入 0.2ml 离心管中，最后加入 Taq 酶，混匀，短暂离心，使样品沉入管底，如有需要可加石蜡油。

3. 预变性，$94\sim96℃$变性 $3\sim5min$，1 个循环。

4. PCR 反应过程如下。

$$\left.\begin{array}{l}94℃变性\ 20s\\55℃复性\ 30s\\72℃延伸\ 30s\end{array}\right\}35\ 个循环$$

5. 延伸，72℃下反应 5min，1 个循环。

6. 4℃保温。

7. 取 $5\sim10\mu l$ 反应液于 1% 的琼脂糖凝胶中电泳，观察结果。

（三）试剂及仪器

$10\times PCR$ 缓冲液：

Tris-HCl	0.1mol/L，pH8.3
KCl	0.5mol/L
Gelatin	0.01%
Triton X-100	0.5%
$MgCl_2$	25mmol/L

dNTP（2.5mmol/L，每种），Taq DNA 聚合酶（$1\sim5IU$），引物 I（$5\mu mol/L$），引物 II（$5\mu mol/L$），基因组 DNA（$0.1\sim0.2\mu g$），水浴箱，PCR 仪，电泳仪等。

（四）注意事项

1. $0.1\sim0.2\mu g$ 的基因组 DNA 已足够 PCR 扩增使用，过多的基因组 DNA 会给 PCR 反应带来不利：基因组 DNA 用量大，杂质浓度也会相应增加，影响 PCR 反应；产生非特异扩增的概率会相应提高。

2. 在 DNA 变性（DNA denaturation）过程中，温度是最重要的因素。实际上，只要提供适当的变性温度，仅需 1s，DNA 即可完成解链过程（变性）。延长变性时间并不能提高变性效率，反而会对 Taq 酶不利。原则上是"高温短时变性"，即 $94\sim96℃$变性，时间为 $5\sim20s$。

3. 复性（renaturation）温度是影响 PCR 特异性的因素之一，一般不要低于（Tm-5）℃；复性的时间也不要大于 30s。

4. 链延伸（chain extention）的温度在 $72\sim76℃$均可，延伸的时间依扩增片段的长度而定，如 30s 可扩增 1kb 以内的片段，60s 扩增 2kb 的片段等。片段再长时，可按 1kb/min 增加延伸时间。

5. Mg^{2+} 的浓度一般为 1.5mmol/L，如果 DNA 样品含杂质较多，则可以补加 Mg^{2+} 浓度至 2mmol/L。过多的 Mg^{2+}，会导致非特异片段的扩增。

6. Taq 酶的用量为 1～2IU，过多的酶量也会导致非特异片段的扩增。

7. 引物的设计及用量。由于哺乳类动物在进化上亲缘关系较近，因而其基因组 DNA 的同源性也较大，这给引物的设计带来了困难。在设计引物时，除应遵守引物设计的基本原则外，下述一些经验可供参考。

（1）当转基因和内源基因的编码区同源性很高时，应注意其内含子的长度是否相同。如果不同，则可将引物设计在该内含子的两端。在 PCR 反应时，由于转基因和内源基因扩增的产物长度不同，可以判断转基因存在与否。

（2）可根据 3′端不配对则不能延伸的原则设计引物。但应注意，对普通的 Taq 酶而言，由于其没有 3′→5′外切酶活性，碱基错配时不能校正，因而可导致错误延伸，产生假阳性。在试验中，即使在 3′端 2 个碱基不配对时，如果不严格控制 PCR 条件，也会产生假阳性带。因此，在设计引物时，应使 3′端至少要有 3 个以上碱基不配对，而引物内应保证有最大数量的碱基不配对，以避免假阳性 PCR 产物产生。

（3）可根据突变引物内个别碱基，以增加特异性的原则设计引物。

（4）如果转入的基因是融合基因，则引物可分别设计在来自不同基因的片段中，这样特异性更高。

（5）可设计 2 对 PCR 引物，一对扩增内源基因的片段，另一对则用以扩增转基因的特定片段，且内源性 PCR 产物的长度应大于转基因的 PCR 产物的长度。这样，内源性 PCR 可以作为本反应管 PCR 成功与否的标志，而扩增转基因片段的 PCR 作为检测阳性猪的标志。

（6）引物的用量为 $0.1～1\mu mol/L$。实践中，当引物浓度大于 $0.5\mu mol/L$ 时，容易出现引物二聚体，$0.2\mu mol/L$ 的引物浓度效果较好。

（7）dNTP 的用量以 0.1～0.2mmol/L 为宜。

（8）PCR 反应需进行 30～35 个循环，过多循环将会产生可见的非特异扩增。

四、DNA 斑点杂交

DNA 斑点杂交（Dot blot hybridiztion）是通过直接将变性的待测 DNA 样品点于尼龙膜（nylon membrane）或硝酸纤维素膜（nitrocellulose membrane，NC）等固体支持物上，然后和标记的探针分子杂交，从而检测样品中是否存在目的 DNA 序列的分子生物学技术。根据点样方式和样品点的形状不同，可分为斑点杂交、狭缝杂交（Slot blot hybridization）和打点杂交（Spot blot hybridization）。DNA 斑点杂交耗时短，可做半定量分析。1 张膜上可同时检测多个样品，为使点样准确方便，市售有多种多管吸印仪，如 MinifoldⅠ和Ⅱ、Bio-Dot（Bio-Rad）和 Hybri-Dot。这些多管吸印仪设计有许多进样孔，样品加到孔中，在负压下就会流到膜上呈斑点状或狭缝状，反复冲洗进样孔，取出膜烤干或紫外线照射以固定标本，然后就可以进行杂交。

（一）操作程序
以点杂交为例，具体操作程序如下。

1. 探针（Probe）标记　缺口平移标记、随机引物标记和体外转录标记的探针均可用于斑点杂交，具体标记方法可按相关试剂盒说明进行，标记的双链探针用前需经 100℃ 变性 3min 后，立即置冰浴中骤冷 10min 待用。

2. 膜的处理　按所需大小剪取 1 片尼龙膜（或硝酸纤维膜），做好标记（如剪角等）。先将其浮于去离子水面，待自然湿透，再浸入 10×SSC 溶液中浸泡 5～10min。

3. DNA 变性　可采用热变性或碱变性方法对 DNA 样品进行变性处理。热变性是把基因组 DNA 样品（5μg/100μl）于 100℃ 加热 5min（若加热前将 DNA 用酶切或机械剪切使其片段化，则变性效果更好），立即置于冰浴中冷却 10min，加入 2 倍体积的 20×SSC 待用。碱变性法则是将 DNA 样品中加入等体积的 0.4mol/L NaOH，室温下放置 5min 后，加入 2 倍体积的 20×SSC 即可。变性的 DNA 样品中可加入少量的溴酚蓝作上样指示剂。

4. 点膜　将预先用 10×SSC 浸湿的厚吸水纸放置在多孔过滤加样器的抽真空板上，上面放尼龙膜，赶出气泡，旋紧多孔过滤加样器上、下两部分，连接抽真空装置。每个孔内加入 500μl10×SSC 缓慢抽干，重复操作 1 次。然后依次加入变性过的阴性对照、待测 DNA 样品和阳性对照（每个样品 300μl）缓慢抽干后，每孔再用 500μl 10×SSC 缓慢抽干，洗 2 次，待再抽干后，取出尼龙膜，80℃ 烘烤 30～60min，即可用于杂交。

5. 预杂交及杂交　将烘烤后的尼龙膜浮于 6×SSC 的液面上，待其全部浸湿后，取出卷成筒状（点样面位于筒的内侧），装入盛有 5ml 预杂交液（视膜的大小而定）的杂交管内，42℃ 预杂交 2～4h，加入变性探针（10^8 cpm/μg），42℃ 下继续杂交 8～16h。也可以将杂交膜封入杂交袋中（每 2 组的膜背靠背封在 1 个杂交袋中），做好剪角标记（不可过大）；用 1 000μl 加样器，加入预杂交液，每组 5ml 全部加完，使尼龙膜恰恰漂起即可，若 5ml 预杂交液不够，可适当补加；除去气泡，置 42℃ 恒温摇床上，进行预杂交。预杂交结束后，赶出预杂交液，加 1～2ml 杂交液，进行杂交。

6. 洗膜　取出尼龙膜按下列程序一次洗膜。

（1）2×SSC，0.5% SDS，室温下浸洗 5min。

（2）0.5×SSC，0.5% SDS，65℃ 下缓慢摇动洗涤 0.5～1h。

（3）0.1×SSC，0.5% SDS，65℃ 下轻摇洗涤 0.5～1h。

洗膜过程可用同位素检测器检测，洗至所要求的放射强度（无 DNA 样品的部分和阴性样品处无放射性），然后于室温下用 0.1×SSC 洗去膜上的 SDS，以滤纸吸干膜上的液体，并用保鲜膜包住杂交膜，暗室中压上 X 光片，−70℃ 感光 1～3d，冲洗底片，检查结果。本洗膜条件适用于探针和靶分子同源性为 100% 的杂交体，同源性较低时，参看 Southern 杂交。

（二）试剂及仪器

预杂交液：

SSC	6×
Denhardt's 试剂	5×
SDS	5%
经断裂变性的鲑精 DNA	100μg/ml
甲酰胺	50%

样品 DNA 和相对应的探针模板，20×SSC（0.3mol/L 柠檬酸钠，3mol/L NaCl），0.4mol/L NaOH 溴酚蓝，10%SDS，尼龙膜或硝酸纤维膜，分子杂交仪，Eppendorf 离心机，烤箱。

（三）注意事项

1. 上样后，待测样品集中，所以本法灵敏度高（能从 2~5μg 的基因组 DNA 中检出单拷贝基因）。

2. 每次处理样品多，几十个样品可通过 1 次杂交试验就能得到结果。

3. 操作上较 Southern 杂交简便。

4. 利用斑点杂交结合灰度扫描或 γ 计数，可以测定外源基因的拷贝数（具体计算方法参考 Southern 杂交）。

5. 斑点杂交特异性较差，甚至有时会出现假阳性。尤其是在转基因和内源基因的同源性较高时，可能无法使用此法。因此，该方法只可用于大批子代的粗选，检出的阳性转基因个体还需用 Southern 杂交等作进一步确定。

6. 斑点杂交的特异性可以通过控制 DNA 的上样量（如小于 5μg）、减少 RNA 的污染（用 RNase 消化后的 DNA 样品）和增加洗膜的条件如（Tm-5）℃等予以提高。

五、Southern 印记杂交

Southern 杂交检测是将待检测的 DNA 样品用限制性内切酶消化后，通过琼脂糖凝胶电泳进行分离，继而将其变性，并按待测 DNA 在凝胶中的位置转移到硝酸纤维素薄膜或尼龙膜上，固定后与同位素或其他标记物标记的 DNA 或 RNA 探针进行反应。如果待检物中含有与探针互补的序列，则两者通过碱基互补的原理进行结合，游离探针洗涤后，用自显影或其他合适的技术进行检测，从而显示出待检的片段及其相对大小。该法灵敏而准确，因而广泛用于转基因猪的筛选和鉴定。其主要步骤是：DNA 的酶切及电泳；DNA 碱变性；印迹（blot），即把单链 DNA 片段从凝胶中按原来的位置转移到硝酸纤维素膜上；探针分子杂交和放射自显影（或者地高辛显色），从而确定特定的 DNA 序列。

（一）操作程序

1. DNA 探针的标记　标记 DNA 探针的方法有缺口平移标记、随机引物标记和末端标记等多种。若用缺口平移（nick translocation）标记，探针模板可以是基因片段、超螺旋或带缺口的环状双链 DNA，其步骤是按缺口平移试剂盒的要求加入试剂，反应后用 NH₄Ac、乙醇沉淀 DNA（应加入 40μg 载体 tRNA）2 次，以除去未标记的三磷酸碱基脱氧核苷酸（dNTP），然后用 100μl TE（pH8.0）悬浮沉淀物，同时用液闪仪测定比放射活性，一般应在 10^8cpm/μg 以上。

这里主要介绍非放射性地高辛标记探针的杂交方法。杂交时各种探针的用量为：DNA 探针，5~25μg/ml；RNA 探针，100μg/ml；寡核苷酸探针，0.1~10pmol/ml。双链 DNA 探针提前 100℃变性 10min 后迅速冰浴，单链探针无需变性。将处理后的探针加入杂交液温浴至杂交温度。杂交温度的选择根据杂交液的不同而不同。

2. 基因组 DNA 的酶切及电泳

（1）选取合适的限制性内切酶，对 5~10μg 基因组 DNA 酶切，反应体系控制在 50μl

以下，酶切 5～6h，必要时过夜消化。

(2) 将酶切后的 DNA 样品上样电泳，可根据估算的目的基因的拷贝数设置相应的阳性对照，在浓度为 0.7% 的琼脂糖胶（含 0.5μg/ml EB）中按 1V/cm 电泳过夜。

(3) 次日，观察电泳结果并拍照。

3. 印迹

(1) 凝胶放入变性液中温和振荡 45 min（若目的基因片段大于 8kb，应在变性前于 0.2mol/L HCl 中漂洗 10min，使 DNA 脱嘌呤产生切口）。

(2) 用去离子水漂洗 2 次，再用中和液在脱色摇床上漂洗胶块 2 次，每次 15min。

(3) 用真空转膜仪将凝胶中的样品真空转移（Vaccum transfer）至 NC（或尼龙）膜，先在塑料密封膜上裁一窗口，窗口各边应比凝胶至少短 5mm，再按凝胶的大小各剪 1 张 NC 膜和滤纸，将 NC 膜漂浮于去离子水中慢慢浸湿，然后浸入 10×SSC 溶液中；用水浸润石英板，放上塑料密封膜，将 NC 膜放于滤纸上，一并放入窗口的正下方，安放密封架，并用 4 个弹簧栓锁住；小心将凝胶放在窗口上方，除去膜胶间的气泡，并轻压凝胶使之与窗口密封；倒入约 1 000ml 10×SSC 液，约 17kPa 的真空度下转移 1～2h。

(4) 取出 NC 膜，在 6×SSC 中漂洗 5min，于滤纸上晾干后，置 80℃ 烘烤 0.5～2h。

4. 杂交、洗膜和显影（或显色）

(1) 将 NC 膜放入 6×SSC 中浸泡 5min，然后装入杂交袋，按每平方厘米膜面积约 0.2ml 的量加入预杂交液。

(2) 尽量将气泡赶出，用封口机密封杂交袋。以 42℃ 含 50% 的甲酰胺或 65℃ 水溶剂预杂交 2～3h。

(3) 将双链探针于 100℃ 下变性 3～5min 后，放冰上骤冷 5min。

(4) 剪开杂交袋一角，小心加入变性探针，尽可能赶出气泡，然后将杂交袋封口，杂交 12～24h（温度同预杂交）。

(5) 剪开杂交袋，取出 NC 膜，在 2×SSC、0.5%SDS 溶液中室温下漂洗 2 次，每次 10min。

(6) 将膜放入 0.5×SSC、0.5%SDS 溶液中，65℃ 下漂洗 3 次，每次 15～20min。

(7) 将膜放入 0.1×SSC、0.5%SDS 溶液中，55～65℃ 下洗膜数次，每次 15～20min，同时检测膜上放射强度，直到膜的边缘（无 DNA 样品处）无放射活性为止。

(8) 将膜用 0.1×SSC 溶液于室温下短暂漂洗，除去 SDS，然后放在滤纸上晾干。

(9) 用保鲜膜将 NC 膜封严，暗室中将 NC 膜上、下各放 1 张 X 光片，放入片盒中，于 -20℃ 或 -70℃ 曝光 1 至数天后，显影分析结果。

(10) 非放射性地高辛标记探针的杂交是在完成上述的（7）后，进入下列程序。

①洗膜处理 其顺序为：1×缓冲洗液，每次洗 3min；1×封阻液，每次作用 60min；抗体液，每次作用 30min；1×缓冲洗液，洗 2 次，每次 15min；1×检测液，每次作用 5min。

②化学发光法 将膜浸于 CSPD 液（CSPD 用 1×检测液稀释 100 倍，CDP-Star 也用 1×检测液稀释 100 倍）中，室温下避光静置 5min；回收剩余的 CSPD 液或 CDP-Star 液，避光保存于 4℃ 下回收液可反复应用 3～5 次；将膜上残液吸净，用保鲜膜密封，于 37℃

反应 15min，然后将膜固定于压片夹，进行曝光。

③显色法检测　配制显色剂［45μl 硝基四氮唑蓝（NBT）和 35μl5-溴-4-氯-3-吲哚磷酸酯（BCIP）溶于 10ml1×检测液］，将膜浸于显色剂中，避光反应 4～16h，反应期间不要移动膜。

（二）试剂和仪器

变性液：

NaCl	1.5mol/L
NaOH	0.5mol/L

中和液：

NaCl	1.5mol/L
Tris-HCl	1.0mol/L，pH7.4

20×SSC：

NaCl	3.0mol/L
柠檬酸钠	0.3mol/L，pH7.0
高压灭菌	

TE 缓冲液：

Tris-HCl	10mol/L
EDTA	1mmol/L，pH8.0
高压灭菌	

预杂交液：

SSC	6×
Denhardt's 液	5×
SDS	0.5％
变性并打断成片段的鲑鱼精 DNA	100μg/ml
去离子的甲酰胺	50％

1×缓冲洗液：

马来酸	0.1 mol/L
NaCl	0.15mol/L
Tween20	0.3％
pH7.5	

1×马来酸溶液：

马来酸	0.1mol/L
NaCl	0.15mol/L
pH7.5	

1×检测液：

Tris-HCl	0.1mol/L
NaCl	0.1mol/L

pH9.5

1×封阻液［1%（W/V）：封阻剂溶于1×马来酸溶液］，抗一地高辛一碱性磷酸酶，SDS（10%），NH_4Ac（10mol/L），无水乙醇，限制性内切酶，TBE电泳缓冲液，琼脂糖，缺口平移试剂盒，硝酸纤维素膜，尼龙膜，电泳仪，恒温水浴箱，脱色摇床，真空转膜仪，电烤箱，袖珍放射探测仪。

（三）注意事项

1. 用缺口平移系统标记DNA探针时，应将温度控制在14～15℃，温度过高可能使标记变短，甚至产生急速回折的发卡状结构，影响杂交；温度过低会导致标记效率下降。

2. 用于标记的模板不能有琼脂糖污染，否则可能使标记失败。

3. 也可用生物素、地高辛等非放射性物质标记杂交探针，其优点是：比同位素稳定，可长期放置；和同位素标记物一样灵敏；避免了同位素的照射危害；操作更简便。

4. 基因组DNA纯度直接影响酶切效果，适当地放大反应体积可以改进酶切效果，但反应体积过大时在上样前必须再沉淀，这会引起小片段的丢失。

5. 阳性对照上样量非常重要，若上样量过高，阳性带过度曝光会影响邻带的观察。

6. 也可用尼龙膜代替NC膜，其优点是即使在盐离子浓度很低的条件下，仍能很好地吸附小片段DNA，且韧性比NC膜好，可进行多次杂交；其缺点是杂交背景较深，洗膜时应注意。

7. 真空转移前一定要仔细检查凝胶和密封膜的密封效果。转移完成后，只有凝胶中央的厚度比边缘薄，转膜才能成功。为保险起见，应将胶放入EB溶液中染色30min，紫外灯下观察DNA是否转移，否则应重新转膜。

8. 完全配对的DNA双链的Tm值可按下式估算：

$$Tm（℃）=81.5+16.61g（Na^+）+0.41\%（G+C）-0.63\%（甲酰胺）-（600/L）$$（L为杂交体长度，单位为bp）

对完全配对的DNA杂交反应来说，(Tm-25)℃的温度是适宜的杂交温度，在含50%甲酰胺的体系中，杂交温度选用42℃；在不含甲酰胺的体系中，选用65℃为杂交温度，同源性每减少1%，Tm值降低1～1.5℃。由此，可以推算出不同同源性时的杂交温度。

9. 采用（Tm-15)℃的温度洗膜，可以洗去膜上非特异性吸附的探针，（Tm-5）～(Tm-10)℃洗膜，可以洗去非特异性杂交的探针。对大多数杂交体而言，以0.1×SSC溶液于55～65℃洗膜即可达到洗去膜上非特异性杂交带的目的。为便于操作，我们按不同同源性，推荐下列洗膜条件（表5-1）。

表5-1　同源性与洗膜条件

洗膜液	不同同源性的洗膜温度（℃）				洗膜次数	每次洗膜时间（min）
	100%	95%	90%	85%		
2×SSC	室温	室温	室温	室温	2	5
0.5×SSC，0.5%SDS	65	60	60	55	2	5
0.2×SSC，0.5%SDS	—	—	60	55	3	5
0.1×SSC，0.5%SDS	65	60	—	—	3	5
0.1×SSC	室温	室温	室温	室温	1	3

六、外源基因整合位点的检测——染色体原位杂交技术

染色体原位杂交（In situ hybridization）是确定转基因在染色体（Chromosome）上确切位置的重要手段，其原理是利用碱基互补的原则，以放射性同位素或非放射性同位素标记的 DNA 片段作为探针，与染色体标本上的基因组 DNA 在"原位"进行杂交，经放射自显影或非放射性检测体系，在显微镜下直接观察出目的 DNA 片段在染色体上的位置。最早的同位素标记的 DNA 探针用于染色体原位杂交，多采用放射强度较低的^{3}H、^{35}S 及^{125}I 等，它们具有定位较精确的优点，但放射自显影时间较长且操作较麻烦。近年来，随着荧光显微镜技术的发展，尤其是计算机图像处理系统的应用，增强了对荧光信号的分辨率，促进了非同位素在染色体原位杂交中的应用，但仍然有相当数量实验室使用同位素染色体原位杂交技术，主要是因为同位素染色体原位杂交技术稳定。

染色体原位杂交的步骤包括染色体标本制作、探针标记、原位杂交、放射自显影、染色体显带及镜检等。

(一) 细胞染色体标本的准备

1. 取 0.25ml 经肝素抗凝的新鲜外周猪血，加至 5ml 培养液中，37℃下培养 72h；收获细胞前 6～6.5h 加 10^{-5}mol/L 氨甲碟呤，使终浓度达到 10^{-7}mol/L。

2. 收获细胞前 1～2h 加入秋水仙素溶液 15～18μl，使其终浓度为 0.06～0.07μg/ml；2 000r/min 离心 6min，收集细胞。

3. 除去上清液，加入低渗液 8ml，轻柔地用滴管吹打均匀，温室下静置 20～25min，加入少量固定液，2 000r/min 离心 6min，收集细胞。

4. 除去上清液，加入固体液 4～6ml，轻轻地用滴管吹打均匀，室温下静置 20min，2 000r/min 离心 6min，收集细胞。如此数次直至染色体分散开。

5. 将细胞悬浮于少量固定液中，轻柔地用滴管吹打均匀后，滴 2～3 滴于玻片中央，轻轻吹匀，空气干燥。

6. 室温下保存于片盒内 7d，或 60℃下烘烤 2h 使标本老化，以待杂交。

(二) 探针的标记及纯化

1. 取 50～60μg DNA 置于一小 Eppendorf 管中，加入去 DNase 酶的双蒸水至 10μl，煮沸 2min，迅速插入冰中。

2. 分别取 50μg ^{3}H 标记的三磷酸胞嘧啶脱氧核苷酸（dCTP）和三磷酸鸟嘌呤脱氧核苷酸（dGTP）置于同一 Eppendorf 管中，真空抽干。

3. 分别取 1μl 三磷酸腺嘌呤脱氧核苷酸（dATP）和 1μl 三磷酸胸腺嘧啶脱氧核苷酸（dTTP）在一小 Eppendorf 管中，加入 1μl 去 DNase 酶的双蒸水，混匀。

4. 加入 25μl 去 DNase 酶的双蒸水，振荡 15s 混匀，再按顺序依次加入下列试剂于抽干的 ^{3}H 同位素管中：

5×缓冲溶液	10μl
非标记 dATP 和 dTTP 溶液	2μl
模板 DNA 溶液	10μl
BSA 溶液	2μl

Klenow 酶 　　　　　　　　　　1μl

将上述试剂混匀后，37℃下反应 16h。

5. 分别加入 4μl 0.5mol/L 的 EDTA 溶液和 46μl 去 DNase 酶的双蒸水，混匀，置于冰上（也可于 100℃加热 2min 使酶变性），终止反应。

6. 装约 1ml 的 G-50 层析柱，加入 100μl TEN 溶液，1 200r/min 离心约 5min，收集液体，重复数次至出液量约为 100μl；再加入 100μl 0.5μg/ml 的鲑精 DNA 溶液，1 200r/min 离心约 5min，收集液体；加入 100μl 标记物离心后的收集物即为纯化的探针，储存于 −20℃备用。

7. 非同位素标记探针。用随机引物法以 Dig-11-dUTP 标记（Boehringer Mannheim 非同位素标记试剂盒），按试剂盒说明书操作即可．

（三）原位杂交

1. 杂交液的组成

混合下列溶液：

^{3}H 标记的 DNA 探针 　　　　100μl（或用非同位素标记探针）

10mg/ml 的鲑精 DNA 溶液 　　6μl

去 DNase 酶的双蒸水 　　　　　2μl

去离子甲酰胺 　　　　　　　　300μl

50％葡聚糖溶液 　　　　　　　120μl

20×SSPE 溶液 　　　　　　　60μl

50×Denhardt's 试剂 　　　　　12μl

旋涡振荡 15s 后冰浴，待用。

将同位素管置于 75℃水浴 10min，迅速插入冰中，放置 5min。

2. 在玻片标本处加 200μl RNase/2×SSC 溶液，覆以盖玻片，放入平皿中，37℃下反应 1h。

3. 室温下，在 2×SSC 液中洗盖玻片，再在 2×SSC 液中洗 3 次，每次 10min，立刻分别在冷乙醇系列中脱水，每次 10min，空气干燥。

4. 在 70℃下预热标本，于 70％甲酰胺变性液/2×SSC 中变性 2min，立刻放入−20℃预冷，70％乙醇作用 3min，再分别在冷乙醇系列中脱水，每次 10min，空气干燥。

5. 在已变性玻片标本上加 50μl 杂交液，覆以盖玻片，放入平皿中，37℃下反应 16h。

6. 室温下，在 50％甲酰胺/2×SSC 洗脱液中洗盖玻片，再在 39℃、50％甲酰胺/2×SSC 液中洗 3 次，每次 10min；再在室温下，于 2×SSC 溶液中洗 3 次，每次 10min，立刻分别在冷乙醇系列中脱水，每次 10min，空气干燥。

（四）放射自显影

以下操作在暗室中进行，注意避光及其他同位素照射。

1. 分装乳胶 　将乳胶按 1∶1 或 1∶2 用蒸馏水稀释，同时按每 1ml 乳胶加入 40μl 甘油和 100μl 70％乙醇，于 41℃融化并混匀后，分装至塑料管中，4℃冰箱储存。

2. 乳胶涂布 　取出 1 管乳胶于 41℃水浴 20min 融化后，吸入有机玻璃容器，将玻片浸入乳胶，斜靠于暗箱 24h，转移至暗盒。

3. 曝光 4℃冰箱曝光 1～4 周。

4. 显影及定影 15℃CD-19 显影液显影 5min，短暂水洗 3 次后，定影 15min，清水漂洗 15min，空气干燥。

（五）染色体 RBG 显带

1. 放射自显影后的玻片标本在 Hoechst 33258 溶液中浸泡 45min，清水漂洗，空气干燥。

2. Sorensen 溶液覆盖玻片表面，37℃环境下，15W 紫外灯垂直照射 1h（距离 15cm）。

3. 8% Giemsa 染液染色 25～30min。

（六）非放射性原位杂交

当进行非放射性原位杂交时，上述（三）原位杂交的 4、5 步改为下列操作。

1. 原位杂交信号的增强与放大（免疫金胶抗体法） 经 2×SSC 洗涤的玻片在 PBS 中洗 1 次，并保持玻片湿润。在玻片上加入 $10\mu l$ 胶体金标记的抗 Dig 抗体（具体步骤按 Boehrlnger Mannheim 公司的试剂盒说明书进行），盖上盖玻片，室温下反应 1h。用 PBS 洗玻片 1 次，200ml 去离子水充分洗玻片 5 次，以去除氯离子。在玻片上滴加新鲜配制的银增强试（boehringer）$100\mu l$，于潮湿器皿内室温下避光反应 30min，结束时以去离子水洗玻片数次以终止反应，自然风干。

2. 染色体显带 将染色体标本用 0.025% 胰酶溶液（pH7.0），于 37℃ 消化 1min。用 pH6.8 的 PBS 缓冲液冲洗数次后，以 10% Giemsa 染液染色 15min。用去离子水冲洗干净后，于室温空气干燥，镜检。选择分散良好的分裂相进行拍照、记录，将所得数据作统计分析。

（七）镜检

对杂交银颗粒的统计按以下标准。

1. 染色体数目完整，带型清晰。

2. 仅与染色体接触的银颗粒才予以计数。

3. 1 个位点上的多个银颗粒按 1 个计数。

（八）注意事项

1. 染色体标本的质量是原位杂交成功与否的前提，1 张较好的杂交用染色体标本应：有较多的分裂象；分裂象分散良好，无明显胞浆背景；大多数分裂象核型完整；最好用新制备的标本，暂不进行杂交的标本应保存于-20℃。

2. 染色体标本的变性是染色体原位杂交的关键步骤。变性液的 pH 应在 7.0 左右，变性温度不能过高，变性时间不要过长，以免破坏染色体的形态。

3. 杂交与染色体显带时应注意，若杂交后的染色体标本不易被染色，可延长染色时间，采用甲醇褪色后再染色，可提高显带的质量。

七、转基因整合拷贝数的测定

得到转基因动物后，除要知道外源基因在动物基因组中的整合位点外，还需要测定每个细胞整合外源基因的拷贝数（Copy number）。外源基因整合的拷贝数通常以每个单倍体（Haploid）细胞中整合外源基因的分子数计算。测定拷贝数的方法有斑点杂交和 Southern 印迹杂交等。其基本原理是在杂交试验中设置一系列标准对照，然后将待测样品的结果（曝光或显色程度等）和阳性对照比较，进而确定转基因整合的拷贝数。

（一）阳性标准的设置

1. 阳性标准用量的计算 假如作为阳性对照的 DNA 片段长度为 L（bp），在 N（μg）基因组 DNA 中加入 X（μg）时，相当于单拷贝（single copy）基因数，则可通过下述两种方法计算出 X 的值。

设转基因动物的基因组为 C（bp），则：$X = \dfrac{N \times L}{C}$

一些生物的 C 值为：

人类 3×10^9 bp

小鼠 3×10^9 bp

大鼠 2.32×10^9 bp

猪 2.8×10^9 bp

例如：阳性对照 DNA 的长度为 43kb，设在 10μg 基因组 DNA 中加入 X（μg）阳性对照时，相当于单拷贝基因数，X 的计算如下：

$$X = \frac{10 \times 43\,000}{3 \times 10^9}$$

$$= 1.43 \times 10^{-4}\ (\mu g)$$

$$= 143\ (pg)$$

L 的单位为 kb，X 和 C 的单位为 pg，N 的单位仍用 μg，则：

$$X = \frac{L \times N}{C} \times 1.096$$

如果以 pg 计算，上述生物的 C 值为：

人类 3.5pg

小鼠 3.5pg

大鼠 3.0pg

猪 3.5pg

仍按上述例子提供的数据计算：

$$X = \frac{43 \times 10}{3.5} \times 1.096 = 135\ (pg)$$

运用两种方法计算出的结果基本一致（其误差是由转基因动物基因组大小在换算时的误差造成的，不影响拷贝数的测定）。

2. 阳性标准的设定 阳性标准的设定是在与待测样品相同量的阴性样品中加入相当于一定拷贝数的阳性对照，然后在同一张膜上进行斑点杂交或 Southern 印迹杂交，再通过比较待测样品和标准对照杂交带的强度，判断出拷贝数。

加入阳性对照的量＝拷贝数×相当于单拷贝基因的阳性对照量。

设置的拷贝数可以是 0、1、2、4、8、16、32 等，在同一张膜上不可设置拷贝数悬殊的阳性样品，否则将无法确定曝光或显色的时间。

可分 2 次或多次测定转基因动物的拷贝数，先初测，再精确测定。

（二）拷贝数的杂交测定

杂交方法同斑点杂交或 Southern 印迹杂交。

（三）试剂及仪器

1. 染色体标本制作部分 含植物凝集素（PHA）和 20％小牛血清的 RPMI1 640 培养液，6mg/ml 过滤除菌的 5-溴脱氧尿嘧啶核苷（BrdU），20μg/ml 的秋水仙素（过滤除菌），0.075mol/L 的 KCl（低渗液，高压灭菌），1∶3（体积比）的冰乙酸∶甲醇混合液（固定液，临用前配制），预冷的洁净载玻片，37℃恒温培养箱，低速离心机。

2. 探针标记部分（以随机引物法为例） 模板 DNA，标记试剂盒，37℃水浴锅，煮沸设备，抽干设备，^{3}H 标记的 dNTP，0.5mol/L EDTA 溶液（高压灭菌），G-50 柱，TEN 溶液（10mmol/L Tris-HCl，pH＝8.0；1mmol/L EDTA，pH＝8.0；100mmol/L NaCl），低速离心机，溶于 TEN 溶液的 0.5μg/ml 鲑精 DNA。

3. 原位杂交部分 去离子甲酰胺，50％葡聚糖溶液（高压灭菌），20×SSPE 溶液（3mol/LNaCl，2mol/LNaH$_2$PO$_4$，0.02mol/L EDTA），50×Denhardt's 试剂，10mg/ml 的鲑精 DNA 溶液，去 DNase 酶的双蒸水，70％、80％、95％和 100％的乙醇系列脱水溶液，20×SSC 溶液（3mol/L NaCl，0.3mol/L 柠檬酸钠），变性液（含 70％去离子甲酰胺的 2×SSC 溶液，pH＝7.0），洗脱液（含 50％去离子甲酰胺的 2×SSC 溶液，pH＝7.0），已硅化的盖玻片（防止 2 张重叠），12 个染缸（2×SSC 4 个，变性液 1 个，洗脱液 3 个，乙醇 4 个），铺有 2×SSC 浸湿滤纸的大平皿（将滤纸浸湿即可），37℃烤箱，39℃、70℃水浴锅，100μg/ml 的 RNase/2×SSC 溶液。

4. 放射自显影部分 核质乳胶，41℃水浴锅，甘油，70％乙醇，盛乳胶带盖塑料管（10ml），盛乳胶有机玻璃容器，暗箱、暗盒及黑袋，D-19 显影液及定影液。

5. 染色体 RBG 显带部分 150μg/ml 的 Hoechst 33258 溶液，Sorensen 溶液（KH$_2$PO$_4$ 5.26g，Na$_2$HPO$_4$·12H$_2$O 21.84g，pH＝7.0），紫外灯，Giemsa 染液。

6. 镜下观察部分 配有油镜及低倍镜头的显微镜。

（四）注意事项

1. 用作阳性对照的质粒或 DNA 片段以及待测的转基因动物基因组 DNA 应准确定量。

2. 所有的样品应该在同一张杂交膜上进行。

3. 其他注意事项同斑点杂交和 Southern 印迹杂交。

第三节 转基因猪外源基因的转录
分析——mRNA 检测

一、组织或细胞中总 RNA 提取

组织或细胞中总 RNA 提取（RNA extract）包括 4 个步骤：有效地破碎组织或细胞、核蛋白复合物的变性、内源性 RNase 的失活和 RNA 的分离和纯化。其中最重要的是内源性 RNase 的灭活，加入 RNase 强抑制剂、（异）硫氰酸胍和 β 巯基乙醇即可达到此目的。（异）硫氰酸胍［Cuanidinium（iso-）thiocyanate］和十二烷基肌氨酸钠还可以使核蛋白复合物发生解离，从而使 RNA 被释放进入溶液；用水饱和的酚-氯仿（Phenol-Chlouoform）抽提，可以将 RNA 与 DNA 和蛋白质分开，再用异丙醇沉淀，可分离出 RNA。

（一）组织及细胞样品的制备

1. 组织块　预先在 50ml 灭菌的锥形离心管中加入 12ml 变性液，将 1g 组织放入平皿（置于冰浴中），剪碎后放入离心管内。

2. 细胞悬液　将培养液倒入 50ml 灭菌的锥形离心管，离心（300g×5min），收集细胞，再用预冷的 15ml 1×PBS 缓冲液洗涤细胞 1 次，在旋涡振荡器上振荡，利用残余溶液使细胞悬浮，然后加 12ml 变性液。

3. 贴壁细胞　先将培养液倒出，用无菌塑料铲刮下细胞，加 15ml 1×PBS 缓冲液，将细胞悬液移入 50ml 灭菌的锥形离心管中，离心洗涤细胞 1 次，在旋涡振荡器上振荡，利用残余溶液使细胞悬浮，然后加 12ml 变性液。

（二）总 RNA 的提取

1. 用组织匀浆器匀浆 15～30s，转速定在最高档（polytron）；或用 Dounce 玻璃-Teflon 匀浆器匀浆。

2. 加入 1.2ml 2mol/L 醋酸钠（pH4.0），充分混匀。

3. 加 12ml 酚：氯仿：异戊醇（250：49：1）混合液，剧烈振荡 10s，然后冰浴 15min。

4. 将混合液转入 DEPC 处理过的 $50\mu l$ 塑料离心管中离心（10 000g×20min，4℃）。

5. 小心地将吸取的上清液转入另一支 50ml 的离心管中，切记不要吸入水相与有机相界面的沉淀，以避免被基因组 DNA 和蛋白质污染。

6. 加等体积异丙醇，于－20℃至少放置 30min，以沉淀 RNA。

7. 离心沉淀 RNA（10 000g×15min，4℃），小心倾出上清液。

8. 加 5ml 变性液，再次溶解 RNA 沉淀，用旋涡振荡器振荡至沉淀全部溶解。用 65℃水浴加热有助于沉淀溶解，但要避免在水浴中长时间放置。

9. 加等体积异丙醇，再沉淀 RNA（重复步骤 6、7）。

10. 至少加 10ml 冰冷的 75％乙醇洗涤沉淀 1～2 次，重复步骤 7。

11. 用真空干燥器干燥 15～20min，避免沉淀完全干燥，否则 RNA 溶解将十分困难。

12. 用 1～3ml 无 RNase 的去离子水溶解 RNA，－20℃贮存。如要长期保存，建议加 1/10 体积 2.5mol/L 的醋酸钠溶液（pH5.0），再加 2.5 体积无水乙醇，－70℃存放。

13. 从 RNA 样品中分离 mRNA，有多种试剂盒可以采用，用法参阅试剂盒使用说明书。

（三）RNA 样品的质量鉴定

RNA 的纯度和完整性是确保有关 RNA 试验（如 Northern 印迹杂交、RNase 保护分析和 RT-PCR 等）成功的关键。

1. 纯度　用紫外分光光度计分别测样品在 230nm、260nm 和 280nm 波长时的吸光值，然后计算 A_{260}/A_{230} 和 A_{260}/A_{280} 的比值。纯 RNA A_{260}/A_{280} 的比值为 2.0，RNA 样品 A_{260}/A_{280} 的比值如果在 1.7～2.0 范围内，则符合试验要求；如果小于 1.7，说明有较多的蛋白质污染。RNA 样品 A_{260}/A_{230} 的比值应大于 2.0，否则，说明样品中有（异）硫氰酸胍污染。

2. 完整性　采用变性琼脂糖凝胶电泳，真核生物细胞的总 RNA 应有明显的 28S 和

18S rRNA 电泳带，且其比例应为 2：1。

（四）试剂及仪器

变性液组成：

（异）硫氰酸胍	4.0mol/L
柠檬酸钠	25.0mmol/L
十二烷基肌氨酸钠	0.5%
β-巯基乙醇	0.1mol/L

变性液的配制：

（异）硫氰酸胍	250g
超纯水	293ml
柠檬酸钠（0.75mol/L，pH7.0）	17.6ml
十二烷基肌氨酸钠（10%）	26.4ml

以此配成的溶液为母液，室温可放置至少 3 个月。每 50ml 母液加入 0.36mlβ-巯基乙醇即为变性液。变性液室温可放置 1 个月，4℃可放置 3 个月，如出现结晶，需加热至结晶全部溶解后再使用。

PBS 缓冲液（10×）：

Na_2HPO_4	11.5g
KH_2PO_4	2.0g
NaCl	80.0g
KCl	2.0g

加无菌去离子水至 1 000ml，pH 应为 7.4。

醋酸钠溶液（2mol/L，pH4.0），水饱和酚，氯仿：异戊醇（49：1），异丙醇，DEPC 处理的水（无 RNase 的水），乙醇（75%），65℃ 水浴箱，组织匀浆器（如 Polytron 或 Dounce），无菌锥形离心管（50ml），低温高速离心机。

（五）注意事项

1. 为了避免操作者手上携带的 RNase 的污染，整个操作过程要带一次性手套，工作环境要清洁，尽可能减小空气流动。

2. 尽量使用一次性塑料器皿、器材。

3. 非一次性使用的玻璃和金属器皿等，应在 200℃ 烤箱中烘烤 8h；塑料器皿应先按常规方法洗净，然后用 0.1mol/L NaOH、1mmol/L EDTA 溶液浸泡 30～60min，再用 DEPC 处理的无菌水彻底冲洗。

4. 除变性液和含 Tris 的溶液外，所有用于 RNA 试验的溶液均要用 0.05% 的 DEPC 于室温处理过夜，或 37℃ 下放置 2h，然后用湿热灭菌法加热 30min，除去残留的 DEPC。

5. 整个操作过程在冰上进行，可以有效地减少 RNA 的降解。

6. 根据细胞数和组织量的大小，按比例缩小或放大 RNA 提取的规模。

7. 如果 RNA 样品 A_{260}/A_{280} 的比值小于 1.7，应重复提取方法中的 2—7 步，但可能造成 RNA 损失达 40%。

8. 如果 A_{260}/A_{230} 的比值小于 2.0，应进行处理：加 1/10 体积 2mol/L 醋酸钠

（pH4.0）和等体积异丙醇，－20℃放置 30min，离心（10 000g×15min，4℃），沉淀 RNA；用 1mmol/L EDTA 溶液（无 RNase）重溶 RNA，再重复提取方法中的 10—12 步。

二、Northern 印迹杂交

Northern 印迹杂交（Northern blot analysis，Northrrn blot hybridization）是通过探针和已结合于硝酸纤维素膜（或尼龙膜等）上的 RNA 分子杂交，检测样品中是否存在目的 RNA 序列的方法。该技术操作简便，在转基因和内源基因的同源性较小时，可以用于转基因表达的检测。其主要步骤包括：RNA 样品的变性胶（denatured gel）电泳；印迹，即将 RNA 转至硝酸纤维素膜或尼龙膜等固体支持物上；和探针分子杂交，放射性自显影（或显色等），观察结果。

（一）操作步骤

1. 制备变性胶。称取 1g 琼脂糖，加入 82 ml H_2O、10 ml3-（N-吗啉基）丙磺酸（MOPS）缓冲液（10×），于微波炉中使琼脂糖熔化，等其温度降至约 60℃时，加入 8ml 甲醛，迅速混匀后，倒入胶模、放入梳子，通风橱中凝固后使用。

2. 用 $20\mu l$ 上样缓冲液溶解 RNA 沉淀（$20\mu g$）；充分混匀后，于 85℃水浴 5min，再迅速置冰浴中 5 min，然后上样电泳（3～5V/cm）至溴酚蓝距胶前沿约 1cm，停止电泳。

3. 用 500ml 双蒸水漂洗胶 1 次（20min），再用 200ml 10×SSC 洗胶 1 次（20min），除去胶中的甲醛。

4. 转膜。可用真空转膜仪转膜（见 Southern 印迹杂交），也可通过吸印转膜：先按胶的大小裁 1 片 NC 膜，于双蒸水中浸湿后，再于 10×SSC 中浸泡 10～20min 待用；将一长方形玻璃板架在手术托盘中央，托盘中倒入适量的 10×SSC，剪一长条滤纸，于 10×SSC 中浸湿后，搭在玻璃板上，两边垂于 10×SSC 中，形成虹吸桥；将胶孔朝下置于滤纸上，再将处理好的 NC 膜平铺于胶上，NC 膜上放置 2 张略小于胶的滤纸（预先用 10×SSC 浸湿），再在滤纸上放置 1 叠折叠好的吸水纸（大小同滤纸）；吸水纸上覆盖一适当大小的玻璃板，玻璃板上再压约 500g 的重物，即构成吸印转膜系统。转膜时间为 16～24h。

5. 取出转好的膜，于 6×SSC 中振荡洗涤 3～5min，用滤纸吸干，再于 80℃烘烤 1～2h。

6. 预杂交，即将 NC 膜于 6×SSC 中浸湿后装入杂交袋，袋中按每平方厘米 0.2ml 装入预杂交液，排净气泡、封好杂交袋，42℃下预杂交 2～3h。

7. 杂交。剪开杂交袋一角，小心加入探针，尽可能排净气泡后，封住杂交袋，42℃下杂交 16～2h。

8. 洗膜、显影（同 Southern 印迹杂交）。

（二）试剂及器材

10×MOPS 缓冲液（电泳缓冲液）：

MOPS	0.2mol
醋酸钠	0.05mol

EDTA	0.01mol

上样缓冲液：

10×MOPS 缓冲液	0.15ml
甲酰胺	0.72 ml
甲醛	0.16 ml
甘油（80%）	0.10 ml
溴酚蓝（0.25%）	0.08 ml
双蒸水	0.19 ml

预杂交液：

SSC	6×
Denhardt's 液	5×
SDS	0.5%
tRNA	100μg/ml
片段化的鲑鱼精 DNA	100μg/ml
甲酰胺	50%

甲醛（37%），SSC（20×），SDS（10%），硝酸纤维素膜或尼龙膜，水浴箱，电泳装置等。

（三）注意事项

1. 为了避免 RNase 的污染，所有的器具和溶液应经无 RNase 处理：溶液用 0.1% DEPC 处理并高压灭菌后使用；电泳槽、胶模及梳子等应先按常规方法洗净，然后用 3% 的 H_2O_2 浸泡 10～30 min，再经 0.1%DEPC 处理的水洗净后待用。

2. RNA 的上样量根据其在细胞中的拷贝数而定。对总 RNA 而言，上样量一般为 20～40μg；mRNA 的上样量为 0.1～5μg。RNA 保存不当容易降解，所以用作杂交的 RNA 最好为新鲜制品。

3. 如果 RNA 样品为体积小于 5μl 的液体时，可直接加入 15μl 上样缓冲液，然后变性、电泳。

4. 电泳缓冲液中，甲醛的浓度在 0.6～2.2mol/L 均可。

5. EB 如果直接加入胶中会影响 RNA 的转膜效率。可以在上样前于一侧的上样孔中加入含 EB 的上样缓冲液（EB 为 1μg/ml），电压为 5V/cm，反向电泳 10min（EB 和 RNA 的运动方向相反），使 EB 进入胶中，然后停止电泳，再将此上样孔中加入 RNA 分子量标准，其他上样孔中加入待测的 RNA 样品，正向电泳（3～4 V/cm），通过观察分子量标准的泳动情况，判断样品 RNA 的电泳是否需要终止。

6. 转膜时，NC 膜上的滤纸及吸水纸不能和凝胶下的滤纸接触（即短路），否则将影响转膜效率，甚至导致转膜失败。

7. 尽管有人认为 10kb 以内的 RNA 均可有效地从变性胶中转移至 NC 膜上，但我们认为当靶 RNA 大于 5kb 时，需用 0.05mol/L 的 NaOH 处理凝胶 10～20min，以部分断裂 RNA 分子，增加转膜效率。

8. 当转基因和内源基因的同源性较高时，应考虑增加洗膜的严格程度，否则将出现假阳性。如果使用的探针为 RNA，也可在室温下第二次用 2×SSC（不含 SDS）洗膜时加入 RNaseA 至 1.0μg/ml，消化 15 min，再按常规条件洗膜，也可取得满意结果。有文献将此法称为 RNase 印迹保护（RNase blot protection）分析，其可区分同源性高至 85％的靶 RNA 序列。当转基因和内源基因的同源性大于 85％时，建议采用"RNase 保护分析"检测转基因的表达。

三、RNase 保护分析

在 RNA 探针和靶 RNA 分子杂交时，如果两者的同源性不同，则形成杂交体的结构也不同：同源性 100％，杂交体完全互补成双链分子；同源性降低，杂交体因不完全互补将产生大小不同的单链环。因此，用 RNase 处理杂交体时，完全互补的杂交体不被 RNase 水解，而未杂交的单链和杂交体中的单链环则被水解。对探针分子而言，同源性不同的靶 RNA 分子对探针的保护程度不同，电泳、自显影后，可得到不同长度的带型，故可以鉴定样品中靶 RNA 分子。

RNase 保护分析（RNase protection analysis）的优点是：整个杂交是 RNA-RNA 的液相杂交，因而灵敏度极高（高于核酸酶 S1 保护分析及 Northren 印迹杂交）；可以区分同源性很高的靶 RNA 分子（即使有 1 个碱基的差异也能区分）。在转基因研究中，由于哺乳动物在进化上有较近的亲缘关系，转基因和内源性基因间有较高的同源性，加上有些转基因的表达极低（甚至不表达），用 Northern 印迹杂交检测转基因的表达时有诸多不便，而 RNase 保护分析因具有高灵敏、高准确性的特点被广泛用于转基因的表达及表达水平的检测。

（一）操作步骤

1. 探针的制备　先将克隆有探针模板的质粒用适当的限制性内切酶线性化，然后按体外转录试剂盒说明，制备同位素标记的探针。经电泳从变性胶中分离纯化探针。计数后，将其稀释到 $10^5 \sim 10^6$ cpm/μl。

2. RNA 样品的处理　RNA 样品中加入 0.1 倍体积的醋酸钠（pH5.0）、2.5 倍体积的无水乙醇，混匀后，－20℃放置 30～60min，离心（12 000g×15 min，4℃），沉淀 RNA。沉淀的 RNA 样品再用 75％的乙醇洗涤 1 次，真空抽干后溶于 28μl 杂交缓冲液中。

3. 杂交　杂交反应液中加入 2μl 探针溶液，充分混匀后，于 90℃水浴中放置 5min，然后移入准备杂交反应的水浴中，杂交 12～18h。

4. RNase 水解　取出杂交反应管，冰浴 5min，然后加入 300μlRNase 消化液，于 37℃反应 30～60min。

5. RNase 的灭活　消化管中加入 20 μl SDS（10％）、10μl 蛋白酶 K（10mg/ml），37℃下消化 60 min。

6. 去蛋白　消化管中加入 350μl 酚：氯仿：异戊醇（25：24：1）混合液，充分振荡 30～60s，然后离心（12 000g×5min）。上清液移入一新管中，加入 20μl 酵母 tRNA（2mg/ml）、900μl 无水乙醇，－20℃放置 30～60min，离心（12 000g×5min，4℃），弃上清液，沉淀，以 75％的乙醇洗涤 1 次，悬于 15μl 上样缓冲液中。

7. 变性、电泳分离　将上样液于 95℃变性 5min，然后冰浴骤冷 5min，于变性胶中电泳分离。

8. 干胶、显影 电泳后，将胶置于滤纸上，胶上覆盖保鲜膜，干胶（drying gel），然后显影。

（二）试剂及器材

变性胶：

聚丙烯酰胺	5％
脲	8mol/L

上样缓冲液：

甲酰胺	80％
EDTA	10mmol/L（pH8.0）
溴酚蓝	1mg/ml
二甲苯青	1mg/ml

杂交缓冲液：

NaCl	0.4mol/L
EDTA	1mmol/L
PIPES	40mmol/L（pH6.4）
甲酰胺	80％

RNase 消化液：

NaCl	0.3mol/L
EDTA	5mmol/L
Tris-HCl	10mmol/L
RNase A	40μg/ml
RNase T	2μg/ml

用前现配；或配成母液，用前稀释。

待测 RMA 样品（50μg），体外转录试剂盒，克隆有探针模板的转录质粒（启动子可为 T7 或 SP6），限制性内切酶，SDS（10％），蛋白酶 K（10mg/ml，用前现配），酵母 tRNA（2mg/ml），乙醇（75％），水浴箱，电泳装置。

（三）注意事项

1. RNA 样品的用量依其拷贝数而定，可以为 0.1～200μg，推荐使用 10～50μg。

2. RNA 探针分子不宜过长，以减少非特异杂交体的形成。其长度应均一，以免出现不正常带型。

3. 杂交的温度很重要。过低，则会形成非特异杂交体，不仅探针被竞争掉，而且带型混乱；过高，则杂交失败。如果不知道杂交的最适温度，建议从 40℃开始，逐渐确定其最适温度。

4. 消化的温度对结果的特异性非常重要。过低，则杂交体中的小单链环可能不被水解，容易产生假阳性；在消化反应中，采用 30～37℃为宜。

5. 试验中，可采用相应数量的酵母 tRNA 和探针反应作为阴性对照，以判断反应的特异性；阳性对照可以是体外转录的正义 RNA 链；内源性 mRNA 产生的特定保护带也可作为判断整个 RNase 酶保护反应是否成功的标准。

四、逆转录—聚合酶链式反应（RT-PCR）

RT-PCR 技术是检测和定量分析半衰期短和低丰度 mRNAR 的快速而精确的方法。其基本原理是：以总 RNA 或 mRNA 为模板，逆转录合成 cDNA 的第一条链，然后以这条链为模板，在有 1 对特异引物存在下进行 PCR，检测转基因是否表达，若在内标准存在下进行竞争性 PCR，还可以对转基因 mRNA 的拷贝数进行精确定量。下面以血管紧张素 Ⅱ AT1 受体 mRNA 的检测为例，具体介绍 RT-PCR 的步骤。

（一）逆转录反应

1. 逆转录反应体系如下。

总 RNA	$1IU/\mu l$
PCR 缓冲液	$1\times$
$MgCl_2$	5 mmol/L
随机引物	$5\mu mol/L$
dNTP	10.5 mmol/L（每种）
DTT	5 mmol/L
rRNasin（RNasin）	$1IU/\mu l$
AMV 逆转录酶	15IU
加水至总容积	$20\mu l$

2. 按顺序加入以上试剂后，于 42℃反应 1h，95℃加热 5min，使逆转录酶（Reverse transcriptase）失活和 RNA-cDNA 解链，然后将混合液迅速置于冰浴中。

（二）聚合酶链式反应

1. 根据需要取适量逆转录反应混合液，以提供 PCR 反应模板。

PCR 体系：

PCR 缓冲液	$1\times$
$MgCl_2$	2 mmol/L
PCR 引物	$0.1\sim0.5\mu mol/L$
dNTP	0.2mmol/L（每种）
Taq DNA 聚合酶	2IU
加水至总容积	$100\mu l$
覆盖液状石蜡	$50\mu l$（带热盖的仪器不加）

2. PCR 循环条件（以下条件适合于 2kb 以内片段的扩增）如下。

预变性：95℃变性 3～5min，1 个循环。

PCR 反应：

95℃变性 30s ⎫
55℃退火 30s ⎬ 25～40 个循环；
72℃延伸 60s ⎭

延伸：72℃下反应 5min，1 个循环。

4℃保温。

（三）PCR 产物分析

1. 直接取 1/10 或 1/5 体积的反应液进行琼脂糖凝胶电泳，溴化乙锭染色后，紫外灯下观察。也可进一步用 Southern 杂交予以鉴定。

2. 如要进行限制性内切酶分析鉴定，先用 200μlTE 饱和的氯仿抽提除去液状石蜡后，再以乙醇沉淀 PCR 产物，选择限制性内切酶进行消化，再进行琼脂糖凝胶电泳。

（四）试剂及仪器

10×PCR 缓冲液，dNTP（10mmol/L，pH7.0，每种），随机引物（100μmol/L），rRNasin（RNasin）（40 IU/μl），DTT（100 mmol/L），PCR 引物（10～50μmol/L），AMV 逆转录酶（8IU/μl），Taq DNA 聚合酶（5IU/μl），液状石蜡，琼脂糖，TE 饱和的氯仿。

（五）注意事项

1. 可采用 1×PCR 缓冲液进行逆转录反应和 PCR，这样既简化了操作步骤，也可得到满意的结果。

2. 逆转录反应也可以用反义引物和 Oligo（dT）作为 cDNA 第一条链合成的引物[加反义引物 10～20pmol，加 Oligo（dT）0.2～0.5μg]。

3. 在排除其他影响因素的情况下，如果仍未得到 PCR 产物，可考虑 RNA 二级结构对逆转录的影响，具体做法是 70℃或 90℃加热 5min 后，迅速置于冰上，然后加入 DTT、rRNasin（或 RNasin）及逆转录酶，进行逆转录反应。

4. 设计引物应跨过 1 个内含子，以排除 DNA 污染造成的假阳性结果，如果靶序列无内含子，RNA 样品应用 DNase 彻底消化处理，可避免假阳性结果。

5. RNA 样品不能在短期内使用时，应保存在 −70℃冰箱内，且应避免反复冻融。

6. 在有内标准的情况下进行竞争性 PCR 时，应确保内标准及样品模板的扩增在指数扩增期内。要得到准确结果，应预先配制除内标准模板和 RNA 样品外的工作反应混合液，这样可排除因反应体系差异对试验的影响。

五、RNA 斑点杂交

RNA 斑点杂交与 DNA 斑点杂交方法类似，其每个样品至多加 10μg 总 RNA（经酚/氯仿或异硫氰酸胍提取纯化）。RNA 斑点杂交的方法是将 RNA 溶于 5μlDEPC 溶液，加 5μl 甲醛/SSC 缓冲液（10×SSC 中含 6.15mol/L 甲醛），使 RNA 变性，然后取 5～8μl 样品点于处理好的滤膜上，烘干，其他步骤与 DNA 斑点杂交方法相同。

第四节　转基因猪翻译水平——蛋白质产物检测

转基因猪目的基因表达产物的检测常用 Western Blot 方法（即蛋白质印迹技术，又称免疫印迹技术）、免疫组织化学检测和酶联免疫吸附试验。酶联免疫吸附试验可根据目的蛋白质选购相应的检测试剂完成。

一、蛋白质印迹技术

蛋白质印迹（免疫印迹）技术是一种将凝胶电泳和免疫化学分析技术有机地融为一体的分析技术，它结合了电泳分析容量大、分辨率高和免疫化学分析敏感性高、特异性强的优点。蛋白质印迹技术可用来测定多种蛋白质的许多重要特性，如抗原的定性定量检测、多肽链相关分子量测定及抗原抽提的效率检测，尤其对那些不溶的、难以标记的或易降解的抗原，以及不适于免疫沉淀技术分析的抗原更为有用。用于转基因猪翻译水平——蛋白质产物检测，是经典而有效的方法。

（一）凝胶电泳及染色方法

聚丙烯酰胺凝胶（PAGE）的制备一般可以由下述公式计算：$T=(a+b)/m×100\%$ 和 $C=a/(a+b)×100\%$。其中，$a=$ 双体（bis）的重量，$b=$ 单体（arc）的重量，$m=$ 溶液的体积（ml）。在凝胶浓度为 $5\%～20\%$ 时，$C=6.5-0.3T$。当分析一个未知样品时，常常先用 $4\%～10\%$ 的梯度凝胶进行试验，以便选择理想的胶浓度，对分析样品制备分离胶及浓缩胶进行聚丙烯酰胺凝胶电泳（SDS-PAGE）。

1. 样品制备　将测试样品组织块迅速置于预冷的生理盐水中，漂洗数次，以清洁表面的血迹；将组织称量后切成几个较小的组织块放入机械组织匀浆器中，按组织净重∶裂解液＝1∶10 的比例，加入相应体积的裂解液进行匀浆，离心收集上清液（如有黏稠物可超声处理，具体方法见细胞培养的样品制备），也可以冷冻干燥降解核酸后，将冻干的蛋白质样品溶解在适当的上样缓冲液中，混匀后静置 3h，使样品中的蛋白质充分溶解，4℃下离心收集上清液；加入 Laemmli 样品缓冲液（视蛋白质样品浓度，以 1∶1 或 1∶2 的比例混合）强力混匀，样品置 100℃的水浴箱中加热 3～5 min，10 000g 离心 10 min，取上清液，将其转入另一洁净的试管中，样品即可立即使用。也可将样品分装冻存，－20℃存放的样品可稳定保持数月。

2. 聚胶前准备　配制凝胶储存液、浓缩胶缓冲液、分离胶缓冲液、10％SDS、10％过硫酸铵（AP）、TEMED 原溶液和电泳缓冲液（5×）。

3. 制胶　制胶的关键是聚合时间，最好是分离胶聚合控制在从加入 10％AP 和 TEMED 起，至开始出现凝胶的时间为 15～20min（并非此时已凝胶完全）。浓缩胶最佳聚合速度为 8～10min 开始可见聚合，可以通过调节过硫酸铵（AP）和 N，N，N′，N′-四甲基乙二胺（TEMED）的加入量来控制。因液体中含有分子氧，可抑制凝胶的聚合，故用时可在真空中抽气以排除液体中的分子氧，灌完分离胶后加水，以封闭分离胶与外界氧气的结合。总之，要掌握一个原则，即用尽量少的催化剂在最佳时间聚合。

（1）按比例配制分离胶，轻缓地摇动溶液，使激活剂混合均匀，将凝胶溶液平缓地注入两层玻璃板中，再在液面上小心注入一层水或正丁醇，以阻止氧气进入凝胶溶液中，然后静置 90min。

（2）按比例配制浓缩胶，但摇动溶液时不要过于剧烈，以免引入过多氧气。吸去不连续系统中下层分离胶上的水分，以连续平稳的液流注入凝胶溶液，然后小心插入梳子，并注意不得留有气泡，静置 90min 以上以保证完全聚合。

4. 预电泳　将聚合好的凝胶安置于电泳槽中，小心拔去梳子，加入上、下槽电泳缓冲液后，低电压短时间的预电泳（10～20V，20～30min），清除凝胶内的杂质，疏通凝胶孔径以保证电泳过程中电泳的畅通。

5. 加样　预电泳后依次加入标准品和待分析样品，注意加样时间要尽量短，以免样品扩散。为避免边缘效应，可在未加样的孔中加入等量的样品缓冲液。

6. 电泳　加样完毕，盖好电泳槽的盖子，并选择适当的电压进行电泳。通常在连续系统中，上层浓缩胶的电泳电压要低于分离胶的电泳电压，这使样品能更好地进入凝胶。电泳时，应采用恒压的模式，这样蛋白质才可以保证恒定的电泳迁移率。一般采用恒压（浓缩胶80V，分离胶120V）电泳直至溴酚染料前沿下到凝胶末端处，即停止电泳。

7. 染色和脱色　电泳完毕需通过染色和脱色评定其结果的优劣。对凝胶中分离成不同条带的蛋白质进行检测。此外，根据不同的研究目的，也可将凝胶电印迹。

（1）考马斯亮蓝染色　将凝胶取出放入培养皿中，倒入少量的染色液，以浸没凝胶为宜，在摇床上震荡，直到凝胶上出现明显的条带为止，一般室温放置5～6h或4℃下过夜。然后，倾去染色液，用脱色液洗涤震荡，其间要不断换脱色液，直至脱色液颜色稍清亮，凝胶背景清楚为止。

（2）染色液配制　90ml甲醇（甲醇：水＝1：1，V/V）、水混合溶液和10ml冰乙酸的混合溶液中溶解0.25g考马斯亮蓝R250，用滤纸过滤染液以除去颗粒性不溶物。

（3）脱色液配制　90ml甲醇（甲醇：水＝1：1，V/V）和10ml冰乙酸的混合溶液。

（二）免疫印迹

蛋白质印迹法是将蛋白质混合样品经SDS-PAGE分离后，形成不同条带，其中含有能与特异性抗体（或McAb）相应的待检测的蛋白质（抗原蛋白），将PAGE胶上的蛋白质条带转移到NC膜上（此过程称为blotting），以利于进行随后的检测，然后将NC膜与抗血清一起孵育，使第一抗体与待检的抗原决定簇结合（特异大蛋白质条带），再与酶标的第二抗体反应，即检测样品的待测抗原，并可对其定量。

1. 电印迹　蛋白质经SDS-PAGE分离后，必须从凝胶中转移到固相支持物上，固相支持物可牢固结合蛋白质又不影响蛋白质Ag活性，而且支持物本身还有免疫反应惰性等特点。常用的支持物有硝酸纤维素膜（NC膜）和聚偏氟乙烯（PVDF）膜。蛋白质从凝胶向膜转移的过程普遍采用电转印法，分为半干式和湿式转印两种模式。

（1）半干式电转印　Tris/甘氨酸-SDS-PAGE结束后，取出凝胶，在Tris/甘氨酸缓冲液中漂洗数秒。取凝胶方法：用刀片将2块玻璃板分开，将多余的凝胶划去，上部以浓缩胶为准全部弃去，下部从分子量标准最小分子带下全部划去，取10ml注射器注满转印缓冲液，向玻璃板与凝胶之间注水，通过水的压力将两者自然分开，反复多次注水，直至凝胶从玻璃板上滑落。

将NC膜和滤纸切成与凝胶一样大小，置转移缓冲液中湿润5～10min，放置滤纸、凝胶和NC膜于半干槽中。

每层之间的气泡要全部去除。可以用10ml吸管轻轻在上一层滚动去除气泡，然后用一绝缘的塑料片中间挖空（与凝胶一样大小或略小，以防电流直接从没有凝胶处通过造成短路）后盖好，放置阳极电极板。

（2）湿式电转印　Tris/甘氨酸-SDS-PAGE结束后，取出凝胶，在Tris/甘氨酸缓冲液中漂洗数秒。取出凝胶方法同半干式电转印。

打开电转印夹，每侧垫 1 块专用的用转印液浸透的海绵垫，再各放 1 块转印液浸透的滤纸（滤纸与海绵垫大小相同或与 NC 膜、凝胶大小相同均可），将凝胶平放在阴极一侧滤纸上，最后将 NC 膜平放在凝胶上，去除气泡，夹好电转印夹。

将电泳槽加满电转印液，插入电转印夹。将电泳槽放入冰箱内（电转印液要放入冰箱内预冷），连接好电极，接通电源，转印夹的 NC 膜应朝向电泳槽的正极。

2. 印迹膜上总蛋白的染色　在确定印迹中是否存在总蛋白之前，通过对硝酸纤维素膜染色可以了解转印至膜上的总蛋白质的组成情况，并可确定蛋白质分子质量标记物的位置和转印是否成功。

（1）丽春红 S 印迹膜染色法　丽春红 S 适用于酸性水溶液染色，但是染色不持久，在后续的处理中红色染料易被洗去。由于丽春红与蛋白质的结合是可逆性的，该染色方法适用于所有显示抗原的技术。丽春红 S 带负电荷，可以与带正电荷的氨基酸残基结合，同时丽春红也可以与蛋白质的非极性区相结合，从而形成红色条带。

（2）丽春红溶液的配制　储存液（10×），0.1g 丽春红溶于 5ml 冰乙酸，加水定容至 100ml。临用前稀释 10 倍，即为丽春红 S 应用液。

（3）操作步骤　转印结束后，取出印迹膜置于丽春红 S 应用液中，并在室温下搅动 5～10min；将膜放入 PBS 洗数次，每次 1～2min，并且每次均应更换 PBS；根据需要将转印部位和分子量标准位置进行标记。至此，印迹膜即可用于封闭和加入抗体。

3. 膜的封闭　在进行抗体杂交之前，需要先对转印膜进行封闭，以防止免疫试剂的非特异性吸附。封闭一般采用异源性蛋白质或去污剂，常用的有 0.2％Tween-20、20％ BSA、10％马血清以及 5％脱脂奶粉（No-fat milk）等。封闭液应与检测试剂相适应，如采用葡萄球蛋白 A（SPA）作为检测试剂，就不能以全血清封闭。尽可能使非特异着色背景浅，封闭液以 20％BSA 效果较好，其次是 5％No-fat milk。

封闭过程：洗转印膜，室温下漂洗 3 次，每次 10min，以尽量洗去转印膜上的 SDS，防止影响后面的抗体结合；取漂洗后的转印膜，放入 5％No-fat milk 的封闭液内，摇床震动，室温下封闭 2h，也可于 4℃过夜；用 1×PBS-T（pH7.6）洗液，室温下漂洗 3 次，每次 10min。

4. 抗体杂交　抗体杂交主要采用间接法，即先加入未标记特异性抗体（Ab1），与膜上抗原结合，再加入标记的抗抗体（Ab2）进行杂交检测，标记 Ab2 的物质有放射性核素、酶以及生物素等。

杂交过程：封闭后的杂交膜放入杂交袋中，加入用抗体稀释液稀释的 Ab1（1μg/ml），封口，4℃下孵育过夜，或室温（22～25℃）下摇动孵育 2h，洗膜 3 次，每次 10min；标记的 Ab2（羊抗兔-HRP）于室温下摇动孵育 1h，洗膜 3 次，每次 10min。

5. 检测　根据标记 Ab2 的标记物不同，其杂交的结果检测方法也不同，较常用的检测系统有 HRP 标记 Ab2 的增强化学发光（ECL）检测和二氨基联苯胺（DAB）检测系统。

（1）辣根过氧化物酶-DAB 法　配制 DAB 显色液，按照 1ml H_2O 加显色剂 A、B、C 各 1 滴，混匀。显色，即将适量 DAB 显色液平铺在 Ab2 杂交后的印迹膜上，放置室温下观察，可出现明显的棕褐色蛋白质显色带。用 Tris-HCl 缓冲液或水漂洗杂交膜终止反应。

（2）辣根过氧化物酶-ECL 法　增强化学发光（ECL）检测是利用辣根过氧化物酶催化化学发光物质，生成一种不稳定的中间物质，其衰变时在暗室内形成明显的肉眼可见的化学发光带，利用 X 线胶片感光原理，将结果记录下来。在暗室中将杂交后的印迹膜放入显色盒中，加入混合好的显色液，用纸巾吸去印迹膜边缘或边角部分多余的显色液，用一透明的玻璃纸盖好抚平，并确定干的表面与胶片接触。在暗室中使胶片曝光 1～5min，冲洗胶片以确定所测抗原的正确曝光时间（几秒至数小时）。

冲洗胶片的方法是先在显影液中冲洗至胶片上出现蛋白质条带或者胶片透明为止，再放入定影液中漂洗 10s 即可。

（三）试剂及仪器

1. N，N′-亚甲基双丙烯酰胺（MBA）储存液。丙烯酰胺 29g，N，N′-亚甲基双丙烯酰胺 1g，加温热水至 100ml，储存于棕色瓶，4℃下避光保存。因脱氨基反应是光催化或碱催化的，所以要严格调整 pH 不得超过 7.0。使用期不得超过 2 个月，若超过需重新配制。储存液如有沉淀，可以过滤。

2. 十二烷基硫酸钠（SDS）溶液。10%（w/v）0.1g SDS，1ml 去离子水配制，室温保存。

3. 分离胶缓冲液采用 1.5mmol/L Tris-HCl（pH8.8）。18.15g Tris 和 48ml 1mol/L HCl 混合，加去离子水稀释至 100ml，过滤后 4℃下保存。

4. 浓缩胶缓冲液采用 0.5mmol/L Tris-HCl（pH6.8）。6.05g Tris 溶于 40ml H_2O 中，用约 48ml 1mol/L HCl 调 pH 为 6.8，加水稀释至 100ml，过滤后 4℃下保存。

分离胶缓冲液和浓缩胶缓冲液必须使用 Tris 碱制备，再用 HCl 调节 pH，而不用 Tris-Cl 制备。

5. TEMED 原溶液。N，N，N′，N′-四甲基乙二胺催化过硫酸铵形成自由基而加速 2 种丙稀酰胺的聚合。pH 过低时，聚合反应受到抑制。10%（w/v）过硫酸铵溶液提供 2 种丙烯酰胺聚合所必需的自由基，用去离子水临用前配制数毫升。

6. SDS-PAGE 加样缓冲液。0.5mol/L Tris 缓冲液（pH6.8）8ml，甘油 6.4ml，10%SDS 12.8ml，巯基乙醇 3.2ml，0.05%溴酚蓝 1.6ml，H_2O 32ml 混匀备用。按 1∶1 或 1∶2 比例与蛋白质样品混合，在沸水中煮 3min 混匀后再上样。上样量一般为 20～25μl，总蛋白量 100μg。

7. 甘氨酸、盐酸。

8. Tris-甘氨酸电泳缓冲液。30.3g Tris，188g 甘氨酸，10g SDS，用蒸馏定容至 1 000ml，即可得 0.25mol/L Tris-HCl，1.92mol/L 甘氨酸电泳缓冲液。临用前稀释 10 倍。

9. 转移缓冲液。配制 1L 转移缓冲液，需称取 2.9g 甘氨酸，5.8gTris 碱，0.37g SDS，并加入 200ml 甲醇，加蒸馏水定容至 1L。

10. 丽春红染液储存液。丽春红 S2g，三氯乙酸 30g，磺基水杨酸 30g，加蒸馏水定容至 100ml。用时稀释 10 倍即成丽春红 S 使用液，使用后应予以废弃。

11. 5%脱脂奶粉（w/v）。

12. NaN_3。0.02%叠氮钠（有毒，戴手套操作）溶于磷酸盐缓冲溶液（PBS）。

13. Tris 缓冲盐溶液（TBS）。20mmol/L Tris-HCl（pH7.5），500mmol/L NaCl，混匀。

14. Tween20（15）鼠抗人-MMP-9（16）鼠抗人-TIMP-1。

15. 过氧化物酶标记的第二抗体。

16. NBT（溶于 70％二甲基甲酰胺，75mg/ml）。

17. BCIP（溶于 100％二甲基甲酰胺，50mg/ml）。

18. 100mmol/L Tris-HCl（pH9.5）。

19. 100mmol/L NaCl。

20. 50mmol/L Tris-HCl（pH7.5），5mmol/L EDTA。

21. 组织裂解液〔Tris-HCl 50mmol/L（pH7.4），NaCl150mmol/L〕。0.25％去氧胆酸钠，1％NP-40 或 Triton-x-100，1mmol/LEDTA，1mmol/LPMSF，1μg/ml 胰蛋白酶抑制剂（aprotinin），1μg/ml 亮抑蛋白肽（leupeptin），1μg/ml 胃蛋白酶抑制剂（pep-stantin）。

22. Laemmli 样品缓冲液（1×SDS 样品缓冲液）。50 mmol/L Tris-HCl（pH8.0），100mmol/L DTT，2％SDS，0.1％溴酚蓝，10％甘油，混匀。

23. 杂交及显色试剂。封闭液是含有 5％脱脂奶粉的 PBS-T，第一抗体（Ab1），第二抗体（标记的 Ab2），底物以及显色指示剂，漂洗液（在 1LPBS 溶液中加入 0.5ml Tween-20，PBS-T），抗体稀释液，显影液，定影液。

24. 水浴箱，超声装置，组织匀浆器，电泳装置（垂直板电泳槽），电泳仪，振荡器，转移电泳槽和转移电泳仪（电源），冰箱，滤纸，NC 膜，胶片，暗室。

（四）注意事项

1. 对不同的蛋白质，一抗、二抗的最佳稀释度、作用时间和温度要经过预实验来确定。

2. 显色液必须用前现配，最后加入 H_2O_2。

3. DAB 有致癌的可能，操作时要小心仔细。

4. 加入一抗的膜不能再干燥。

5. 适当地封闭和洗涤膜片至关重要。

6. 使用前配制化学发光试剂，配制量以足够覆盖膜片即可，弃去使用过的混合试剂。

二、免疫组织化学检测

免疫组织化学（IHC）又称免疫细胞化学，是指带显色剂标记的特异性抗体在组织细胞原位通过抗原抗体反应和组织化学的呈色反应，对相应抗原进行定性、定位、定量测定的一项新技术。它把免疫反应的特异性、组织化学的可见性巧妙地结合起来，借助显微镜（包括荧光显微镜、电子显微镜）的显像和放大作用，在细胞、亚细胞水平检测各种抗原物质（如蛋白质、多肽、酶、激素、病原体以及受体等）。

免疫组织化学以染色方式分成贴片染色、漂浮染色等；以 Ag-Ab 结合方式分成直接法、间接法和多层法等；以标记物的性质分成免疫荧光技术如免疫荧光法、免疫酶技术〔酶标抗体法、桥法、辣根过氧化物酶—抗体过氧化物酶（PAP）法、抗生物素—生物素

（ABC）法〕和免疫金属技术（免疫铁蛋白法、免疫金染色法、蛋白 A—金法）等。其中，最常用的荧光素有异硫氰酸荧光素（Fluorescein isothiocyanate，FITC）——荧光显微镜下呈绿色荧光、四乙基罗达明（rho-damine RB200）——荧光显微镜下发橙红色荧光。铁蛋白等主要应用于免疫电镜。酶主要有辣根过氧化物酶、碱性磷酸酶等。下面以 ABC 法为例加以介绍。

（一）ABC 法操作步骤

1. 切片。以石蜡包埋组织，切片机切片。也可以在冷冻切片机上直接切片。

2. 贴片。

3. 脱蜡。切片脱蜡入水，加入 PBS 洗 3 次，每次 15min。冷冻切片省略此步骤。

4. 封闭内源性过氧化物酶。在新配置的 $0.3\%H_2O_2$ 或 PBS、0.05mol/L Tris-HCl 缓冲液（pH7.6）、甲醇中室温放置 30min。

5. 漂洗。水洗，加入 PBS，洗 3 次，每次 5min。

6. 减少非特异性着色。用稀释 20 倍的正常血清（产生二次抗体动物血清），室温下作用 30min。

7. 一抗反应。滴加第一抗体，4℃下过夜或室温下放置 0.5～1h；加入 $0.1\times$PBS 洗 3 次，每次 5min。

8. 二抗反应。滴加第二抗体，室温下放置 15～60min；加入 $0.1\times$PBS 洗 3 次，每次 5min。

9. 滴加 ABC 复合物，室温下放置 15～60min；加入 $0.1\times$PBS 洗 3 次，每次 5min；在 0.05mol/L Tris-HC1 缓冲液中作用 5～10min。

10. 显色。在含 $0.01\%H_2O_2$ 的 DAB 溶液中室温放置 5～30min，随时镜检（DAB 用时新配）；用自来水洗净。

11. 染核。用 Mayer 苏木精或 0.5%甲基绿，复染细胞核（可不染）。

12. 封片。常规脱水、透明、封固、镜检。

13. 结果判断。棕褐色反应产物代表抗原的定位。

14. 对照组和染色结果的评价。从以下几个方面综合评价。

（1）阳性染色特点　Ag 定位，胞浆、胞核、胞膜、间质具有结构性（非特异性染色细胞与组织无区别）；染色强度不同，颜色深浅不一（非特异性染色弥散性均匀）。

（2）组织切片制作过程的影响　固定不良（非特异性染色），显示不均匀；边缘干燥（非特异性染色），加抗体时勿干片。

（3）人工假象与特异性结果显示不在同一平面上　阳性对照：用已知抗原阳性的切片与待检标本同时进行免疫细胞化学染色。对照切片呈阳性结果，标为阳性对照。阴性对照：用确证不含已知抗原的标本做对照，应呈阴性结果，称阴性对照。其实这只是阴性对照中的一种，阴性对照还应包括空白、替代、吸收和抑制实验。染色失败（所染的全部切片均为阴性结果，包括阳性对照在内）的几种原因：染色未完全严格按照操作步骤进行；漏加一种抗体或抗体失效；缓冲液内含叠氮化钠，抑制了酶的活性；底物中所加 H_2O_2 量少或失效，复染或脱水剂使用不当。

所有切片均呈阳性反应，原因可能是切片在染色过程中抗体过浓或干燥；缓冲液配置中未加氯化钠和 pH 不准确，洗涤不彻底，使用已变色的呈色底物溶液，或呈色反应时间过长；抗体温育的时间过长，H_2O_2 浓度过高，呈色速度过快，黏附剂过厚。所有切片背景过深，原因可能是未加酶消化处理切片，切片或涂片过厚，漂洗不够，底物呈色反应过久，蛋白质封闭不够或所用血清溶血，使用全血清抗体稀释不够。阳性对照染色良好，检测的阳性标本呈阴性反应，最常见的原因是标本的固定和处理不当。

影响免疫组化染色结果的因素有很多，除了免疫组化染色操作因素外，还包括组织切片制备的各个环节等因素。

(二) 试剂及仪器

特异性抗体（一抗），标记抗体（二抗），三抗（Ab 桥法时），PBS，Tris-HCl 缓冲液（pH7.6），甲醇，过氧化物酶标记的链霉卵白素或过氧化物酶标记的碱性磷酸酶，Mayer 苏木精或 0.5％甲基绿，含 H_2O_2 的 DAB 溶液，甲醛液，丙酮，胰蛋白酶，氨丙基三乙氧基硅烷，荧光显微镜，切片机（包括冷冻切片机），水浴箱，微波炉。

(三) 注意事项

1. 遴选方法的注意事项

（1）实验设计　根据课题的内容选用动物，选用配套的 Ab。如 Ab-Ⅰ鼠抗人的抗体，与其他种属间无交叉，则不能用其他动物，而且 Ab-Ⅱ必须是猪抗鼠。PAP 法 Ab-Ⅲ必须来源于鼠，否则不能连接成复合物。若要比较染色深浅在对照组与试验组间的差异，贴片最好贴于同一张载玻片上，否则无可比性。选用的试剂应可靠、货源充足，且随时可取。

（2）Ab 稀释度　工作液无需稀释原液，应参照其提供的工作液浓度进行预试验。原液于 −20℃保存，应选择最佳稀释度冻存。若工作浓度大于 1∶500，则要先将原液稀释 10 倍，而后分装（10μl/瓶）→冻存（−20℃）。

（3）Ab 浓度　不可过高或过低，因为 Ag-Ab 结合需在一定浓度范围内进行，若一方过剩，则形成的复合物小且少；极过剩时，已形成的复合物亦会解体而呈现假阴性。并非 Ab 浓度越高越好。

（4）Ab 滴片　所滴的抗体应与切片上的组织刚好吻合，甩净组织周围的水。

（5）PBS 洗涤　洗 3 次，每次 5min。

（6）Ab 孵育　必须在湿盒内进行，以防抗体的蒸发和干片。通常于 4℃下过夜或 37℃下放置 2h。

（7）光镜控制显色方法　注意温度与时间的关系（室温下最宜 5min），染色稍浅亦可拿出，脱水，封片后颜色可加深。

2. 组织切片技术注意事项

（1）免疫组织化学技术对组织切片的要求　免疫组织化学技术适用于冰冻切片和石蜡切片，部分抗体只能用于冰冻切片，大部分抗体可用于石蜡切片，适用于石蜡切片的抗体也适用于冰冻切片。冰冻切片能很好地保存组织抗原（丢失少），但形态结构差，定位不很清晰；石蜡切片组织形态结构好，定位清晰，但在组织的固定、脱水、包埋等过程中容易破坏组织抗原，使抗原的免疫活性有所降低。因此，在检测石蜡切片组织抗原时，尽可能保存组织抗原的免疫活性十分重要。

（2）组织的固定　组织离体以后应及时取材固定，组织经过固定后可保存组织原有的形态结构，防止组织抗原弥散。常用的固定液为 10％福尔马林液（4％甲醛液），最好选用 10％中性福尔马林液，固定时间为 4～6h，一般不超过 24h。固定时间不足，会使组织结构不佳和组织抗原弥散；固定时间过长，可封闭或破坏组织抗原。冰冻切片常用的固定液为无水丙酮或 4％多聚甲醛，固定时间为 10～20min。

（3）载玻片的处理　由于染色的操作步骤及冲洗次数较多，容易出现脱片现象，因而将载玻片涂胶或硅化是必要的。常用效果较好的是硅化玻片。硅化玻片的制备：先将载玻片酸洗，冲洗干净后烤干，再以 2％3-氨丙基-3-乙氧基甲硅烷（APES）丙酮溶液浸 1～2min，无水丙酮液浸 1～2min，蒸馏水浸洗 1～2min，烤干备用。可用无水酒精代替无水丙酮，也可以直接配制成 APES 水溶液使用。

（4）组织切片前处理　经福尔马林溶液固定、石蜡包埋的组织在固定过程中，组织中的抗原蛋白与甲醛产生交联，使得组织中抗原的决定簇被封闭，抗体难以和抗原充分结合。因此，要进行组织切片前处理，目的是打开组织抗原蛋白与甲醛的交联，暴露组织抗原，以提高组织抗原的检出率。组织切片前处理（也称抗原修复）的方法主要有：胰蛋白酶消化法，将切片置入胰蛋白酶消化液（0.1％胰蛋白酶，0.1％氯化钙水溶液，pH7.8）中，37℃下消化 30min；水煮法，将切片置入蒸馏水内，加热至沸腾（持续 10min），自然冷却；微波加热法，将切片置入 0.01mol/L、pH6.0 的柠檬酸缓冲液内，以微波炉的最大功率（约 800W）加热 10min，自然冷却；高压加热法，用高压锅加热 0.01mol/L、pH6.0 的柠檬酸缓冲液至沸腾，放入切片，盖紧高压锅盖，继续加热至减压阀喷气，计时 90s 至 2min，自然冷却；联合处理法，按上述方法先进行胰蛋白酶消化，然后再进行水煮法、微波加热法或高压加热法。切片前处理通常可以提高免疫组化染色的阳性率，但并非所有的抗体染色均需要前处理。切片前处理不当会出现假阳性、假阴性或阳性定位改变。

3. 其他注意事项

（1）内源性过氧化物酶的消除　组织中的粒细胞、单核细胞及红细胞等存在内源性过氧化物酶，可与显色剂 DAB、3-氨基-9-乙基咔唑（AEC）起反应而造成假阳性，因而在显色前要把这些内源性过氧化物酶消除。方法是用 3％过氧化氢作用 15min，操作可以在加一抗之前，也可在加一抗之后。

（2）内源性生物素的消除　组织细胞中存在着内源性生物素，在应用与卵白素结合或生物素标记抗体的免疫组化检测系统检测组织细胞中的抗原时，内源性生物素容易与 ABC 法中的卵白素（avidin）或 S-P（链霉菌蛋白生物素，LSAB）法中的链霉菌抗生物素蛋白（streptavidin）结合，引起假阳性。因此，在加一抗之前或在加一抗之后，需要消除内源性生物素。消除内源性生物素的方法是用鸡蛋清或卵白素封闭，采用不含卵白素或生物素的免疫组化检测系统检测，如多聚体/增强聚合物（Envision/Elivision）二步法和多聚螯合物免疫组化（EPOS）一步法等。

（3）高敏感免疫组化染色方法的选用　免疫组织化学技术的特点之一是敏感性高，即能把抗原抗体结合物特异性地放大。目前，免疫组化染色方法有一步法、二步法和三步法。抗体与抗体的连接步骤少，则特异性高，敏感性低；连接步骤多，则特异性低，敏感性高。不同公司生产的试剂盒在特异性和敏感性方面各有特点，实验室可以根据自己的实际情况，合理选用。目前，应用最广泛的是 S-P（LSAB）三步法和 Envision/Elivision 二步法。同一种染色方法因检测试剂盒的不同而敏感性不同，第一抗体的稀释度也不同。

（4）第一抗体与免疫组化检测系统的正确配套　常用的第一抗体为鼠抗（单克隆）和兔抗（多克隆）抗体，也有羊抗的抗体。常用检测试剂盒中的第二抗体也分为抗鼠、抗兔或抗羊免疫球蛋白，不能错配，否则一抗、二抗连接不上，而导致假阴性的染色结果。最好选用同时含抗鼠、抗兔和抗羊免疫球蛋白的抗体。

（5）酶标抗体系统中的酶与显色剂的合理选用　在 S-P 等常用免疫组化方法中，标记抗体的酶主要有辣根过氧化物酶（HRP）和碱性磷酸酶（AP 或 AKP），显色剂有 DAB、AEC、固红和固蓝等。HRP 系统用 DAB 和 AEC 作显色剂，DAB 显色阳性物呈棕色，AEC 呈红色；AP 系统用固红、固蓝或 BCIP/NBT 作显色剂，固红显色阳性物呈红色，而固蓝、BCIP/NBT 呈蓝色。DAB 显色形成的沉淀物最稳定，且不易褪色，较为常用，因其是致癌物，故要避免接触皮肤和污染环境。在多重免疫组化染色中，合理选用酶标抗体检测系统和显色剂，在同一切片上可以清晰地显示组织细胞中多种抗原的表达。

（6）实验对照的设置　为证实抗体和检测试剂盒效价是否可靠，染色操作是否正确，一般需要进行实验对照，以避免因试剂失效或操作失当而出现假阴性和假阳性，确保染色结果的可靠性。阳性对照：选用已知染色中度阳性以上的组织切片染色，阳性切片应呈阳性，此外，组织中的内对照也是很好的阳性对照。选用已知染色阴性的组织切片染色，其结果应为阴性。一般来说，阴性对照和阳性对照同时进行，或其中有阳性染色结果时才有意义。

（7）免疫组织化学染色后的背景复染　免疫组织化学技术的另一特点是抗体在组织中的定位准确。免疫组织化学染色后需要复染细胞核，以将组织细胞结构显示出来，使免疫组织化学染色结果定位清晰。免疫组织化学染色结果根据显色剂的不同而不同，有棕色、蓝色和红色，复染细胞核的颜色也因染色液不同而不同，一般有蓝色（苏木精）、绿色（甲基绿）和红色（核固红）三种。应根据颜色对比清晰的原则进行搭配，常按 DAB 显色呈棕色，Mayer 苏木精复染细胞核呈蓝色。甲基绿复染细胞核颜色鲜艳，特别适用于显微照相，但容易褪色。

（8）免疫组化染色结果的观察　阳性结果应定位在细胞中相应的部位，在细胞膜表达的抗原阳性结果应定位在细胞膜上，在其他部位的阳性反应均为非特异性染色。不当的组织切片前处理会导致抗原在组织细胞中定位的改变。根据所检测抗原的不同，抗原分别定位于细胞膜［如小扁豆凝集素（LCA）和泛素羧基末端水解酶（UCHL1）等］，细胞质［如角蛋白（keratin）和溶菌酶（lysozyme）等］和细胞核［如增殖细胞核抗原（PCNA）和雌激素（ER）、孕激素受体（PR）等］。不当的组织切片前处理有可能出现假阳性或假阴性的结果。组织的周边、刀痕、皱折等部位往往呈阳性反应，但绝大多数都是非特异性染色。染色结果呈阴性并非都是由于抗原不表达，还与组织中的抗原是否受到破坏有关。组织切片背景深与下列因素有关：第一抗体浓度过高或孵育时间过长，温度过高；显色剂 DAB 浓度过高或 H_2O_2 过多；正常血清封闭之后，滴加第一抗体之前用 PBS 洗；抗体纯度不高；抗体孵育切片后，冲洗不干净。

（9）抗体的保存和稀释　抗体应于低温保存，第一抗体可分成小包装于 $-20\,℃$ 保存，使用时存放在 4℃下，不宜反复存放于－20℃～4℃。检测试剂盒一般存放于 4℃，不宜于－20℃保存，如长时间不用可存放于－20℃，解冻使用后则不能再存放于 0℃以下，因为反复冻融，使得与抗体结合的酶容易离解，导致检测的敏感度降低。浓缩的抗体在染色前应适当稀释。日常工作量不多时，可将抗体稀释至 1∶5～20，染色前再稀释成工作液。浓缩液抗体保存的时间较长，反之稀释后的抗体保存的期限较短。如使用即用型抗体，经过一定时间后，应注意其效价是否有所降低，避免出现假阴性染色。抗体稀释液可用商品化的抗体稀释液，也可用 0.01mol/LPBS（pH7.4），在 PBS 中加入 1%BSA 和 10%正常血清后稀释抗体，对减轻非特异性背景染色有所帮助。

（10）其他 石蜡切片脱蜡要彻底。抗体孵育时间随孵育温度升高而减少，但一般不超过 37℃；如果不是诊断急需，一抗也可于 4℃下孵育过夜。滴加抗体应完全覆盖组织，避免引起组织边缘效应。

第五节 转基因猪表达产物的生物活性分析及功能测试

转基因猪在进行遗传分析和表达检测后，还需要进行目的基因的功能验证，以研究转入基因的功能，如转生长激素基因猪的生长速度、作为生物反应器的转基因猪表达产物的活性、抗病的转基因猪抗感染能力，以及异种器官移植用转基因猪的抗排斥性能等。

一、表达产物的生物活性分析

转基因猪外源基因表达产物的活性直接影响基因的功能。有些表达产物的量非常低，难以分离纯化，无法测定其活性，但其对基因的功能影响较大，如泛组织表达生长激素、促红细胞生成素（EPO）、凝血因子 IX 等；另一类表达型产物，其累积量较大，而且对动物本身无伤害作用，如人血清白蛋白、血红蛋白、人工抗体、乳腺表达人溶菌酶和蛋白 C 等，这类表达产物可以分离提纯，进行生物活性测定。各种蛋白的活性测定方法差别较大，应以不同蛋白确定相应的测定方法。下面以溶菌酶和人工抗体为例，介绍其活性测定方法。

（一）溶菌酶活性测定方法

目前，较为常用的溶菌酶活性测定方法有琼脂板扩散法、比浊法、比色法和高效液相色谱法等。下面以比浊法为例，介绍溶菌酶活性测定方法。

1. 实验方法 酶活测定是指在规定条件下（25℃，pH6.2），于 450nm 处每 1min 使吸光度值降低 0.001 为 1 个酶活力单位（IU），由此得到酶的比活力单位为 IU/mg。根据溶菌酶破坏细菌细胞壁，从而降低细菌悬浮液浊度的原理，用分光光度法测定。

（1）溶菌酶液及样品配制 称取一定量的溶菌酶，溶于 0.05mol/L、pH6.2 的磷酸盐缓冲液中（磷酸氢二钠—磷酸二氢钠），依次稀释至酶活力为 100～250IU/ml。

（2）溶菌 取 50μl 被测液加入酶标板中，加入 200μl、0.3mg/mL 的 Micrococcus Lysodeikticus 菌悬液（溶剂为 pH6.2 的磷酸盐缓冲液，同上），于摇床混匀（25℃，50r/min，1min）。空白液为 50μl PBS 与 200μl 菌悬液的混合液。

（3）测定　样品置于酶标仪中，于 450nm 处每隔 15s 测定 1 次浊度的降低值，历时 5min。

（4）样品处理结果　处理结果如表 5-2。

表 5-2　酶活力与酶浓度的关系

酶活力（IU/ml）	酶浓度（mg/ml）
100	5.0×10^{-3}
125	6.25×10^{-3}
150	7.5×10^{-3}
200	10.0×10^{-3}
250	12.5×10^{-3}

（5）原子力显微镜（AFM）观察　原子力显微镜在生物学领域作为观察生物分子以及表面结构的有力工具，已日益受到研究者的重视。借助原子力显微镜对溶菌酶破坏细菌细胞壁这一过程进行同步跟踪。在不同时间点，取酶与菌的反应液于云母片中，待溶剂迅速挥发，置于原子力显微镜下观察，实验结果利用仪器本身提供的软件（Thermomicroscopes Proscan Image Processing Software Version 2.1）进行分析。观察结果如图 5-3。

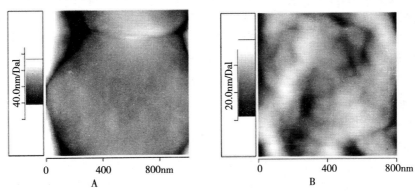

图 5-3　原子力显微镜下观察反应前后微球菌的表面情况
A. 反应前溶壁微球菌的表面情况　B. 0.5min 后微球菌的表面情况

2. 试剂及仪器　溶菌酶（20 000IU/mg），溶壁微球菌（Micrococcus Lysodeikticus），磷酸二氢钾，磷酸氢二钠，磷酸二氢钠，氢氧化钠，酶标仪（Multiskan MK3），恒温培养摇床（HWY-100C），原子力显微镜。

3. 注意事项

（1）必须做标准样酶活力的标准曲线。

（2）同时还需测定样品的酶浓度，初步稀释酶活力预估在 100～250IU/ml。否则结果不可靠。

（3）不同的酶，最佳酶活力的 pH 及温度不同，所以测定酶活性时，一定要用对应的最佳酶活力的 pH 及温度。

（4）测试过程中，避免反应液与任何影响酶活力的因素相接触，如重金属、洗涤剂和表面活性剂等，以免影响酶活力。

（二）人工抗体活性测定方法

人工抗体活性的测定方法主要采用免疫学的常规手段，如免疫荧光技术、免疫酶技术和放射免疫分析技术（RIA）等。表达的抗体片段如抗体片段可变区（Fv）、单链片段可变区（ScFv）、可变区（VH）等缺少完整抗体的恒定区，即 Fc 段，常规酶联免疫测定法（ELISA）中的酶标二抗无法与之直接反应，制备可变区的抗体方法又非常复杂和困难，因而，主要采用免疫竞争抑制法，即通过抗体如 ScFv 与相应单克隆抗体（McAb）对抗原结合的竞争抑制，间接测定抗体的活性，但需要所表达抗体具有高亲和力（伊艾博，2010）。

亲和力（affinity）是指抗体结合部位（可变区）与抗原决定簇的结合强度，是对结合强度的动力学量度。按照质量作用定律，复合物形成速率与反应物的浓度成比例，平衡时结合与解离的速率相等。根据 Ab（抗体）＋Ag（抗原）＝AbAg（抗原抗体复合物），则亲和力的表达方式为：

Ka（Ab）（Ag）＝Kd（AbAg）

$K＝Ka/Kd＝Kd$（AbAg）

$K＝Ka/Kd＝$（AbAg）/（Ab）（Ag）

K 为抗原抗体结合率；Kd 为解离常数；Ka 为结合常数，即抗体结合部位的亲和力。抗体亲和力的单位为 mol^{-1}。

抗体亲和力的测定涉及抗体结合部位和抗原决定簇，因而要求抗体和抗原为液体的纯品。目前，测定抗体亲和力的方法比较多，如平衡透析法、竞争结合法、荧光增强法、硫氰酸盐洗脱法、酶联免疫测定法（ELISA）和固相放射免疫测定法（SPRIA）等。其中，ELISA 法和 SPRIA 法是最敏感的检测方法，但其是否依赖抗体的亲和力尚存在争议。通常采用竞争结合及 Scatchard 作图法。McAb 的亲和力通常为 $1\times10^5 \sim 1\times10^{12} mol^{-1}$。

根据质量作用定律，在理想结合反应中：

$$B＝Ka（F）（T－B）$$

式中，B 为结合抗体浓度；F 为游离抗原浓度；T 为总抗体浓度；Ka 为结合常数；r 为参与反应的抗体。若仅有部分抗体参与反应，则有：

$$B＝Ka（F）（rT－B）$$

则：$T/B＝1/r+1/rKa（F）$

如抗原无限过剩即 F 无限大，则 $T/B＝1/r$。对抗原系列稀释，以 T/B 为纵坐标，$1/F$ 为横坐标作图，当 $1/F＝0$ 时，横坐标截距即为 r 值。可以反映出抗体活性，即 10^n 细胞（抗原）结合抗体的最大结合容量（nmol）。利用公式 $T/B＝1/r+1/rKa（F）$ 进行 Scatchard 分析作图，以结合抗体（Ab）/游离抗原（Ag）为纵坐标，结合抗体（Ab）为横坐标绘制 Scatchard 图，K 为纵坐标截距/横坐标截距，单位为 mol^{-1}。

1. 操作步骤

（1）用 [125]I 标记抗体，通过 Sephadex G-75 分子筛分离标志抗体，将 [125]I-抗体溶于含 1%BSA 的 PBS 中，用 γ 计数仪测定计数，即 T 值。

（2）准备细胞（5×10^6 个），用含 1%BSA 的 PBS 将细胞进行系列倍比稀释，各管加 [125]I-抗体（终浓度为 13ng/ml），37℃下温育 2h。用 PBS 洗各管细胞 3min，8 000r/

min 离心 15s，弃上清液，反复操作 3～5 次。用 γ 计数仪对各管测定计数，即 B 值。绘图，利用横坐标为 0 计算出 r 值，即细胞（抗原）的最大结合容量，也就是每个细胞和结合抗体的分子数（nmol）。

（3）对^{125}I-抗体（$30\mu g/ml$）进行系列倍比稀释，各管加 $1～2\times10^6$ 个细胞，37℃下温育 2h，用 PBS 洗 3～5 次，用 γ 计数仪测定。绘制 Scatchard 图，计算亲和常数 Ka。

2. 试剂及仪器　同位素^{125}I，肿瘤细胞（抗原），抗肿瘤细胞表面抗原的抗体，γ 计数仪，Sephadex G-75，含 1%BSA 的 PBS 等。

3. 注意事项

（1）使用前，抗体必须在12 000r/min 离心 1～5min 后，再开盖使用或分装。

（2）抗体保存于－20℃ 或－80℃，分小包装保存，一次解冻用完或放在 4℃冰箱内1～2 周用完，避免反复冻融。

（3）酶联抗体保存于 4℃冰箱内。

（4）偶联抗体避光放入棕色管或使用锡箔纸包裹保存。

二、表达产物的功能测试

不同的生物活性物质需要用不同的方法测试其功能。下面以转 hDAF（人衰减加速因子）基因猪，采用淋巴细胞毒试验和离体肝脏灌注试验测试外源基因表达的功能为例，对转基因猪表达产物的功能测试加以阐述。

（一）转 hDAF 猪的淋巴细胞毒试验

DAF 是一种补体调节因子，可以阻止经典或替代途径 C3 和 C5 转化酶的装配，并且可通过诱导催化单位 C2b 或 Bb 的快速解离，而使已形成的 C3、C5 转化酶失去稳定性，从而抑制补体攻击单位的活化。因此，转 hDAF 基因猪可以解决异种器官移植的最大障碍——超急性排斥反应（hyperacute rejection，HAR）。采用淋巴细胞毒试验可以在细胞水平检测基因产物的功能。该方法的基本原理是人血清与猪淋巴细胞膜上相应抗原结合后，在补体参与下，可产生细胞膜损伤或细胞死亡。由于 DAF 是一种人类调节补体活性的膜结合蛋白，将 DAF 转移并表达于猪细胞，DAF 即可保护猪细胞在有人天然抗体存在的情况下，不受人补体所溶解破坏，从而有部分细胞存活下来。故利用染料排斥试验可以判定表达 hDAF 基因的猪淋巴细胞死活状态，即活细胞不着色、具有折光性、大小正常，而死细胞则着色。

1. 操作步骤

（1）采血　采集转基因猪及非转基因猪的耳静脉血液 5ml，肝素抗凝，沉淀 1h。

（2）分离淋巴细胞　取上层及交界面的血浆 2ml，将等体积的生理盐水轻轻地转移到含有 2ml 淋巴细胞分离液表层的试管中，室温（约 20℃）下以 2 000r/min 离心 20min。离心后，管底是红细胞，中间层是分离液，最上层是血浆。血浆层与分离液之间是一薄层较致密的白膜，含单个核细胞（包括淋巴细胞和单核粒细胞）。推荐用吸管直接插入到单个核细胞层并吸取该层，放入另一试管中。加 10ml 生理盐水稀释分离的淋巴细胞，250g离心 10min，弃上清液。重复洗涤 1～2 次，除去血小板和抗凝物质。用 PBS 稀释淋巴细胞备用。

（3）攻毒　取72孔微量淋巴细胞毒试验反应板，每孔加新鲜混合人血清 1μl，淋巴细胞悬液 1μl，充分混匀，24℃下保温 45min。

（4）染色及固定　在每孔加伊红 3μl，染色 5min，然后每孔加 12% 福尔马林 8μl，固定。

（5）观察　固定 4h 后，于倒置相差显微镜下读出结果，并照相。

（6）结果分析　相差显微镜下，杀伤的淋巴细胞被染料着色，显橙红色，而且体积增大。活细胞的细胞四周透明，不着色，具有折光性，大小也正常，有完好的结构。观察并计数每孔活细胞数与死细胞数，计算活细胞占总细胞数的百分比。转 DAF 基因猪有活细胞存在，非转基因猪没有活细胞。

2. 试剂及仪器　肝素，淋巴细胞分离液，福尔马林，伊红，混合人血清，倒置相差显微镜，水平转子离心机。

3. 注意事项

（1）为保持淋巴细胞的活性，采血后应立即进行分离。分离的细胞层实际上是单个核细胞层，包括淋巴细胞和单核细胞。

（2）取血不能过少，分离时按照比例，每 1 份淋巴细胞分离液加 2 份稀释后的血液。如果离心后的界面之间形成了单个核细胞层，则可能是血液量不足所致。

陈付学等（1999）应用上述方法对 14 头 PCR 阳性的转 hDAF 基因猪进行功能测试，结果表明，有 7 头阳性猪有活细胞存在，其他 7 头阳性猪与 2 头阴性对照猪均未发现有活细胞存在。7 头有活细胞存在的阳性猪，测试结果如表 5-3。

表 5-3　转 hDAF 基因猪细胞毒试验结果

转基因猪号	活细胞数占比（%）
6061	44.44
6011	34.15
6001	30.77
6083	14.95
6088	14.29
6053	11.11
6084	8.00

这一试验结果表明，转人 DAF 基因在猪体内表达后，通过抑制补体攻击单位的活化，使猪的淋巴细胞未被全部杀伤，表明 hDAF 基因的表达产物起到避免超急性排斥反应的作用，并具有生物学功能。

（二）转 hDAF 猪的离体肝脏灌注试验

hDAF 转基因可以保护被移植的猪心脏和肾脏免遭或减轻超急性排斥反应对供体的免疫攻击，Pascher 等（1997）研究证实这种保护作用同样也存在于 hDAF 转基因猪肝脏的体外灌注试验中。余小舫等（2001）对由加拿大 Novartis 饲养场提供的转 hDAF 基因猪进行离体肝脏灌注试验，具体试验方法和结果如下。

1. 操作步骤

（1）转基因猪的麻醉　借助麻醉机，插气管，用异氟醚进行全身麻醉。

（2）开腹　从猪的剑突到耻骨做十字切口，显露腹腔，并暴露肝脏，仔细探查确定各脏器状态。

（3）分离肝脏的动、静脉　分离肝脏和膈肌之间的腹膜连接，打开膈肌，分离肝上和肝下的下腔静脉，显露肝门，结扎胆囊动脉和胆囊管后，切除胆囊，分离门静脉和肝动脉，在十二指肠上横断总胆管。

（4）插灌注管　全身肝素化后，经腹主动脉插入 14F 导管，下腔静脉插入 28F 导管，门静脉插入 18F 导管。

（5）原位灌注　肝上、下腔静脉在近右心房处切开，钳夹胸主动脉，用 2 000ml 冷的 uw 液经门静脉和腹主动脉插管进行肝脏原位灌注，同时用冰覆盖肝脏。

（6）取肝脏　在肝上、下腔静脉位于肝静脉上 1.5cm 处结扎，结扎肝动脉后取出肝脏，并放入冰袋内，保存于 4℃ 的容器中，冷却时间不少于 1h。

（7）灌流方向　灌注血液经肝上、下腔静脉流出，循经膜式氧合器——热交换器，然后经门静脉返回肝脏，血流速度为每克肝组织 0.75～1ml。

（8）结果判定　对照组（排异组）灌注开始后数分钟肝脏就变为黑紫色，并充血、变硬，生化检测表现为酸血症；丙氨酸转氨酶（ALT）较同种灌注高，凝血功能为正常的 30%～40%；肝脏产生的腹水量为 140ml/h；肝重量增加 1/3；组织学损害评级为严重或极重；hDAF 抗原免疫染色阴性，C5b-9 在 0h 时是阴性，但在 5h 时是阳性。试验组（转 hDAF 猪灌注）灌注开始后肝脏外观有轻微花斑表现，但灌注 1h 后恢复正常；ALT 保持正常，凝血功能为正常的 79%；肝脏产生的腹水量为 175ml/h；肝重量增加 1/2；组织学损害评级为轻微或极轻微；hDAF 抗原免疫染色阳性，但没有 C5b-9 沉积。

2. 试剂及仪器　新鲜人血（保证人血补体 CH50 有新采血的 85% 以上活性），肝素，动、静脉导管（14F、18F 和 28F），异氟醚，手术用冰，冷 uw 液，手术器械，气体麻醉机，灌注循环装置（灌注循环系统由 1 个生物泵、1 个加氧器、1 个最小的婴儿用热交换器和 1 个放置肝脏的水浴箱组成）。

3. 注意事项

（1）保证人血新鲜，能即采即用更好。

（2）对照组为新鲜人血灌注普通猪肝，试验组为新鲜人血灌注 hDAF 转基因猪肝。各组猪的体重为 20～30kg。

（3）灌注时间。对照组由于排异形成血栓等，使有些样品难以很快灌注，所以灌注持续时间可能不长，试验被迫终止；而试验组（表达 hDAF 猪）灌注持续时间可以达 8h 以上。

参考文献

曹军平，陈付学 . 1999. DOT-blot 对转 DAF 基因猪外源基因整合的检测 . 湖北农业科学（6）：63-65.

陈付学，樊俊华，曹军平，等 . 2000. 转基因猪外源 hDAF 基因的定位 . 上海大学学报，6（5）：459-463.

陈付学，曹军平，樊俊华，等 . 1999. 转基因猪外源 hDAF 基因表达产物的功能研究 . 湖北农业科学

(5)：50-51.

程相朝，李银聚，张春燕，等.2008.动物基因工程.北京：中国农业出版社.

华文君，陈付学，魏庆信，等.2008.转人DAF基因猪体内外源基因的整合鉴定.湖北农业科学（2）：56-58.

孔庆然，武美玲，朱江格，等.2009.转基因猪中外源基因拷贝数和整合位点的研究.生物化学与生物物理进展，36（12）：1617-1625.

林清华.1999.免疫学实验.武汉：武汉大学出版社.

刘源岗，邓倩莹，廖问陶，等.2005.溶菌酶的活性测定.食品科技（10）：71-73.

牛屹东.2001.转pGH基因猪外源基因染色体定位研究.生物工程学报，17（3）：320-322.

彭秀玲，袁汉英，谢毅.1998.基因工程实验技术.长沙：湖南科学技术出版社.

沈关心，周汝麟.2002.现代免疫学实验技术.武汉：湖北科学技术出版社.

田小利，陈兰英，扈荣良，等.1995.转基因动物的原理、技术及应用.长春：长春科技出版社.

魏庆信，樊俊华，郑新民，等.2002.原核注射法转基因猪外源基因整合位点的分布及其遗传规律.中国兽医学报，22（4）：390-391.

魏庆信，樊俊华，郑新民.2000.猪导入人类促衰变因子（hDAF）的整合与表达.中国兽医学报，20（3）：219-221.

谢林，朱珉，王树森，等.2005.人CD59/MCP双基因对人血灌注转基因小鼠离体心脏功能的保护作用.中华医学杂志，85（42）：3001-3005.

杨安钢，毛积芳，药立波.2001.生物化学与分子生物学实验技术.北京：高等教育出版社.

余小舫，杨洪吉，Robert Zheng.2001.hDAF转基因猪在肝脏离体灌注试验中对超急性排斥反应的阻止作用.中华器官移植杂志，22（4）：226-229.

张浩，毛秉智，李晓霞，等.2000.基因重组人血红蛋白的纯化.中国生化药物杂志，21（6）：274-277.

赵永芳.1994.生物化学技术原理及其应用.武汉：武汉大学出版社.

朱秋菊，孙怀昌，李国才，等.2005.人溶菌酶活性两种检测方法的比较研究.扬州大学学报（农业与生命科学版）26（1）：27-29.

Craig A P, Hong Jiang, Yoshi Tokiwa, et al. 2001. Broad-Spectrum Antimicrobial Activity of Hemoglobin. Bioorganic & Medicinal Chemistry (9)：377-382.

Sambrook J, Fritsch E F, Manidtis T. 1989. Molecular cloning A Laboratory manual, second edition. CSH.

（郑新民，华文君）

第六章

转基因猪的安全调控技术

第一节　转基因猪的安全性
分析及解决方案

　　应用转基因技术对猪进行遗传改良，必将给养猪生产带来革命性的变化。与此同时，同其他转基因生物一样，其安全性也引起了广泛关注。世界各国纷纷加强对转基因生物安全性的研究，力图通过各种技术措施消除转基因生物的安全隐患，并制定相应法律、法规和制度，对转基因生物的安全性进行管理。《农业转基因生物安全管理条例》（中华人民共和国国务院，2001）总则第一条指出："为了加强农业转基因生物安全管理，保障人体健康和动植物、微生物安全，保护生态环境，促进农业转基因生物技术研究，制定本条例"。据此，转基因猪的安全性应包括三个方面：一是食品安全性，转基因猪的主要产品是人类的食品；二是环境安全性，转基因猪是否存在环境安全，即生态安全的隐患；三是转基因猪自身的安全性，转基因猪与受体猪相比，有可能会出现生存能力和适应性的变化。转基因家畜与转基因农作物相比，发展滞后，到目前为止还没有大批量的商业化产品上市。然而，转基因家畜的产生已有20多年的历史，有些已进入中间试验、环境释放和生产性试验阶段。随着我国"转基因生物新品种培育"重大专项的强力推进，转基因动物的商业化生产已经为期不远。动物与植物、家畜（哺乳动物）与水生动物的生存环境和生理特点不同，其影响安全性的因素也有差异。根据我国《农业转基因生物安全评价管理办法》所涉及的，以及目前所能认识到的一些问题，研究者对可能影响转基因猪安全性的因素进行了分析，并提出了解决方案。

一、转基因猪对食品的安全性分析及解决方案

　　可能影响转基因猪食品安全性的因素主要有：转入基因的构件，包括目的基因、载体、标记基因以及与转基因表达相关的其他元件，如启动子、内含子、增强子等；非预期效应；受体猪的安全性。

（一）转入基因的构件

1. 目的基因　外源目的基因导入猪后，会出现两大类新的分子，即转入基因的DNA分子本身及其编码的蛋白。

　　DNA分子本身对人类是没有毒性的，转基因DNA分子与普通食物中的DNA分子没有本质的区别，都是由4个碱基构成。绝大多数的DNA分子在消化道内都会被降解，同时失去作为基因的活性。在科学上尚无食物中的DNA分子水平转移至肠道微生物及肠道上皮细胞的机制和证据。因此，转入基因的DNA分子本身不影响食品的安全

性（贾士荣，1997）。

目的基因编码的蛋白是转基因家畜的目标产物，也是可能影响食品安全性的直接因素。目前，以高效、优质地生产食品为目标的转基因猪研究，可分为如下几类：①提高猪的生产性能，如将生长激素基因、类胰岛素样生长因子基因（IGF-1）导入猪，促进其生长，提高瘦肉率和饲料转化率；②提高猪的抗病力，这方面的转基因猪研究有两种类型，一是导入具有广谱抗病性的基因，如干扰素、溶菌酶或其他能够增强机体免疫力的因子，二是针对某一种病毒或病菌的抗性基因的导入，如将小鼠抗流感基因、抗猪瘟病毒基因导入猪，增强猪对流感病毒或猪瘟病毒的抵抗力；③改善猪肉的品质，如将菠菜 FAD12 基因或秀丽线虫的 FAT-1 基因导入猪，培育富含 ω-3 不饱和脂肪酸的转基因猪；④环境保护，如将肌醇六磷酸酶基因导入猪，提高饲料中磷的消化率，以降低猪粪中磷的排放量。

1993 年，经济发展合作组织（OECD）提出了食品安全性分析的原则——"实质等同性"（substantial equivalence），目前各国都以这一原则为基础，对食品（包括转基因食品）的安全性进行管理和评价。实质等同性的概念为：如果某种新食品或食品成分与现有的某一食品或成分大体相同，那么在安全性方面，两者可等同处理，即新食品与传统食品同样安全（刘娜等，2009）。

按照实质等同性原则，转基因猪中，转基因编码的蛋白可分为两类。一类是已经存在的某一食品成分与现有的食品成分具有完全等同性蛋白，如转基因猪高表达的 ω-3 不饱和脂肪酸酶、生长激素和类胰岛素样生长因子等，这些都是已经存在于人类食品中的营养成分，具有安全性。另一类是已经存在的食品中尚没有的成分，即所谓"新蛋白"。对人类健康有危害的蛋白质有两类：一类是毒素，即对人体有毒性的蛋白；另一类是可成为过敏原的蛋白。通过使用基因序列库 EMBL 和蛋白序列库 SwissPort，根据对毒素蛋白质和 DNA 序列的查询，共发现各种毒蛋白1 458种（刘谦等，2001）。这为我们在构建食品用转基因家畜时，排除毒蛋白的表达提供了依据。对于可能形成过敏原的蛋白，1996 年，国际食品生物技术委员会和国际生命科学研究所发展了一种称为"树型判定法"的程序来进行过敏原性分析（Metcalfe 等，1996），2001 年对其作了修订。依照"树型判定法"，在选择转基因猪目的基因时，应进行如下分析。

（1）转基因的来源　如来自已知过敏原的材料，则避免用于转基因。

（2）序列同源性　将转基因编码的蛋白与已知过敏原的氨基酸序列进行比较。

（3）编码新蛋白的免疫化学分析　分析与有关过敏患者血清 IgE 是否存在交叉反应。

（4）耐酸性或耐消化性　多数过敏原能耐受胃酸和消化道蛋白酶的水解。

（5）热稳定性或耐受加工处理　热不稳定的过敏原若在需经熟食处理或经加工处理的食物中，则无需担心过敏性。

选择目的基因之后，还应对其表达产物进行毒理学评价。通过上述分析筛查和评价过程，可确保目的基因的安全性。

2. 载体　动物基因工程常用的载体有质粒载体和病毒载体。

质粒是细菌或真核细胞染色质以外的、能自主复制、与细菌或细胞共生的遗传单位。现在分子生物学使用的质粒载体都已不是原来细菌或真核细胞中天然存在的质粒，而是经过了许多人工改造。目前，用于动物基因工程的质粒载体多来源于原核生物——细菌，尚未见其可能影响食品安全性的报道。

病毒载体中，构建转基因动物常用的是逆转录病毒载体，其中的慢病毒载体由于整合效率较高，近年来得到快速发展。一般情况下，通过包装细胞分泌的病毒已经丧失了自我复制的能力，但当病毒转染目的细胞后，经过基因组整合，在一定条件下病毒转录表达的同时可以促使其相邻目的细胞的某些基因也表达，若这些基因与辅助病毒的基因具有高度同源性，将大大提高产生具有自我复制能力的逆转录病毒（replication competentretrovirus，RCR）的可能性（Bastone 等，2004）。用逆转录病毒作载体有可能在转基因动物体内合成新的感染性病毒（Chakraborty 等，1994）。逆转录病毒载体的插入还可能会激活附近的内源性基因表达，从而触发被转染细胞的表型转变（Baum 等，2003），这种现象被称为“插入诱变”。插入诱变的副作用是诱导癌基因的表达。尽管有些逆转录病毒载体（如第二、第三代慢病毒载体）已经进行了改造，其安全性大大提高，但对病毒载体的使用仍需持谨慎态度。

3. 标记基因　标记基因（marker gene）是选择标记基因（selectable marker gene）的简称，可分为两类。一类是指其编码产物能够使转化的细胞具有对抗生素的抗性，在培养基中加入抗生素等选择试剂，非转化的细胞死亡或生长受到抑制，而转化的细胞能够继续存活，从而将转化的细胞从大量的细胞中筛选出来的一类基因。构建转基因动物常用的这类标记基因有卡那霉素（Kan）抗性基因、氨苄青霉素（Amp）抗性基因、氨基糖苷磷酸转移酶（neo）基因和胸腺嘧啶激酶（TK）基因等。另一类也称报告基因（reporter gene），是指其编码产物能够被快速地测定，常用来判断外源基因是否已经成功地导入受体细胞、组织或器官，并检测其表达活性的一类特殊用途的基因。目前，转基因动物常用的报告基因是绿色荧光蛋白（GFP）。由 GFP 衍生出来的还有蓝色荧光蛋白（BFP）、黄色荧光蛋白（YFP）等各种可视光的荧光蛋白基因。

转基因成功之后，这些标记基因留在转基因个体中，并随着转基因个体的扩群繁殖传递给后代。这些带有标记基因的动物及其产品可能存在的食品安全隐患有：当人们食用了转基因动物的产品，标记基因编码蛋白有可能被转移到人体的细胞中，从而可能会降低抗生素在临床治疗中的有效性；标记基因编码蛋白是否会成为新的致敏原，尚不得而知；报告基因的存在会让消费者产生一种排斥心理。

标记基因的功能是把转化的和未转化的细胞、组织区分开。但是，一旦完成筛选得到所需要的转化细胞，或完成转基因动物的构建之后，就不再需要标记基因。为了消除标记基因的安全隐患，目前能够采取的解决方案有：在筛选转化细胞或构建成功目的基因表达的动物之后，剔除标记基因；使用无标记基因的转基因技术。

位点专一性重组系统能有效地对目标基因进行剔除，目前可用于动物基因剔除的有 Cre-LoxP 和 FLP-frt 系统，其中以 Cre-LoxP 系统应用较多。Cre-LoxP 系统是利用 Cre 重组酶的重组特性，将选择标记基因置于两个 LoxP 位点之间，目的基因置于 LoxP 位点之外，通过 Cre 蛋白的识别重组，使两个 LoxP 位点之间的 DNA 区段与动物基因组之间发生置换，从而剔除选择标记基因，获得只含有目的基因的转基因动物（陈永福，2002）。FLP-frt 与 Cre-LoxP 的重组原理相似，也是利用 FLP 基因编码的重组酶，其可以识别 frt 位点并进行重组（单晓昳等，2006）。

无标记基因的家畜转基因技术早有研究，先期建立的显微注射、精子介导和病毒感染等方法，均可以不使用标记基因，而是依靠分子生物学技术在个体水平或胚胎水平上进行筛选。但这些方法外源基因的随机整合会产生非预期效应，且病毒感染法还存在载体安全的隐患。近几年出现的锌指核酸酶（ZFNs）和PhiC31整合酶介导的靶向修饰技术，为我们解决上述问题提供了方案。通过显微注射途径的锌指核酸酶（ZFNs）和PhiC31整合酶技术，既可以不使用标记基因，又能实现定位整合（或靶向修饰）。

（二）非预期效应

非预期效应是指由于外源基因的导入，造成农业转基因生物的表型性状（phenotypic parameters）和遗传性状（hereditary feature）在传代、生长、发育和代谢等过程中发生偏离基因工程设计目标的变异。Cellini 等（2004）定义非预期效应为在考虑了目的基因插入产生的预期效应的情况下，转基因与非转基因亲本（在相同环境和条件下）在表型、反应和组成上所显示出的统计学显著差异。转基因植物的非预期效应一般认为是由于外源基因的随机整合所致。根据已有转基因猪研究的情况分析，可能发生非预期效应的因素主要来自于两方面：外源基因的随机整合；某些种类目的基因的非可控表达。

1. 随机整合引发的非预期效应 随机整合是指外源基因不受人为控制、随机地插入任意染色体的任意位置。研究表明，转基因生物由于外源基因的随机插入，可能通过以下几种机制改变内源基因的表达，进而导致非预期效应的产生。

（1）外源基因插入内源基因的"阅读框"，破坏基因的核酸序列，使其不能有效地表达。

（2）外源基因插入内源基因调控元件的"功能区"，使调控基因失去功能，导致受其调控的内源基因不能有效地表达。

（3）外源基因插入基因组的某个"敏感域内"，使原本"沉默"的内源基因被"激活"而表达。

（4）外源基因的转录或表达产物成为诱导或抑制内源基因表达的活性因子，直接或间接地使这些内源基因的表达发生质或量的改变（杨冬燕等，2010）。

无论哪一种原因引起转基因生物细胞成分的改变，都将导致食品成分的改变，而食品成分的任何一种改变都与人类健康密切相关。因此，随机整合引发的非预期效应是引起食品安全性问题的重要原因之一。

解决转基因家畜随机整合的方法是采用基因打靶技术，将事先设计好的 DNA 序列插入选定的目标基因座，或者用事先设计好的 DNA 序列去取代基因座中相应的 DNA 序列，即实现定位整合（或靶向修饰）。目前，已建立的家畜基因组靶向修饰技术有体细胞核移植途径的基因打靶技术、锌指核酸酶（ZFNs）介导的靶向修饰技术和 PhiC31 整合酶介导的定位整合技术。相对于体细胞介导的基因打靶，ZFNs 技术和 PhiC31 整合酶技术具有如下优势。

（1）效率高，相比传统的同源重组方法，提高了 3～4 个数量级。

（2）不需要药物筛选，不引入标记基因，省却了删除标记基因的繁琐程序。

（3）可以在胚胎水平上进行基因导入，通过简单的显微注射技术即可获得靶向修饰的转基因动物。

此外，ZFNs 技术还有可能实现双等位基因的靶向修饰，能够一次性得到纯合子个体，这对于转基因家畜育种尤其有利。

2. 目的基因非可控表达引发的非预期效应　目的基因的非可控表达，包括过量表达、非特定发育阶段的表达以及非组织特异性的表达。某些种类目的基因（如生长激素类基因）的过量表达有可能影响转基因家畜的健康和食品的安全性，如 20 世纪 80 年代，将生长激素类基因导入家畜，有少数转基因家畜由于激素表达量过高而导致生长发育不正常（Pursel 等，1989）。过量激素的蓄积还可能影响食品的安全。某些种类基因在胚胎阶段或幼畜阶段表达，有可能导致胚胎或幼畜发育的不正常。转基因随着胚胎的发育进入到各种组织细胞并在其中表达，某些种类基因的表达产物会对其他组织基因的表达产生干扰，从而影响转基因家畜的健康和食品的安全性。因此，调控某些基因的表达量，以及调控其在发育的特定阶段和特定组织中进行表达就很有必要。转基因可诱导表达系统和组织特异表达系统为上述问题的解决提供了途径。

目前，用于家畜可诱导表达比较成熟的是四环素（Tet）诱导表达系统，该系统相当于转基因表达的开关，在需要的时段于家畜的饲料中添加诱导剂，使基因开启，不需要的时候去除诱导剂，沉默子将抑制目的基因的表达使基因关闭。转基因动物中，外源基因的组织特异性表达依赖于组织特异性表达基因的启动子和上游调控区，可以通过选择不同的启动子，使目的基因实现特定时间阶段和特定器官组织内的表达。例如，乳腺特异性表达载体需要 3 部分有效的构件：乳蛋白基因启动子及 5′上游调控区、目的基因和包含 PolyA 信号的基因 3′端及下游区。乳蛋白基因的 5′上游调控区包含有激素应答元件等时空特异表达调控位点，能准确地控制目的基因表达的特异组织（乳腺）和时间阶段。

3. 受体家畜的安全性　受体家畜的安全性无疑对转基因家畜的安全性产生最直接的影响。有些携带人畜共患传染病原的家畜，会将病原传染给人类，可对人类健康产生不利的影响；携带其他传染病原的家畜会危害转基因家畜的健康。因此，用于转基因受体的家畜必须进行严格地检疫，携带人畜共患传染病原或其他传染病原的家畜不能用作受体。为了防止病原的感染，作为转基因受体的家畜应在相对净化和隔离的环境下饲养，同时应做好严格的免疫接种、消毒等防疫工作。

二、转基因猪对环境的安全性分析及解决方案

转基因生物的环境或生态安全风险来自于转基因逃逸（transgene escape）。转基因逃逸是指外源基因通过天然杂交（或异交）渗入到非转基因品种或其野生近缘种的现象。转基因的逃逸是由基因漂移来实现的。基因漂移有两种方式，即基因的垂直漂移（vertical gene flow）和水平转移（horizontal gene transfer）（卢宝荣等，2003；卢宝荣，2008）。

基因水平转移通常指基因在亲缘关系很远的物种之间进行交换和移动，多发生于微生物的物种之间。可能引起家畜基因水平转移的途径有以下几种。

1. 肠道微生物　转基因动物的外源 DNA 与肠道微生物进行基因交换重组，从而发生转移并形成新的致病微生物。

2. 畜舍内的其他动物　如蚊、蝇、鼠等。当蚊吸食转基因动物的血液之后，再吸食

其他动物的血液；蝇、鼠食用了转基因动物的排泄物之后，再四处飞行或流窜，从而发生转移。

3. 排泄物 转基因家畜的粪便施放到田地作为肥料，其中可能含有未降解的细胞或细胞碎片。

分析上述途径，整合在动物基因组的外源 DNA，如果能与肠道微生物进行基因交换重组，则与内源基因是等同的。但并未见动物的 DNA 与肠道微生物 DNA 发生交换重组的现象。已知微生物之间可通过转导、转化或接合进行基因转移，但尚无裸露 DNA 在肠胃系统中转入微生物的报道（贾士荣，1997）。至于上述的后两种途径，显而易见，圈养的动物与在植物相比，上述可能引起基因水平转移事件发生的概率要低得多。就转基因生物安全的风险评价而言，风险是危害性及其发生概率的函数，即：风险（％）＝危害性×发生概率。即使对于植物，目前也还没有充足的证据表明，基因的水平转移会导致转基因逃逸和带来明显的环境安全问题（卢宝荣，2008）。朱士恩等（2012）对原代转基因猪、转基因 F1 仔猪及其同窝对照仔猪的鼻液、肠道、粪便、周围土壤等进行微生物培养，提取总 DNA 并进行鉴定，均未检出目的基因。研究表明，转基因猪尚未发现对环境安全造成影响。

基因的垂直漂移是指通过有性杂交的方式发生于亲缘关系很近或同一物种不同群体之间的基因交换。唯一可能造成动物基因垂直漂移的途径，就是转基因动物的逃逸。转基因动物从圈舍内逃出，与非转基因动物交配，从而造成转基因的逃逸。可以通过如下措施来防范转基因猪的逃逸。

（1）转基因猪的研发或生产必须在专用的圈舍内进行。

（2）转基因猪舍与非转基因猪舍之间要有严格的隔离设施和隔离带。

（3）按照我国《农业转基因生物及其产品安全控制措施》的规定，制定严格的防止转基因猪逃逸的管理制度和应急措施。

三、转基因猪自身的安全性分析及解决方案

对于转基因动物自身的安全性，根据《农业转基因生物安全评价管理办法》附录Ⅱ转基因动物安全评价，可理解为相对于受体动物，其存活能力、繁殖、遗传及其他生物学特性的改变。从转基因猪生产过程到外源基因的表达，都有一些影响转基因猪自身安全性的因素。除载体和非预期效应之外，转基因方法也会对转基因猪自身的安全性产生一定的影响。显微注射法、精子介导法、病毒感染法以及其他非同源重组的方法，外源基因一般是随机整合，整合位点的不确定性带来非预期效应，不仅影响食品安全性，也影响转基因猪自身的安全性，而且首先表现的是对转基因猪自身安全性的影响。病毒感染法还存在病毒载体带来的安全性隐患。体细胞核移植介导的转基因方法，与基因打靶技术相结合，虽然能实现定位整合（靶向修饰），但其产生的部分克隆动物确实存在健康问题。体细胞核在卵胞质中重编程的不完整性（或其他原因），有可能会导致部分转基因动物的解剖结构、生理功能和行为方式上的些许改变。这些变化可能会对动物自身的健康造成影响和使转基因动物的存活能力下降，如死胎、胎儿肥大、早期流产以及成年后表型和解剖学异常等现象（Kochhar 等，2007）。

上述问题的解决方案可以从两方面考虑。一方面，加强对已获得的转基因家畜的生长发育、繁殖、遗传及各种生物学性状的监测和评估。对于用作生物制药的转基因家畜，在动物血液中是否有药物的残留及药物的实际含量，药物对动物消化系统中微生物菌区的微生物是否有一定影响，动物是否对该种药物产生特定的抗药性等都应仔细监测。通过监测和评估，淘汰有异常表现的个体，保留正常生长发育、繁殖和遗传稳定的个体。已有的转基因猪的试验表明，出现安全性问题的转基因猪只是少数，通过选择可以达到预期的效果。另一方面，整合和改进现有的转基因技术，使转基因猪更具安全性，如通过显微注射途径的 ZFNs 技术和 PhiC31 整合酶技术，既可以实现靶向修饰，又可以规避目前克隆技术的一些弊端。从能在细胞水平上对转基因的整合和表达进行筛选而言，体细胞介导的转基因方法仍有不可替代的优势，目前应着力研究体细胞重编程的机理，提高完整重编程的效率，从而提高克隆效率，减少转基因克隆猪的异常。

第二节　标记基因的删除技术

应用体细胞核移植介导的转基因技术制备转基因猪，需要用标记基因对转化的供体细胞进行筛选。为了提高转基因猪的制备效率，有时也需要用标记基因对早期胚胎进行筛选，得到的转基因个体带标记基因（neo、Kan、GFP 等），而且这些标记基因将终生表达。标记基因表达产物会让消费者产生一种排斥心理，同时携带标记基因的转基因猪产品是否安全还需要大量的试验和时间来证明，有些选择标记基因在理论上是有潜在的风险，如 Kan、Amp 等有可能促进病原体抗药性的产生。选择标记基因还可能影响相邻基因的表达和影响中靶细胞及转基因动物个体的生长和正常生理状况，或者成为新的致敏原等。因此，在制备转基因猪过程中删除标记基因，对提高转基因猪产品的安全性，加速转基因猪的育种进程和产业化具有重要意义。

目前，删除转基因动物标记基因的方法有：hit and run 法、双置换法和位点特异性重组技术。

一、hit and run 法

hit and run 法也称进退策略，该方法可将位点特异的突变通过两步同源重组引入无选择标记的靶基因，其打靶载体含有靶基因的同源序列，还含有 neo 基因、HSV-TK 基因（图 6-1）。第一步，同源重组，发生单位点的交叉，打靶载体整个插入基因组的靶基因中，基因组中同时串联有 2 个同源区，中间隔以质粒序列和选择标记基因，靶细胞可通过选择基因筛选。第二步，发生单位点的染色体内同源重组，将 neo 基因、HSV-TK 基因、质粒序列以及 1 个拷贝的同源序列切除，并只保留 1 个同源区，这一回复的同源重组可通过 TK 基因的活性丧失进行筛选。此法最大的优点就是在宿主基因组中只引入了突变位点，但这种方法存在很大的不足，即整个过程需要采用两种培养基来分别进行先后两次筛选，而长时间的体外培养可能会削弱 ES 细胞进入生殖系统的能力，如果应用的是体细胞，由于细胞增殖的代数有限，可能还没有完成两次筛选细胞就已进入凋亡期。另外，第二步染色体内的同源重组无法精确地控制，可能会导致失去携带突变的同源序列。

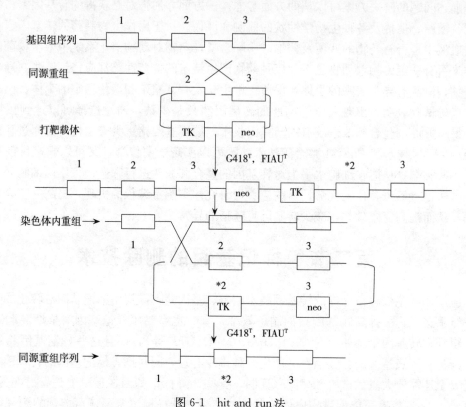

图 6-1　hit and run 法

（1、2、3 为基因的外显子，*2 表示该位点引入突变，先将突变了第二外
显子的基因打靶载体通过插入法插到基因组的特定位点，然后通过基因内重组，
删除标记基因 neo 和 TK）

二、双置换法

　　双置换法的设计思路是：第一步；用含次黄嘌呤磷酸核糖基转移酶（HPRT）基因的打靶载体转染 HPRT-ES 细胞，HPRT 基因双侧是靶基因的序列，通过在 HAT 培养基上生长并用 PCR 进行基因组分析，筛选发生同源重组、HPRT 基因整合到染色体中的阳性克隆；第二步，用只携带含突变的同源序列的打靶载体转染第一步获得的 HPRT-ES 细胞，同源重组发生后，突变序列整合到染色体中，HPRT 被置换出来，HPRT-细胞可在 6-TG 培养基上筛选并用 PCR 进行分析（图 6-2）。这种方法可以较好地避免 hit and run 法的不足，其无论对于什么靶基因，只要能通过第一步获得 HPRT 基因等标记基因插入的 ES 细胞，之后每次将不同的突变引入就只需要进行 1 次基因打靶和筛选即可，因而可以大大减少工作量，提高了获得不同突变体的效率。以 HSV-TK/neo 基因作为选择基因，第一步打靶后用 G418 筛选阳性重组克隆，第二步打靶引入突变位点，并使 2 个选择基因同时缺失，靶细胞通过 TK 基因活性的丧失来筛选，称其为标记和交换策略（Askew 等，1993）。Wu 等（1994）提出了双置换法这个名词，与前者不同，他所设计的第一个载体缺失了一段同源序列，经过初次打靶后获得含 1 个突变位点的重组克隆，第二步打靶又引

入1个突变位点，因而这一策略可用于向靶基因中引入多个突变。

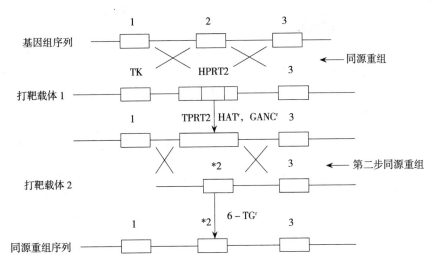

图 6-2　双置换法

（第一步同源重组利用双筛选标记基因法将 HPRT 基因定位整合到基因外显子 2 处，

由于 HPRT 具有双筛选功能，其又可以作为负筛选标记，利用突变的外显子 2 将其置换掉）

三、位点特异性重组技术

位点特异性重组技术是通过对特定序列进行准确切割和重新连接，从而对生物进行遗传改造的一种技术。位点特异性重组系统是利用重组酶催化特异的重组位点间发生重组，导致重组位点间相互交换的一种精确重组形式。来源于微生物的位点特异性重组酶系统，是一类很好的删除标记基因的工具。目前，该技术已成为遗传操作的一种重要工具，在外源基因定点整合、基因敲除、基因诱变及基因克隆等方面都有重要作用（连正兴等，2000）。利用位点特异性重组系统剔除特定外源基因，为培育无选择标记的转基因动物提供了新的思路。目前，已使用的重组系统包括 FLP-frt、Cre-loxP、R-Rs 及不可逆重组系统等，能够在动、植物中发生重组反应的主要是前3类，其中对 Cre-LoxP 系统的研究最深入，应用也最广泛。

各种位点特异性重组系统均只包含两部分：重组酶（recombinase）和该重组酶能特异识别的位点（recognition site）。重组酶专一地识别并介导2个同向特异识别序列发生重组，形成环状 DNA 并脱离染色体。重组酶是源于细菌或酵母可识别特异位点发生精确重组的一类酶。根据序列的同源性及催化氨基酸的特性，重组酶可分为酪氨酸和丝氨酸两个家族。重组酶 Cre、FLP、R 以及 Xis 均属于酪氨酸家族，loxP、frt、Rs 和 attP 为相应的特异性位点，这些特异性位点 DNA 序列各异，但结构相似，一般均由几十个碱基组成，含有1个 6～8bp 的核心区域和1对反向重复序列。

位点特异性重组系统始于对 λ 噬菌体溶源化的过程研究，之后，人们对其他位点特异性重组系统的重组酶、识别位点、重组机理等进行了深入的研究。特异性重组系统在控制外源 DNA 序列中有着重要的作用，它能产生基因的定位删除、倒位、外源基因的整合以及染色体易位等，如果结合同源重组技术，还可实现内源基因的替换及切除。其中，Cre-LoxP 是在转基因动物中研究得最为深入和广泛的位点特异性重组系统。

（一）Cre-LoxP 的结构及重组机制

Cre-LoxP 位点特异性重组系统是 Steinberg 等（1981）首先在大肠杆菌噬菌体 PL 中发现的，由 Cre 重组酶和 LoxP 位点两部分组成。Cre 重组酶是噬菌体 PL 编码的分子质量为 38.5kDa 的蛋白质，由 1 029 个核苷酸序列编码，能识别并催化 LoxP 位点的分子内（切除、倒位）和分子间（易位）的特异性重组。

在研究 Cre 重组酶的结构与功能过程中，Guo 等发现该酶由折叠成较小的 N-末端和较大的 C-末端 2 个结构域组成，结构域间通过 1 个较短的分隔区相连。2 个结构域在结合位点周围形成"夹子"结构，以和 DNA 分子的大小沟部位充分接触（图 6-3）。N-末端和序列的识别有关，由 20～120 个氨基酸组成，包含 5 个 α-螺旋（A、B、C、D、E）。其中螺旋 C、D、E 形成反平行束，A、B 螺旋垂直于 3 个反向平行束。螺旋 B、D 与 DNA 的大沟相连，螺旋 A、E 与 Cre 重组酶四聚体的形成有关。C-末端和 DNA 的结合及 DNA 链的切割有关，由 132～341 个氨基酸组成，包含 9 个 a-螺旋（F、G、H、I、J、K、L、M、N），螺旋间有 2 个小的 β-折叠片结构。C-末端和 DNA 的接触面复杂，大部分的螺旋和连接环均与 DNA 分子的大小沟及主转部位相互作用。M 和 L 形成 1 个疏水区，是 Cre 重组酶的主要活性中心。螺旋 N 远离其他螺旋，有利于 Cre 亚基间互相接触。在重组反应中，与 2 个 LoxP 位点结合的不同 Cre 亚基 N-端结构相似，而分子键 C-末端构象有很明显的差异，这说明不同 Cre 亚基在重组过程中所起的作用不同（Guo 等，1997）。

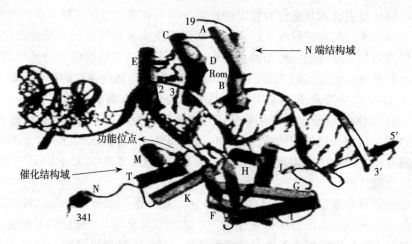

图 6-3　Cre 重组酶结构

LoxP 位点是 Cre 重组酶介导重组反应时的识别位点，长 34bp，包括 8bp 的间隔序列及 2 个 13bp 的反向重复序列（Hoess 等，1984）（图 6-4）。8bp 间隔序列是 LoxP 位点中唯一的不对称部位，其中 8bp 的不对称间隔区是一段重要的核苷酸序列，重组过程中，DNA 的切割和连接均在此部位进行。8bp 的间隔区从功能上可分为 3 个部分（Lee 等，1998）：6、7 位是第一次链的交换和连接所必需的；2、5 位的 4 个碱基是第二次链的交换所必需的；1、8 位的碱基改变后，如果与野生型 LoxP 位点组合，不会影响重组反应的效率；如果 2 个 LoxP 位点均为突变型，重组效率将大大降低。

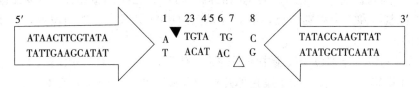

图 6-4　Cre 重组酶识别 LoxP 位点

　　Cre 重组酶与 LoxP 位点的反应机制已做了非常深入的研究，其作用机制是一个识别、切割、重组、连接、分离的过程，重组反应是在 DNA 的 2 个 LoxP 位点间，反应过程中没有 DNA 的合成和丢失，既可发生在体内、体外的细胞中，也可在无细胞体系进行。发生反应时，每分子 Cre 重组酶结合 1 个 LoxP 位点的反向重复区，即 4 个 Cre 重组酶与 2 个 LoxP 位点结合，形成一个联会复合体结构，其中 2 个 Cre 重组酶分子具有重组活性，另外 2 个没有重组活性。Cre 重组酶先和 DNA 结合，但开始结合力较弱，当遇到 LoxP 位点时结合力大大增强，当有 2 个 LoxP 位点时结合力更强。然后，C-末端保守的酪氨酸（Tyr-324）与 DNA 分子的 $3'\text{-}PO_4$ 结合形成 $3'$-磷酸酪氨酸，导致 DNA 链的切割；切割后产生的 $5'$-OH 既可与同一断裂部位的 $3'\text{-}PO_4$ 结合恢复为原来的构型，也可与另一切割部位的 $3'\text{-}PO_4$ 结合发生链的交换，形成一个"holliday 结构"的中间产物；继而产生结构的异构化，这时第一次切割的 2 个 Cre 酶不再起切割作用，而是由另外 2 个 Cre 酶进行第二次链的切割和交换，去掉中间产物发生重组，这样便完成了基因的插入或删除（Voziy-anov 等，1999）（图 6-5）。

　　LoxP 位点的 8bp 非对称间隔区决定了重组反应的模式，位点特异性重组酶系统根据识别位点方向和位置的不同，能够产生 3 种效应（Gopaul 等，1998）。

　　1. 当一对反向识别位点位于目的基因的两端时，在对应重组酶的作用下，识别位点

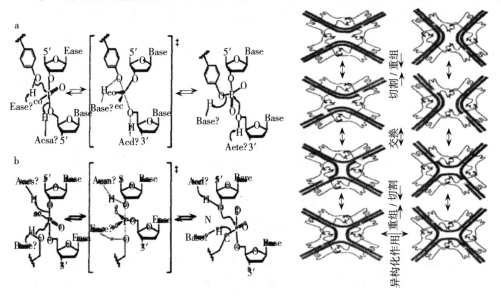

图 6-5　Cre-LoxP 位点特异性重组系统的作用机制

间的所有基因将发生倒置，即倒位（inversion）。

2. 当一对同向识别位点位于目的基因的两端时，其相应的重组酶将删除识别位点之间的所有外源基因和 1 个识别位点，最后在基因组中只留下 1 个识别位点，即重组（recombination）。

3. 如果识别位点分别位于细胞中不同的染色体上，那么在对应重组酶的作用下，2 条染色体可以在识别位点的位置发生染色体片段的互换，产生杂合的染色体，这种作用称为位置互换（translocation）（朱焕章等，2000）。

Cre-LoxP 系统的重组行为如图 6-6 所示。

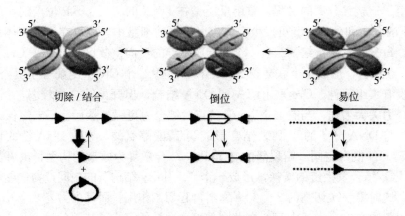

切除 / 结合 倒位 易位

图 6-6 Cre-LoxP 系统的重组行为

（二）FLP-frt 的结构及重组机制

FLP-frt 重组系统来自芽殖酵母的环状 2u 质粒，由 4 个单体共价结合形成的 48kDa 的蛋白，编码 423 个氨基酸单肽。FLP 为位点特异性重组酶，分子质量为 48kDa；FLP 识别的重组位点 frt，与 LoxP 相似，基本结构长 34bp，中间是 8bp 的核心序列，两边是 13bp 的反向重复序列，另有 1 个 13bp 的冗余重复（图 6-7）。FLP-frt 系统的基因剔除原理和 Cre-LoxP 的一样，在选择标记基因两侧装 2 个同向排列的 frt 序列，就可以在基因转化成功后，通过诱导重组酶的表达，促使 2 个 frt 位点之间的选择标记基因被删除。

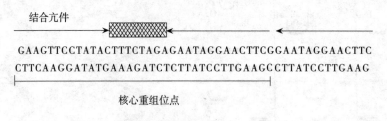

结合亢件

GAAGTTCCTATACTTTCTAGAGAATAGGAACTTCGGAATAGGAACTTC
CTTCAAGGATATGAAAGATCTCTTATCCTTGAAGCCTTATCCTTGAAG

核心重组位点

图 6-7 重组酶识别的 frt 位点

与 Cre 识别 LoxP 位点一样，当 2 个 frt 位点位于同条染色体上，方向相同时发生切除，反之倒位；如果 2 个 frt 位点位于 2 条不同的染色体上，则发生整合（图 6-8）（Cox，1988）。

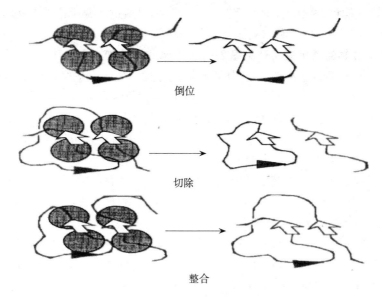

倒位

切除

整合

图 6-8　FLP-frt 系统的重组机制

(三) Cre-LoxP 系统在转基因动物中的应用

利用 Cre-LoxP 系统的转基因动物介导的重组系统可以在多种真核生物细胞内实现，如在酵母、植物和哺乳动物细胞中进行（Gu 等，1994），并且 Cre 重组酶也能够在转基因动物中稳定表达（Lakso 等，1992；Orban 等，1992）。在实际应用中，许多学者通常利用 Cre 重组酶剔除同一 DNA 分子同向 LoxP 位点间序列，而导致基因的激活或沉默，从而研究特定基因在特定时间或特定空间所发挥的生物学功能。这种基因剔除具有以下特点。

1. 高效性　仅需极微量的 Cre 重组酶即可识别并结合 LoxP 位点，整个过程不需要其他辅助因子的参与。

2. 高特异性　在动物体内至今没有发现 LoxP 位点之外的非特异性重组，仅在体外细胞水平试验中有少量报道（Loonstra 等，2001）。

3. 时空特异性　利用时空特异调控的启动子或其他调节基因，可以实现 Cre 的条件性表达，从而极大地增加 Cre-LoxP 系统在转基因动物领域的实用价值。

利用 Cre-LoxP 系统制备转基因动物通常有两种方法：一种是先制备可在不同组织特异性表达 Cre 基因的转基因动物，然后用其与转基因中含有 LoxP 序列的转基因动物进行杂交，这样在表达 Cre 基因的特定组织内含有 LoxP 的转基因发生重组，从而达到对外源基因的遗传控制；另一种方法是制备成转基因动物后，通过在目的组织内注入 Cre 重组酶，也可造成转入基因的重组，但这种重组基因不能遗传。由于 Cre-LoxP 系统在转基因中的诸多优势，使其在转基因动物中得到了广泛应用（陈双喜等，2009）。

(四) Cre-LoxP 重组酶系统在删除标记中的应用策略

基本策略是通过类似于基因敲除的方法将 2 个 LoxP 位点序列同向引入到要删除的基因片段的两侧。建立条件性标记基因的删除需要进行两步。

1. 在细胞的基因组中引入 LoxP 序列 这一步可以通过同源重组的方法在待删除的片段两侧引入同向的 LoxP 位点和对同源重组子的筛选来实现。

2. 通过 Cre 介导的重组来实现靶基因的遗传修饰或改变 Cre-LoxP 系统既可以在细胞水平上用 Cre 重组酶表达载体转染中靶细胞，通过识别 LoxP 位点将抗性标记基因切除，又可以在个体水平上将重组杂合子动物与 Cre 转基因动物杂交，筛选子代转基因动物即可得到删除外源标记基因的条件性敲除转基因动物。或者将 Cre 基因置于可诱导的启动子控制下，通过诱导表达 Cre 重组酶而将 LoxP 位点之间的基因切除（诱导性基因敲除），实现特定基因在特定时间或组织中的失活（李卫等，2000）。

（五）Cre-LoxP 系统介导的条件性删除标记转基因猪的实现

Cre-LoxP 系统介导的条件性转基因猪的实现需要 3 个步骤：Cre 转基因猪的构建；LoxP 转基因猪的构建；条件性转基因猪的实现。

1. Cre 转基因猪的构建 Cre 转基因猪可以在体内进行时空特异性地表达 Cre 重组酶，从而在特定的发育阶段或组织局部将 LoxP 猪基因组内的 2 个 LoxP 位点间的序列切除，达到研究目的基因在特定时空所发挥的生物学功能的目的。

对 Cre 重组酶在特定空间表达的调控，可以通过组织特异性启动子来实现。将 Cre 基因的编码序列置于组织特异性启动子的下游，该启动子只有在特定的组织或细胞内才会启动 Cre 基因的表达，而其他组织或细胞内则不会产生 Cre 重组蛋白。目前，已经培育出很多组织特异性的 Cre 转基因鼠的品系，但还没有组织特异性的 Cre 转基因猪的报道。如 T 细胞特异性、肝细胞特异性、前脑特异性（Dragatsis 等，2000）、视网膜特异性（Marquardt 等，2001）等，已经在各个研究领域发挥了重要的作用。

对 Cre 重组酶在特定时间表达的调控，则是通过较为复杂的诱导型调控元件来完成。目前，较为成熟的调控系统有雌激素调控系统（Cre-ER 调控系统）和四环素调控系统（Tet 调控系统）。在 Metzger 等报道的 Cre-ERT 调控系统中，Cre 编码序列与突变的雌激素受体（ER）配体结合域（LBD）相连，该突变的 LBD 不能与内源性雌激素结合，但是能特异识别雌激素的颉颃剂——他莫昔芬。当细胞内不含有他莫昔芬时，LBD 能与胞质内的热激蛋白结合，导致 Cre 融合蛋白 58 被阻滞在胞质中。而在向该转基因小鼠饲喂他莫昔芬之后，他莫昔芬能将 Cre 重组酶释放出来，从而进入细胞核内介导 LoxP 位点间的重组（Metzger 等，2001）。而 Tet 调控系统则是利用了细菌四环素诱导元件，最初构建的 Tet 调控系统主要包括两部分：特异启动子控制下的四环素依赖的反式作用子（tetracycline—controlled transactivator，tTA）及 tTA 依赖的核心微小启动子（人巨细胞病毒立早启动子 hCMV）调控下的目的基因。前者是由大肠杆菌的 TetR 和人类单纯疱疹病毒（HSV）的病毒蛋白 P16（VP16）的 C-末端具有转录激活作用的区域构成的融合蛋白，其中 TetR 介导 tTA 与 TetO 的结合，VP16 则具有转录激活作用；后者是在微小启动子 PhCMV-1 的上游插入 7 个头尾相连的 TetO 序列，PhCMV-1 启动转录的能力很低，但 tTA 与 TetO 结合后，即激活目的基因高水平地表达，而 Tc 可抑制 tTA 与 TetO 的结合，从而抑制转录。tTA 的构建使得在特定时间抑制目的基因的表达成为可能，但当研究目的要求所转基因仅在特定时间表达时，就需要长期应用 Tc 来抑制目的基因的表达，这是不现实的。因此，Gossen 等构建了一种 tTA 的突变体——反向 tTA（reverse tTA，rt-

TA）系统。与 tTA 相比，rtTA 显示出完全相反的表型：在有多西环素（doxycycline，Dox，Tc 的衍生物）存在时，TetR 可与 tetO 结合，从而激活目的基因的表达；撤去 Dox，转录即被抑制。由于活体组织摄取四环素的速度要比清除速度快，因而在激活目的基因转录方面，rtTA 调控系统要比 tTA 系统迅速（Gossen 等，1992；Gossen 等，1995）。目前，rtTA 系统已在转基因小鼠体内获得应用，并应用到了 Cre 转基因鼠中。如果将诱导型调控元件与组织特异性启动子相结合，则可以达到对 Cre 转基因鼠的时空特异性调控。Juhila 等（2006）将足状突细胞特异性启动子连接到 rtTA 编码序列的上游，获得的转基因鼠在饲喂多西环素后，能够在足状突细胞内特异性表达 Cre 重组酶，从而达到对基因表达的时空调控。

2. LoxP 转基因猪的构建　LoxP 转基因猪是在基因组中待修饰基因区域的两侧各插入了 1 个 LoxP 位点的转基因猪。LoxP 转基因猪可分为两种类型。

（1）基因剔除型　在目的基因的某段外显子关键序列两侧插入同向的 LoxP 位点，当 Cre 重组酶出现的时候，将该段外显子关键序列剔除，导致目的基因失活或删除。

（2）基因活化型　在目的基因的调控序列中插入 LoxP-STOP-LoxP 片段，使得目的基因的转录在遇到 STOP 信号时终止，目的基因不表达，当 Cre 重组酶出现的时候，将 LoxP 位点间的 STOP 信号切除，目的基因活化，并开始表达。

Cre-LoxP 系统已经在建立疾病动物模型方面取得了重要成果，在实际应用中，基因剔除策略用于产生基因缺失的动物模型，在动物基因组中引入 LoxP 位点，通过在时空上调控 Cre 重组酶的表达，使得动物的某个疾病相关基因在某个发育阶段或某些组织中失活，以研究该基因在生物体内特定发育阶段或组织的生物学功能（Coumoul 等，2005）。近几年，基于 RNAi 技术的应用，Cre-LoxP 系统与 RNAi 技术的结合也成为比较流行的转基因策略，在与目的基因互补的 shRNA 上游启动子区插入 LoxP-STOP-LoxP 片段，可以阻止 LoxP 转基因猪体内 shRNA 的转录，因而不表现 RNAi 功能，而只有该猪与 Cre 猪杂交产生的后代，STOP 信号被剔除后，shRNA 开始转录，相应的目的基因表达水平迅速下降，显示出相应的基因缺失的表型。

LoxP 转基因猪可以通过体细胞核移植法获得。构建 1 个打靶载体，通过同源重组的方式将载体上含有 2 个 LoxP 位点的关键序列重组到体细胞中，筛选出来的转基因体细胞系通过核移植的方式获得嵌合体猪，最后将嵌合体猪与其他猪交配，获得纯合子后代。通过体细胞核移植法获得的 LoxP 转基因猪，可以保证其基因组中仅有单拷贝的 2 个同相 LoxP 位点，使得 Cre 重组酶的切除作用更加精确。因此，将 Cre-LoxP 系统与基因打靶技术相结合，是制备基因剔除型 LoxP 转基因猪的首选策略。

3. 条件性转基因猪的实现　条件性转基因猪是通过 Cre 转基因猪与 LoxP 转基因猪的杂交子代来实现的，当子代猪生长发育到 Cre 重组酶在某种特定的组织细胞中，或某个特定发育阶段开始表达时，其带有 2 个同向 LoxP 位点的基因片段就会在 Cre 蛋白特异表达的组织细胞中，或发育阶段发生位点特异性重组，从而导致目的基因在转基因猪体内的缺失或活化。当研究的目的基因是猪胚胎发育的关键基因，或与猪的生殖力相关时，将 Cre 基因与 LoxP 位点分别保存在两种品系的转基因体内是最理想的策略，这样制备出来的转基因猪不会由于目的基因的胚胎致死效应，或成年猪的不育导致后续研究工作无法继续开展。目前，很多实验室已成功制备出各种组织特异性的 Cre 转基因鼠，以及各种 LoxP 转基因鼠，如果所要研究的目的基因是一种管家基因，在小鼠胚胎的所有细胞及整个发育过程中都发挥作用时，我们可以将制备的 LoxP 转基因鼠与不同品系的时空特异性 Cre 转基因鼠交配，以此来研究管家基因对小鼠不同组织、不同发育阶段的作用影响。这也大大减少了制备转基因鼠的工作量。条件性转基因鼠技术的发展，使得基因功能调控、生物发育与疾病相关方面的研究得到了极大的扩展。

第三节　组织特异性表达

组织特异性表达可使转基因在特定的组织内表达，其他组织不表达，从而避免表达产物对其他组织基因表达的干扰，保障转基因动物及其产品的安全性。组织特异性的严格程度差异很大，有些转基因只能在某一特定的组织细胞内表达，如 Iwarnaga 等（1989）将一个 5′端带有 0.8kb 的人血清淀粉状蛋白 P 成分（serum amyloid P component，SAP）基因导入小鼠基因组，发现其仅能在肝细胞内表达。表 6-1 所列出的就是一些具有严格组织特异性表达的基因。

许多基因的组织特异性不严格，他们可在几种或多种组织细胞内表达，如转铁蛋白基因可在肝、睾丸和脑中表达，促红细胞生成素基因可在肝和肾中表达，肌酸激酶基因可在骨骼肌和心肌中表达等。

表 6-1　基因表达的组织特异性

组　织	基　因
脑	髓磷脂碱性蛋白，催乳素，神经丝蛋白，促性腺释放激素，抗利尿激素
晶体	晶体蛋白
乳腺上皮细胞	β-乳球蛋白，乳清蛋白
精细胞	鱼精蛋白
胰	胰岛素，弹性蛋白
肾	血管紧张肽原酶-2
肝	白蛋白，α-1 酸性糖蛋白，C-反应蛋白，α-2u 球蛋白，α-抗胰蛋白酶，乙型肝炎表面抗原
卵黄囊	α-胎儿球蛋白
红细胞	β 球蛋白，γ 球蛋白
B 细胞	免疫球蛋白 κ 链，免疫球蛋白 μ 链
T 细胞	T 细胞受体
结缔组织	胶原，Vimentin
肌肉	α-机动蛋白，肌球蛋白轻链

基因表达的组织特异性可能是由于基因内部或其侧翼顺序中的某些顺式调节顺序（增强子）与细胞中一定的反式调节因子相结合，使其转录效率提高的结果。在转基因小鼠中支持这一论点的证据主要是发现了许多能够控制组织特异性表达的顺式调节顺序（卢大儒等，1998）。Wawrousek 等（1998）将细菌的 CAT 基因作为报告基因，使其与鼠类 α-A 晶体蛋白基因启动子所在区域的不同长度的片段连接成不同的融合基因，再分别观察它们在转基因小鼠内的表达特异性，发现含有－88～＋46bp 片段的融合基因能够特异性地在

小鼠晶体蛋白表达，这说明了鼠类 α-A 晶体蛋白基因的组织特异性表达是由 $-88\sim+$ 46bp 区域内的某些顺序所决定的。Braun 等（1989）将小鼠鱼精蛋白 1（mouse protamine 1，mP1）基因的编码顺序切除后，插入 1 个报告基因（人生长激素基因）的编码顺序，然后做成转基因小鼠，并观察它的表达。他们发现 5′端的侧翼顺序能够控制转录的起始，3′端的侧翼顺序能够控制 mRNA 的翻译。同时也发现，在早期的圆形精细胞内，转基因的表达局限于顶体，而在后来拉长的精细胞内，则仅在细胞内表达。

　　转基因动物中外源基因的组织特异性表达依赖于组织特异性表达基因的启动子和上游调控区，启动子是基因表达调控的重要顺式元件，是理论上研究基因表达和基因调控的重要工具，在转基因动物应用上是外源基因表达载体的一个重要元件，可以通过不同启动子的选择，使目的基因实现特定时间和特定器官组织的表达。启动子可以分为组成型（广谱型）和诱导型（组织特异性），前者在所有组织中都启动基因表达，后者仅在特定的组织中和一定的发育时期启动基因表达。对特异性表达的基因所选用的启动子必须具有严格的时空作用特异性，如组织细胞特异性启动子、生长发育特异性启动子和诱导特异性启动子等。如果想要得到大量纯化的目的蛋白质产物，就需要构建一种能够高水平表达异源蛋白质的表达载体。而良好的表达载体的选择要考虑到多方面的因素。启动子与受体细胞之间的合理匹配对异源基因在宿主细胞中的表达起着重要的作用。要使克隆的基因能够在宿主细胞中表达，其编码结构应该处于宿主启动子的有效控制之下。同时，出于高水平表达的要求，这种启动子最好是强启动子，并具有良好的调节控制系统。因此，表达载体的构建，除了要具备克隆载体的一般要求之外，最重要的是，它还必须带有能够控制外源 DNA 片段进行有效转录和翻译的 DNA 序列，即启动子结构。弄清启动子的分子本质才有可能找到提高克隆基因表达效率的有效途径。作为转录水平上的一种重要的调控元件，启动子严格地调控着基因表达的时间和位置。随着转基因动物的发展，目的基因在转基因动物体内的表达需要构建合适的表达载体。组织器官特异性启动子的研究使该技术又向前推进了一大步。根据需要选择或人工构建合适的组织特异性启动子，不仅便于研究新基因的功能，阐明生物的生长、发育、分化及繁殖过程与机理，还可以在特定的部位或发育阶段生产有用蛋白质或其他代谢产物，以实现对外源基因表达的定时、定点、定量精确调控，如心肌球蛋白轻链 2（cardiac myosin light chain-2）基因、唾液分泌蛋白（parotid secretory protein，PSP）基因、胶原蛋白（α1 collagen）基因启动子分别实现了目的基因在心肌、唾液和胶原组织的特异表达。

　　在转基因动物实际生产应用方面，乳腺生物反应器的制备尤其受到关注。转基因在乳腺组织中特异表达需要 3 部分有效的构件：乳蛋白基因启动子及 5′上游调控区、目的基因和包含 PolyA 信号的基因 3′端及下游区。乳蛋白基因的 5′上游调控区包含有激素应答元件等时空特异表达调控位点，能准确地控制目的基因表达的时间阶段。基因 3′端及下游区可以是目的基因本身一部分，也可以是乳蛋白的固有元件，有研究证实，该部分对目的基因的高效表达没有过多的影响。

　　对于能在多种组织细胞内表达的基因，其调控机制可能要复杂得多。一些研究表明，这类基因大多有多个增强子，并能分别在不同的组织细胞内与某种反式调节因子作用而提高其转录水平，故表现为能够在多种组织内表达，如肌酸激酶基因能选择性地在心肌和骨骼肌中表达。Johson 等（1992）发现在肌酸激酶基因 5′端的侧翼顺序中有 2 个增强子，一个决定了该基因在骨骼肌中的高水平表达，而另一个则决定了在心肌内的高水平表达。

Crenshaw 等（2002）发现在催乳素基因 5′端的侧翼顺序中有 2 个启动子，一个位于 $-1.8 \sim +1.5kb$ 的区域内，另一个位于 $-442 \sim +33bp$ 区域内。这 2 个启动子能分别使催乳素基因在垂体前叶的催乳素细胞中低水平地表达，当它们同时存在时，其表达水平明显提高。这表明启动子具有协同作用。

第四节　外源基因的诱导表达

特异性基因启动子决定着基因的时空表达，而转基因的表达却严格依赖受体细胞的结构，这无疑影响了启动子的作用。对于某些转基因来说，当其表达时，常导致动物不孕或胎儿死亡。另外，转基因高表达的胚胎死亡后，弱表达的转基因胚胎则被选择，因而部分表型的观察可能会导致对转基因确切功能的误解。因此，若建系之前使转基因休眠，建系之后再使休眠转基因激活（转基因条件性表达），就可克服上述问题。目前，常应用不作用于宿主基因的特异性诱导剂来诱导或去诱导转基因的表达。常用的诱导剂有四环素及其衍生物、雷帕霉素、蜕皮素及链阳性菌素，应用诱导剂可抑制沉默子的作用，且可使激活剂生效。

转基因动物用到的诱导型载体主要与启动子有关，如热休克蛋白（HSP）启动子可在高温下被诱导，还有重金属离子、糖皮质激素诱导的启动子等，但这些诱导系统均存在着诱导表达不具备特异性、系统处于关闭状态时表达有遗漏以及诱导剂本身具有毒性会对细胞造成损伤等缺陷。如果设置一种导入基因的"开关"，能人为调控外源基因的表达量，则有望大幅度提高转基因动物在实际应用的安全性。

诱导表达系统可以在时空上控制目的基因的表达，这对认识基因在生长发育、生理活动及其病理过程中的作用具有重要意义。较早的诱导表达系统通常采用哺乳动物本身的基因表达调控元件，虽然用诱导剂可以控制目的基因的表达，但由于诱导剂在细胞内还控制其他的靶基因，这可能会严重干扰对目的基因的研究，产生假阳性或假阴性试验结果。为解决这一问题，一些生物学家利用非哺乳动物的基因表达调控元件，或不再对响应内源诱导剂的突变型内源表达调控元件，建立了一些诱导表达系统。目前，比较成熟的诱导表达系统主要有：四环素诱导表达系统、蜕皮激素（ecdysone）诱导表达系统、他克莫司（tacrolimus，FK506）/雷帕霉素（rapamycin）诱导系统和 RU486 诱导系统。

一、四环素诱导表达系统

（一）Tet 系统作用原理

大肠杆菌转座子 Tn10 中 Tet 阻遏因子（TetR）负性调节四环素抗性操纵子，TetR 与四环素有很高的亲和性，在无四环素时，TetR 与 Tet 操纵因子序列（TetO）结合而阻断四环素抗性基因的表达；当四环素存在时，TetR 对 TetO 的阻遏解除，转录启动，从而调控基因的表达。此原理应用到哺乳动物实验系统中，由表达 TetR 的质粒与另一个含有四环素调控元件（tetracycline-response element，TRE）和目的基因片段的质粒构成

Tet 系统中两个重要的组成部分。后者上游为 TRE，多克隆位点在 TRE 下游，并且因其含缺乏增强子的启动子——下游巨细胞病毒最小启动子（minimal immediate early promoter of cytomegalovirus），而不能单独启动外源基因的表达。基于表达的调节蛋白不同，Tet 系统分为 Tet 激活系统（Tet-on）和 Tet 抑制系统（Tet-off）。在 Tet-off 系统中，TetR 的第 1~207 个氨基酸与单纯疱疹病毒（HSV）VP 16 蛋白的 C 端 127 个氨基酸组成转录活化区域，融合表达 Tet 调控的转录激活子（tet-controlled transcriptional activator，tTA）。缺少四环素或强力霉素时，tTA 的 TetR 结构域与 TRE 结合，激活目的质粒转录；在四环素或强力霉素作用下，缺少增强子使得目的基因的表达量很低或根本不表达。Tet-on 系统与 Tet-off 系统很相似，只是其调节蛋白是反义的 TetR（rTetR），rTetR 由 TetR 中的 4 个氨基酸变化而形成与 VP16 的转录活化区域融合表达反义四环素激活子（reverse tetracycline transcriptional activator，rtTA），它是一种突变体形式的 tTA，包含突变形式的蛋白 tetR。与 tTA 作用相反，这种 rtTA 只有在四环素及其衍生物的作用下才能与 DNA 结合并激活转录。在强力霉素存在时，rtTA 与 TRE 激活下游目的基因的转录。如果没有药物刺激，则不表达目的基因，因而 rtTA 的作用称 tet-on。这两种蛋白在组织培养、果蝇及转基因小鼠中都被证明能有效调控外源基因的表达。有学者成功地应用 Tet-off 系统证实 PLZF（早幼粒细胞白血病锌指）基因在淋巴细胞中的表达具有抗凋亡作用（Parrado 等，2004）。Rhoades 等（2000）应用四环素可诱导系统成功建立了转基因小鼠模型，为研究 AML1-ETO 在白血病发生中的作用奠定了基础。

（二）Tet 系统的改进

Tet 系统被广泛应用的过程中暴露出了一些问题，如 TRE 长期诱导表达的不稳定性，以及前后转染 2 个质粒到同一细胞中需要采用两步法而费时费力等。研究发现，诱导表达的不稳定性是由于 tTA 和 rtTA 有隐蔽剪接位点、原核密码子和完整的 VP16 结构域。于是有研究者将 rtTA 的 5 个氨基酸置换，用人工化的密码子切除隐蔽剪接位点，以最小的 VP16 结构域来优化 Tet 系统，所得到的反式作用子 rtTA2S-M2 使诱导表达的稳定性提高；也有研究者将 Tet 系统改造成具有新霉素耐受基因和容易调节基因表达的启动子，不仅提供了一个简单的基因筛选标记，还提高了转染效率，使基因表达更稳定；还有研究者通过含有抗性基因增强型绿色荧光蛋白（EGFP）和荧光素酶基因的双向调控质粒，采用 Tet 系统与构建质粒共转染，一步法得到了表达 rtTA 的细胞克隆，既省时又省力。病毒载体具有较高的转染效率，因而可将病毒载体与 Tet 系统作用元件相结合，以达到提高转染效率、诱导高水平基因表达的目的。Peng 等（2004）通过带有高效率自我阻碍性的逆转录病毒载体，有效地转染来自肌肉的干细胞，体外能诱导高水平的基因表达，在体内也能系统调节骨的形成。Barde 等（2006）通过 Tet-on 系统的病毒载体有效地控制造血系统的基因表达。Hayakawa 等（2006）应用 Tet-off 系统使蝴蝶状红斑综合征基因（BLM）在胚胎干细胞中条件性调控表达，但是随后发现 BLM 的遗漏表达是 Tet 系统中的一个障碍，于是他们进一步研究出通过 Tet-off 系统表达单链反义四环素调控反式沉默子，从而减少遗漏。

（三）Tet 系统的优点

Tet 系统具有极为严密的开/关调控，在无诱导时，目的基因背景表达低，甚至没有表达。同时，Tet 系统特异性强，诱导效率高。特异性强的原因可能是因为编码原核调节蛋白的 DNA 序列在真核基因组中是不存在的，所以当将原核调节蛋白引入到哺乳动物细胞时，其靶序列作用是极特异的。在 Tet 系统中，无毒诱导物的诱导效应在 30min 内就可以探测到，诱导水平最高可达 1 万倍；相反，其他的哺乳动物基因表达调控系统呈现出低诱导或不完全诱导，且需要诱导剂的量大。Xu 等（2003）比较了以蜕化素、抗孕素或二聚物为基础的系统在 3 个细胞株中诱导基因表达的能力。结果发现，对各自的诱导剂最敏感的是二聚物系统，其次是抗孕素系统，低背景表达和高水平诱导是二聚物系统的两个特点；二聚物系统和 Tet 系统比其他两个系统的表达水平都要高。在 Tet 系统中，目的基因的最高表达水平高于通过巨细胞病毒启动子或其他构成性启动子得到的表达水平。需要指出的是，在 Tet 系统试验中使用强力霉素比四环素效果好，其原因是与四环素相比，完全激活或抑制所需要的强力霉素的量要少得多（0.01～1 mg/L 强力霉素相当于 1～2mg/L 四环素）；强力霉素有更长的半衰期（强力霉素 24h，四环素 12h），作用时间长，而且所需剂量少。但是强力霉素也有缺点，大量使用对细胞有毒性，可能造成细胞损伤，因而不能用于治疗神经退行性疾病；还会导致肠内菌群失平衡，引起腹泻或大肠炎。强力霉素同分异构体 4-表强力霉素（4-epidoxycycline，4-ED）是强力霉素的肠道代谢物，由于其不产生抗生素不良反应，不会扰乱菌群，制备便宜，可大量得到，在体内外具有与强力霉素一样的诱导效应，因而在 Tet 系统中作为强力霉素的替代物使用。

(四) Tet-off 和 Tet-on 系统的比较

Tet-off 和 Tet-on 是两个互补的系统，适当优化后都能使基因表达的开/关呈剂量依赖性调控，有相似的诱导动力学，可诱导高水平或者完全水平的基因表达。由于四环素和强力霉素的半衰期相对较短，Tet-off 系统需加入四环素或强力霉素，才能保持关的状态而达到抑制目的基因表达的目的。在 Tet-on 系统中，关的状态直到诱导才结束。因而 Tet-on 可能在转基因研究中应用更为方便。

(五) Tet 系统诱导表达转基因猪的构建

郑新民等（2010）构建成功 pcDNA3.1-IGF-1TRE-rtTA 诱导表达载体，如图 6-9 所示。

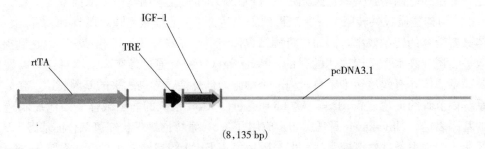

图 6-9　pcDNA3.1-IGF-1-TRE-rtTA 的构建

应用上述表达载体制备转基因猪。对 2 头处于 4.5 月龄的转 IGF-1 基因猪，在日粮中添加 0.1％四环素，进行诱导表达试验。结果表明，在诱导表达阶段，与对照组相比，转 IGF-1 基因猪瘦肉率提高 9％。

二、蜕皮激素诱导表达系统

蜕皮激素诱导表达系统是基于昆虫蜕皮激素通过蜕皮激素受体激活基因表达的能力而设计的。该系统使用蜕皮激素受体与果蝇超螺旋蛋白（ultraspiracle protein，USP）的异源二聚体，加入蜕皮激素 [或合成的类似物幕黎甾酮 A（murlsterone A）] 后，蜕皮激素与其受体结合，蜕皮激素受体就与 USP 发生相互作用，进而与 DNA 上的反应元件结合，最终启动下游目的基因的转录。由于哺乳动物细胞对蜕皮激素（或幕黎甾酮 A）没有反应性，也不含蜕皮激素受体，所以本底转录水平非常低。这种诱导系统在幕黎甾酮 A 作用下可得到 100～150 倍的高表达。该系统将蜕皮激素受体突变体 [含 VP16 的反式激活结构域] 与 USP 的哺乳动物类似物——类视黄醇 X（RXR）融合在一起。由于蜕皮激素受体的 DNA 结合位点也可以被人类受体（类法尼醇 X 受体）识别，上述系统改变了 DNA 结合位点的序列，使它只能被突变的蜕皮激素受体识别，这就避免了内在激素的影响，极大地降低了本底表达，在培养的细胞系中甚至可得到比本底高10 000倍的诱导水平。在小鼠腹膜内注射幕黎甾酮 A 16h 后，也检测到基因相当高水平的表达。幕黎甾酮 A 没有毒性和致畸性，而且和蜕皮激素一样可在注射后 20h 以内完全排泄，因而这一系统是进行转基因动物试验的一个理想工具，在基因治疗方面也很有应用前景。若在这一系统上用一个组织特异的启动子代替 CMV 启动子，就可使目的基因只能在特定的组织或细胞中诱导表达，这对在转基因动物的特定组织中研究靶基因的功能非常有用。Xiao 等（2003）用骨骼肌的 α-肌动蛋白启动子代替了 CMV 启动子。他们用改造的可诱导系统建立稳定细胞株，研究发现，在分化成熟的肌细胞中可诱导报告基因的表达，而在未分化的肌细胞中则没有表达。Stolarov 等（2001）通过蜕皮激素可诱导系统证实 PTEN 基因可抑制磷脂酰肌醇-3-激酶（PI3K）通路，从而阐明了 PTEN 抑制肿瘤的机制。

三、他克莫司/雷帕霉素诱导系统

环孢素 A 受体和亲免素（FKBP12-rapamycin 相关蛋白，FRAP）蛋白家族，以及他克莫司（tacrolimus，FK506）结合蛋白（FKBPs）都含有化学结合结构域，此结构能与 DNA 结合结构域和反式激活结构域相融合。而免疫抑制剂 FK506、雷帕霉素和环孢素 A（CsA）等小分子化学诱导物可以诱导这些嵌合转录因子的二聚化，从而强烈刺激报告基因的表达。因此，在不影响正常细胞生理过程的情况下，就可以通过诱导二聚体的小分子药物的浓度，以剂量应答的方式调控靶基因的表达水平。为了能用于基因治疗，又对这一系统进行了一系列人源化的改进，如转录激活因子的非人源部分用一般认为无免疫性的成分取代，GAL4 部分则由嵌合的 DNA 结合结构域 ZFHD 替代，VP16 激活结构域可以用 NF-κBp65 的激活结构域代替，最后亲环蛋白由 FKBP12-雷帕霉素结合结构域（FRB）取代，而不用人源的 FKBP12-雷帕霉素结合蛋白激酶（FRAP）。FRB-FKBP12 的异源二聚体可以被雷帕霉素（比 FKCsA 更有效）高效诱导，从而形成有功能的完整转录因子，最终启动转录。这一系统在体外和体内试验中背景表达都比较低，而在雷帕霉素的刺激下有高水平的表达。雷帕霉素可以与 FRAP 激酶结合，而 FRAP 可以介导免疫抑制效应，因而雷帕霉素有一定的增殖和免疫抑制活性，这成为该系统应用的一个潜在限制。这一问题通过选用雷帕霉素的类似物得到了解决，此类似物与野生型 FRAP 激酶的结合能力较差，因而不会产生免疫抑制，在体外试验中也发现此类似物不会抑制细胞的增殖。

有研究者利用雷帕霉素诱导的人源化系统（rapamycin-in-ducible humanized system，RIHS），通过腺相关病毒（adeno-associated virus，AAV）转染小鼠和非人灵长类动物来表达鼠红细胞生成素。试验表明，可以通过控制雷帕霉素的剂量来调控体内转基因的表达。

四、RU486 诱导系统

RU486 诱导系统是截短的黄体酮受体的突变体，这种突变体不能和黄体酮或其他内源类固醇激素结合，但却能被黄体酮的颉颃剂 RU486 激活。这种突变的类固醇结合结构域融合到酵母 GAL4 DNA 结合结构域和疱疹病毒 VP16 激活结构域上后（这种复合物称为 GLVP），在药物诱导下，就可以形成嵌合的转录激活因子，并与 GAL4 结合位点结合，从而激活下游基因转录。这一系统在瞬时和稳定转染的细胞中有较高的本底表达，在 RU486 的诱导作用下，表达水平很少超过 20 倍，但它在鼠体内有较好的表现。有研究者用这一系统生产转基因小鼠，使转基因小鼠可以在肝脏特异表达人生长激素。用 RU486 作用 8～12h 后，循环系统中的人生长激素水平显著升高，在约 12h 后达到最高水平，并在约 100h 后降低到本底水平，而且产生的人生长激素有生理活性。每 48h 用 RU486 按每千克体重 250μg 处理转基因小鼠，其体重在 48d 后是未处理或非转基因小鼠的 2 倍。这一系统的优势是 RU486 在体内可以被较快地代谢，半衰期较短，而且进入组织细胞的能力较强。

研究发现，有许多化学物质可以诱导基因的表达，甚至光、热等物理因素也可以用来诱导基因的表达。有研究者利用植物的光敏素构建了一个可用光来诱导基因表达的系统，这一系统在可见光的作用下可以诱导报告基因的转录（Shimizu-Sato 等，2002）。Bajoghli 等（2004）则构建了包含多个热激反应元件（HSE）的双向热激诱导启动子，并用此系统在鱼的胚胎中成功地诱导了目的基因的表达，其本底表达比以往的热激诱导系统明显降低。实际上，可诱导系统不仅可以用来诱导基因的表达，还可作为反式基因工具用来构建可诱导的 RNA 干扰系统。Negeri 等（2002）用 UAS/GAL4 系统在果蝇的发育过程中诱导了 RNA 干扰作用；Masclaux 等（2004）则成功构建了一个热激诱导的 RNA 干扰系统。

一般来说，一个理想的可诱导表达系统需要符合下述几个方面的要求。

1. 特异性 可诱导表达系统不受其他内源因素的影响，仅能被外源的非毒性药物所活化。

2. 非干扰性 可诱导表达系统的成分不能对细胞通路有干扰。

3. 可诱导性 可诱导表达系统在非活化状态下本底活性最低，而在活化状态下能快速产生高水平的基因表达。

4. 诱导剂的生物利用率 调节分子能快速渗透入各组织，能通过胎盘屏障及血脑屏障。

5. 可逆性 诱导剂能快速被各组织清除，使可诱导表达系统很快恢复非活化状态。

6. 剂量依赖性 可诱导表达系统的反应与诱导剂的浓度成正比，以便进行定性、定量分析。

参考文献

陈双喜，徐守明 . 2009. Cre-LoxP 系统介导的位点特异性重组技术 . 安徽农学通报，15（15）：27-28.

陈永福 . 2002. 转基因动物 . 北京：科学出版社 .

贾士荣 . 1997. 转基因植物的环境及食品安全性 . 生物工程进展，17（6）：37-42.

李卫，郭光沁，郑国锠 . 2000. Cre-Lox 系统介导的位点特异性重组技术及其应用 . 生物技术通报（1）：33-37.

连正兴，李宁，吴常信 . 2000. 组织特异性定点重组 Cre-LoxP 系统的研究概况 . 农业生物技术学报，8（3）：302-306.

刘娜，李飞武，李葱葱，等 . 2009. 论转基因食品安全 . 农产食品科技，3（1）：59-61.

刘谦，朱鑫泉 . 2001. 生物安全 . 北京：科学出版社 .

卢宝荣 . 2008. 我国转基因水稻的环境生物安全评价及其关键问题分析 . 农业生物技术学报，16（4）：547-554.

卢宝荣，张文驹，李博 . 2003. 转基因的逃逸及生态风险 . 应用生态学报，14（6）：989-994.

卢大儒，邱信芳，薛京伦 . 1998. 医学分子遗传学 . 上海：复旦大学出版社 .

农业部 . 2002. 农业转基因生物安全评价管理办法（农业部令第 8 号）.

单晓昳，李蓓，张举仁，等 . 2006. 利用 FLP-frt 重组系统产生无选择标记的转基因烟草植株 . 生物工程学报，22（5）：744-750.

杨昌举，黄灿，高原 . 2001. 实质等同性：转基因食品安全性评估的基本原则 . 食品科学，22（9）：95-98.

杨冬燕，邓平建，周向阳，等 . 2010. 转基因植物非预期效应及其评价 . 中国热带医学，10（1）：123-126.

国务院 . 2001. 农业转基因生物安全管理条例（国务院令第 304 号）.

朱焕章，史景泉 . 2000. Cre-LoxP 系统在转基因小鼠上的应用策略 . 生物化学与生物物理进展，27（3）：235-238.

朱士恩，崔文涛，王建武，等 . 2012. 转基因猪、牛和羊的环境安全评价技术研究 . 中国畜牧兽医学会动物繁殖学分会第十六届学术研讨会论文集：89.

Askew G R, Doetschman T, LigerI J B. 1993. Site-directed point mutations in embryonic stem cells: a gene-targeting tag-and-exchange strategy. Mol Cell Biol, 13（7）：4115-4124.

Bajoghli B, Aghaallaei N, Heimbucher T, et al. 2004. An artificial promoter construct for heat-inducible misexpression during fish embryogenesis. Dev Bio, 271（2）：416-430.

Bastone P, Lochelt M. 2004. Kinetics and characteristics of replication-competent revertants derived from self-inactivating foamy virus vectors. Gene Ther, 11（5）：465-473.

Baum C J, Dullmann Z, Li B, et al. 2003. Side effects of retroviral gene transfer into hematopoietic stem cells. Blood（101）：2099-2114.

Braun R E, Peschon J J, Behringer R R, et al. 1989. Protamine 3'-untranslated sequences regulate temporal translational control and subcellular localization of growth hormone in spermatids of transgenic mice. Genes Dev, 3（6）：793-802.

Cellini F, Chesson A, Colquhoun I, et al. 2004. Unintended effects and their detection in genetically modified crops. Food and Chemical Toxicology (42): 1089-1125.

Chakraborty A K, Zink M A, Hodgson C P. 1994. Transmission of endogenous VL30 retrotransposons by helper cells used in Gene therapy. Cancer Gene Therapy (1): 113-118.

Coumoul X, Shukla V, Deng C X, et al. 2005. Conditional knockdown of Fgfr2 in mice using Cre-LoxP induced RNA interference. Nucleic Acids Research, 33 (11): 102.

Crenshaw T R, Cory J G. 2002. Overexpression of protein disulfide isomerase-like protein in a mouse leukemia L1210 cell line selected for resistance to 4-methyl-5-amino-1-formyliso quinoline thiosemicarbazone, a ribonucleotide reductase inhibitor. Adv Enzyme Regul (42): 143-157.

Dragatsis I, Levine M S, Zeitlin S. 2000. Inactivation of Hdh in the brain and testis results in progressive neuron degeneration and sterility in mice. Nature Genet (26): 300-306.

FAO. 2001. Evaluation of Allergenicity of Genetically Modified Foods. Report of a Joint FAO/WHO Expect Consultation on Allergenicity of Foods Derived from Biotechnology. Food and Agriculture Organization of the United Nations, January.

Gossen M, Bujard H. 1992. Tight control of gene expression in mammalian cells by tetra cycline-responsive promoters. Proc Natl Acad Sci USA (89): 5547-5551.

Gossen M, Freundlieb S, Bender G, et al. 1995. Transcriptional activation by tetracyclines in mammalian cells. Science (268): 1766-1769.

Gu H, Marth J D, Orban P C, et al. 1994. Deletion of a DNA polymerase β-gene segment in T cells using cell type-specific gene targeting. Science (265): 103-106.

Guo F, Gopaul D N, Van Duyne G D. 1997. Structure of Cre recombinase complexed with DNA in a site-specific recombination synapse. Nature (389): 40-46.

Hayakawa T, Yusa K, Kouno M, et al. 2006. Bloom's syndrome gene-deficient phenotype in mouse primary cells induced by a modified tetracycline-controlled trans-silencer. Gene (369): 80-89.

Hoess R H, Abremski K. 1984. Interaction of the bacteriophage P1 recombinase Cre with the recombining site loxP. Proc Natl Acad Sci USA, 81 (4): 1026-1029.

Iwarnaga T, Wakasugi S, Inomoto T, et al. 1989. Liver-specific and high-level expression of human serum amyloid P component gene in transgenic mice. Dev Genet, 10 (5): 365-371.

Johnson P A, Yoshida K, Gage F H, et al. 1992. Effects of gene transfer into cultured CNS neurons with a replication-defective herpes simplex virus type 1 vector. Brain Res Mol Brain Res, 12 (1-3): 95-102.

Juhila J, Roozendaal R, Lassila M, et al. 2006. Podocyte cell-specific expression of doxycycline inducible Cre recombinase in mice. J Am Soc Nephrol, 17: 648-654.

Kochhar H P S, Evans B R. 2007. Current status of regulating biotechnology-derived animals in Canada-animal health and food safety considerations Theriogenology (67): 188-197.

Lakso M, Sauer B, Mosinger B, et al. 1992. Targeted oncogene activation by site-specific recombination in transgenic mice. Proc Natl Acad Sci USA (89): 6232-6236.

Loonstra A, Vooijs M, Beverloo H B, et al. 2001. Growth inhibition and DNA damage induced by Cre recombinase in mammalian cells. Proc Natl Acad Sci USA (98): 9209-9214.

Marquardt T, Ashery-Padan R, Andrejewski N, et al. 2001. Pax6 is required for the multi potent state of retinal progenitor cells. Cell (105): 43-55.

Masclaux F, Charpenteau M, Takahashi T, et al. 2004. Gene silencing using a heat-inducible RNAi system in Arabidopsis. Biochem Biophys Res Commun, 321 (2): 364-369.

Metcalfe D D, Astwood J D, Townsend R, et al. 1996. Assessment of the allergenic potential of foods derived from genetically engineered crop plants. Critical Reviews in Food Science and Nutrition (36): 165-186.

Negeri D, Eggert H, Gienapp R, et al. 2002. Inducible RNA interference uncovers the Drosophila protein Bx42 as an essential nuclear cofactor involved in Notch signal transduction. Mech Dev, 117 (1-2): 151-162.

OECD. 1993. Safety evaluation of foods produced by modem biotechnology: concepts and principles. Paris.

OECD. 1996. Food Safety Evaluation. Paris.

Orban P C, Chui D, Marth J D. 1992. Tissue-and-site-specific DNA recombination in transgenic mice. Proc Natl Acad Sci USA (89): 6861-6865.

Parrado A, Robledo M, Moya-Quiles M R, et al. 2004. The promyelocytic leukemia zinc finger protein down-regulates apoptosis and expression of the proapoptotic BID protein in lymphocytes. Proc Natl Acad Sci USA (17): 1898-1903.

Peng H, Usas A, Gearhart B, et al. 2004. Development of a self-inactivating tet-on retroviral vector expressing bone morphogenetic protein 4 to achieve regulated bone formation. Mol Ther, 9 (6): 885-894.

Pursel V G, Pinkert C A, Miller K F, et al. 1989. Genetic engineering of livestock. Science (244): 1281-1288.

Rhoades K L, Hetherington C J, Harakawa N, et al. 2000. Analysisof the role of AML1-ETO in leukemogenesis, using an inducible transgenic mouse model. Blood, 96 (6): 2108-2115.

Shimizu-Sato S, Huq E, Tepperman J M, et al. 2002. A light-switchable gene promoter system. Nat Biotechnol, 20 (10): 1041-1044.

Stolarov J, Chang K, Reiner A, et al. 2001. Design of a retroviral-mediated ecdysone-inducible system and its application to the expression profiling of the PTEN tumor suppressor. Proc Natl Acad Sci USA, 98 (23): 13043-13048.

Voziyanov Y, Pathania S, Jayaram M. 1999. A general model for site-specific recombination by the integrase family recombinases. Nucleic Acids Res, 27 (4): 930-41.

Wawrousek E. 1998. IBC Conference on engineered animal models: advances and applications, washington, DC, USA, 22-23 september 1997. Transgenic Res, 7 (2): 141-145.

Wu H, Liu X, Jaeniseh R. 1994. Double replacement: strategy for efficient introduction of subtle mutations into the murine Coll α-1 gene by homologous recombination in embryonic stem cells. Proc Natl Acad Sci USA, 91 (7): 2819-2823.

Xiao Y Y, Beilstein M A, Wang M C, et al. 2003. Developmentof a ponasterone A-induciblegene expression system for application in cultured skeletal muscle cells. Int J Biochem Cell Bio, 35 (1): 79-85.

Xu Z L, Mizuguchi H, Mayumi T, et al. 2003. Regulated gene expression from adenovirus vectors: a systematic comparison of various inducible systems. Gene, 309 (2): 145-151.

（乔宪凤，魏庆信）

第七章

转基因猪新品种培育

应用转基因技术得到转基因猪个体，距离培育成一个转基因猪的新品种（或新品系）、进而产业化应用，还有大量的选育工作和相当长的育种路程。按照转基因动物的命名方法（陈永福，2002），原代转基因动物（founder）是指由转基因的胚胎发育成的转基因动物，称其为 G_0 代转基因动物；由 G_0 代转基因动物与非转基因动物或其他 G_0 代转基因动物交配而生下的转基因动物，称为 G_1 代转基因动物；如此类推，以后生下的各代转基因动物，依次称为 G_2、G_3、G_4……代转基因动物。无论用哪一种转基因方法得到的 G_0 代转基因猪，都还只是育种的初始材料，有的甚至还不能作为育种的材料。G_0 代转基因猪能否作为育种材料，取决于其外源基因遗传和表达的稳定性，以及其表达的水平是否达到预期。而 G_0 代转基因猪遗传和表达的稳定性，以及表达产物的水平，则与外源基因整合的位点和整合的状况有关。同时，按目前的转基因技术，G_0 代转基因猪外源基因一般只是整合在同源染色体中的 1 条染色体上，可称其为"半合子"或"杂合子"。只有获得"纯合子"（同源染色体上的相同位点都整合有同一外源基因），才能进行下一步的建立家系、品系等育种工作。在建立转基因品系的过程中，还要兼顾其他经济性状的选育。可见，从转基因猪个体到培育成转基因新品系，是分子选择与常规育种相结合的复杂过程。

第一节　外源基因在 G_0 代中的整合状况及遗传稳定性

G_0 代转基因猪是培育新品种的原始育种材料，其应具有遗传的稳定性。而 G_0 代转基因猪是否具有遗传的稳定性，是由外源基因的整合状况所决定的。按目前的转基因技术，外源基因的整合有两种方式：一种是随机整合，另一种是定位整合。以下分别叙述这两种整合方式外源基因的整合状况和遗传稳定性。

一、随机整合

（一）转基因的嵌合体现象
转基因嵌合体是指转基因动物由转基因的和非转基因的两种细胞构成（或由两种或两种以上不同类型的转基因细胞构成）。Palmiter 等（1984）在制备的转基因小鼠中首次发现某些个体的体细胞和生殖细胞中仅有 $10\% \sim 20\%$ 整合了外源基因，即这些个体是嵌合体，以后的研究中又多次发现这一现象（Cousens 等，1994；Burdon 等，1992）。下列几种情况，有可能导致转基因嵌合体的产生。其一，与外源基因整合的时机有关。如果胚胎或细胞导入基因时染色体已经复制，则形成嵌合体的可能性较大。对于外源基因的显微注射而言，如果整合发生在第一次卵裂前，即发生在 DNA 合成的 S 期，外源基因将随染色体的分离均匀地分布到每一个细胞，得到的转基因动物是"半合子"，否则，得到的将是嵌合体。一般认为，细胞中的 DNA 修复系统与整合事件的发生密切相关。DNA 修复系统的活性在细胞周期的不同阶段变化很大，其中 DNA 复制时活性最高（Lefresne 等，1983）。因此，外源 DNA 的整合最有可能发生在染色体复制期间，而又以受精卵的第一次和第二次分裂期间的几率最高，如果整合发生在第一次分裂之后，那么得到的必然是嵌合体。其二，对 2 细胞期以上的胚胎进行基因导入，如对 2 细胞期的胚胎进行外源基因的显微注射，则一般会形成嵌合体。其三，在胚胎细胞的分裂和分化过程中，一部分插入 DNA 被修饰，也会形成嵌合体。有研究表明，应用显微注射的方法进行转基因，嵌合体的比例约为 65%（Whitelaw 等，1993；Ellison 等，1995）。在转基因嵌合体中，如果生殖细胞中有外源基因的嵌合，则可以将转基因传递给后代；否则，后代就不可能从转基因亲体获得转基因。这就是有些 G_0 代转基因动物不能传代的原因之一。如果性腺是转基因和非转基因的嵌合体，转基因后代的百分率则取决于这两类细胞系在配子生成中所占的比例（可在 0~50%）。

（二）转基因整合位点的数量及分布

外源 DNA 导入受体细胞后，随机地插入受体基因组中的任意位置，在一个特定的胚胎或细胞克隆，DNA 总是整合在染色体的单一位点，最多整合在少数几个位点上（陈永福，2002）。牛迄东等（2001）和樊俊华等（1999）用同位素和非同位素标记的染色体原位杂交技术，对 6 头来自于不同 G_0 代亲本（该 G_0 代亲本系用显微注射法制备）的转 pGH 猪的整合位点进行了研究，结果表明，外源基因分别定位在 $7q^{14}$、$6p^{12}$、$8p^{22}$、$2p^{17}$、$8q^{12}$ 和 $13q^{12}$ 上，未见同一条染色体上有多个整合位点，也未见两条以上染色体（包括两条染色体）有整合位点的现象。陈付学等（2000）应用非同位素原位杂交技术，对 6 头来自于不同 G_0 代亲本（该 G_0 代亲本系用显微注射法制备）的转 hDAF 猪整合位点进行了测定，结果表明，其中有 5 头是单一位点的整合，并分别定位在 $2p$、$7p^{11}$、$7q^{26}$、$11q^{12}$ 和 $13q^{44}$ 位点上；而有 1 头在两条染色体上（$6p^{14}$ 和 $14q^{26}$）均发现有杂交信号。其他对转基因哺乳动物整合位点的研究，也得到类似的结果。然而，在转基因鱼类整合位点的研究，则显示出不一样的结果。朱作言等（2003）报道，用原位杂交、引物原位标记和原位 PCR 技术分别对转猪金属硫基因启动子与人生长激素融合基因（pMThGH）F4 代红鲤染色体组中的转入基因进行了定位研究。结果显示，转入基因在染色体组中有多个分布位点，多整合在染色体的近着丝粒和端粒区，少数杂交信号出现在染色体臂上；同一条染色体上的整合位点一般只有 1 个。同时，应用质粒回收法对转 pMThGH 基因 F4 代红鲤染色体组中的转入基因进行了回收，也发现至少存在 6 种整合位点。此外，应用子代遗传分析方法，对转"全鱼"生长激素（GH）基因鱼转植基因整合位点数目的研究结果也表明，外源基因在转基因鱼 P_0 代的 2~3 条染色体上整合。

虽然外源基因的整合是随机的，但近来的一些研究发现，某些染色体上存在着整合的热点。Nakanishi 等（2002）采用荧光原位杂交法（FISH）对 142 个家系的转基因小鼠进行了整合位点的精确定位，对试验数据的统计分析表明，外源基因整合在小鼠的第 2 号和第 11 号染色体上的机会明显多于其他染色体，特别是在第 2 号染色体的顶端和第 11 号染色体的远端上整合的几率非常高。尚未见转基因猪这方面研究的报道。

也偶有在一对姊妹染色体上均有整合位点的报道。刘德培等（2001）对应用显微注射技术获得的 3 只转人 $HS_2\beta^s$ 珠蛋白基因小鼠，制备染色体标本，进行荧光定位杂交，结果显示，其中有 2 只的杂交信号位于同一条染色单体上，而另一只小鼠的两条染色单体上均有杂交信号，表明其为纯合子转基因小鼠。

显然，单一整合位点有稳定遗传的可能性。而多位点整合，尤其是多条染色体的多位点整合，其稳定遗传的可能性不大。多条染色体的多位点整合在传代过程中，外源基因难以均匀地分配给每一个后代，这就会造成后代不同个体外源基因整合位点数量的差异。在随机整合的情况下，获得纯合子转基因动物（一对姊妹染色体上均有相同位点的整合），的概率极低。

（三）位点效应

大量资料表明，转基因表达水平的高低与其在染色体上的整合位点有关。动物基因组大部分都是无表达活性的异染色质，整合在无表达活性部分的外源基因必然受到异染色质的抑制，只有很少一部分转基因整合在有活性的染色质区域而获得表达。不同的整合位点，表现出不一样的表达效果，称之为转基因的"位点效应"。朱作言等（1989）将转基因的位点效应分为三种类型，即有效整合、沉默整合和毒性整合。有效整合可以理解为，该位点整合的外源基因，不扰乱受体的"管家基因"，转基因的胚胎能正常发育成胎儿，发育成的个体能有效地表达外源基因。转基因的有效整合位点应具备两个特征：转基因能有效地表达；避免干扰基因组功能基因的表达调控或破坏基因结构（汪亚平等，2001）。无表达作用的整合为沉默整合，其整合位点常发生在染色体异染色质区。毒性整合的位点一般在常染色区，由于干扰了基因组功能基因的表达调控或破坏了正常基因的结构，而导致胚胎或个体生长发育受阻、畸形甚至夭折。在转基因哺乳动物，尤其是转基因猪等大动物的研究中，也发现有一部分转基因的胚胎发育受阻、早期流产，产出死胎、木乃伊胎，以及个体发育不正常、畸形等现象。魏庆信等（1995）对 35 头原代转 pGH 基因猪的观察发现，其中死胎、木乃伊胎占 17.1%，畸形、发育不正常的占 25%。毒性整合有可能是导致这些现象的原因之一。

早在 1925 年，美国遗传学家 A. H. Sturtevant 在研究果蝇自然突变的时候，就提出过位点效应的概念。1950 年，美国遗传学家 E. B. Lewis 把位点效应分为稳定型和花斑型两种，表达稳定的称为稳定型，表达不稳定的由于导致嵌合状的花斑效应而称之为花斑型位点效应。编者认为，对于转基因动物的位点效应，按朱作言等分为三类的说法较为全面和直观。

在朱作言等（1989）的试验中，具有表达作用的有效整合约占转基因个体总数的50%。魏庆信等（2000）对 14 头经整合鉴定的原代转 hDAF 基因猪，采用荧光抗体技术，对富含血管的组织切片后冰冻处理，显微摄像，然后采用 MP1AS-500 多媒体彩色病理图文分析系统进行图像分析，以比较表达量。结果表明，有 7 头表达，表达率为 50%（表 7-1）。

郑新民等（2002）对 4 头经整合鉴定的原代转人血清白蛋白（HAS）基因猪，经琼脂糖扩散、蛋白质电泳和 Western 杂交等分析，发现有 3 头表达（表达量分别为 0.7mg/ml、3.5mg/ml 和 20.3mg/ml），1 头未见表达，表达率为 75%。

表 7-1 转 hDAF 基因猪荧光抗体测试图像分析结果

猪号	性别	动脉肌肉层平均荧光灰度
6008	♀	167.8
6011	♂	169.0
6053	♂	154.0
6061	♀	157.8
6083	♀	127.3
6084	♂	131.3
6010	♂	170.6
6001	♀	0
6016	♀	0
6022	♂	0
6041	♀	0
6048	♀	0
6055	♂	0
6080	♂	0
阴性对照（2 头）		0

Kouzarides 等（2007）的研究认为，外源基因的不表达（表达沉默）主要与表观遗传修饰导致的转录受阻有关。表观遗传修饰的作用机制主要包括 DNA 甲基化（DNA methylation）和组蛋白乙酰化（histone acetylation）等。其中，DNA 甲基化是导致外源基因沉默的主要原因。Sijen 等（2001）的研究发现，几乎所有的外源基因沉默现象均与外源基因编码区及其启动子区的甲基化有关。组蛋白乙酰化是在组蛋白乙酰化酶（HATs）和组蛋白去乙酰化酶（HDACs）的共同作用下完成。HATs 通过在组蛋白赖氨酸残基乙酰化，激活基因转录；而 HDACs 使组蛋白去乙酰化，抑制基因转录。HATs 和 HDACs 之间的动态平衡控制着组蛋白乙酰化状态和染色质的结构，与外源基因是否表达密切相关（Jenuwein 等，2001）。

位点效应启示我们研究并发现高效表达的位点。目前，发现这种高效表达位点的方法有两种：一种方法是对已获得的高效表达个体进行位点分析，即通过克隆转植基因和整合位点序列，从而获得高效表达的位点；另一种方法是应用基因捕获技术，获得广泛高效表达的位点。利用基因捕获建立的随机插入突变的突变体文库，可用于寻找、鉴定和研究大量未知功能和已知功能的活化基因，基因捕获载体是带有报告基因或选择标记基因的不完整的基因表达载体，这些载体所带的基因只有在整合到宿主功能基因内部且与融合的宿主基因编码框一致时才能得以表达。Zambrowicz 等（1997）应用基因捕获技术在小鼠中获得有利于外源基因稳定并广泛表达的位点 ROSA26。Irion 等（2007）通过序列比对，在人基因组中找到与 ROSA26 高度同源的序列，命名为 hROSA26，之后他们通过定向基因打靶技术证明该位点能使外源基因广泛而高效地表达。孔庆然等（2011）也通过与小鼠 ROSA26 的比对获得了猪的 ROSA26 序列（pROSA26），并证明其启动子能驱动外源基因稳定而高效地表达。

有效整合的位点具有遗传的稳定性。Aignet 等（1999）对转酪氨酸激酶基因小鼠的转植基因拷贝数的稳定性进行了多达 20 个世代的观察，发现整合位点在世代传递中是高度稳定的。樊俊华等（1999）对来自同一 G_0 代亲本的 G_1、G_2、G_3 代转 pGH 猪，采用非同位素标记的染色体原位杂交技术，进行了外源基因的定位检测，结果表明，外源基因均整合在 $13q^{12}$ 上。对其他转基因动物有关位点检测的研究也证明，一旦获得有效整合的原代转基因动物，其整合的位点可以稳定地传递给后代。

（四）转基因整合的拷贝数和构形

转基因随机整合的构形有单拷贝单一位点整合、多拷贝串联单一位点整合和多拷贝多位点整合。外源基因多整合在染色体的单一位点上，多拷贝多位点整合的概率很低。多拷贝串联单一位点整合是指在每一个整合位点，外源 DNA 通常呈现多拷贝串状整合；在绝大多数情况下，某一位点上多拷贝串状整合的外源基因，采取头尾相连的排列方式；这些方向一致的串状拷贝，是被导入 DNA 的完整或近乎完整的拷贝，在最坏的情况下，也只有在两个相邻拷贝结合的地方出现小的不完整；在稀有的情况下，发现两个拷贝呈现头对头或尾对尾的连接方式，在这种情况下常发生末端缺失（陈永福，2002）。几乎所有的显微注射转基因研究都发现，转植基因是以头尾相接的串联体形式整合到受体基因组里（Bishop 等，1989；Hamada 等，1993；Palmiter 等，1985）。串联的拷贝数从几个到上百个，大多数拷贝是完整的，但可能有部分序列的缺失和重排、某些酶切位点的丢失或被宿主基因组 DNA 片段所间隔（Covarrubias 等，1986；Zeng 等，2001）。转基因的另一种变化是某些碱基被甲基化。转基因拷贝的不完整、末端缺失或甲基化，都会影响基因表达和遗传的稳定性。Hammer 等（1985）以定量斑点杂交法，检测转基因猪整合外源基因的拷贝数，发现整合金属琉基因启动子与人生长激素融合基因（MT-hGH）的拷贝数为 1～490 个，整合金属琉基因启动子与牛生长激素融合基因（MT-bHG）的拷贝数在 1～28个，整合金属琉基因启动子与人生长激素释放因子融合基因（MT-hGRF）的拷贝数为30～100 个。孔庆然等（2009）采用定量 PCR 技术，检测了 2 头体细胞核移植技术生产的绿色荧光蛋白转基因猪，其外源基因拷贝数分别为（30.85±1.77）个和（18.87±1.34）个。

有转基因植物的研究表明，当外源基因以低拷贝数（1 或 2 个）插入时能较好的表达，而多拷贝数插入的外源基因表达不稳定甚至出现基因沉默现象（Flavell，1994；Vaucheret 等，1998），而单拷贝的转基因植株通常以孟德尔方式进行遗传并在后代表达稳定（Budar，1986）。不同的转化方法对外源基因整合的拷贝数有影响，杨晓杰等（2011）研究了农杆菌介导法、基因枪轰击法和花粉管通道法等 3 种常用方法转化同一植物表达载体的转基因棉花，比较外源基因拷贝数的差异，结果表明，基因枪轰击和花粉管通道注射法均能获得较高比例低拷贝（1～3 个拷贝）的转化体。

Costantini（1986）发现，将人 β-珠蛋白基因转入 β-地中海贫血小鼠中时，如果转基因的拷贝数大于 50 个，则地中海贫血可被校正，而拷贝数是 1 个时则无效，这说明转基因整合的拷贝数也有可能影响转基因的表达和功能的发挥。Patrick（1999）研究表明，细胞内质粒拷贝数增加会提高转基因的表达，大量拷贝数可以增加 DNA 在细胞内的降解中存在下来的可能性。也有研究认为，转基因的表达与外源基因的拷贝数没有紧密的相关性（Williams 等，2008）。转基因动物整合拷贝数对表达的影响，以及不同转基因方法对整合拷贝数的影响，还需要进一步深入研究。

二、定位整合

广义的转基因定位整合也可以称为"靶向修饰"，即包括向受体基因组定向地插入外源基因和敲除基因。定位整合一般是通过基因打靶实现的，基因打靶又称定向基因转移，是一种精确地人工修饰基因组的技术。传统的基因打靶技术是利用同源重组的原理，通常是用含已知序列的 DNA 片段与受体细胞基因组中序列相同或非常相近的基因发生同源重组，定点整合于受体细胞基因组中，并使该基因表达缺失或表达一种外源基因。常用的基因打靶技术有锌指核酸酶技术和位点特异性重组酶技术等。无论哪一种基因打靶技术，都具备如下的特点：第一，具有直接性，直接作用于靶基因，不涉及基因组的其他位置；第二，具有准确性，可以将事先设计好的 DNA 序列插入选定的目标基因座，或者用事先设计好的 DNA 序列去取代基因座中相应的 DNA 序列；第三，对整合的拷贝数能进行有效的控制；第四，外源基因在不同的转基因动物个体或细胞克隆中的表达水平一致。因此，通过基因打靶技术制备的转基因动物，其整合位点是确定和单一的；其整合的拷贝数也应是事先设计的。

对于猪等大动物，应用传统的基因打靶技术实现外源基因的定位整合（或基因敲除），必须通过体细胞的转化、筛选和核移植（克隆）的程序。目前，猪体细胞核移植生产克隆猪的效率很低，大量的重构胚在孕育期死亡，出生后的个体生长发育不正常、甚至死亡的频率也很高。应用体细胞核移植技术制备转基因（或基因敲除）猪时，胚胎的大量死亡或出生个体的不正常，应主要归因于克隆技术不完善；但也不能排除一部分是由整合的外源基因（或敲除基因）所引起。尽管定位整合的状况没有随机整合那么复杂和变化多端，但也存在某种外源基因（或敲除基因）的表达或设计整合位点的不当，对胚胎或个体发育产生不良影响，有的还会导致胚胎的死亡或个体发育不正常。因此，对于传统的基因打靶，也存在对打靶位点进行筛选的问题。

应用锌指核酸酶技术和位点特异性重组酶技术进行基因打靶，既可以通过体细胞转化、核移植的途径实现，也可以通过显微注射的方法实现。如果是通过显微注射的方法进行基因打靶，由于基因注射时间难以精确地控制，或由于整合后的表观遗传修饰作用，也会存在嵌合体现象。但可以预见的是，这种嵌合体的比例比随机整合要小。

第二节　G_0 代转基因猪的选择

G_0 代转基因猪选择的目标是获得遗传稳定、表达预期的个体。由于 G_0 代转基因猪存在转基因的嵌合体现象、沉默整合和毒性整合，以及外源基因（或敲除基因）的表达对个体发育产生不良影响的可能性。因此，要进行定向育种，就必须对 G_0 代转基因猪进行选择。

一、选择的内容和目标

G_0 代转基因猪是建立转基因猪新品系的原始材料，选择的正确与否将决定育种工作能否进行。其选择的内容应包括以下几点：

(1) G_0 代转基因猪的生长发育、繁殖性能是否正常。

(2) 外源基因的表达是否达到预期。

(3) 外源基因整合和表达水平是否具有遗传稳定性。

最终的选择目标应是：选择生长发育和繁殖性能正常、外源基因的表达水平达到预期且具有遗传稳定性的个体，作为建立转基因家系、品系或品种的原始材料。

二、选择程序

(一) G_0 代转基因猪生长发育、繁殖性能和生理生化指标的测定和评价

对应用转基因技术生产的仔猪，采样后进行整合检测，其阳性个体即为 G_0 代转基因猪。对所有阳性个体，按猪育种的常规进行饲养管理（有些种类的转基因猪也许需要特殊的饲养管理），测定其初生重、断奶体重，而后逐月称重直至 6 月龄；同时测定其饲料消耗和饲料转化率；在规定的日龄进行生理生化指标的检测；观察身体发育有无异常或有无其他的病理表现。所有测定和检测，均应以同窝非转基因猪作为对照。如果转入的基因旨在提高生长速度、瘦肉率、饲料转化率或其他生产性能，则所有与对照组相比生产性能提高的阳性个体，只要身体发育无异常、无其他病理表现，均属正常。

达到繁殖月龄的阳性个体，对母猪要观察其初情期出现的月龄和表现，发情期的持续时间和表现，以及发情周期的时间等。对公猪需观察其雄性性状，包括睾丸发育、体型、外貌等；观察其性欲是否旺盛，对母猪的爬跨是否正常，同时采精检测精液的质量。最终的判断需要配种和产仔的结果。G_0 代转基因公猪应与非转基因母猪配种，最少配种 5 头母猪、产仔 30 头以上，以达到最小的样本量；G_0 代转基因母猪应与非转基因公猪配种，观察其情期受孕率、妊娠时间、产仔数、仔猪的初生重及断奶窝重。所有这些繁殖性能的评价，均应以亲本品种的成绩作为对照。

(二) G_0 代转基因猪的表达检测

对生长发育、繁殖性能和生理生化指标正常的 G_0 代转基因猪，进行转基因的表达检测。表达检测的程序，应首先进行转录（mRNA）水平的检测，一般采用 RT-PCR 或 Northern blot 法。然后，进行翻译水平（蛋白质水平）的检测。蛋白质检测的方法有多种，要根据预期表达蛋白的具体情况，确定用哪一种检测方法。如检测抗原类的蛋白，需要有特异的抗体，可采用荧光免疫技术；表达激素类的转基因猪，可用放射免疫法来测定血清中激素的浓度；表达其他蛋白，可采用 ELASA、Westhern blot 法等，进行定性和定量检测。对表达产物定性和定量检测之后，有些还要进行生物活性的分析检测、功能测试和性能测定。例如，表达产物为酶的，要进行酶活力的分析，如转 ω-3 多不饱和脂肪酸酶基因猪，除需定量地检测 ω-3 多不饱和脂肪酸酶的含量之外，还要检测脂肪中 ω-3 多不饱和脂肪酸的含量；用于异种器官模型研究的转 hDAF 基因猪，需测定在施加人类补体的时候，是否对细胞具有保护的功能；对于旨在提高生产性能的转基因猪，要测定其相关的生产性能。选择出达到预期表达水平的 G_0 代转基因猪后，再进行下一步的检测。

对生长发育、繁殖性能和生理生化指标不正常的 G_0 代转基因猪，也应进行转基因的表达检测，以分析这些不正常表达是否由外源基因的表达所引起。

（三）G_0 代转基因猪整合和表达的遗传稳定性检测及分析

G_0 代转基因猪的遗传稳定性分析需进行传代，在操作上其实是与繁殖性能的测定同步进行的。即：G_0 代转基因公猪与非转基因母猪配种，最少配种 5 头母猪、产仔在 30 头以上，以达到最小的样本量；G_0 代转基因母猪与非转基因公猪配种。由于母猪 1 个繁殖周期只能产仔 1 窝，所产的仔猪数达不到最小的样本量，还应该进行第二、第三，甚至第四、第五个繁殖周期的配种和产仔，以母猪 1 年有 2 个繁殖周期计算，也要 2.5 年的时间才能达到最小的样本量。因此，G_0 代转基因公猪第一个繁殖周期产仔后，仔猪的检测如果达到了预期数量的阳性个体数，且阳性个体的表达水平基本达到了转基因亲本的水平，就可以初步认为该 G_0 代转基因公猪具有整合和表达的遗传稳定性；而对于 G_0 代转基因母猪，则需要再进行几个繁殖周期的观察，或者由第一个繁殖周期产生的阳性后代（G_1）继续传代，才能得出遗传是否稳定的初步结论。

理论上，遗传稳定的 G_0 代转基因猪与非转基因猪配种，其后代的阳性率应为 50%。实际操作中，在后代个体数不少于 30 个样本的情况下，阳性率接近 50% 即可，样本量越大，越应接近 50%。

对于测定随机整合转基因猪的遗传稳定性，切忌将 G_0 代转基因公猪与 G_0 代转基因母猪交配。因为每头 G_0 代转基因猪整合的位点不同，表达水平也不一样，同时还存在转基因嵌合体的可能，用 2 头不同性别的 G_0 代转基因猪交配，所产生后代的检测结果无法说明任何一个亲本的遗传性。

对于定位整合技术制备的 G_0 代转基因猪，应首先进行外源基因的定位检测，以判断其是否按照预期整合到相应的位点上；同时进行表达检测，定位整合的 G_0 代转基因猪其表达水平应该是基本一致的，但允许有一定的差别（同位点、相同拷贝数的整合，由于个体之间的差异，也会出现表达水平的差别）。即使整合与表达的检测都达到了预期的 G_0 代个体，也必须通过传代来判断其是否具有遗传的稳定性。其传代配种的方式有两种：一种方式是 G_0 代转基因猪与非转基因猪配种，后代的阳性率为 50% 左右，且 G_1 的表达水平基本达到了转基因亲本的水平，即可初步认为该 G_0 代转基因猪具有遗传稳定性；另一种方式是 2 头具有不同性别的 G_0 代转基因猪之间的交配，如果其产生的子代（G_1）阳性率为 75% 左右，就可以初步认为这两头 G_0 代转基因猪均具有遗传稳定性。

最终判定 G_0 代转基因猪的遗传是否稳定，还有赖于由该 G_0 代所产生的 G_1、G_2 代甚至 G_3、G_4 代的检测结果。

第三节　转基因猪纯合子的建立

转基因纯合子是指同源染色体上的相同位点都整合有同一外源基因，且整合的拷贝数一致，或同源染色体上的双等位基因都有同样的基因敲除。目前，建立转基因猪的纯合子主要有两条技术路线：一是利用选择出来的具有遗传稳定性的 G_0 代转基因猪，通过常规繁育技术获得；二是利用体细胞二次基因打靶技术，获得双等位基因整合（或敲除）猪。显然，第一条技术路线既适用于随机整合方法制备的转基因猪，也适用于定位整合方法制备的转基因猪；第二条技术路线则只适用于定位整合方法制备的转基因猪。第一条技术路线耗时长，至少需要 2 个世代的繁育才能选择出转基因猪的纯合子，而且还有近交风险；第二条技术路线可一步到位，但技术难度大。

一、通过常规繁育技术建立转基因猪纯合子

（一）随机整合转基因猪纯合体的获得

随机整合的情况下，G_0 代转基因猪整合的位点不同，整合的拷贝数不同，表达水平也有差别。如果用 2 头不同性别的 G_0 代转基因猪交配，无法得到双等位基因整合（或敲除）的后代，因而也就不能得到转基因猪的纯合子。只有 G_0 代转基因猪与非转基因猪交配所产生的阳性后代，在转基因遗传稳定的前提下，其整合的位点、拷贝数和表达水平才会是一致的。因此，只有采用 G_0 代转基因猪与非转基因猪交配所产生的阳性后代近交的方法，才能筛选出转基因猪的纯合子。

1. 全同胞近交　经选择遗传稳定的 G_0 代转基因猪与非转基因猪交配，所产生的 G_1 代转基因猪采用全同胞近交，即兄弟姐妹相互交配的方法，可获得纯合子。交配模式如图 7-1 所示。

在图 7-1 的交配模式中，G_1 代转基因猪的近交后代，理论上其阳性猪（G_2 代转基因猪）的比例应为 75％。而在 G_2 代转基因猪中，纯合子应占 1/3。

2. 半同胞近交　非近交系的猪实行近交，会出现近交衰退的现象。近交的程度越高，近交衰退的现象也就越严重。为了降低近交衰退的风险，可采用半同胞近交，交配模式如图 7-2 所示。

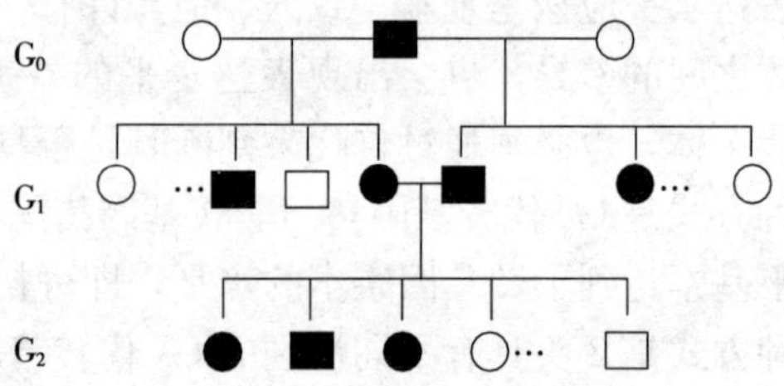

在图 7-2 的交配模式中，G_2 代转基因猪的纯合子应占 1/3。

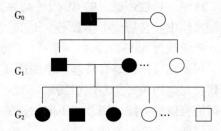

图 7-1　全同胞近交
（■●分别表示转基因的雄性、雌性动物；
□○分别表示非转基因的雄性、雌性动物。下同）

图 7-2　半同胞近交

（二）定位整合转基因猪纯合子的获得

应用定位整合技术所获得的 G_0 代转基因猪，由于其整合位点、拷贝数相同，表达水平也基本一致，因而可以直接采用其公、母猪相互交配的方法得到纯合子。交配模式如图 7-3 所示。

在图 7-3 的交配模式中，G_1 代转基因猪的比例应为总产仔数的 75％，而纯合子应占 G_1 代转基因猪的 1/3。

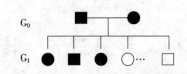

图 7-3　定位整合 G_0 代转基因猪的交配模式

（三）转基因猪纯合子的鉴定与筛选

无论哪一种交配模式，都需要将纯合子从转基因猪的群体中筛选出来。鉴定纯合子的方法如下。

1. 实验室鉴定方法　近年来，发展建立了一些纯合子转基因动物的鉴定和筛选的实

验室方法，并已成功地应用于转基因小鼠纯合子的筛选。

（1）荧光原位杂交法（FISH）　荧光原位杂交法是在放射性原位杂交技术的基础上发展起来的一种非放射性分子细胞遗传技术，其基本原理是将 DNA（或 RNA）探针用特殊的核苷酸分子标记，然后将探针直接杂交到染色体或 DNA 纤维切片上，再用与荧光素分子偶联的单克隆抗体与探针分子特异性结合来进行 DNA 序列在染色体或 DNA 纤维切片上的定性、定位和相对定量的检测分析。用于纯合子转基因动物筛选的 FISH 法主要有染色体 FISH 法（中期细胞 FISH 法）和间期细胞 FISH 法。染色体 FISH 法是用外周血培养分裂中期细胞，用中期细胞来进行 FISH 检测，使转基因信号在染色体上显示出来（纯合子转基因动物显示 2 个信号点，杂合子转基因动物显示 1 个信号点）在荧光显微镜下进行筛选。间期细胞 FISH 法是利用全血间期细胞或成纤维细胞进行 FISH，根据 2 个信号的出现率筛选出纯合子动物。

（2）Southern 杂交法　应用 Southern 杂交筛选纯合子转基因动物要利用 2 种不同的探针：一种是针对转基因特异的，另一种是针对内源性基因特异的。这样，在与转基因动物 DNA 杂交中出现 2 个特异条带（转基因和内源性基因），扫描杂交信号的密度，可定量计算每个样品的转基因杂交信号与内源性基因杂交信号的比值，根据此比值来判断转基因动物是纯合子还是杂合子。

（3）荧光实时定量 PCR 法　荧光实时定量 PCR 法（real-time PCR）是将 PCR 与分子杂交及荧光技术结合，每产生 1 条 DNA 链就产生 1 个荧光信号，可实现对 DNA 量的双倍放大，检测的 DNA 浓度范围为 $0.023 \sim 50 \text{ng}/\mu\text{l}$，1 次定量检测只耗费模板 DNA $2\mu\text{l}$。

2. 常规繁育鉴定法　实验室方法的检测结果只能作为参考，最终确认纯合子还必须通过常规繁育的方法。将各种交配模式得到的 G_2 代（随机整合的交配模式）或 G_1 代（定位整合的交配模式）转基因猪，与非转基因猪交配，如果其后代 100% 是转基因猪，就可以确认该转基因亲本是纯合子；后代中只有一半是转基因猪，则其转基因亲本仍然是杂合子。

二、通过重复打靶技术建立转基因猪纯合子

通过常规繁育技术建立转基因猪纯合子耗时长。猪的世代间隔为 1 年左右，如前所述，随机整合的 G_0 代转基因猪通过 2 个世代的繁育，加上鉴定纯合子的 1 个世代，至少需要 3 年的时间才能最终确认筛选出纯合子；即使是定位整合的 G_0 代转基因猪，至少也需要 2 年的时间才能最终筛选出纯合子。同时，对于随机整合的纯合子建立过程还要承担近交衰退的风险。体细胞的二次基因打靶技术为我们解决上述问题提供了技术路线。2002年，英国 PPL 公司的 Carol 等人利用体细胞的二次基因打靶技术，获得了 α1, 3-半乳糖基转移酶（GGTA1）双等位基因敲除猪。Kuroiwa 等（2004）对牛成纤维细胞进行 PRNP 的打靶，并通过克隆技术构建重构胚，重构胚移植到子宫内发育成 2.5 月龄的胎儿，实施流产并再次分离牛成纤维细胞，然后进行重复打靶获得纯合型基因敲除细胞，以纯合型基因敲除细胞作为核供体，构建成功 PRNP 双等位基因位点失活的转基因牛。

体细胞二次基因打靶成功的关键是要建立"细胞拯救技术"。在体细胞上实施基因打

靶的制约因素是细胞寿命太短。由于细胞增殖的代数有限，往往是尚未确定是否实现了靶向基因交换，细胞就进入凋亡期，难以把细胞还原成动物个体。但是，体细胞经过核移植过程之后，可以重新启动发育程序，其寿命得到更新。根据这个原理，可在 2 次基因打靶之间引入细胞拯救过程，使第一次基因打靶中的阳性细胞得以更新。这一技术能将细胞团扩增为胎儿组织，生产大量均质的细胞。这些细胞不仅可以满足进一步分子检测的需要，同时为完成第二次基因打靶争取到足够的时间。

（一）载体构建

利用目的基因及其相邻序列，构建 A 和 B 2 种基因打靶载体，分别用于敲除 2 条姊妹染色体上的目的基因拷贝。载体 A 和 B 分别用不同的标记（如 GFP 和 RFP），防止 2 种标记基因相互干扰。

（二）第一次基因打靶

第一次基因打靶时，使用载体 A 转化细胞，筛选表达第一个标记基因（如 GFP）的细胞 50～100 个。经过数代扩增培养，使每个细胞生长成含有 100 个细胞的克隆。于每个细胞克隆抽取部分细胞进行 PCR 鉴定，证明打靶载体已经发生同源交换，并已整合到目的基因座上。将剩余的细胞冷冻保存，供下一步细胞拯救使用。经过上述程序，能够获得 5～10 个可靠的细胞群。这些细胞已发生同源重组，目的基因已被敲除，并存有足够数量的细胞，保证了下一个技术步骤的顺利完成。

（三）细胞拯救

用 PCR 筛选得到的阳性细胞作为核供体，通过体细胞克隆使每个细胞群增殖为 1 个胎儿组织，借以得到大量同质的胎儿成肌细胞。这种细胞具有供体细胞的一切特性，但重新发育的过程使细胞的寿命得到拯救。因为有了大量细胞材料，就可以对第一次基因打靶的结果进行更仔细地鉴定。细胞拯救过程如图 7-4 所示。

（四）第二次基因打靶

第二次基因打靶的过程大体与第一次相同，使用载体 B 在得到拯救的细胞上进行打

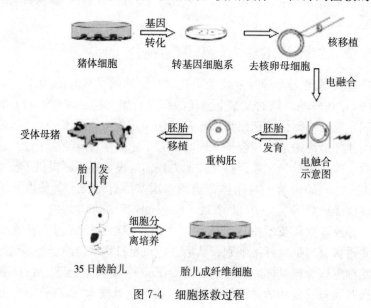

图 7-4　细胞拯救过程

靶，筛选出表达第二个标记（如 RFP）的阳性细胞。

（五）二次打靶细胞的核移植

用经过二次基因打靶的细胞作核供体，进行核移植。

（六）转基因猪纯合子的鉴定

如果整个过程操作无误，经核移植出生的后代应该全部是双等位基因整合（或敲除）的纯合子。最终的确认还需要通过鉴定，鉴定的方法同本节"通过常规繁育技术建立转基因猪纯合子"所述。

三、基因编辑技术

应用上述两种方法构建转基因猪的纯合体，都存在一些弊端。通过常规繁育技术建立转基因猪纯合体，耗时长，且存在近交衰退的风险；通过重复打靶技术建立转基因猪纯合体，不仅耗时长，而且技术操作难度大。近几年出现的基因编辑新技术，可以实现一步到位获得纯合体转基因动物，为我们构建转基因猪的纯合体提供了新的途径。

（一）锌指核酸酶（ZFNs）技术

Geurts 等（2009）将 ZFNs 质粒或者编码 ZFNs 的 mRNA 直接注射到大鼠原核或者胚胎胞质中，得到 32 只免疫球蛋白 M 基因（IgM）敲除的大鼠，其中发现 1 只实现了一次对 2 个等位基因的敲除，这在传统的基因打靶中几乎是不可能的。分析其原理，锌指核酸酶（ZFNs）既然可以诱导受体的 DNA 在特定位置产生双链断裂，也就有可能发生在同源重组时，双等位基因同时敲除或同时插入外源基因的事件。该技术的原理和方法详见本书第三章第四节"一、锌指核酸酶"。

（二）CRISPR-Cas9 系统

CRISPR（Clustered Regularly Interspaced Short Palindromic Repeats，规律成簇间隔短回文重复序列）是细菌的获得性免疫结构。当病毒或质粒感染细菌，细菌将外源 DNA 剪切成短的 DNA 片短，如果入侵病毒或质粒是第 1 次感染细菌，细菌将一小段病毒或质粒 DNA 复制到基因组的一个特定重复片段中间，这个重复序列结构就是 CRISPR。在 CRISPR 位点附近，存在一系列 CRISPR 相关（CRISPR-associated，Cas）基因。根据 Cas 基因组成和 CRISPR 基因结构，将 CRISPR-Cas 分为 Ⅰ、Ⅱ 和 Ⅲ 3 个型和很多亚型，其中 Ⅱ 型 Cas9 相对研究得比较清楚，已经被广泛应用于基因编辑、基因灭活和基因插入。新的研究表明，RNA 导向 Cas9 可以在多种细胞和生物体中发挥功能，在特异位点裂解完整基因组。这使得 Cas9 具有基因组编辑的功能。当借助于同源重组或非同源末端连接，这些标准的细胞修复机制修复双链断裂时，可以修复位点的序列，或插入新的遗传信息。CRISPR-Cas9 系统用于删除基因的功能或对基因进行替换，只需添加一个新基因的 DNA 模板，从而在 DNA 被剪切后从基因组中拷贝入新的基因。这套系统中的每一个 RNA 片段都能靶定特定的序列。Rudolf Jaenisch 研究组（2013）应用 CRISPR-Cas 技术，成功得到双基因敲除的纯合子小鼠。Qiurong Ding 等（*Cell Stem Cell* 杂志 2013 年 4 月在线文章）的研究表明，CRISPRs 方法对细胞一个突变等位基因产生克隆的效率为 51%～79%，其中生成的纯合子突变克隆占总克隆的 7%～25%。CRISPR-Cas9 与锌指核酸酶（ZFNs）技术相比，特异性更高，稳定性也更好；CRISPR-Cas9 的中靶率高，而且可同时进行多基因打靶。

更加诱人的是，应用上述两种基因编辑技术，可以在受精卵内操作，而且不需要标记基因，从而使转基因的操作更加简便和安全。

第四节　转基因猪新品种的培育

得到遗传稳定的转基因猪纯合子后，即进入常规育种程序。为了确认外源基因在进入常规育种传代过程中是否丢失或变异，需要对后代逐代、逐头进行分子检测。由此可见，转基因猪新品种的培育过程是分子育种与常规育种紧密结合的过程。

一、转基因猪新品种的培育目标

转基因猪新品种的育种目标应包括以下几点。

1. 形成的品种群体全部携有导入的外源基因，以及外源基因表达的性状。

2. 新品种要保留原亲本品种非导入性状的主要特点。

3. 新品种要具备猪品种所应具备的所有条件，如来源相同，性状及适应性相似，遗传性稳定，一定的结构及足够的数量等。

二、转基因猪新品系的建立

建立转基因猪新品系，宜采用系祖建系法，即以构建成功、并经过筛选的纯合子为系祖建立品系。猪的品系群应由不少于 4～6 头公猪和 30～40 头母猪所组成，其中还应有 5～6 个家系。形成这样的一个遗传稳定、表达水平基本一致的群体，就可以认为转基因猪新品系建立成功。

（一）随机整合转基因猪新品系的建立

随机整合的转基因猪个体之间，外源基因整合的位点和拷贝数不一致，如果用来源不同（G_0 代不是同一个体）的纯合子之间交配，所得到的后代又成为新的杂合体。因此，只能采用同一来源（G_0 代为同一个体）的纯合子之间交配，才能保证后代的纯合性和遗传稳定性。这就增加了建系的难度，过高的近交系数，会导致群体的衰退，生命力下降。因此，在建立纯合子的过程中，一是要尽可能采用半同胞近交的方式；二是选择的非转基因猪与 G_0 代转基因猪之间，以及非转基因猪之间，应尽量避开血缘关系。

以来源于同一头 G_0 代转基因猪的若干纯合子（G_2 代），经各种性状的筛选之后，首先建立 5～6 个家系。在建立家系的过程中，设计公、母猪之间的交配组合，也要尽量降低近交系数，避免全同胞或半同胞之间的交配。在建立家系的基础上，按育种计划的数量，选择其中优秀的公、母猪个体，进行纯繁扩群，建立核心群，进而形成品系。

（二）定位整合转基因猪新品系的建立

应用定位整合技术制备的转基因猪，其新品系的建立比随机整合要简单、易行。这是由于定位整合的转基因猪个体之间，外源基因整合的位点和拷贝数是一致的。无论纯合子的来源是否相同（G_0 代是否为同一个体），其交配的后代都是纯合子，这就容易避开血缘关系，降低或防止近交衰退。

对确认为纯合子的 G_1 代转基因猪，进行选择（包括常规性状），建立 5～6 个家系。在建立家系的基础上，按育种计划的数量，选择其中优秀的公、母猪个体，进行纯繁扩群，建立核心群，进而形成品系。

如果是应用二次打靶技术或其他技术获得的纯合子转基因猪，从 G_0 代就可以进行选择，建立若干家系，纯繁扩群，组建核心群，进而形成品系。

（三）新品系的选育

转基因猪新品系建立之后，应根据常规育种的理论和技术对新品系进行选育，以不断提高生产性能。

转基因猪新品系扩群的一般程序是：先建立核心群，再建立育种群，最后建立商品群。

核心群需要不断补充新的转基因个体：一是对自然淘汰的补充，二是为了防止遗传漂变。通过转基因和建立纯合子的方法制备新的转基因猪纯合子，补充核心群。

育种群主要用于开展新品系的定向选育、纯化，使生产性能不断提高，一般可以采用继代选育方法，并通过同胞、半同胞和后裔测定技术对种用公猪育种值测定，筛选出生产性能优良的种用公猪。

商品群主要用于转基因猪的商品化生产，借助配合力测定筛选与非转基因猪品系的最佳杂交组合，提高商品群的商业价值。

三、转基因猪新品种的建立

我国猪育种工作者认为，一个猪的品种，至少应有三个以上的品系。每个品系之间，应有不同的品质。对于转基因猪的所有品系而言，转基因所表达性状的品质应该是共同具备的。而品系之间品质的不同，则可以从以下几方面体现。

1. 以制备转基因猪时所用不同亲本的品系为基础，建立若干个转基因品系。

2. 根据转基因性状表达水平的差异，建立若干品系。

3. 随着转基因品系扩繁规模的扩大，其会逐步分布在不同的地区和不同的饲养场。不同地区或不同饲养场的饲料结构、自然条件和饲养管理方法不同，会形成若干各具特点、互有差别（这些特点或差别应主要体现在常规性状上）的类群，从而形成若干新的品系。

四、转基因猪新品种的利用

在初步形成转基因新品系之后，就可以进行利用。这种利用是在获得转基因猪生产性试验的审批之后，才能按规定进行。转基因新品种的利用还需要品种审定之后才能进行。

（一）直接利用

转基因猪在某一方面具有特殊的性能，可以直接用来生产。如果是提高生产性能（如提高生长速度、瘦肉率，改善肉质，增强抗病力等），则可直接用于肉猪的生产；如果是作为生物反应器、表达医用蛋白，则可直接用来生产特定的蛋白产品。

（二）杂交利用

转基因猪的杂交利用，可以更大效率地发挥其作用。所谓杂交利用，是用转基因猪与非转基因猪杂交，杂交一代为转基因的杂合子。转基因杂合子具有转基因表达的性状，可以作为商品猪进入市场；但不能用于繁殖，更不能留作种用。这种杂交利用的方式，可能会成为商品猪生产的主要方式。

（三）作为培育新品系（或新品种）的原始材料

其实，转基因的优良性状向其他品种转移，无需重新制备 G_0 代转基因猪。用培育出的转基因猪品系或品种，作为原始育种材料，与其他品种杂交；用杂交后代的近交，获得纯合子；以转基因纯合子建立新品系的方法，最终培育出转基因的新品系（或新品种）。

迄今为止，转基因猪新品种的培育尚无先例，其过程肯定比本文所描述的要复杂、困难。只有在今后的育种实践中，不断探索、总结、完善，才能形成转基因猪育种的新理论和新方法。

五、转基因猪种质资源的保存

转基因猪新品系和新品种建立之后，要注意种质资源的保存。即使还没有建立品系的转基因猪，也应该进行遗传资源的保存。尤其是要保存性状突出的转基因个体的遗传资源。

转基因猪种质资源（或遗传资源）的保存有两种方法：一是常规保种，二是冷冻保存。常规方法的保种，可结合转基因猪新品系（或新品种）培育同时进行。冷冻保存是指在液氮中长期保存，需要保存的材料有精液、卵母细胞、胚胎和其他体细胞。

猪精液冷冻技术已经基本成熟（具体操作见本书第二章第一节）。冻精解冻后的活率可达 0.5 左右，用冻精给母猪输精，受孕率在 80% 左右。对于种系遗传的转基因猪，应加强其冷冻精液的管理，定期检查精子的活力、畸形率、细菌含量等精液品质常规检查项目。

猪卵母细胞的冷冻技术已经取得很大进展。张德福等（2008）采用程序化法冷冻保存猪卵母细胞，解冻后的存活率达 33.8%；采用玻璃微细管（GMP）法冷冻保存猪卵母细胞，解冻后的存活率达 63.3%。

近年来，猪胚胎的冷冻技术有较快的发展。应用玻璃化冷冻技术冻存囊胚期的猪胚胎，解冻后的存活率可达 75%（Nagashima 等，2007）。Berthelot 等（2000）的研究表明，利用拉细开口型细管（OPS）法玻璃化冷冻猪胚胎，移植的受孕率达到 50%。

猪各种体细胞的分离、培养、建系及冷冻保存技术见本书第二章第五节。

参考文献

陈付学，樊俊华，曹军平，等.2000.转基因猪外源 hDAF 基因的定位.上海大学学报（自然科学版），6（5）：459-462.

陈永福.2002.转基因动物.北京：科学出版社.

樊俊华，魏庆信，陈清轩，等.1999.转 OMT/PGH 基因猪外源基因整合及遗传特性研究.遗传学报，26（5）：497-500.

孔庆然，武美玲，朱江，等.2009.转基因猪中外源基因拷贝数和整合位点的研究.生物化学与生物物理进展，36（12）：1617-1625.

孔庆然，刘忠华.2011. 外源基因在转基因动物中遗传和表达的稳定性. 遗传，33（5）：504-511.

刘震乙，盛志廉，吴显华，等.2000. 家畜育种学. 北京：中国农业出版社.

牛迓东，何新，陈清轩，等.2001. 转 pGH 基因猪外源基因染色体定位研究. 生物工程学报，17（3）：318-320.

祁兢晶，朱健平.2009. 常用纯合子转基因动物的筛选方法. 中外医疗（27）：30-31.

吴波，朱作言.2003. 转基因动物整合位点的研究进展. 遗传，25（1）：77-80.

汪亚平，胡炜，吴刚，等.2001. 转"全鱼"生长激素基因鲤鱼及其 F1 遗传分析. 科学通报，46（3）：226-229.

魏庆信，樊俊华，郑新民，等.2000. 猪导入人类促衰变因子（hDAF）的整合与表达. 中国兽医 学报，20（3）：219-221.

魏庆信，樊俊华，郑新民，等.1995. 猪导入生长激素基因的研究. 湖北农业科学（6）：64-69.

夏薇，刘德培，董文吉，等.2001. 应用荧光原位杂交技术检测人 β^F 珠蛋白基因在转基因小鼠染色体上的整合状态. 遗传，23（5）：397-400.

杨晓杰，刘传亮，张朝军，等.2011. 不同转化方法获得的转基因棉花外源基因拷贝数分析. 农业生物技术学报，19（2）：221-229.

张德福，朱良成，刘东，等.2006. 猪卵母细胞冷冻保存研究. 中国农业科学，39（6）：1233-1240

郑新民，乔宪凤，杨在清，等.2002. 转人血清白蛋白基因猪的表达分析. 经济动物学报，6（2）：24-26.

朱作言，许克圣，谢岳峰，等.1989. 转基因鱼模型的建立. 中国科学，（2）：147-155.

Aignet B, Fleischmann M, Muller M, et al. 1999. Stable long-term germline transmission of transgene integration sites in mice. Transgenic Research，8（1）：1-8.

Berthelot F, Martinat-Botte F, Locatelli A, et al. 2000. Piglets born after vitrification of embryos using the open pulled straw method. Cryobiology，41（2）：116-124.

Bishop J O, Smith P. 1989. Mechanism of chromosomal integration of microinjected DNA. Mol Biol Med，6（4）：283-298.

Budar F. 1986. Agrobacterium-mediated gene transfer results mainly in transgenic plants transmitting as a single mendelian factor. Genetics（114）：303-313.

Burdon T G, Wall R J. 1992. Fate of microinjected genes in preimplantation mouse embryos. Mol Reprod Dev，33（4）：436-442.

Carol J, Chihiro K, Todd D, et al. 2002. Production of α-1, 3-Galactosyl transferase-Deficient pigs. Science（10）：1126.

Covarrubias L, Nishida Y, Mintz B. 1986. Early post implantation embryo lethality due to DNA rearrangements in a transgenic mouse strain. Proc Natl Acad Sci USA（83）：6020-6024.

Cousens C, Carver A S, Wilmut I, et al. 1994. Use of PCR-based methods for selection of integrated transgenes in preimplantation embryos. Mol Reprod Dev，39（4）：384-391.

Ellison A, Wallace H, AI-Shawi R, et al. 1995. Different transmission rates of herpesvirus thymidine kinase report transgenes from founder male parents and male parents of subsequent generations. Mol Reprod Dev（41）：425-434.

Flavell R B. 1994. Inactivation of gene expression in plants as a consequence of specific sequence duplication. Proc Natl Acad Sci USA（91）：3490-3496.

Geurts A M, Cost G J, Freyvert Y, et al. 2009. Knockout rats via embryo microinjection of Zinc-finger nucleases. Science (325): 433.

Hamada T, Sasaki H, Seki R, et al. 1993. Mechanism of chromosomal integration of transgenes in micro-injected mouse eggs: sequence analysis of genome-transgene and transgene-transgene junctions at two loci. Gene, 128 (2): 197-202.

Hammer R E, Prsel V G, Rexroad C E, et al. 1985. Production of transgenic rabbits, sheep and pig by microinjection. Nature (315): 680-683.

Irion S, Luche H, Gadue P, et al. 2007. Identification and targeting of the ROSA26 locus in human embryonic stem cells. Nat Biotechnol, (25): 1477-1482.

JenuweinT, Allis C D. 2001. Translating the histone code. Science (293): 1074-1080.

Kreiss P, Cameron B, Rangara R, et al. 1999. Plasmid DNA size does not affect the physicochemical properties of lipoplexes but modulates gene transfer efficiency. Nucleic Acids Research, 27 (19): 3792-3798.

Kurolwa Y, Kasinathan P, Matsushita H, et al. 2004. Sequential targeting of the genes encoding immunoglobulin-mu and prion protein in cattle. Nat genet, 36 (7): 775-780.

Kouzarides T. 2007. Chromatin modifications and their function. Cell, 128 (4): 693-705.

Lefresne J, David J C, Signoret J. 1983. DNA ligase in Axolotl egg: a model for study of gene activity control. Dev Biol, 96 (2): 324-330.

Nakanishi T, Kuroiwa A, Yamada S, et al. 2002. FISH analysis of 142 EGFP transgene integration sites into the mouse genome. Genomics, 80 (6): 564-574.

Palmiter R D, Brinster R L. 1985. Transgenic mice. Cell (41): 343-345.

Palmiter R D, Wilkie T M, Chen H Y, et al. 1984. Transmission distortion and mosaicism in an unusual transgenic mouse pedigree. Cell, 36 (4): 869-877.

Sijen T, Vijn I, Rebocho A, et al. 2001. Transcriptional and posttranscriptional gene silencing are mechanistically related. Curr Biol, 11 (6): 436-440.

Vaucheret H, Beclin C, Elmayan T, et al. 1998. Transgene-induced gene silencing in plants. Plant J, 16 (6): 651-659.

Whitelaw C, Springbett A, Webster J et al. 1993. The majority of Go transgenic mice are derived from mosaic embryos. Transgenic Research, 2: 29-32.

Williams A, Harker N, Ktistaki E, et al. 2008. Position effect variegation and imprinting of transgenes in lymphocytes. Nucleic Acids Res, 36 (7): 2320-2329.

Zambrowicz B P, Imamoto A, Fiering S, et al. 1997. Disruption of overlapping transcripts in the ROSA beta geo 26 gene trap strain leads to widespread expression of beta-galactosidase in mouse embryos and hematopoietic cells. Proc Natl Acad Sci USA, 94 (8): 3789-3794.

（魏庆信）

第八章

转基因猪的安全管理和安全评价

第一节　我国农业转基因生物的安全管理体系

从事转基因猪研发的单位和个人，应了解我国有关农业转基因生物安全管理的各种法规、制度以及相应的管理、咨询、评价机构和程序，在法律法规的框架内开展工作，以确保人类健康、动物自身和生态环境的安全。

一、我国农业转基因生物安全管理的法规建设

随着转基因技术的快速发展和应用范围的日益扩大，在带来巨大经济利益的同时，也引发了人们对转基因生物及产品潜在风险的广泛争论，并受到世界各国的关注和重视。转基因生物安全性已成为人类经济与社会发展过程中必须面对的一个重要问题。加强转基因生物安全管理是控制和应对转基因风险的重要手段。从国际上看，联合国《生物安全议定书》、《生物多样性公约》对转基因生物及其产品的安全性评价、消费者知情权和越境转移等做出了明确规定。美国是最早制定生物技术研究和开发管理制度的国家，1986 年，美国内阁科技政策办公室发布《生物技术管理协调框架》，要求联邦政府在现有法律框架下制定实施法规，由环保局、食品与药物管理局和农业部共同参与转基因生物安全管理。之后，欧共体和其他许多国家也都相继制定了转基因生物安全管理的法律、法规和制度。在这种国际背景下，根据国际相关组织和多数国家的做法，中国政府先后制定并颁布了农业转基因生物安全管理的各项法规，目的就是为了促进中国农业转基因生物技术研究，保障人体健康和动植物、微生物安全，保护生态环境，推进科技创新。

1993 年 12 月，原国家科委发布了《基因工程安全管理办法》。《基因工程安全管理办法》是我国生物技术管理的协调大纲，也是我国有关转基因生物安全管理的最早框架文件。

在此基础上，农业部于 1996 年 7 月发布了《农业生物基因工程安全管理实施办法》。《农业生物基因工程安全管理实施办法》结合农业生物基因工程的实际情况，对农业生物基因工程实施了更为有效的管理，特别是针对遗传工程体的安全性评价和安全等级确定的步骤作出了具体的规定。

为了进一步加强和规范管理，2001 年 5 月国务院颁布了《农业转基因生物安全管理条例》，第一次把对转基因生物的安全管理上升到行政法规的层次。《农业转基因生物安全管理条例》将农业转基因生物安全管理从研究试验延伸到生产、加工、经营和进出口各环节。农业部依据《农业转基因生物安全管理条例》赋予的职责，负责全国农业转基因生物

安全的监督管理工作。

2002 年以来，农业部先后发布了与《农业转基因生物安全管理条例》配套的 4 个管理办法，即《农业转基因生物安全评价管理办法》、《农业转基因生物进口安全管理办法》、《农业转基因生物标识管理办法》和《农业转基因生物加工审批办法》。

目前，这一个《条例》、四个《办法》构建了我国农业转基因生物安全管理的基本法律框架，是我国农业转基因生物安全管理的主要法规依据。

二、我国农业转基因生物的管理和监控体系

（一）管理制度

为了确保《农业转基因生物安全管理条例》及其配套管理办法的顺利而有效的实施，我国建立了 6 种管理制度，它们既相互关联，又各有其特定内容。

1. 安全评价制度 凡在中国境内从事农业转基因生物的研究、试验、生产和进口活动，必须按规定进行安全评价。安全评价按照植物、动物、微生物 3 个类别，根据安全等级 I、II、III、IV 的不同，以及按实验研究、中间试验、环境释放、生产性试验和申请安全证书 5 个不同的阶段进行报告或审批。总之，适用于管理范围内的所有农业转基因生物都要经过安全性评价，批准后方可开展相应的工作。

2. 生产许可制度 生产单位和个人生产已获得了农业转基因生物安全评价生物安全证书的转基因植物种子、种畜禽、水产苗种，应当取得农业部颁发的生产许可证。在这一前提下，才能够开展相应农业转基因生物的生产活动。

3. 经营许可制度 经营单位和个人经营取得了生物安全证书的转基因植物种子、种畜禽、水产苗种，应当申请取得农业部颁发的农业转基因生物的经营许可证后，才能够从事相应农业转基因生物的经营活动。

4. 标识制度 凡在中国境内销售列入标识目录的农业转基因生物，必须实行标识，同时规定了标识方法。

5. 进出口管理制度 对进口农业转基因生物按照用于研究试验、用于生产、用于加工原料等三种类型实施安全管理。根据不同的类型制定了相应的管理措施，确保进入中国的转基因农产品的环境安全和食用安全。

6. 加工审批制度 对以具有活性的农业转基因生物为原料，生产农业转基因生物产品的单位和个人，应当在取得加工所在地省级人民政府农业行政主管部门颁发的农业转基因生物加工许可证后，才能开展相应的农业转基因生物的加工活动。

（二）行政监管体系

根据《农业转基因生物安全管理条例》的规定，农业部作为负责全国农业转基因生物安全监督管理的牵头部门和主管部门，建立了由农业、科技、卫生、商务、环境保护、检验检疫等部门组成的部际联席会议，负责研究、协调农业转基因生物安全管理工作中的重大问题。

农业部成立农业转基因生物安全管理办公室，负责全国农业转基因生物安全监管工作。

各省、自治区、直辖市农业行政主管部门成立了相应的管理机构，负责本行政区域的农业转基因生物安全监管工作。

各个从事农业转基因生物研究与试验的单位，成立由单位法人代表负责的农业转基因生物安全小组，负责本单位农业转基因生物研究与试验的安全工作。

为应对转基因生物的环境释放和商业化生产涉及的环境污染问题，国家环保总局设立了国家生物安全管理办公室。国家环保总局作为我国环境保护的主管部门，而且我国政府已向联合国环境署和《生物多样性公约》确认国家环保总局作为我国生物安全的国家联络点和主管部门，因而，它在农业转基因生物安全管理方面也履行着一定的职责。

（三）技术支撑体系

1. 安全评价咨询机构　由从事农业转基因生物研究、生产、加工、检验检疫、卫生、环境保护等方面的专家组成国家农业转基因生物安全委员会，负责农业转基因生物的安全评价工作。

2. 安全检测机构　即环境安全、食用安全和产品检验检测机构。分别负责对农业转基因生物的环境安全检测、食用安全检测和产品检验工作，确保农业转基因生物及其产品的研究与应用安全。

3. 标准制定机构　逐步完善农业转基因生物安全管理标准体系。通过制（修）订农业转基因生物安全管理标准，实现对农业转基因生物安全评价管理的规范化和科学化。

第二节　转基因猪的安全控制

农业部《农业转基因生物安全评价管理办法》附件Ⅳ农业转基因生物及其产品安全控制措施中规定，从事农业转基因生物试验和生产的单位，要制定安全控制措施和事故发生后的应急措施。

1. 安全控制措施

（1）物理控制措施　指利用物理方法限制转基因生物及其产物在试验区外的生存及扩散，如设置栅栏，防止转基因生物及其产物从试验区逃逸或被人或动物携带至试验区外等。

（2）化学控制措施　指利用化学方法限制转基因生物及其产物的生存、扩散或残留，如生物材料、工具和设施的消毒。

（3）生物控制措施　指利用生物措施限制转基因生物及其产物的生存、扩散或残留，以及限制遗传物质由转基因生物向其他生物的转移，如设置有效的隔离区及监控区、清除试验区附近可与转基因生物杂交的物种、阻止转基因生物开花或去除繁殖器官，或采用花期不遇等措施，以防止目的基因向相关生物的转移。

（4）环境控制措施　指利用环境条件限制转基因生物及其产物的生存、繁殖、扩散或残留，如控制温度、水分、光周期等。

（5）规模控制措施　指尽可能地减少用于试验的转基因生物及其产物的数量或减小试验区的面积，以降低转基因生物及其产物广泛扩散的可能性，在出现预想不到的后果时，能比较彻底地将转基因生物及其产物消除。

2. 应急措施

（1）转基因生物发生意外扩散，应立即封闭事故现场，查清事故原因，迅速采取有效措施防止转基因生物继续扩散，并上报有关部门。

（2）对已产生不良影响的扩散区，应暂时将区域内人员进行隔离和医疗监护。

（3）对扩散区应进行追踪监测，直至不存在危险。

编者根据对上述安全控制措施的理解和实际工作的体会，结合转基因猪研发现场的实际情况，本着"预防为主，防患于未然"的原则，从转基因实验猪场的安全控制、卫生防疫、猪群处置等方面，提出转基因猪安全监控的具体实施细则，供参考。

一、转基因实验猪场的安全控制

（一）转基因猪专用猪舍设计

转基因猪的研发和生产需在专用猪舍内进行，严格避免与常规生产的非转基因猪混群。转基因猪专用猪舍的设计如图 8-1 所示。转基因实验猪场应建立外围墙，围墙高于 2.5m，墙角深 1m。在转基因猪舍与普通猪舍之间设置隔离带，其宽度可暂按 50m 设置。

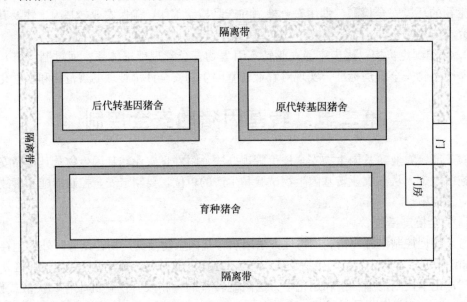

图 8-1　转基因猪专用猪舍设计

（二）防止转基因猪扩散措施

建立健全责任体制，实行安全管理场长负责制，每日清点猪数并定期上报；门卫及饲养员实行岗位责任制；执行严格的实验猪场管理制度，避免与其他猪群接触。

（三）监控措施

1. 猪场设专职门卫，24h 在岗。

2. 猪场中午及夜间应安排值班人员，值班人员应经常巡视猪舍，清点猪数并做好记录。

3. 饲养员应当按实验猪场饲养员岗位责任与考核办法进行日常猪群的管理工作，并做好相应记录。

4. 科技人员应认真观察转基因猪的行为表现、健康状况，一旦发现异常现象，及时向有关部门报告，提交有关现象的原因和紧急采取措施的效果。

5. 实验猪场应当严格按照实验猪场卫生防疫技术规范开展猪群的卫生防疫工作。

6. 试验用猪粪便采取集中发酵的方式进行处理，试验淘汰猪一律深埋或焚烧处理，不得对外销售。

7. 转基因猪舍严格控制外来人员进场参观，确需参观的，应向本单位农业转基因生物安全小组提出申请，获准后方可参观。

8. 外来人员进入实验猪场需按实验猪场卫生防疫技术规范进行消毒和防护。

（四）应急措施

1. 饲养员、值班人员及相关人员发现转基因猪丢失或外逃，应立即组织搜寻，并在0.5h 内向本单位农业转基因生物安全小组汇报。

2. 对搜寻到的猪，应调查所到之处周围农户是否饲养猪，逃逸期间是否与其他猪进行交配，发生交配者，应将交配猪回购处理，以防转基因扩散。

3. 未能追回的逃逸猪，应及时上报上级转基因生物安全管理部门，并协同做好善后处理及相关跟踪工作。

4. 若发生致使受体动物安全性下降的转基因异常表达、突变等情况，应立即组织专家分析其原因，保存好变异材料，并采取扑杀、焚烧或深埋的办法进行处理，同时上报政府行政管理部门。

5. 若由于转基因所引发的严重问题影响邻近区域，应及时上报上级转基因生物安全管理部门，发出紧急通知、封闭限制区，使危险降低到最低。定期对邻近区域畜禽、环境等自然状况进行检测，防止问题进一步扩散。

6. 当自然环境突然发生大规模改变时，应及时发出警报、提出解决方案，并及时处理。

7. 转基因猪试验实施过程中出现意外事故，导致试验猪死亡，应立即就地扑杀并深埋或焚毁。

二、转基因实验猪场的卫生防疫

转基因实验猪场应严格按照《中华人民共和国动物防疫法》，做好防疫工作，预防、控制和消除动物疫病，保护人体健康，维护公共卫生安全。

（一）猪场卫生防疫总体要求

1. 必须认真贯彻执行防疫为主、防重于治的方针，全体员工必须遵守实验猪场卫生防疫制度。

2. 猪场要与外界隔开，生产区大门设有消毒池和更衣消毒间。消毒液应选择有机物、耐热晒、不易挥发、杀菌广谱、消毒力强的消毒剂，并应经常更换，时刻保持有效，确保消毒效果。

3. 外来车辆、人员一般不准进入生产区，特殊情况需经场长批准，并限定行径范围，同时要严格消毒。

4. 进入猪场的一切人员都必须更换消毒的工作服、工作鞋，洗手后于消毒室严格消毒。

5. 来自传染区的饲料不准进入猪场，发霉、变质的饲料不准饲喂。

6. 猪只必须饮用清洁的水，场内污水、污物处理应符合防疫要求。

（二）场区及猪舍卫生消毒

1. 场区保持清洁、卫生，每半个月消毒 1 次，每季度灭鼠 1 次。夏、秋两季全场每周灭蚊、蝇 1 次，但要注意人畜安全。

2. 圈舍每天进行清扫，保持整洁、整齐、卫生，做到无污水、无污物、少臭气。每月至少消毒 1 次。

3. 圈舍每年空圈消毒 2～3 次。消毒程序为：彻底清扫→清水冲洗→3％碱水喷洒 1 次→空圈 5～7d。

4. 每栋猪舍内的工具不得交叉使用，并保持其清洁卫生。

5. 食槽与饮水槽必须每 2 周用 0.1％高锰酸钾溶液冲洗消毒。

6. 猪只转圈时，应对圈舍和生产用具彻底消毒。

7. 每栋猪舍饲养员应相对固定，饲养员不得串栏串舍。

8. 隔离场饲养管理人员及所有生产用具不得进入其他场区。

（三）免疫接种

1. 在正常情况下，按年度防疫方案进行猪免疫注射疫苗。

2. 根据周围的疫情和猪场的实际情况需要，可对特殊传染病按要求进行免疫接种。

3. 预防接种前，应对被接种猪群进行健康状况、年龄、妊娠、泌乳以及饲养管理情况进行检查和了解。

4. 每次接种后应进行登记，有条件的应进行定期抗体检测。

（四）疫病控制

1. 饲养员密切观察猪只情况，发现异常要及时报告，兽医技术人员要跟班观察，值班人员每晚 9～10 时要对猪群进行 1 次仔细检查。发现病猪应及时采取措施，并做好详细记录。

2. 对猪的一般性疾病要及时治疗，并查清病因，采取预防措施，减少、防止此类疾病的再次发生，确保猪群健康。

3. 引进猪要了解猪产地传染病流行情况，并进行产地检疫，回购后不得直接进场，要隔离观察至少 1 个月，确定为健康猪并完成相应免疫接种后方可混群饲养。

试验猪的引入采取 2 级隔离防疫，即外购猪经普通猪场、实验猪场先后隔离防疫 2 个月，并确认健康无传染病后，方可用作转基因试验用猪。

4. 因病而被隔离的猪必须在兽医监护下进行饲养管理，治疗痊愈并由兽医同意后方可重新混群。

5. 病死猪必须经过解剖，查明原因后进行无害化处理，任何人不得随意带走、分食、丢弃病死猪，并对埋尸场地进行严格消毒。

（五）卫生保健

1. 禁用、慎用剧毒药品，使用时必须由兽医技术人员严格把关。

2. 医疗器械、哺乳器械、采精和输精器械在每次使用之前应进行消毒，用后立即清洗。

3. 做好冬季防寒保暖、夏季防暑降温工作。

4. 经常观察妊娠母猪的情况，做好保胎和疫病防治工作。

5. 经常观察猪粪便情况，及时调整饲料，必要时进行相应治疗。

（六）环境维护

1. 猪场内清洁道与污染道分开运行。

2. 粪、尿排入化粪池或在指定地点堆积、密封发酵，杀灭粪便中病原菌、寄生虫和虫卵。

（七）病历记载与归档

1. 按猪的编号建立病历卡。

2. 由兽医填写病历，包括发病日期、主要症状、初步诊断、治疗经过（用药情况）和转归等。

3. 病历卡、尸检报告由兽医技术人员统一保管。

4. 淘汰、死亡猪应注明情况，由场长签字后上报。如属失职等原因，应写明责任原因及责任人。

三、转基因实验猪场猪群处置规则

为规范实验猪场各类猪只出生、引进、淘汰、内部转移和死亡丢失注销等方面的管理，同时充分利用猪群资源，节约生产和科研成本，应制定实验猪场猪群处置规则。

（一）转基因猪的出生处置实施规则

1. 严格按照猪场仔猪护理技术进行接产、培育、防疫等。

2. 出生后的仔猪严格按照实验猪场猪编号规则进行统一编号。

3. 出生后（3d 内）死亡或死胎亦应编号，并按照要求进行取样。

4. 详细记录实验猪场仔猪统计表，主要包括基因构件、出生日期、性别、受体品种及编号、检测结果、处理等。

5. 仔猪出生后 15d 通知检测鉴定部门组织取样检测。

6. 分管技术人员每月固定日期必须将仔猪记录报于场长，由场长以书面形式上报。

（二）猪的引进处置实施细则

1. 必须由项目负责人根据科研用猪计划通知猪场负责人引进，猪场其他任何人不得擅自引进。

2. 猪必须由非疫区引进。

3. 引进猪必须由猪场场长与技术员共同验收，并填写引进猪只验收单；根据双方签订的购猪合同，符合要求的猪填写入栏单；不符合要求的猪，一是退回，二是按淘汰猪处理。

4. 新进猪一律入隔离舍，按实验猪场引进猪处理程序进行处理。

5. 供试验用猪按实验猪场猪编号规则统一编号。

（三）猪的淘汰处置实施细则

1. 转基因猪的淘汰必须有检测部门的检测报告及项目负责人签署的处理意见，由场长安排给予及时淘汰处理。

2. 非转基因猪由场长根据科研计划的进展及猪的使用情况（一般做过 2～3 次手术，

生殖系统严重损伤，无使用与保留价值）及时确定需要淘汰的猪。对于产过仔猪的受体，或取过血样、组织样做检测的猪，必须报项目负责人同意后，方可作淘汰。

3. 淘汰的转基因猪实行无害化处理，即深埋或焚烧。

4. 淘汰的非转基因猪由场长负责处理，并办理出栏手续，注明淘汰原因。

（四）自然死亡猪及丢失猪的注销处置实施细则

1. 所有死亡的猪，分管兽医必须认真填写实验猪场猪死亡报告书，并附实验猪场猪病历，相应饲养员签字，场长必须确认，并报项目负责人审核，涉及责任事故应追究相应当事人的责任。

2. 对于死亡的转基因猪还必须立即通知项目负责人到场，按要求解剖、取样。

3. 经鉴定，对有食用价值的非转基因死亡猪不得随意带走、分食、乱丢弃等，必须由场长负责处理，并办理出栏手续，注明原因。

4. 对有传染可能的死亡猪必须进行无害化处理。

5. 丢失猪必须在发现当天及时书面上报项目负责人，由项目负责人提出处理意见，查明原因，并经确认后方可注销，不得隐瞒不报。若丢失的猪为转基因猪，应在知情后0.5h 内上报农业转基因生物安全小组，由农业转基因生物安全小组根据其安全等级做出相应的处置决定。

第三节　转基因猪的安全评价

按农业部《农业转基因生物安全评价管理办法》，依据对人类、动植物、微生物和生态环境的危险程度，将农业转基因生物分为 4 个等级，即安全等级Ⅰ（尚不存在危险）、安全等级Ⅱ（具有低度危险）、安全等级Ⅲ（具有中度危险）和安全等级Ⅳ（具有高度危险）。按实验研究、中间试验、环境释放、生产性试验和申请安全证书 5 个阶段进行报告或审批。

一、转基因猪安全评价的内容

根据《农业转基因生物安全评价管理办法》附录Ⅱ转基因动物安全评价的规定，转基因猪的安全性评价应包括四方面的内容。

（一）受体猪的安全性评价

1. 受体猪的背景资料　包括品种名称、产地、引进时间、用途、在国内的应用情况、安全应用的记录（对人类健康和生态环境是否发生过不利影响；演变成有害动物的可能性）等。

受体为转基因猪提供基础遗传物质。为提高产业化之后的市场竞争力，受体猪一般选择具有高生产性能的优良品种，按其来源不同，可分为引进品种（外来品种）、地方品种和培育品种。每个品种都有明确的产地范围。优良品种猪的用途，一是食用，二是作种用。此外，猪的副产品（如内脏、皮毛等）还可以作医药工业和皮革工业的原料。健康猪的猪肉对人类健康没有不利影响；但有些携带人兽共患传染病病原的猪，会对人类健康产生不利的影响。通过严格的卫生检疫可以避免这种不利影响的发生。家猪是圈养动物，对生态环境未发生过不利影响，也没有演变成有害动物的可能性。

2. 受体猪的生物学特性 包括发育特性、食性、繁殖方式和繁殖能力、迁移方式和迁移能力、建群能力、对人畜的攻击性和毒性、对生态环境影响的可能性等。

每个猪种都有其特定的生长发育特性，如生长速度、瘦肉率、性成熟日龄、产仔数等会依品种的不同而有差异。猪是杂食性动物，现代化的养猪场以精饲料（谷物、豆类）、动物性饲料和矿物质饲料为主，在一定的生长发育阶段会辅以青饲料。其繁殖方式一般为人工授精或本交，也有少数采用胚胎移植的方式进行繁殖。家猪没有自然迁移和建群的能力，只能人工迁移和建群，且家猪对人畜没有攻击性，更没有毒性。圈养动物自身不会对生态环境产生影响，但规模化养猪场的粪污如处理不当，会对周围生态环境产生一定的影响，目前已有各种技术措施处理粪污，保障环境的安全。

3. 受体猪病原体的状况及其潜在影响 包括是否具有某种特殊的易于传染的病原，以及传染病病原对人类、环境、动物健康影响情况等。

猪的传染病病原主要有口蹄疫病毒、猪瘟病毒、猪繁殖与呼吸综合征病毒、猪细小病毒、猪圆环病毒、猪流行性腹泻病毒、猪传染性胃肠炎病毒、猪流感病毒、猪丹毒杆菌、猪链球菌、副猪嗜血杆菌、猪衣原体、猪沙门氏菌、猪肺炎支原体以及猪钩端螺旋体等数十种。这些病原感染给猪，会引起猪的各种病症甚至死亡，有些病原感染后的死亡率还很高。同时，有些病是人兽共患的，如果控制不当，会对人类和其他动物的健康产生影响。目前，这些病原都可以通过严格的卫生防疫、免疫、检疫等措施加以控制。

用于转基因研究的受体猪必须经过严格的检疫，携带传染性病原的猪不能用作受体。同时，通过检疫用作受体的猪，必须有严格的隔离、卫生防疫和免疫措施，防止各种病原的感染。

4. 受体猪的生态环境 包括地理分布和自然生境，生长发育所要求的生态环境条件，是否具有生态特异性，对生态环境的影响及其潜在危险程度等。

我国地方品种和培育品种在国内都有其特定的地理分布范围以及相应的自然环境，但引进品种（外来品种）一般分布较广。依据品种的不同，其生长发育所要求的最适生态环境条件有一定差异。但猪没有生态特异性，任何一个品种，离开产地到其他地区，经过一定时间的适应性驯养，一般都可以正常生长发育，如产于高海拔、高寒地区的藏猪，也可以在华南地区正常生长、繁殖；美国、欧洲的杜洛克、约克夏、兰德瑞斯等品种，在我国各地都有引进，而且有良好的适应性。

家猪由于圈养，不存在对生态环境的潜在危险。

5. 受体猪的遗传变异特征 猪是长期进化所形成的物种，在自然条件下没有与其他动物种属或微生物进行遗传物质交换的可能性。经过长期选育的猪品种，具有较高的遗传稳定性。

6. 受体猪的监测方法和监控的可能性 猪为圈舍饲养，实验猪场都建立了严格的隔离管理制度，易于监控。

7. 受体猪的其他资料 根据《农业转基因生物安全评价管理办法》第十一条有关标准，用于转基因研究的受体猪，对人类健康和生态环境未曾发生过不利影响，同时演化成有害生物的可能性极小，因而一般可划分为安全等级Ⅰ。

（二）基因操作的安全性评价

1. 转基因猪中引入或修饰性状和特性的叙述 包括插入一个或数个外源基因，内源基因敲除、沉默及其他修饰。对于插入外源基因，详细描述外源基因的功能，以及所能导致的转基因性状。对于内源基因的敲除或沉默，详细描述该内源基因的功能，以及敲除或沉默之后所能导致的性状，包括描述基因与功能之间的关系，如 ω-3 脂肪酸去饱和酶（sFatI）基因在猪体内的高效表达能提高 ω-3 脂肪酸含量，赋予猪肉保健功能，其机理在于转入 sFatI 后，可重建一个长链多不饱和脂肪酸的合成途径。

2. 实际插入或删除序列的资料 包括插入序列的大小和结构，确定其特性的分析方法；删除区域的大小和功能；目的基因的核苷酸序列和推导的氨基酸序列；插入序列在动物细胞中的定位及其确定方法；插入序列的拷贝数。

目的基因的核苷酸序列应为研发者采用目的基因的实际序列，不宜直接引用 Gene Bank 上的序列（付仲文等，2006）。

转基因猪的插入序列一般应整合于宿主细胞染色体上，确定的方法是提取动物血液或其他组织的染色体 DNA，然后通过 Southern 杂交的方法证明这些 DNA 中检测到了转基因的存在；更精细的定位可采用染色体原位杂交的方法来确定插入序列整合在某一条染色体的具体位点。

3. 目的基因与载体构建的图谱 载体的名称和来源，载体是否有致病性，以及是否可能演变为有致病性。如是病毒载体，则应说明其作用和在受体动物中是否可以复制。

目的基因与载体构建物理图谱和遗传图谱，应详细说明所有编码和非编码序列的位置、复制和转化的起点、其他质粒要素和所选择的用于启动探针的限制位点，以及用于 PCR 分析时引物的位置和核苷酸序列。图谱应附有一张标明每一组成部分、大小、起点和功能的表格。还应给出用于转化的 DNA 完整序列。图谱和表格应说明该修饰是否影响引入基因的氨基酸序列。对所发生的改变进行适当的风险评估，申请人应提供相关支持文件。如果在转化过程中使用了载体 DNA，那么需要说明其来源，并对其进行风险评估（付仲文等，2006）。

4. 载体中插入区域各片段的资料 启动子和终止子的大小、功能及其供体生物的名称；标记基因和报告基因的大小、功能及其供体生物的名称；其他表达调控序列的名称及其来源。

5. 转基因方法 目前转基因猪的制作方法有显微注射法、精子介导法、逆转录病毒载体法、体细胞核移植介导法等，制作方法的不同其安全性是不同的。用病毒类载体制作转基因猪要特别慎重，病毒载体的一些表达产物可能对猪或人类具有潜在的危害，使用此类方法制作的转基因猪必须经过严格的分析测试后方可使用。

6. 插入序列表达的资料 包括插入序列表达的资料及其分析方法，如 Southern 印迹杂交图、PCR-Southern 杂交检测图等；插入序列表达的器官和组织、表达量。

根据上述评价，参照《农业转基因生物安全评价管理办法》第十二条有关标准，划分基因操作的安全类型。已有报道的转基因猪试验，其基因操作多属于改变受体生物的表型或基因型而对人类健康和生态环境没有影响（或没有不利影响）的基因操作，即不影响受体生物安全性的类型。

（三）转基因猪的安全性评价

1. 与受体猪比较，转基因猪的特性是否改变，如在自然界中的存活能力，经济性能，繁殖、遗传和其他生物学特性。

转基因猪在自然界中的存活能力，主要反映在与受体猪相同的自然环境和饲养条件下的适应能力，是否可以进行正常的生长发育。从转基因动物生产过程到外源基因的表达，都有一些影响转基因动物存活能力的因素。现有的每一种转基因动物制作方法都存在自身的一些缺陷，有可能会影响部分转基因动物的健康状况和生存能力。随机整合的转基因技术，其整合位点和整合拷贝数是随机的，显示出位点效应。由于外源基因插入位点的不同，可能导致邻近内源基因的调控元件覆盖了转基因本身所在的位点，从而发生异常的表达模式，包括不表达、加强表达和异常表达。加强表达和异常表达就有可能影响转基因动物生理状况的变化，从而影响其存活能力。体细胞核移植产生的部分克隆动物存在健康问题，体细胞核在卵胞质中重编程的不完整性，导致了克隆动物存在许多问题，如死胎、胎儿肥大、早期流产、成年后表型和解剖学异常等。应用体细胞核移植技术制备转基因动物，有可能会导致部分转基因动物其解剖结构、生理功能和行为方式上的些许改变，这些变化可能会对动物自身的健康造成影响和导致存活能力的下降。转基因动物由于新基因的插入与表达可能会对猪的其他性状产生一定的影响，造成生存竞争力的变化，如早期转生长激素类基因的转基因猪，虽然其生长性能有了一定的提高，但是其繁殖性能和疾病抵抗能力都有所下降。原预测转基因表达后，在乳汁中无害的蛋白，却导致了转基因动物泌乳的过早停滞和乳腺发育的损伤，Lubon（1998）指出这种非预期的结果可能与转基因蛋白的某些未知的生物功能有关。有些转基因也会产生对动物生存有利的因素，如提高抗病性和适应性的转基因，提高了动物对疫病抵抗的能力和对环境适应的能力，从而提高了存活能力。因此，对转基因猪长势的记录、评估及预测大规模应用的可行性等方面，都需要进行详细的观察和检测。对于用作生物制药的转基因动物，在动物血液中是否有药物的残留和药物的实际含量，对动物消化系统中的微生物菌区的微生物是否有一定影响，以及是否对该种药物产生特定的抗药性都应仔细监测。根据观察和检测的结果，淘汰存活能力降低的个体，保留具有正常生长发育态势的转基因动物。

2. 插入序列的遗传稳定性。有关转基因动物的遗传稳定性资料，尚未见具体的规定，但编者认为，至少应提供连续传递3代的实验数据。

3. 基因表达产物、产物的浓度及其在可食用组织中的分布。

4. 转基因猪遗传物质转移到其他生物体的能力和可能后果。同受体猪一样，转基因猪在自然条件下没有与其他动物种属或微生物进行遗传物质交换，或转移到其他生物的机理和可能性。但作为完整的安全评价体系，则应提供这方面的检测结果，如转基因猪肠道微生物的检测结果。

5. 由基因操作产生的对人体健康和环境的毒性或有害作用的资料。

6. 是否存在不可预见的对人类健康或生态环境的危害。

7. 转基因猪的转基因性状检测和鉴定技术。

《农业转基因生物安全评价管理办法》第十三条规定，根据受体生物的安全等级和基因操作对其安全等级的影响类型及影响程度，确定转基因生物的安全等级。如果受体猪的安全等级为Ⅰ，经类型1或类型2的基因操作而得到的转基因猪，其安全等级仍为Ⅰ。

（四）转基因猪产品的安全性评价

1. 转基因猪产品的稳定性。

2. 生产、加工活动对转基因猪安全性的影响。《农业转基因生物安全评价管理办法》第十四条规定，农业转基因产品的生产、加工活动对转基因生物安全等级的影响分为三种类型：类型1，增加转基因生物的安全性；类型2，不影响转基因生物的安全性；类型3，降低转基因生物的安全性。对于转基因猪，其产品的生产即是转基因猪的饲养、繁殖等过程；如果是用于生物反应器的转基因猪，其产品的生产还应包括表达产物的采集、分离、纯化等加工工艺和过程。显然，这些过程不影响转基因猪自身的安全性，一般应属于类型2。

3. 转基因猪产品与转基因猪在环境安全性方面的差异。

4. 转基因猪产品与转基因猪在对人类健康影响方面的差异。这方面应包括新表达物质毒理学分析、致敏性评价和关键成分分析；食品安全性评价、营养学评价；生产加工工艺对产品安全性影响的评价等。毒理学评价，外源基因表达蛋白质按基因提供实验数据，转基因植物及其产品全食品毒性试验按转化体提供实验数据；致敏性评价，外源基因表达蛋白质按基因提供试验数据；抗生素抗性，一般不应含有抗生素标记基因，如果含有，应提供抗生素抗性基因对人体健康的安全性资料（付仲文等，2006）。参照《农业转基因生物安全评价管理办法》第十四条有关标准，划分转基因猪产品的安全等级。如果转基因猪的安全等级为Ⅰ，经类型1或类型2的生产、加工活动而形成的转基因产品，其安全等级仍为Ⅰ。

二、各阶段的申报程序

农业转基因生物试验需要从上一试验阶段转入下一试验阶段的，试验单位应当向国务院农业行政主管部门提出申请；经农业转基因生物安全委员会进行安全评价合格的，由国务院农业行政主管部门批准转入下一试验阶段。

（一）实验研究

从事安全等级为Ⅰ和Ⅱ的农业转基因猪实验研究，由本单位农业转基因生物安全小组批准；从事安全等级为Ⅲ和Ⅳ的农业转基因猪实验研究，应当在研究开始前向农业转基因生物安全管理办公室报告。已有的转基因猪实验研究，一般属于安全等级Ⅰ和Ⅱ。

（二）中间试验

中间试验是指在控制系统内或者控制条件下进行的小规模试验。按《农业转基因生物安全评价管理办法》附录Ⅱ转基因动物安全评价的规定，转基因猪中间试验的总规模（上限）为20~40头。

在转基因猪（安全等级Ⅰ、Ⅱ、Ⅲ、Ⅳ）实验研究结束后转入中间试验的，试验单位应当向农业部农业转基因生物安全管理办公室报告。

（三）环境释放

环境释放，是指在自然条件下采取相应安全措施所进行的中等规模的试验。按《农业转基因生物安全评价管理办法》附录Ⅱ转基因动物安全评价的规定，转基因猪环境释放的总规模（上限）为500头。

在转基因猪中间试验结束后转入环境释放的，试验单位应当向农业转基因生物安全管理办公室提出申请，经农业转基因生物安全委员会安全评价合格并由农业部批准后，方可根据农业转基因生物安全审批书的要求进行相应的试验。

（四）生产性试验

生产性试验，是指在生产和应用前进行的较大规模的试验。按《农业转基因生物安全评价管理办法》附录Ⅱ转基因动物安全评价的规定，转基因猪生产性试验的总规模（上限）为10 000头。

在环境释放结束后转入生产性试验的，试验单位应当向农业转基因生物安全管理办公室提出申请，经农业转基因生物安全委员会安全评价合格并由农业部批准后，方可根据农业转基因生物安全审批书的要求进行相应的试验。

（五）申请安全证书

在转基因猪生产性试验结束后拟申请安全证书的，试验单位应当向农业转基因生物安全管理办公室提出申请，经农业转基因生物安全委员会安全评价合格并由农业部批准后，方可颁发农业转基因生物安全证书。

各阶段申报材料的具体要求，见《农业转基因生物安全评价管理办法》及其附录Ⅱ转基因动物安全评价的相关规定。所有环境释放、生产性试验和生物安全证书的申请，都必须到试验或生产应用所在省（市、自治区）的农业行政主管部门进行审查，并签署意见，由申请人报农业部。对所有实验研究和中间试验，以及进口用作加工原料的申请，不需要该项审查，申报书可直接报送农业部（付仲文等，2006）。

参考文献

付仲文，汪其怀，李宁，等．2006.农业转基因生物安全评价申报资料要求．农业生物技术学报，14（6）：1002-1004.

国务院．2001.农业转基因生物安全管理条例．

陆群峰，肖显静．2009.中国农业转基因生物安全政策模式的选择．南京林业大学学报（人文社会科学版），9（2）：68-78.

农业部．2002.农业转基因生物安全评价管理办法．

刘谦，朱鑫泉．2001.生物安全．北京：科学出版社．

汪其怀．2006.中国农业转基因生物安全管理回顾与展望．世界农业（326）：18-20.

Lubon H. 1998. Transgenic animal bioreactors in bioreactors in biotechnology and production of blood proteins. Biotechnol Annu Rev（4）：1-54.

（乔宪凤，魏庆信）

图书在版编目（CIP）数据

转基因猪制备技术/魏庆信，郑新民主编 . —北京
：中国农业出版社，2013.10
ISBN 978-7-109-18101-4

Ⅰ.①转…　Ⅱ.①魏…②郑…　Ⅲ.①转基因猪—研
究　Ⅳ.①S814.8

中国版本图书馆 CIP 数据核字（2013）第 158387 号

中国农业出版社出版
（北京市朝阳区农展馆北路 2 号）
（邮政编码 100125）
责任编辑　颜景辰　王森鹤

北京中兴印刷有限公司印刷　新华书店北京发行所发行
2013 年 10 月第 1 版　2013 年 10 月北京第 1 次印刷

开本：787mm×1092mm 1/16　印张：19.25
字数：430 千字
定价：78.00 元
（凡本版图书出现印刷、装订错误，请向出版社发行部调换）